ABB INDUSTRIAL ROBOT PROGRAMMING

ABB工业机器人
编程全集

龚仲华　龚晓雯◎编著

U0198825

人民邮电出版社
北京

图书在版编目（CIP）数据

ABB工业机器人编程全集 / 龚仲华，龚晓雯编著. --
北京 : 人民邮电出版社，2018.5（2023.7重印）
ISBN 978-7-115-47996-9

Ⅰ．①A… Ⅱ．①龚… ②龚… Ⅲ．①工业机器人—程
序设计 Ⅳ．①TP242.2

中国版本图书馆CIP数据核字（2018）第060066号

内 容 提 要

本书介绍了机器人的产生、发展和分类概况，工业机器人的组成、特点和技术性能等基础知识；全面、系统地阐述了 ABB 工业机器人的 RAPID 编程语言和应用程序的设计方法。

全书从工业机器人的实际编程要求出发，循序渐进地介绍了 RAPID 应用程序主模块、主程序、子程序、功能程序、中断程序等程序模块的结构和格式，程序数据、表达式、运算指令、函数命令的编程格式与要求；对机器人移动控制、输入/输出控制、程序运行控制指令、通信控制及其他应用指令的功能、编程格式、程序数据要求、编程实例等内容，进行了统一的分类和归纳；对与指令相关的函数命令及程序数据，进行了详尽和专业的解释；最后，提供了完整的搬运、弧焊机器人应用程序实例。

本书内容全面、系统，选材典型、实用，技术先进、案例丰富，理论联系实际，面向工程应用，是 ABB 工业机器人编程技术较完整的指导文献，是工业机器人使用、维修人员及高等院校师生的优秀参考书。

◆ 编　著　龚仲华　龚晓雯
　责任编辑　杨　凌
　责任印制　彭志环

◆ 人民邮电出版社出版发行　　北京市丰台区成寿寺路 11 号
　邮编　100164　电子邮件　315@ptpress.com.cn
　网址　http://www.ptpress.com.cn
　北京九州迅驰传媒文化有限公司印刷

◆ 开本：787×1092　1/16
　印张：24　　　　　　　　　　　2018 年 5 月第 1 版
　字数：573 千字　　　　　　　　2023 年 7 月北京第 22 次印刷

定价：98.00 元

读者服务热线：(010)81055493　印装质量热线：(010)81055316
反盗版热线：(010)81055315

前　言

　　工业机器人是集机械、电子、控制、计算机、传感器、人工智能等多学科先进技术于一体的机电一体化设备，被称为工业自动化的三大主要支撑技术之一。随着社会的进步和劳动力成本的增加，工业机器人在我国的应用已越来越广。

　　工业机器人是一种功能完整、可独立运行的自动化设备，它能依靠自身的控制程序来完成规定的作业任务，只要掌握了工业机器人的编程技术，即可充分发挥机器人的功能，确保其正常、可靠运行。

　　本书第 1 章介绍了机器人的产生、发展、分类及产品与应用情况，对工业机器人的组成、特点和技术性能进行了简要说明。

　　第 2 章详细介绍了 RAPID 程序模块格式和程序组织管理的方法、程序结构与分类、程序数据的分类及定义方法，以及表达式、运算指令及函数命令的一般编程要求。

　　第 3 章对与工业机器人移动相关的坐标系、姿态、移动要素以及定义方法进行了全面阐述，对机器人基本移动指令、运动控制指令、程序点调整指令、移动数据读入与转换命令的功能、编程格式、程序数据要求、编程示例等内容进行了详尽的说明。

　　第 4 章对与工业机器人控制系统的输入/输出控制相关的 I/O 配置与检测指令、I/O 读写指令与函数命令、控制点输出指令、其他 I/O 控制指令及相关函数命令的功能、编程格式、程序数据与命令参数要求、编程示例等内容进行了详尽的说明。

　　第 5 章对与程序运行控制相关的程序控制指令、程序中断指令、错误处理指令、轨迹存储及记录指令、协同作业指令及相关函数命令的功能、编程格式、程序数据与命令参数要求、编程示例等内容进行了详尽的说明。

　　第 6 章对与机器人控制器通信相关的示教器通信指令、串行通信指令、网络通信指令、文件管理指令及相关函数命令的功能、编程格式、程序数据与命令参数要求、编程示例等内容进行了详尽的说明。

　　第 7 章对运动保护指令、程序数据及系统参数设定指令、伺服设定调整指令、特殊轴控制指令、智能机器人控制指令及相关函数命令的功能、编程格式、程序数据与命令参数要求、编程示例等内容进行了详尽的说明。

本书编写过程中，作者参阅了 ABB 公司的技术资料，并得到了 ABB 技术人员的大力支持与帮助，在此表示衷心的感谢！由于作者水平有限，书中难免存在疏漏和错误，殷切期望广大读者批评、指正，以便进一步提高本书的质量。

作者

2017 年 9 月于常州

目　录

| 第 1 章 |
工业机器人概述

1.1 机器人的产生与发展

1.1.1 机器人的产生与定义

1. 概念的出现

机器人（Robot）的概念来自于科幻小说，它最早出现于 1921 年捷克剧作家 Karel Čapek（卡雷尔·恰佩克）创作的剧本 *Rossumovi Univerzální Roboti*（简称 R.U.R）。由于剧中的人造机器名为 Robota（捷克语，即奴隶、苦力），因此，英文 Robot 一词开始代表机器人。

自 20 世纪 20 年代起，机器人成了很多科幻小说、电影的主人公，如星球大战中的 C3P等。科幻小说家的想象力是无限的，为了预防机器人可能引发的人类灾难，1942 年，美国科幻小说家 Isaac Asimov（艾萨克·阿西莫夫）在 *I, Robot* 的第 4 个短篇 *Runaround* 中，首次提出了"机器人学三原则"，它被称为"现代机器人学的基石"，这也是"机器人学（Robotics）"这个名词在人类历史上的首度亮相。

"机器人学三原则"的主要内容如下。

原则 1：机器人不能伤害人类，或因其不作为而使人类受到伤害。

原则 2：机器人必须执行人类的命令，除非这些命令与原则 1 相抵触。

原则 3：在不违背原则 1、原则 2 的前提下，机器人应保护自身不受伤害。

到了 1985 年，Isaac Asimov 在其机器人系列最后作品 *Robots and Empire* 中，又补充了凌驾于"机器人学三原则"之上的"0 原则"，即：

原则 0：机器人必须保护人类的整体利益不受伤害，其他 3 条原则都必须在这一前提下才能成立。

继 Isaac Asimov 之后，其他科幻作家还不断提出了对"机器人学三原则"的补充、修正意见，但是，这些大都是科幻小说家对想象中机器人所施加的限制；实际上，"人类整体利益"等概念本身就是模糊的，甚至连人类自己都搞不明白，更不要说机器人了。因此，目前人类的认识和科学技术，实际上还远未达到制造科幻片中的机器人的水平；制造出具

1

有类似人类智慧、感情、思维的机器人，仍属于科学家的梦想和追求。

2. 机器人的产生

现代机器人的研究起源于 20 世纪中叶的美国，它从工业机器人的研究开始。

第二次世界大战期间（1939—1945 年），由于军事、核工业的发展需要，在原子能实验室的恶劣环境下，需要有操作机械来代替人类进行放射性物质的处理。为此，美国的 Argonne National Laboratory（阿尔贡国家实验室）开发了一种遥控机械手（Teleoperator）。接着，1947 年，该实验室又开发出了一种伺服控制的主—从机械手（Master-Slave Manipulator），这些都是工业机器人的雏形。

工业机器人的概念由美国发明家 George Devol（乔治·德沃尔）最早提出，并在 1954 年申请了专利、1961 年获得授权。1958 年，美国著名机器人专家 Joseph F. Engelberger（约瑟夫·恩盖尔柏格）成立了 Unimation 公司，并利用 George Devol 的专利，在 1959 年研制出了图 1.1-1 所示的世界上第一台真正意义的工业机器人——Unimate，从而开创了机器人发展的新纪元。

Joseph F. Engelberger 对世界机器人工业的发展做出了杰出的贡献，被人们称为"机器人之父"。1983 年，就在工业机器人销售日渐增长的情况下，他又毅然地将 Unimation 公司出让给了美国 Westinghouse Electric Corporation 公司（西屋电气，又译为"威斯汀豪斯"），并创建了 TRC 公司，前瞻性地开始了服务机器人的研发工作。

图 1.1-1　Unimate 工业机器人

从 1968 年起，Unimation 公司先后将机器人的制造技术转让给了日本 KAWASAKI（川崎）和英国 GKN 公司，机器人开始在日本和欧洲得到快速发展。据有关方面统计，目前世界上至少有 48 个国家在发展机器人，其中 25 个国家已在进行智能机器人开发，美国、日本、德国、法国等都是机器人的研发和制造大国，无论是在基础研究还是产品研发、制造方面，都居世界领先水平。

机器人（Robot）自问世以来，由于它能够协助、代替人类完成那些重复、频繁、单调、长时间的工作，或进行危险、恶劣环境下的作业，因此发展较迅速。随着人们对机器人研究的不断深入，Robotics（机器人学）这一新兴的综合性学科已逐步形成，有人将机器人技术与数控技术、PLC 技术并称为工业自动化的三大支撑技术。

3. 机器人的定义

由于机器人的应用领域众多、发展速度快，加上它又涉及人类的有关概念，因此，世界各国标准化机构至今尚未形成一个统一、准确、世所公认的严格定义。例如：

International Organization for Standardization（ISO，国际标准化组织）的定义为：机器人是一种"自动的、位置可控的、具有编程能力的多功能机械手，这种机械手具有几个轴，能够借助可编程操作来处理各种材料、零件、工具和专用装置，执行各种任务"。

Robotics Industries Association（RIA，美国机器人协会）的定义为：机器人是一种"用于移动各种材料、零件、工具或专用装置的，通过可编程的动作来执行各种任务的，具有编程能力的多功能机械手"。

Japan Robot Association（JRA，日本机器人协会）则将机器人分为工业机器人和智能机器人两大类：工业机器人是一种"能够执行人体上肢（手和臂）类似动作的多功能机器"，智能机器人是一种"具有感觉和识别能力，并能够控制自身行为的机器"。

我国 GB/T 12643 标准的定义为：工业机器人是一种"能够自动定位控制，可重复编程的、多功能的、多自由度的操作机，能搬运材料、零件或操持工具，用于完成各种作业"。

由于以上标准化机构及专门组织对机器人的定义都是在特定时间所得出的结论，故欧美国家的定义侧重在控制方式和功能上，它和工业机器人较接近；日本的定义关注的是机器人结构和行为特性，并已考虑了现代智能机器人的发展。

科学技术对未来是无限开放的，当代智能机器人无论在外观，还是功能、智能化程度等方面，都已超出了传统工业机器人的范畴，机器人正在源源不断地向人类活动的各个领域渗透，所涵盖的内容已越来越丰富，从这一点上看，日本的定义相对更准确。

1.1.2　机器人的发展与分类

1. 技术发展

机器人最早用于工业领域，它主要用来协助人类完成重复、频繁、单调、长时间的工作，或进行高温、粉尘、有毒、辐射、易燃、易爆等恶劣、危险环境下的作业。但是，随着社会进步、科学技术发展和智能化技术研究的深入，各式各样具有感知、决策、行动和交互能力，可适应不同领域特殊要求的智能机器人相继被研发，机器人已开始进入人们生产、生活的各个领域，并在某些方面逐步取代人类独立从事相关作业。

根据机器人现有的技术水平，一般将机器人分为如下三代。

① 第一代机器人。第一代机器人一般是指能通过离线编程或示教操作生成程序，并再现动作的机器人。第一代机器人所使用的技术和数控机床十分相似，它既可通过离线编制的程序控制机器人的运动；也可通过手动示教操作（数控机床称为 Teach in 操作），记录运动过程并生成程序，并再现运行。

第一代机器人的全部行为完全由人控制，它没有分析和推理能力，不能改变程序动作，无智能性，其控制以示教、再现为主，故又称为示教再现机器人。第一代机器人现已实用和普及，图 1.1-2 所示的大多数工业机器人都属于第一代机器人。

图 1.1-2　第一代机器人

② 第二代机器人。第二代机器人装备有少量传感器，能获取环境、对象的简单信息和进行简单的推理，可适当调整动作和行为，故称为感知机器人或低级智能机器人。

第二代机器人技术目前主要用于服务机器人。例如，图 1.1-3 所示的探测机器人可通过摄像头及视觉传感系统，识别图像、判断和规划运动轨迹，对环境具有一定的适应能力。

③ 第三代机器人。第三代机器人应具有高度的自适应能力，它有多种感知机能，可通过复杂的推理，做出判断和决策，自主决定机器人的行为，具有相当程度的智能，故称为智能机器人。

第三代机器人目前主要用于家庭、个人服务及军事、航天等行业，总体尚处于实验和研究阶段，目前还只有美国、日本、德国等少数发达国家能掌握和应用。例如，日本HONDA（本田）公司最新研发的图 1.1-4（a）所示的 Asimo 机器人，不仅能实现跑步、爬楼梯、跳舞等动作，还能进行踢球、倒饮料、打手语等简单的智能动作。

图 1.1-3　第二代机器人

日本 Riken Institute（理化学研究所）最新研发的图 1.1-4（b）所示的 Robear 护理机器人，其肩部、关节等部位都安装有测力感应系统，可模拟人的怀抱感，它能够像人一样，柔和地将卧床者从床上扶起，或将坐着的人抱起，其样子亲切可爱、充满活力。

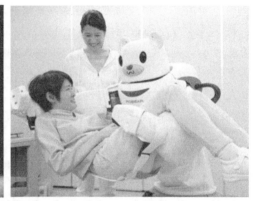

（a）Asimo 机器人　　　　　　　　（b）Robear 机器人

图 1.1-4　第三代机器人

2. 产品分类

机器人的分类方法很多，但由于人们观察问题的角度有所不同，直到今天，还没有一种分类方法能够满意地对机器人进行世所公认的分类。总体而言，通常的机器人分类方法主要有专业分类法和应用分类法两种，简介如下。

（1）专业分类法

专业分类法一般是机器人设计、制造和使用厂家技术人员所使用的分类方法，其专业性较强，业外较少使用。专业分类一般按机器人的机械结构形态和运动控制方式进行分类。

① 机械结构形态分类。根据机器人的机械结构形态不同，可分为圆柱坐标（Cylindrical Coordinate）、球坐标（Polar Coordinate）、直角坐标（Cartesian Coordinate）及关节型（Articulated）、并联型（Parallel）等。不同形态的机器人在外观、机械结构、控制要求、工作空间等方面均有较大的区别。例如，关节型机器人的动作类似于人类手臂；而直角坐

标机器人的外形和结构，则与数控机床十分类似。工业机器人的结构形态将在本书后续章节具体阐述。

② 运动控制方式分类。根据机器人的控制方式不同，有人将其分为顺序控制型、轨迹控制型、远程控制型、智能控制型等。顺序控制型又称点位控制型，这种机器人只需要按照规定的次序和移动速度，运动到指定点进行定位，而不控制移动轨迹，故多用于物品搬运等场合。轨迹控制型机器人需要同时控制移动轨迹、速度和终点，故可用于焊接、喷漆等连续移动作业场合。远程控制型机器人可实现无线遥控，故多用于特定的行业，如军事机器人、空间机器人、水下机器人等。智能控制型机器人就是前述的第三代机器人，当前多用于军事、场地、医疗等专门领域。

（2）应用分类法

应用分类是根据机器人的应用环境（用途）进行分类的大众分类方法，其定义通俗，易为公众所接受，但定义方法也未统一；例如，日本分为工业机器人和智能机器人两类、我国分为工业机器人和特种机器人两类等。由于机器人智能性的判别缺乏严格的标准，工业机器人和特种机器人的界线较难划分；因此，本书参照国际机器人联合会（IFR）的相关定义，将其分为图 1.1-5 所示的工业机器人和服务机器人两大类：工业机器人用于环境已知的工业领域，服务机器人用于环境未知的其他领域。

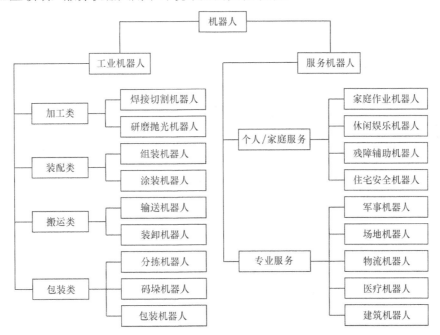

图 1.1-5　机器人的分类

① 工业机器人。工业机器人（Industrial Robot，IR）是指在工业环境下应用的机器人，它是一种可编程的多用途自动化设备，主要有加工、装配、搬运、包装 4 类。当前实用化的工业机器人以第一代示教再现机器人居多，但部分工业机器人（如焊接、装配等）已采用图像识别等智能技术，对外部环境具有一定的适应能力，初步具备了第二代机器人的一些功能。

② 服务机器人。服务机器人（Personal Robot，PR）是服务于人类非生产性活动的机器人总称，它是一种半自主或全自主工作的机械设备，能完成有益于人类的服务工作，但

不直接从事工业品的生产。

服务机器人的涵盖范围非常广，简言之，除工业生产用的机器人外，其他所有的机器人均属于服务机器人的范畴，它在机器人中的比例高达 95%以上。根据用途不同，可分为个人/家庭服务机器人（Personal/Domestic Service Robots）和专业服务机器人（Professional Service Robots）两类。

1.2 机器人产品概况

1.2.1 工业机器人

工业机器人（IR）是用于工业生产环境的机器人总称。用机器人替代人工操作，不仅可保障人身安全、改善劳动环境、减轻劳动强度、提高劳动生产率，而且还能够起到提高产品质量、节约原材料消耗及降低生产成本等多方面的作用，因而，它在工业生产各领域的应用也越来越广泛。

工业机器人自 1959 年问世以来，经过 50 多年的发展，在性能和用途等方面都有了很大的变化；现代工业机器人的结构越来越合理，控制越来越先进，功能越来越强大。根据功能与用途的不同，工业机器大致可分为图 1.2-1 所示的加工、装配、搬运、包装四大类。

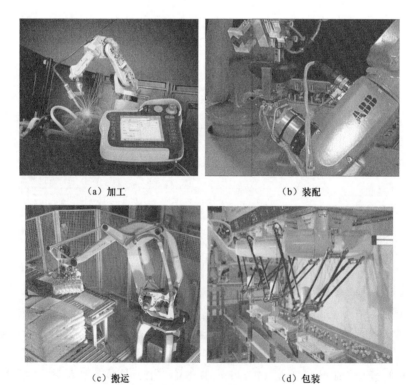

（a）加工　　　　　　　　　　　（b）装配

（c）搬运　　　　　　　　　　　（d）包装

图 1.2-1 工业机器人的分类

1. 加工机器人

加工机器人是直接用于工业产品加工作业的工业机器人，常用的金属材料加工工艺有焊接、切割、折弯、冲压、研磨、抛光等；此外，也有部分用于建筑、木材、石材、玻璃等行业的非金属材料切割、研磨、雕刻、抛光等加工作业。

焊接、切割、研磨、雕刻、抛光加工的环境通常较恶劣，加工时所产生的强弧光、高温、烟尘、飞溅、电磁干扰等都对人体健康有害。这些行业采用机器人自动作业，不仅可改善工作环境，避免人体伤害；而且还可自动连续工作，提高工作效率，改善加工质量。

焊接机器人（Welding Robot）是目前工业机器人中产量最大、应用最广的产品，被广泛用于汽车、铁路、航空航天、军工、冶金、电器等行业。自 1969 年美国 GM（通用汽车）公司在美国 Lordstown 汽车组装生产线上装备首台汽车点焊机器人以来，机器人焊接技术已日臻成熟，通过机器人的自动化焊接作业，可提高生产率、确保焊接质量、改善劳动环境，是当前工业机器人应用的重要方向之一。

材料切割是工业生产不可缺少的加工方式，从传统的金属材料火焰切割、等离子切割，到可用于多种材料的激光切割加工都可通过机器人来完成。目前，薄板类材料的切割大多采用数控火焰切割机、数控等离子切割机和数控激光切割机等数控机床加工；但异形、大型材料或船舶、车辆等大型废旧设备的切割已开始逐步使用工业机器人。

研磨、雕刻、抛光机器人主要用于汽车、摩托车、工程机械、家具建材、电子电气、陶瓷卫浴等行业的表面处理。使用研磨、雕刻、抛光机器人不仅能使操作者远离高温、粉尘、有毒、易燃、易爆的工作环境，而且能够提高加工质量和生产效率。

2. 装配机器人

装配机器人（Assembly Robot）是将不同的零件或材料组合成组件或成品的工业机器人，常用的有组装和涂装两大类。

计算机（Computer）、通信（Communication）和消费性电子（Consumer Electronic）行业（简称 3C 行业）是目前组装机器人最大的应用市场。3C 行业是典型的劳动密集型产业，采用人工装配，不仅需要大量的员工，而且操作工人的工作高度重复、频繁，劳动强度极大，常常致使人工难以承受；此外，随着电子产品不断向轻薄化、精细化方向发展，产品对零部件装配的精细程度日益提高，部分作业已是人工无法完成。

涂装机器人用于部件或成品的油漆、喷涂等表面处理，这类处理通常含有影响人体健康的有害、有毒气体，采用机器人自动作业后，不仅可改善工作环境，避免有害、有毒气体的危害；而且还可自动连续工作，提高工作效率，改善加工质量。

3. 搬运机器人

搬运机器人（Transfer Robot）是从事物体移动作业的工业机器人的总称，常用的主要有输送机器人和装卸机器人两大类。

工业生产中的输送机器人以无人搬运车（Automated Guided Vehicle，AGV）为主。AGV 具有自身的计算机控制系统和路径识别传感器，能够自动行走和定位停止，可广泛应用于机械、电子、纺织、卷烟、医疗、食品、造纸等行业的物品搬运和输送。在机械加工行业，AGV 大多用于无人化工厂、柔性制造系统（Flexible Manufacturing System，FMS）的工件、刀具的搬运和输送，它通常需要与自动化仓库、刀具中心及数控加工设备、柔性加工单元（Flexible Manufacturing Cell，FMC）的控制系统互连，以构成无人化工厂、柔性制造系统的自动化物流系统。

装卸机器人多用于机械加工设备的工件装卸（上下料），它通常和数控机床等自动化加工设备组合，构成柔性加工单元（FMC），成为无人化工厂、柔性制造系统（FMS）的一部分。装卸机器人还经常用于冲剪、锻压、铸造等设备的上下料，以替代人工完成高风险、高温等恶劣环境下的危险作业或繁重作业。

4. 包装机器人

包装机器人（Packaging Robot）是用于物品分类、成品包装、码垛的工业机器人，常用的主要有分拣、包装和码垛 3 类。

计算机、通信和消费性电子行业（3C 行业）以及化工、食品、饮料、药品工业是包装机器人的主要应用领域。3C 行业的产品产量大、周转速度快，成品包装任务繁重；化工、食品、饮料、药品包装由于行业的特殊性，人工作业涉及安全、卫生、清洁、防水、防菌等方面的问题，因此都需要利用装配机器人来完成物品的分拣、包装和码垛作业。

1.2.2 服务机器人

1. 基本定义

服务机器人是服务于人类非生产性活动的机器人总称。从控制要求、功能、特点等方面看，服务机器人与工业机器人的本质区别在于：工业机器人所处的工作环境在大多数情况下是已知的，因此，利用第一代机器人技术已可满足其要求；然而，服务机器人的工作环境在绝大多数场合中是未知的，故都需要使用第二代、第三代机器人技术。

从行为方式上看，服务机器人一般没有固定的活动范围和规定的动作行为，它需要有良好的自主感知、自主规划、自主行动和自主协同等方面的能力，因此，服务机器人较多地采用仿人或生物、车辆等结构形态。早在 1967 年在日本举办的第一届机器人学术会议上，人们就提出了描述服务机器人特点的代表性意见，认为具备如下 3 个条件的机器可称为服务机器人：

① 具有类似人类的脑、手、脚等功能要素；
② 具有非接触和接触传感器；
③ 具有平衡觉和固有觉的传感器。

这一意见强调了服务机器人的"类人"含义，突出了由"脑"统一指挥、靠"手"进行作业、靠"脚"实现移动；通过传感器识别环境、感知本身状态等属性，对服务机器人的研发具有参考价值。

服务机器人的出现虽然晚于工业机器人，但由于它与人类进步、社会发展、公共安全等诸多重大问题息息相关，应用领域众多，市场广阔，因此发展非常迅速、潜力巨大。有人预测，在不久的将来，服务机器人产业可能成为继汽车、计算机后的另一新兴产业。

服务机器人的涵盖面极广。人们一般根据用途将其分为个人/家用服务机器人（Personal/Domestic Robots）和专业服务机器人（Professional Service Robots）两类。个人/家用服务机器人为大众化、低价位产品，其市场最大；专业服务机器人则以涉及公共安全的军事机器人（Military Robot）、场地机器人（Field Robots）、医疗机器人产品较多。

2. 个人/家用机器人

个人/家用服务机器人（Personal/Domestic Robots）泛指为人们日常生活服务的机器人，包括家庭作业、娱乐休闲、残障辅助、住宅安全等，它是被人们普遍看好的未来最具发展潜力的新兴产业之一。

在个人/家用服务机器人中，以家庭作业和娱乐休闲机器人的产量为最大，两者占个人/家用服务机器人总量的 90% 以上；残障辅助、住宅安全机器人的普及率目前还较低，但市场前景被人们普遍看好。

家用清洁机器人是家庭作业机器人中最早被实用化和最成熟的产品之一。早在 20 世纪 80 年代，美国已经开始进行吸尘机器人的研究。iRobot 等公司是目前家用服务机器人行业公认的领先企业。德国的 Karcher 公司也是著名的家庭作业机器人生产商，它在 2006 年研发的 Rc3000 家用清洁机器人是世界上第一台能够自行完成所有家庭地面清洁工作的家用清洁机器人。在我国，由于家庭经济条件和发达国家的差距较大，加上传统文化的影响，绝大多数家庭的作业服务目前还是由自己或家政服务人员承担，所使用的设备以传统工具和普通吸尘器、洗碗机等简单设备为主，家庭作业服务机器人的使用率较低。

3. 专业服务机器人

专业服务机器人（Professional Service Robots）的应用非常广，简言之，除工业生产用的工业机器人和为人们日常生活服务的个人/家用机器人外，其他所有的机器人均属于专业服务机器人的范畴。其中，应用最广的军事、场地和医疗机器人概况如下。

（1）军事机器人

军事机器人（Military Robot）是为了军事目的而研制的自主、半自主式或遥控的智能化装备，它可用来帮助或替代军人完成特定的战术或战略任务。

军事机器人具备全方位、全天候的作战能力和极强的战场生存能力，可在超过人类承受能力的恶劣环境中，或在遭到毒气、冲击波、热辐射等袭击时，继续进行工作；加上军事机器人不存在人类的恐惧心理，可严格地服从命令、听从指挥，有利于指挥者对战局的掌控；在未来战争中，机器人战士完全可能成为军事行动中的主力军。

军事机器人的研发早在 20 世纪 60 年代就已经开始，产品已从第一代的遥控操作器发展到了现在的第三代智能机器人。目前，世界各国的军用机器人已有上百个品种，其应用涵盖侦察、排雷、防化、进攻、防御及后勤保障等各个方面。用于监视、勘察、获取危险领域信息的无人驾驶飞行器（UAV）和地面车（UGV），具有强大运输功能和精密侦查设备的机器人武装战车（ARV）。在战斗中担任补充作战物资的多功能后勤保障机器人（MULE）是当前军事机器人的主要产品。

美国的军事机器人无论是在基础技术研究、系统开发、生产配套方面，或是在技术转化、实战应用方面等都领先于其他国家，其产品已涵盖陆、海、空等诸多兵种，产品包括无人驾驶飞行器、无人地面车、机器人武装战车及多功能后勤保障机器人、机器人战士等多种。美国是目前全世界唯一具有综合开发、试验和实战应用能力的国家，Boston Dynamics（波士顿动力，现已被 Google 并购）、Lockheed Martin（洛克希德马丁）等公司均为世界闻名的军事机器人研发制造企业。

图 1.2-2（a）、图 1.2-2（b）所示为 Boston Dynamics 研制的 BigDog-LS3（Legged Squad Support Systems，阿尔法狗）和 WildCat（野猫）系列多功能后勤保障机器人，其搭载重物可达 180kg 以上、行走距离超过 30km，并能以超过 25km/h 的速度奔跑和跳跃。

图 1.2-2（c）所示为 Boston Dynamics 研制的 Atlas（阿特拉斯）机器人战士，高 1.88m、重 150kg，其四肢共拥有 28 个自由度，能够直立行走、攀爬、自动调整重心，灵活性已接

近人类，堪称当今世界上最先进的机器人战士。

（a）BigDog-LS3

（b）WildCat   （c）Atlas

图 1.2-2　Boston Dynamics 研发的军事机器人

此外，德国的智能地面无人作战平台、反水雷及反潜水下无人航行体的研究和应用；英国的战斗工程牵引车（CET）、工程坦克（FET）、排爆机器人的研究和应用；法国的警戒机器人和低空防御机器人、无人侦察车、野外快速巡逻机器人的研究和应用；以色列的机器人自主导航车、监视与巡逻系统、步兵城市作战用的手携式机器人的研究和应用等，也具有世界领先水平。

（2）场地机器人

场地机器人（Field Robots）是除军事机器人外，其他可进行大范围作业的服务机器人的总称。场地机器人多用于科学研究和公共事业服务，如太空探测、水下作业、危险作业、消防救援、园林作业等。

美国的场地机器人研究始于 20 世纪 60 年代，其产品已遍及空间、陆地和水下，从 1967 年的海盗号火星探测器，到 2003 年的 Spirit MER-A（勇气号）和 Opportunity（机遇号）火星探测器、2011 年的 Curiosity（好奇号）核动力驱动的火星探测器，都无一例外地代表了全球空间机器人研究的最高水平。此外，俄罗斯和欧盟在太空探测机器人等方面的研究和应用也居世界领先水平，如早期的空间站飞行器对接、燃料加注机器人等；德国于 1993 年研制、由哥伦比亚号航天飞机携带升空的 ROTEX 远距离遥控机器人等，也都代表了当时的空间机器人技术水平；我国在探月、水下机器人方面的研究也取得了较大的进展。

图 1.2-3 所示为 National Aeronautics and Space Administration（NASA，美国宇航局）研发的 Curiosity（好奇号）核动力驱动的火星探测器，以及 Google 公司最新研发的 Andy（安迪号）月球车。

（a）Curiosity 火星车　　　　　　　　（b）Andy 月球车

图 1.2-3　美国的场地机器人

（3）医疗机器人

医疗机器人是今后专业服务机器人的重点发展领域之一。医疗机器人主要用于伤病员的手术、救援、转运和康复，包括诊断机器人、外科手术或手术辅助机器人、康复机器人等。例如，医生可利用外科手术机器人的精准性和微创性，大面积减小手术伤口，帮助病人迅速恢复正常生活等。据统计，目前全世界已有 30 个国家、近千家医院成功开展了数十万例机器人手术，手术种类涵盖泌尿外科、妇产科、心脏外科、胸外科、肝胆外科、胃肠外科、耳鼻喉科等学科。

当前，医疗机器人的研发与应用大部分都集中于美国、欧洲、日本等发达国家，发展中国家的普及率还很低。美国的 Intuitive Surgical（直觉外科）公司是全球领先的医疗机器人研发、制造企业，该公司研发的达芬奇机器人是目前世界上最先进的手术机器人系统。它可模仿外科医生的手部动作进行微创手术，目前已经成功用于普通外科、胸外科、泌尿外科、妇产科、头颈外科及心脏等手术。

1.3　工业机器人及其应用

1.3.1　技术发展简史

工业机器人自 1959 年问世以来，经过 50 多年的发展，在性能和用途等方面都有了很大的变化。现代工业机器人的结构越来越合理，控制越来越先进，功能越来越强大，应用越来越广泛。世界工业机器人的简要发展历程、重大事件和重要产品研制的简况如下。

1959 年：Joseph F. Engelberger（约瑟夫·恩盖尔柏格）利用 George Devol（乔治·德沃尔）的专利技术，研制出了世界上第一台真正意义上的工业机器人 Unimate。

1961 年：美国 GM（通用汽车）公司首次将 Unimate 工业机器人应用于生产线。

1968 年：美国斯坦福大学研制出了首台具有感知功能的第二代机器人 Shakey。同年，Unimation 公司将机器人的制造技术转让给了日本 KAWASAKI（川崎）公司，日本开始研制、生产机器人。次年，瑞典的 ASEA 公司（阿西亚，现为 ABB 集团）研制出了首台喷涂机器人，并在挪威投入使用。

1972 年：日本 KAWASAKI（川崎）公司研制出了日本首台工业机器人 "Kawasaki-Unimate2000"。次年，日本 HITACHI（日立）公司研制出了世界首台装备有动态视觉传感器的工业机器人；而德国 KUKA（库卡）公司则研制出了世界首台 6 轴工业机器人 Famulus。

1974 年：美国 Cincinnati Milacron（辛辛那提·米拉克隆，著名的数控机床生产企业）公司研制出了首台微机控制的商用工业机器人 Tomorrow Tool（T3）；瑞典 ASEA 公司（现为 ABB 集团）研制出了世界首台微机控制、全电气驱动的 5 轴涂装机器人 IRB6；全球著名的数控系统（CNC）生产商——日本 FANUC（发那科）公司开始研发、制造工业机器人。

1977 年：日本 YASKAWA（安川）公司开始工业机器人的研发和生产，并研制出了日本首台采用全电气驱动的机器人 MOTOMAN-L10（MOTOMAN 1 号）。次年，美国 Unimate 公司和 GM（通用汽车）公司联合研制出了用于汽车生产线的垂直串联型（Vertical Series）可编程通用装配操作人 PUMA（Programmable Universal Manipulator for Assembly）；日本山梨大学研制出了水平串联型（Horizontal Series）自动选料、装配机器人 SCARA（Selective Compliance Assembly Robot Arm）；德国 REIS（徕斯，现为 KUKA 成员）公司研制出了世界首台具有独立控制系统、用于压铸生产线的工件装卸的 6 轴机器人 RE15。

1983 年：日本 DAIHEN 公司（大阪变压器集团 Osaka Transformer Co.,Ltd 所属，国内称 OTC 或欧希地）研发出了世界首台具有示教编程功能的焊接机器人。次年，美国 Adept Technology（娴熟技术）公司研制出了世界首台电机直接驱动、无传动齿轮和铰链的 SCARA 机器人 Adept One。

1985 年：德国 KUKA（库卡）公司研制出了世界首台具有 3 个平移自由度和 3 个转动自由度的 Z 型 6 自由度机器人。

1992 年：瑞士 Demaurex 公司研制出了世界首台采用 3 轴并联结构（Parallel）的包装机器人 Delta。

2005 年：日本 YASKAWA（安川）公司推出了新一代、双腕 7 轴工业机器人。次年，意大利 COMAU（柯马，菲亚特成员、著名的数控机床生产企业）公司推出了首款 WiTP 无线示教器。

2008 年：日本 FANUC（发那科）公司、YASKAWA（安川）公司的工业机器人累计销量相继突破 20 万台，成为全球工业机器人累计销量最大的企业。次年，ABB 公司研制出了全球精度最高、速度最快的 6 轴小型机器人 IRB 120。

2013 年：谷歌公司开始大规模并购机器人公司，至今已相继并购了 Autofuss、Boston Dynamics（波士顿动力）、Bot & Dolly、DeepMind（英）、Holomni、Industrial Perception、Meka、Redwood Robotics、Schaft（日）、Nest Labs、Spree、Savioke 等多家公司。

2014 年：ABB 公司研制出了世界上首台真正实现人机协作的机器人 YuMi。同年，德国 REIS（徕斯）公司并入 KUKA（库卡）公司。

1.3.2　主要产品与应用

1. 主要生产企业

目前，日本和欧盟是全球工业机器人的主要生产基地，主要企业有日本的 FANUC（发那科）、YASKAWA（安川）、KAWASAKI（川崎）；瑞士和瑞典的 ABB，德国 KUKA（库卡）、REIS（徕斯，现为 KUKA 成员）等，其产品在我国应用广泛。

（1）FANUC（发那科）。FANUC（发那科）是目前全球最大、最著名的数控系统（CNC）生产厂家和全球产量最大的工业机器人生产厂家，其产品的技术水平居世界领先地位。FANUC（发那科）从 1956 年起就开始从事数控和伺服的民间研究，1972 年正式成立 FANUC 公司；1974 年开始研发、生产工业机器人；2008 年成为全球首家突破 20 万台工业机器人的生产企业，工业机器人总产量位居全世界第一。

（2）YASKAWA（安川）。YASKAWA（安川）公司成立于 1915 年，是全球著名的伺服电机、伺服驱动器、变频器和工业机器人生产厂家，其工业机器人的总产量目前名列全球前二，它也是首家进入中国的工业机器人企业。YASKAWA（安川）公司在 1977 年成功研发了垂直多关节工业机器人 MOTOMAN-L10，创立了 MOTOMAN 工业机器人品牌；2003 年机器人总销量突破 10 万台，成为当时全球工业机器人产量最大的企业之一；2008 年销量突破 20 万台，与 FANUC 公司同时成为全球工业机器人总产量超 20 万台的企业。

（3）KAWASAKI（川崎）。KAWASAKI（川崎）公司成立于 1878 年，是具有悠久历史的日本著名大型企业集团，业务范围涵盖航空航天、军事、电力、铁路、造船、摩托车、机器人等众多领域，产品包括飞机、坦克、桥梁、电气机车等；它是日本仅次于三菱重工的著名军工企业，参与过多种潜艇、战列舰、航空母舰、战斗机、运输机等军用产品的建造；此外，它也是世界著名的摩托车和体育运动器材生产厂家，其摩托车、羽毛球拍等体育运动产品也是世界名牌。KAWASAKI（川崎）公司的工业机器人研发始于 1968 年，是日本最早研发、生产工业机器人的著名企业，曾研制出了日本首台工业机器人和全球首台用于摩托车车身焊接的弧焊机器人等标志性产品，在焊接机器人技术方面居世界领先水平。

（4）ABB。ABB（Asea Brown Boveri）集团公司是由原总部位于瑞典的 ASEA（阿西亚）和总部位于瑞士的 Brown.Boveri & Co., Ltd（布朗勃法瑞，简称 BBC）两个具有百年历史的著名电气公司于 1988 年合并而成的，集团总部位于瑞士苏黎世；公司的前身 ASEA 公司和 BBC 公司都是全球著名的电力和自动化技术设备大型生产企业。ASEA 公司成立于 1890 年，1969 年研发出了全球第一台喷涂机器人，开始进入工业机器人的研发制造领域；BBC 公司成立于 1891 年，是全球著名的高压输电设备、低压电器、电气传动设备生产企业；组建后的 ABB 是世界电力和自动化技术领域的领导厂商之一。ABB 公司的工业机器人研发始于 1969 年的瑞典 ASEA 公司，它是全球最早从事工业机器人研发制造的企业之一，1969 年研制出了全球首台喷涂机器人；ABB 机器人产品规格全、产量大，是世界著名的工业机器人制造商和我国工业机器人的主要供应商。

（5）KUKA（库卡）。KUKA（库卡）公司最初的主要业务为室内及城市照明；后开始从事焊接设备、大型容器、市政车辆的研发和生产。KUKA（库卡）公司的工业机器人研发始于 1973 年，1995 年成立了 KUKA 机器人有限公司；1973 年研发出了世界首台 6 轴工业机器人 FAMULUS；2014 年并购德国 REIS（徕斯）公司。KUKA（库卡）公司是世界著名的工业机器人制造商之一，其产品规格全、产量大，是目前我国工业机器人的主要供应商。

2. 典型应用

目前，日本的工业机器人产量约占全球的 50%，为世界第一；中国的工业机器人年销量约占全球总产量的 1/3，年使用量位居世界第一。根据国际机器人联合会（IFR）等部门的最新统计，当前工业机器人的应用行业分布情况大致如图 1.3-1 所示。其中，汽车及汽车零部件制造业、电子电气工业、金属制品及加工业是工业机器人的主要应用领域。

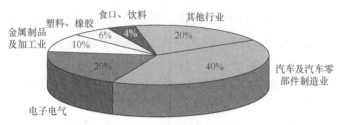

图 1.3-1　工业机器人的应用

　　汽车及汽车零部件制造业历来是工业机器人用量最大的行业，长期保持在工业机器人使用总量的 40% 以上，使用的产品以加工、装配类机器人为主，是焊接、研磨、抛光及装配、涂装机器人的主要应用领域。

　　电子电气（包括计算机、通信、家电、仪器仪表等）是工业机器人应用的另一主要行业，其使用量也保持在工业机器人总量的 20% 以上，使用的主要产品为装配、包装类机器人。金属制品及加工业的机器人用量大致在工业机器人总量的 10% 左右，使用的产品主要为搬运类的输送机器人和装卸机器人。建筑、化工、橡胶、塑料以及食品、饮料、药品等其他行业的机器人用量都在工业机器人总量的 10% 以下，橡胶、塑料、化工、建筑行业使用的机器人种类较多；食品、饮料、药品行业使用的机器人通常以加工、包装类为主。

1.4　工业机器人的组成与特点

1.4.1　工业机器人的组成

1. 工业机器人的组成

　　工业机器人是一种功能完整、可独立运行的典型机电一体化设备，它有自身的控制器、驱动系统和操作界面，可对其进行手动、自动操作及编程，它能依靠自身的控制能力来实现所需要的功能。广义上的工业机器人是由如图 1.4-1 所示的机器人及相关附加设备组成的完整系统，总体可分为机械部件和电气控制系统两大部分。

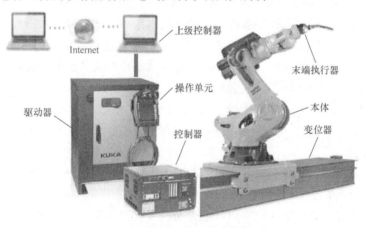

图 1.4-1　工业机器人系统的组成

工业机器人（以下简称"机器人"）系统的机械部件包括机器人本体、末端执行器、变位器等；控制系统主要包括控制器、驱动器、操作单元、上级控制器等。其中，机器人本体、末端执行器以及控制器、驱动器、操作单元是机器人必需的基本组成部件，在所有机器人中都必须配备。末端执行器又称工具，它是机器人的作业机构，与作业对象和要求有关，其种类繁多，一般需要由机器人制造厂商和用户共同设计、制造与集成。变位器是用于机器人或工件的整体移动或进行系统协同作业的附加装置，它可根据需要选配。

在控制系统中，上级控制器是用于机器人系统协同控制、管理的附加设备，既可用于机器人与机器人、机器人与变位器间的协同作业控制，也可用于机器人和数控机床、机器人和自动生产线上其他机电一体化设备的集中控制，此外，还可用于机器人的操作、编程与调试。上级控制器同样可根据实际系统的需要选配，在柔性加工单元（FMC）、自动生产线等自动化设备上，上级控制器的功能也可直接由数控机床所配套的数控系统（CNC）、生产线控制用的 PLC 等承担。

2. 机器人本体和执行器

机器人本体又称操作机，它是用来完成各种作业的执行机构，包括机械部件及安装在机械部件上的驱动电机、传感器等。机器人的末端执行器又称工具，是安装在机器人手腕上的作业机构。

机器人本体的形态各异，但绝大多数都是由若干关节（Joint）和连杆（Link）连接而成。以常用的 6 轴垂直串联型（Vertical Articulated）工业机器人为例，其运动主要包括整体回转（腰关节）、下臂摆动（肩关节）、上臂摆动（肘关节）、腕回转和弯曲（腕关节）等，本体的典型结构如图 1.4-2 所示，其主要组成部件包括手部、腕部、上臂、下臂、腰部、基座等。

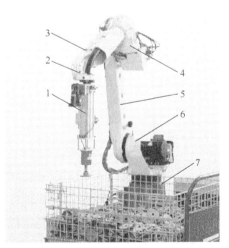

1—末端执行器　2—手部　3—腕部　4—上臂　5—下臂　6—腰部　7—基座
图 1.4-2　工业机器人本体和执行器

机器人的手部用来安装末端执行器，它既可以安装类似人类的手爪，也可以安装吸盘或其他各种作业工具；腕部用来连接手部和手臂，起到支撑手部的作用；上臂用来连接腕部和下臂。上臂可回绕下臂摆动，实现手腕大范围的上下（俯仰）运动；下臂用来连接上臂和腰部，并可回绕腰部摆动，以实现手腕大范围的前后运动；腰部用来连接下臂和基座，它可以在基座上回转，以改变整个机器人的作业方向；基座是整个机器人的支持部分。机器人的基座、腰部、下臂、上臂通称机身；机器人的腕部和手部通称手腕。

末端执行器与机器人的作业要求、作业对象密切相关，一般需要由机器人制造厂商和用户共同设计与制造。例如，用于装配、搬运、包装的机器人则需要配置吸盘、手爪等用来抓取零件、物品的夹持器；而加工类机器人则需要配置用于焊接、切割、打磨等加工的焊枪、割枪、铣头、磨头等各种工具或刀具等。

3. 变位器

变位器是用于机器人或工件整体移动、进行协同作业的附加装置，它既可选配机器人生产厂家的标准部件，也可由用户根据需要设计、制作。通过选配变位器，可增加机器人的自由度和作业空间；此外，还可实现作业对象或其他机器人的协同运动，增强机器人的功能和作业能力。简单机器人系统的变位器一般由机器人控制器直接控制，多机器人复杂系统的变位器需要由上级控制器进行集中控制。

机器人变位器可分为通用型和专用型两类，其运动轴数可以是单轴、双轴、3 轴或多轴。通用型变位器又可分为图 1.4-3 所示的回转变位器和直线变位器两类，回转变位器与数控机床回转工作台类似，可用于机器人或作业对象的大范围回转；直线变位器与数控机床工作台类似，多用于机器人本体的大范围直线运动。专用型变位器一般用于作业对象的移动，其结构各异、种类较多，难以尽述。

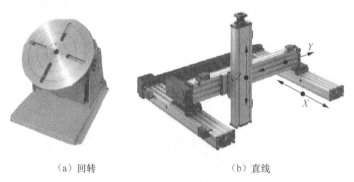

（a）回转　　　　　　　　　　　　（b）直线

图 1.4-3　通用变位器

4. 电气控制系统

在机器人的电气控制系统中，上级控制器仅用于复杂系统各种机电一体化设备的协同控制、运行管理和调试编程，它通常以网络通信的形式与机器人控制器进行信息交换，因此，实际上属于机器人电气控制系统的外部设备；而机器人控制器、操作单元、伺服驱动器及辅助控制电路，则是机器人控制必不可少的系统部件。

由于不同机器人的电气控制系统的组成部件和功能类似，因此，机器人生产厂家一般将电气控制系统设计成图 1.4-4 所示的紧凑型、标准型等通用控制柜。示教器是用于工业机器人操作、编程及数据输入/显示的人机界面，为了方便使用，一般为可移动式悬挂部件。

（a）紧凑型 　　　　　　　　　　　（b）标准型

图 1.4-4　电气控制系统结构示意图

机器人控制器用于程序处理及机器人位置、速度、轨迹控制等，其功能与数控装置（CNC）类似；驱动器是用于插补脉冲放大、控制驱动电机转角、转速、转矩的装置，目前以交流伺服驱动器为常用；辅助电路主要用于控制器、驱动器的电源通断控制和接口信号的转换，为了缩小体积、降低成本、方便安装，接口电路常采用标准 I/O 模块。

1.4.2　工业机器人的特点

1. 基本特点

工业机器人是集机械、电子、控制、检测、计算机、人工智能等多学科先进技术于一体的典型机电一体化设备，其主要技术特点如下。

① 拟人。在结构形态上，大多数工业机器人的本体有类似人类的腰转、大臂、小臂、手腕、手爪等部件，并接受其控制器的控制。在智能工业机器人上，还安装有模拟人类等生物的传感器，如：模拟感官的接触传感器、力传感器、负载传感器、光传感器；模拟视觉的图像识别传感器；模拟听觉的声传感器、语音传感器等。这样的工业机器人具有类似人类的环境自适应能力。

② 柔性。工业机器人有完整、独立的控制系统，它可通过编程来改变其动作和行为，此外，还可通过安装不同的末端执行器来满足不同的应用要求，因此，它具有适应对象变化的柔性。

③ 通用。除了部分专用工业机器人外，大多数工业机器人都可通过更换工业机器人手部的末端操作器（如更换手爪、夹具、工具等）来完成不同的作业。因此，它具有一定的、执行不同作业任务的通用性。

工业机器人、数控机床、机械手三者在结构组成、控制方式、行为动作等方面有许多相似之处，以至于非专业人士很难区分，有时易引起误解。以下通过三者的比较来介绍相互间的区别。

2. 工业机器人与数控机床

世界上首台数控机床出现于 1952 年，由美国麻省理工学院率先研发，其诞生比工业机器人早 7 年，因此，工业机器人的很多技术都来自于数控机床。

George Devol（乔治·德沃尔）最初设想的机器人实际上就是工业机器人，他所申请的专利就是利用数控机床的伺服轴驱动连杆机构，然后通过操纵控制器对伺服轴的控制来实现机器人的功能。按照相关标准的定义，工业机器人是"具有自动定位控制、可重复编程的多功能、多自由度的操作机"，这点也与数控机床十分类似。

因此，工业机器人和数控机床的控制系统类似，它们都有控制面板、控制器、伺服驱动等基本部件，操作者可利用控制面板对它们进行手动操作或进行程序自动运行、程序输入与编辑等操作控制。但是，由于工业机器人和数控机床的研发目的有着本质的区别，因此，其地位、用途、结构、性能等各方面均存在较大的差异。数控机床和工业机器人的区别主要有以下几点。

① 作用和地位。机床是用来加工机器零件的设备，是制造机器的机器，故称为工作母机；没有机床就几乎不能制造机器，没有机器就不能生产工业产品。因此，机床被称为国民经济基础的基础，在现有的制造模式中，它仍处于制造业的核心地位。工业机器人尽管发展速度很快，但目前绝大多数还只是用于零件搬运、装卸、包装、装配的生产辅助设备，或是进行焊接、切割、打磨、抛光等简单粗加工的生产设备，它在机械加工自动生产线上（焊接、涂装生产线除外）所占的价值一般还只有 15% 左右。因此，除非现有的制造模式发生颠覆性变革，否则，工业机器人的体量很难超越机床；所以，那种认为"随着自动化大趋势的发展，机器人将取代机床成为新一代工业生产的基础"的观点，至少在目前看来是不正确的。

② 目的和用途。研发数控机床的根本目的是解决轮廓加工的刀具运动轨迹控制问题；而研发工业机器人的根本目的是用来协助或代替人类完成那些单调、重复、频繁或长时间、繁重的工作或进行高温、粉尘、有毒、易燃、易爆等危险环境下的作业。由于两者的研发目的不同，因此，其用途也有根本的区别。简言之，数控机床是直接用来加工零件的生产设备；而大部分工业机器人则是用来替代或部分替代操作者进行零件搬运、装卸、装配、包装等作业的生产辅助设备，两者目前尚无法完全相互替代。

③ 结构形态。工业机器人需要模拟人的动作和行为，在结构上以回转摆动轴为主、直线轴为辅（可能无直线轴），多关节串联、并联轴是其常见的形态；部分机器人（如无人搬运车等）的作业空间也是开放的。数控机床的结构以直线轴为主、回转摆动轴为辅（可能无回转摆动轴），绝大多数都采用直角坐标结构；其作业空间（加工范围）局限于设备本身。但是，随着技术的发展，两者的结构形态也在逐步融合，如机器人有时也采用直角坐标结构；采用并联虚拟轴结构的数控机床也已有实用化的产品等。

④ 技术性能。数控机床是用来加工零件的精密加工设备，其轮廓加工能力、定位精度和加工精度等是衡量数控机床性能最重要的技术指标。高精度数控机床的定位精度和加工精度通常需要达到 0.01mm 或 0.001mm 的数量级，甚至更高，且其精度检测和计算标准的要求高于机器人。数控机床的轮廓加工能力取决于工件要求和机床结构，通常而言，能同时控制 5 轴（5 轴联动）的机床，就可满足几乎所有零件的轮廓加工要求。

工业机器人是用于零件搬运、装卸、码垛、装配的生产辅助设备，或是进行焊接、切割、打磨、抛光等粗加工的设备，强调的是动作灵活性、作业空间、承载能力和感知能力。因此，除少数用于精密加工或装配的机器人外，其余大多数工业机器人对定位精度和轨迹精度的要求并不高，通常只需要达到 0.1～1mm 的数量级便可满足要求，且精度检测和计算标准均低于数控机床。但是，工业机器人的控制轴数将直接决定自由度、动作灵活性等关键指标，其要求很高；理论上说，需要工业机器人有 6 个自由度（6 轴控制），才能完全描述一个物体在三维空间的位姿，如果需要避障，还需要有更多的自由度。此外，智能工业机器人还需要有一定的感知能力，故需要配备位置、触觉、视觉、听觉等多种传感器；而数控机床一般只需要检测速度与位置，因此，工业机器人对检测技术的要求高于数控机床。

3. 工业机器人与机械手

用于零件搬运、装卸、码垛、装配的工业机器人功能和自动化生产设备中的辅助机械手类似。例如，国际标准化组织（ISO）将工业机器人定义为"自动的、位置可控的、具有编程能力的多功能机械手"；日本机器人协会（JRA）将工业机器人定义为"能够执行人体上肢（手和臂）类似动作的多功能机器"，表明两者的功能存在很大的相似之处。但是，工业机器人与生产设备中的辅助机械手的控制系统、操作编程、驱动系统均有明显的不同。工业机器人和机械手的主要区别如下。

① 控制系统。工业机器人需要有独立的控制器、驱动系统、操作界面等，可对其进行手动、自动操作和编程，因此，它是一种可独立运行的完整设备，能依靠自身的控制能力来实现所需要的功能。机械手只是用来实现换刀或工件装卸等操作的辅助装置，其控制一般需要通过设备的控制器（如 CNC、PLC 等）来实现，它没有自身的控制系统和操作界面，故不能独立运行。

② 操作编程。工业机器人具有适应动作和对象变化的柔性，其动作是随时可变的，如需要，最终用户可随时通过手动操作或编程来改变其动作，现代工业机器人还可根据人工智能技术所制定的原则纲领自主行动。但是，辅助机械手的动作和对象是固定的，其控制程序通常由设备生产厂家编制；即使在调整和维修时，用户通常也只能按照设备生产厂家的规定进行操作，而不能改变其动作的位置与次序。

③ 驱动系统。工业机器人需要灵活改变位姿，绝大多数运动轴都需要有任意位置定位功能，需要使用伺服驱动系统；在无人搬运车（Automated Guided Vehicle，AGV）等输送机器人上，还需要配备相应的行走机构及相应的驱动系统。而辅助机械手的安装位置、定位点和动作次序样板都是固定不变的，大多数运动部件只需要控制起点和终点，故较多地采用气动、液压驱动系统。

1.5 工业机器人的结构与性能

1.5.1 工业机器人的结构

从运动学原理上来说，绝大多数机器人的本体都是由若干关节（Joint）和连杆（Link）组成的运动链。根据关节间的连接形式，多关节工业机器人的典型结构主要有垂直串联、水平串联（或 SCARA）和并联三大类。

1. 垂直串联机器人

垂直串联（Vertical Articulated）是工业机器人最常见的结构形式，机器人的本体部分一般由图 1.5-1 所示的 5～7 个关节在垂直方向依次串联而成，它可以模拟人类从腰部到手腕的运动，用于加工、搬运、装配、包装等各种场合。

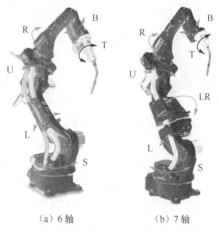

图 1.5-1（a）所示的 6 轴串联是垂直串联机器人的典型结构。机器人的 6 个运动轴分别为腰部回转轴 S（Swing）、下臂摆动轴 L（Lower Arm Wiggle）、上臂摆动轴 U（Upper Arm Wiggle）、腕回转轴 R（Wrist Rotation）、腕弯曲轴 B（Wrist Bending）、手回转轴 T（Turning）；其中，用实线表示的 S、R、T 轴可在 4 象限回转，称为回转轴（Roll）；用虚线表示的 L、U、B 轴一般只能在 3 象限内回转，称为摆动轴（Bend）。

（a）6 轴   （b）7 轴

图 1.5-1　垂直串联结构

6 轴垂直串联结构机器人的末端执行器作业点的运动，由手臂和手腕、手的运动合成；其中，腰、下臂、上臂 3 个关节可用来改变手腕基准点的位置，称为定位机构。手腕部分的腕回转、弯曲和手回转 3 个关节可用来改变末端执行器的姿态，称为定向机构。这种机器人较好地实现了三维空间内的任意位置和姿态控制，对于各种作业都有良好的适应性，故可用于加工、搬运、装配、包装等各种场合。但是，由于结构所限，6 轴垂直串联结构机器人存在运动干涉区域，在上部或正面运动受限时，进行下部、反向作业非常困难，为此，在先进的工业机器人中有时也采用图 1.5-1（b）所示的 7 轴垂直串联结构。

7 轴机器人在 6 轴机器人的基础上增加了下臂回转轴 LR（Lower Arm Rotation），使定位机构扩大到腰回转、下臂摆动、下臂回转、上臂摆动 4 个关节，手腕基准点（参考点）的定位更加灵活。当机器人运动受到限制时，它仍能通过下臂的回转，避让干涉区，完成图 1.5-2 所示的上部避让与反向作业。

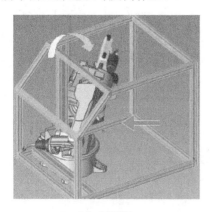
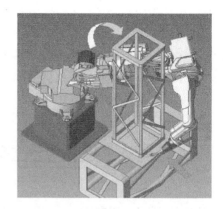

（a）上部避让   （b）反向作业

图 1.5-2　7 轴机器人的应用

机器人末端执行器的姿态与作业要求有关，在部分作业场合，有时可省略 1～2 个运动轴，简化为 4～5 轴垂直串联结构的机器人。例如，对于以水平面作业为主的搬运、包装机器人，可省略腕回转轴 R，以简化结构、增加刚性等。

为了减轻 6 轴垂直串联典型结构的机器人的上部质量，降低机器人重心，提高运动稳定性和承载能力，大型、重载的搬运、码垛机器人也经常采用平行四边形连杆驱动机构来实现上臂和腕弯曲的摆动运动。采用平行四边形连杆机构驱动，不仅可加长力臂、放大电机驱动力矩、提高负载能力，而且还可将驱动机构的安装位置移至腰部，以降低机器人的重心，增加运动稳定性。平行四边形连杆机构驱动的机器人结构刚性高、负载能力强，是大型、重载搬运机器人的常用结构形式。

2. 水平串联机器人

水平串联（Horizontal Articulated）结构是日本山梨大学在 1978 年发明的一种建立在圆柱坐标上的特殊机器人结构形式，又称为 SCARA（Selective Compliance Assembly Robot Arm，选择顺应性装配机器手臂）结构。

SCARA 机器人的基本结构如图 1.5-3（a）所示。这种机器人的手臂由 2～3 个轴线相互平行的水平旋转关节 C1、C2、C3 串联而成，以实现平面定位；整个手臂可通过垂直方向的直线移动轴 Z 进行升降运动。

采用 SCARA 基本结构的机器人结构紧凑、动作灵巧，但水平旋转关节 C1、C2、C3 的驱动电机均需要安装在基座侧，其传动链长，传动系统结构较为复杂；此外，垂直轴 Z 需要控制 3 个手臂的整体升降，其运动部件质量较大，升降行程通常较小，因此，实际使用时经常采用图 1.5-3（b）所示的执行器升降结构。执行器升降结构的 SCARA 机器人不但可扩大 Z 轴的升降行程、减轻升降部件的重量、提高手臂刚性和负载能力，同时还可将 C2、C3 轴的驱动电机安装位置前移，以缩短传动链、简化传动系统结构。但是，这种结构的机器人回转臂的体积大，结构不及基本型紧凑，因此，多用于垂直方向运动不受限制的平面搬运和部件装配作业。

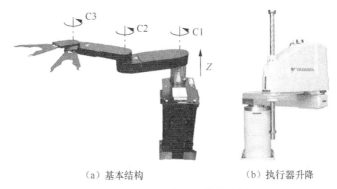

（a）基本结构　　　　　　　　　（b）执行器升降

图 1.5-3　SCARA 机器人结构示意图

SCARA 机器人结构简单、外形轻巧、定位精度高、运动速度快，特别适合于平面定位、垂直方向装卸的搬运和装配作业，故首先被用于 3C 行业（计算机 Computer、通信 Communication、消费性电子 Consumer Electronic）完成印刷电路板的器件装配和搬运作业；随后在光伏行业的 LED、太阳能电池安装，以及塑料、汽车、药品、食品等行业的平面装配和搬运领域得到了较为广泛的应用。SCARA 结构机器人的工作半径通常为 100～1000mm，承载能力一般为 1～200kg。

3. 并联机器人

并联结构的工业机器人简称并联机器人（Parallel Robot），这是一种多用于电子电工、食品药品等行业装配、包装、搬运的高速、轻载机器人。

并联机器人的结构设计源自于 1965 年英国科学家 Stewart 在《A Platform with Six Degrees of Freedom》一文中提出的 6 自由度飞行模拟器，即 Stewart 平台机构。1978 年澳大利亚学者 Hunt 首次将 Stewart 平台机构引入机器人中。到了 1985 年，瑞士洛桑联邦理工学院（Swiss federal Institute of Technology in Lausanne）的 Clavel 博士发明了一种图 1.5-4（a）所示的 3 自由度空间平移的并联机器人，并称之为 Delta 机器人（Delta 机械手）。

Delta 机器人一般采用悬挂式布置，其基座上置，手腕通过空间均匀分布的 3 根并联连杆支撑；机器人可通过连杆摆动角的控制，使手腕在一定的空间圆柱内定位。这种机器人具有结构简单、运动控制容易、安装方便等优点，它是目前并联机器人的基本结构。但是，连杆摆动结构的 Delta 机器人承载能力通常较小（一般在 10kg 以内），故多用于电子、食品、药品等行业中轻量物品的分拣、搬运等。

为了增强结构刚性，使之能够适应大型物品的搬运、分拣等要求，大型并联机器人经常采用图 1.5-4（b）所示的直线驱动结构，这种机器人以伺服电机和滚珠丝杠驱动的连杆拉伸直线运动代替了摆动，不但提高了机器人的结构刚性和承载能力，而且还可以提高定位精度、简化结构设计，其最大承载能力可达 1000kg 以上。直线驱动的并联机器人，如果安装高速主轴，便可成为一台可进行切削加工、类似于数控机床的加工机器人。

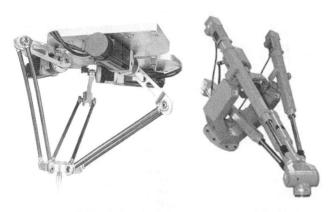

（a）连杆摆动型　　　　　　　　　　（b）直线驱动型

图 1.5-4　Delta 机器人结构示意图

1.5.2　工业机器人的性能

1. 主要技术参数

由于机器人的结构、用途和要求不同，机器人的性能也有所不同。一般而言，机器人样本和说明书所给出的主要技术参数有控制轴数（自由度）、承载能力、工作范围（作业空间）、运动速度、位置精度等；此外，还有安装方式、防护等级、环境要求、供电电源要求、机器人外形尺寸与重量等与使用、安装、运输相关的其他参数。

以 ABB 公司 IRB 140T 和安川公司 MH6 两种 6 轴通用型机器人为例，产品样本和说明书所提供的主要技术参数见表 1.5-1。

表 1.5-1　　　　　　　　　　　　6 轴通用机器人主要技术参数表

机器人型号		IRB 140T	MH6
规　格（Specification）	承载能力（Payload）	6kg	6kg
	控制轴数（Number of axes）	6	
	安装方式（Mounting）	地面/壁挂/框架/倾斜/倒置	
工作范围（Working range）	第 1 轴（Axis 1）	360°	−170°～+170°
	第 2 轴（Axis 2）	200°	−90°～+155°
	第 3 轴（Axis 3）	−280°	−175°～+250°
	第 4 轴（Axis 4）	不限	−180°～+180°
	第 5 轴（Axis 5）	230°	−45°～+225°
	第 6 轴（Axis 6）	不限	−360°～+360°
最大速度（Maximum Speed）	第 1 轴（Axis 1）	250°/s	220°/s
	第 2 轴（Axis 2）	250°/s	200°/s
	第 3 轴（Axis 3）	260°/s	220°/s
	第 4 轴（Axis 4）	360°/s	410°/s
	第 5 轴（Axis 5）	360°/s	410°/s
	第 6 轴（Axis 6）	450°/s	610°/s
重复定位精度 RP（Position Repeatability）		0.03mm/ISO 9238	±0.08mm/JIS B8432
工作环境（Ambient）	工作温度（Operation temperature）	+5℃～+45℃	0～+45℃
	储运温度（Transportation temperature）	−25℃～+55℃	−25℃～+55℃
	相对湿度（Relative humidity）	≤95% RH	20%～80% RH
电源（Power Supply）	电压（Supply voltage）	200～600V/50～60Hz	200～400V/50～60Hz
	容量（Power consumption）	4.5kVA	1.5kVA
外形（Dimensions）	长/宽/高（Width/Depth/Height）	800mm×620mm×950mm	640mm×387mm×1219mm
重量（Weight）		98kg	130kg

由于垂直串联等结构的机器人工作范围是三维空间的不规则球体，为了便于说明，产品样本中一般需要提供图 1.5-5 所示的详细作业空间图。

工业机器人的性能与机器人的用途、作业要求、结构形态等有关。大致而言，不同用途的机器人的常见结构形态以及对控制轴数（自由度）、承载能力、重复定位精度等主要技术指标的要求见表 1.5-2。

机器人的安装方式与规格、结构形态等有关。一般而言，大中型机器人通常需要采用底面（Floor）安装；并联机器人则多数为倒置安装；水平串联（SCARA）和小型垂直串联机器人则可采用底面（Floor）、壁挂（Wall）、倒置（Inverted）、框架（Shelf）、倾斜（Tilted）等多种方式安装。

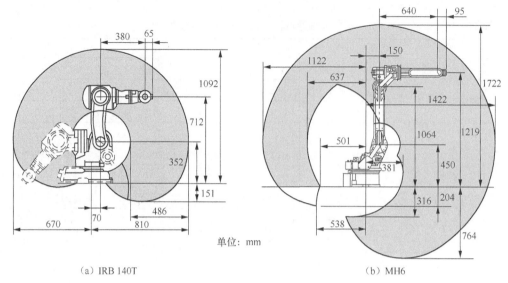

单位：mm

（a）IRB 140T　　　　　　　　　　　　　　（b）MH6

图 1.5-5　机器人的作业空间

表 1.5-2　　　　　　　　　　各类机器人的主要技术指标要求

类别		常见形态	控制轴数	承载能力	重复定位精度
加工类	弧焊、切割	垂直串联	6～7	3～20kg	0.05～0.1mm
	点焊	垂直串联	6～7	50～350kg	0.2～0.3mm
装配类	通用装配	垂直串联	4～6	2～20kg	0.05～0.1mm
	电子装配	SCARA	4～5	1～5kg	0.05～0.1mm
	涂装	垂直串联	6～7	5～30kg	0.2～0.5mm
搬运类	装卸	垂直串联	4～6	5～200kg	0.1～0.3mm
	输送	AGV	——	5～6500kg	0.2～0.5mm
包装类	分拣、包装	垂直串联、并联	4～6	2～20kg	0.05～0.1mm
	码垛	垂直串联	4～6	50～1500 kg	0.5～1mm

2. 工作范围

工作范围（Working Range）又称为作业空间，它是指机器人在未安装末端执行器时，其手腕参考点所能到达的空间；工作范围需要剔除机器人运动过程中可能产生碰撞、干涉的区域和奇点。在实际使用时，还需要考虑安装末端执行器后可能产生的碰撞。

奇点（Singularity）又称奇异点，在数学上的意义，它是不满足整体性质的个别点。由于机器人位置控制采用的是逆运动学，使得正常工作范围内的某些位置存在多种实现的可能，这就是奇点。根据美国机器人工业协会（RIA）等标准的定义，机器人奇点是"由两个或多个机器人轴的共线对准所引起的、机器人运动状态和速度不可预测的点"。奇点通常存在于作业空间的边缘；如奇异点连成一片，则称为"空穴"。

机器人的工作范围与机器人的结构形态有关，对于常见的典型结构机器人，其作业空间分别如下。

① 全范围作业机器人。在不同结构形态的机器人中，图 1.5-6 所示的直角坐标机器人、并联机器人、SCARA 机器人通常无运动干涉区，能够在整个工作范围内进行作业。直角

坐标机器人的定位通过三维直线运动来实现，其作业空间为实心立方体；并联机器人的定位通过 3 个并联轴的摆动来实现，其作业范围为锥底圆柱体；SCARA 机器人的定位通过 3 轴摆动和垂直升降来实现，其作业范围为圆柱体。

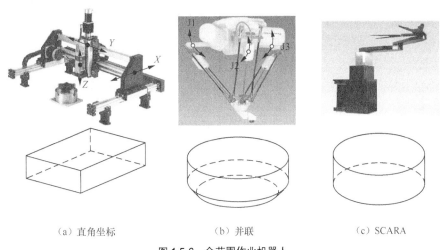

（a）直角坐标　　　　　　　（b）并联　　　　　　　（c）SCARA

图 1.5-6　全范围作业机器人

② 部分范围作业机器人。圆柱坐标、球坐标和垂直串联机器人存在运动干涉区，故只能进行图 1.5-7 所示的部分空间作业。圆柱坐标机器人的定位通过 2 轴直线加 1 轴回转摆动实现，摆动轴存在运动死区，其作业范围为部分圆柱体。球坐标型机器人的定位通过 1 轴直线加 2 轴回转摆动实现，摆动轴和回转轴均存在运动死区，作业范围为部分球体。垂直串联关节型机器人的定位通过腰、下臂、上臂 3 个关节的回转和摆动实现，摆动轴存在运动死区，其作业范围为不规则球体。

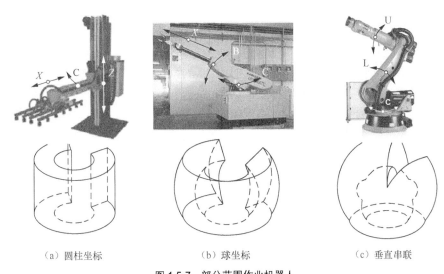

（a）圆柱坐标　　　　　　　（b）球坐标　　　　　　　（c）垂直串联

图 1.5-7　部分范围作业机器人

3. 承载能力

承载能力（Payload）是指机器人在作业空间内所能承受的最大负载，它一般用质量、力、转矩等技术参数来表示。

搬运、装配、包装类机器人的承载能力是指机器人能抓取的物品质量，产品样本所提供承载能力是指不考虑末端执行器、假设负载重心位于手腕参考点时，机器人高速运动可抓取的物品重量。焊接、切割等加工机器人无需抓取物品，因此，所谓承载能力，是指机器人所能安装的末端执行器质量。切削加工类机器人需要承担切削力，其承载能力通常是指切削加工时所能够承受的最大切削进给力。

为了能够准确反映负载重心的变化情况，机器人的承载能力有时也可用允许转矩（Allowable moment）的形式来表示，或者通过机器人承载能力随负载重心位置变化图来详细表示承载能力参数。图 1.5-8 是承载能力为 6kg 的 ABB 公司 IRB 140T 和安川公司 MH6 垂直串联结构工业机器人的实际承载能力图，其他机器人的情况与此类似。

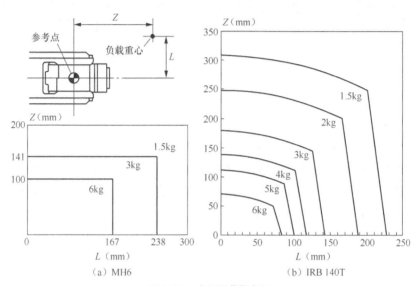

图 1.5-8　实际承载能力图

4. 自由度

自由度（Degree of Freedom）是衡量机器人动作灵活性的重要指标。所谓自由度，就是整个机器人运动链所能够产生的独立运动数，包括直线、回转、摆动运动，但不包括执行器本身的运动（如刀具旋转等）。机器人的每一个自由度原则上都需要有一个伺服轴进行驱动，因此，在产品样本和说明书中，通常以控制轴数（Number of axes）来表示。由伺服轴驱动的执行器主动运动，称为主动自由度；主动自由度一般有平移、回转、绕水平轴线的垂直摆动、绕垂直轴线的水平摆动 4 种，在结构示意图中，它们分别用图 1.5-9 所示的符号表示。6 轴垂直串联和 3 轴水平串联机器人的自由度的表示方法如图 1.5-10 所示，其他结构形态机器人的自由度表示方法类似。

机器人的自由度与作业要求有关。自由度越多，执行器的动作就越灵活，适应性也就越强，但其结构和控制也就越复杂。机器人进行直线运动或回转运动所需的自由度为 1，进行平面运动（水平或垂直面）所需的自由度为 2，进行空间运动所需的自由度为 3；如机器人能进行 X、Y、Z 方向直线运动和回绕 X、Y、Z 轴的回转运动 6 个自由度，执行器就可在三维空间上任意改变姿态，实现完全控制。超过 6 个的多余自由度称为冗余自由度

（Redundant Degree of Freedom），冗余自由度一般用来回避障碍物。

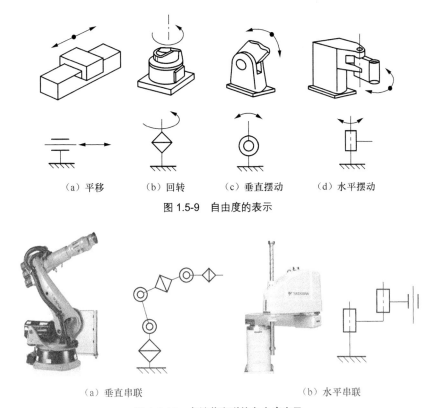

（a）平移　　　（b）回转　　　（c）垂直摆动　　　（d）水平摆动

图 1.5-9　自由度的表示

（a）垂直串联　　　　　　　　　　　（b）水平串联

图 1.5-10　多关节串联的自由度表示

5. 运动速度

运动速度决定了机器人的工作效率，它是反映机器人性能水平的重要参数。样本和说明书中所提供的运动速度，一般是指机器人在空载、稳态运动时所能够达到的最大运动速度（Maximum Speed）。

机器人的运动速度用参考点在单位时间内能够移动的距离（mm/s）、转过的角度或弧度（°/s 或 rad/s）来表示，它按运动轴分别进行标注。当机器人进行多轴同时运动时，其空间运动速度应是所有参与运动轴的速度合成。

机器人的实际运动速度与机器人的结构刚性、运动部件的质量和惯量、驱动电机的功率、实际负载的大小等因素有关。对于多关节串联结构的机器人，越靠近末端执行器的运动轴，运动部件的质量、惯量就越小，因此，能够达到的运动速度和加速度也越大；而越靠近安装基座的运动轴，对结构部件的刚性要求就越高，运动部件的质量、惯量就越大，能够达到的运动速度和加速度也越小。

6. 定位精度

机器人的定位精度是指机器人定位时执行器实际到达的位置和目标位置间的误差值，它是衡量机器人作业性能的重要技术指标。机器人样本和说明书中所提供的定位精度一般是各坐标轴的重复定位精度（Position Repeatability），在部分产品中，有时还提供了轨迹重复精度（Path Repeatability）。

由于绝大多数机器人的定位需要通过关节的旋转和摆动来实现，其空间位置的控制和检测远比以直线运动为主的数控机床困难得多，因此，机器人的位置测量方法和精度计算标准都与数控机床不同。目前，工业机器人的位置精度检测和计算标准一般采用 ISO 9283-1998《Manipulating Industrial Robots; Performance Criteria and Related Test Methods（操纵型工业机器人，性能规范和试验方法）》或 JIS B8432（日本）等；而数控机床则普遍使用 ISO 230-2、VDI/DGQ 3441（德国）、JIS B6336（日本）、NMTBA（美国）或 GB 10931（国标）等。两者的测量要求和精度计算方法都不相同，数控机床的标准要求高于机器人。

机器人的定位需要通过运动学模型来确定末端执行器的位置，其理论位置和实际位置之间本身就存在误差；加上结构刚性、传动部件间隙、位置控制和检测等多方面的原因，其定位精度与数控机床、三坐标测量机等精密加工、检测设备相比，还存在较大的差距，因此，它一般只能用作零件搬运、装卸、码垛、装配的生产辅助设备，或是用于位置精度要求不高的焊接、切割、打磨、抛光等粗加工。

| 第 2 章 |
RAPID 编程基础

2.1 RAPID 程序与管理

2.1.1 机器人程序与编程

1. 程序与指令

工业机器人的工作环境多数为已知，因此，以第一代示教再现机器人居多。示教再现机器人一般不具备分析、推理能力和智能性，机器人的全部行为需要由人对其进行控制。

工业机器人是一种有自身控制系统、可独立运行的自动化设备，为了使其能自动执行作业任务，操作者就必须将全部作业要求编制成控制系统能够识别的命令，并输入到控制系统；控制系统通过连续执行命令，使机器人完成所需要的动作。这些命令的集合就是机器人的作业程序（简称程序），编写程序的过程称为编程。

命令又称指令（Instruction），它是程序最重要的组成部分。作为一般概念，工业自动化设备的程序指令都由如下两部分组成：

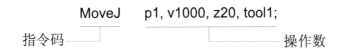

程序指令中的指令码又称操作码，它用来规定控制系统需要执行的操作；操作数又称操作对象，它用来定义执行这一操作的对象。简单地说，指令码告诉控制系统需要做什么，操作数告诉控制系统由谁去做。

指令码、操作数的格式需要由控制系统生产厂家规定，在不同的控制系统中有所不同。例如，对于机器人的关节插补、直线插补、圆弧插补，ABB 机器人的指令码为 MoveJ、MoveL、MoveC，安川机器人的指令码为 MOVJ、MOVL、MOVC 等；操作数的种类繁多，它既可以是具体的数值、文本（字符串），也可以是表达式、函数，还可以是规定格式的程序数据或程序文件等。

工业机器人的程序指令大多需要多个操作数，例如，对于 6 轴垂直串联机器人的焊接作业，指令至少需要如下操作数：

① 6 个用来确定机器人本体坐标轴位置的数据；

② 多个用来确定工具作业点、工具安装方式、工具质量和重心等内容的数据（工具数据）；

③ 多个用来确定工件形状、作业部位、安装方式等内容的数据（工件数据）；

④ 多个用来确定诸如焊接机器人焊接电流、电压，引弧、熄弧要求等内容的作业工艺数据（作业参数）；

⑤ 其他用来指定 TCP 点运动速度、到位允差等的运动参数。

因此，如果指令的每一操作数都指定具体的值，指令将变得十分冗长，为此，在工业机器人程序中，一般需要通过不同的方法来一次性定义多个操作数，这一点与数控、PLC 等控制装置有较大的不同。例如，在 ABB 机器人程序上，可用规定格式的程序数据（Program data）来一次性定义多个操作数；而在安川机器人上，则用规定格式的文件（file）来一次性定义多个操作数等。

指令码、操作数的表示方法称为编程语言（Programming language），它在不同的控制系统、不同的设备上有较大的不同，截至目前，工业机器人还没有统一的编程语言。例如，ABB 机器人采用的是 RAPID 编程语言，而安川公司机器人的编程语言为 INFORM III，FANUC 机器人的编程语言为 KAREL，KUKA 公司机器人的编程语言为 KRL，等等。因此，现阶段工业机器人的程序还不具备通用性。

采用不同编程语言所编制的程序，其程序结构、指令格式、操作数的定义方法均有较大的不同。相对而言，ABB 机器人所采用的 RAPID 编程语言，是目前工业机器人中程序结构复杂、指令功能齐全、操作数丰富的机器人编程语言之一，因此，如操作者掌握了 RAPID 编程技术，对于其他机器人来说，其编程就相对容易。本书将对此进行系统、完整的说明。

2. 编程方法

第一代机器人的程序编制方法一般有示教编程（在线编程）和离线编程两种。

（1）示教编程

示教编程是通过作业现场的人机对话操作，完成程序编制的一种方法。所谓示教，就是操作者对机器人所进行的作业引导，它需要由操作者按实际作业要求，通过人机对话操作，一步一步地告知机器人需要完成的动作；这些动作可由控制系统以命令的形式记录与保存；示教操作完成后，程序也就被生成。如果控制系统自动运行示教操作所生成的程序，机器人便可重复全部示教动作，这一过程称为"再现"。

示教编程需要由专业经验的操作者在机器人作业现场完成，故又称为在线编程。示教编程简单易行，所编制的程序正确性高，机器人的动作安全可靠，是目前工业机器人最为常用的编程方法，特别适合于自动生产线等重复作业机器人的编程。

示教编程的不足是程序编制需要通过机器人的实际操作来完成，编程需要在作业现场进行，时间较长，特别是对于高精度、复杂轨迹运动，很难利用操作者的操作示教，因而，对于作业要求变更频繁、运动轨迹复杂的机器人，一般使用离线编程。

（2）离线编程

离线编程是通过编程软件直接编制程序的一种方法。离线编程不仅可编制程序，而且还可进行运动轨迹的离线计算，并虚拟机器人现场，对程序进行仿真运行，验证程序的正确性。

离线编程可在计算机上直接完成，其编程效率高，且不影响现场机器人的作业，故适合于作业要求变更频繁、运动轨迹复杂的机器人编程。离线编程需要配备机器人生产厂家提供的专门编程软件，如 ABB 公司的 RobotStudio、安川公司的 MotoSim EG、FANUC 公司的 ROBOGUIDE、KUKA 公司的 Sim Pro 等。

离线编程一般包括几何建模、空间布局、运动规划、动画仿真等步骤，所生成的程序需要经过编译，下载到机器人，并通过试运行确认。离线编程涉及编程软件安装、操作和使用等问题，不同的软件差异较大。

3. 程序结构

程序结构就是程序的编写方法、格式及组织、管理方式，工业机器人程序通常有线性和模块式两种基本结构。

（1）线性结构

线性结构程序一般由程序名称、指令和程序结束标记组成，程序的所有内容都集中在一个程序块中，程序设计时只需要按照机器人的动作次序，将相应的指令从上至下依次排列，机器人便可按指令次序完成相应的动作。

线性结构是日本等国工业机器人常用的程序结构形式，如安川公司的弧焊机器人进行图 2.1-1 所示简单焊接作业的线性结构程序如下。

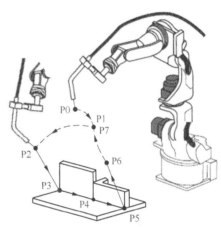

图 2.1-1　焊接作业图

```
TESTPRO                        // 程序名
0000 NOP                       // 空操作命令
0001 MOVJ VJ=10.00             // P0→P1 点关节插补，速度倍率为 10%
0002 MOVJ VJ=80.00             // P1→P2 点关节插补，速度倍率为 80%
0003 MOVL V=800                // P2→P3 点直线插补，速度为 800cm/min
0004 ARCON ASF#（1）            // 按焊接文件 ASF#1 要求，在 P3 点启动焊接
0005 MOVL V=50                 // P3→P4 点直线插补焊接，速度为 50cm/min
0006 ARCSET AC=200 AVP=100     // 修改焊接条件
0007 MOVL V=50                 // P4→P5 点直线插补焊接，速度为 50cm/min
0008 ARCOF AEF#（1）            // 按焊接文件 AEF#1 要求，在 P5 点关闭焊接
0009 MOVL V=800                // P5→P6 点直线插补，速度为 800cm/min
0010 MOVJ VJ=50.00             // P6→P7 点关节插补，速度倍率为 50%
0011 END                       // 程序结束
```

由上述程序实例可见，机器人的线性结构程序命令实际上并不完整，程序中所缺少的机器人移动到目标位置，弧焊所需要的保护气体、送丝、焊接电流和电压、引弧/熄弧时间等作业工艺参数等要素，都需要通过示教编程操作、系统参数设定进行补充与设定，因此，其离线编程较为困难，通常不能实现参数化编程。

（2）模块式结构

模块式结构的程序由多个程序模块组成，其中的一个模块负责对其他模块的组织与调度，这一模块称为主模块或主程序，其他模块称为子模块或子程序。对于一个控制任务，主模块或主程序一般只能有一个，而子模块或子程序则可以有多个。

模块式结构的程序子模块通常都有相对独立的功能，它可根据实际控制的需要，通过主模块来选择所需要的子模块、改变子模块的执行次序；此外，还可通过参数化程序设计，使子模块能用于不同的控制程序。模块式结构的程序设计灵活、使用方便，它是欧美国家工业机器人常用的程序结构形式。

模块式结构程序的模块名称、功能，在不同的控制系统上有所不同。例如，有的系统称为主模块、子模块，有的系统则称为主程序、子程序、中断程序等。ABB 工业机器人的程序结构较复杂，利用 RAPID 语言编制的应用程序（简称 RAPID 程序）包括了如图 2.1-2 所示的多种模块。

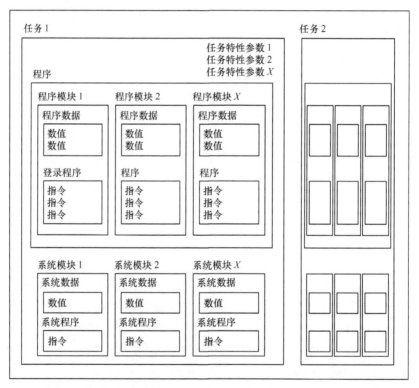

图 2.1-2　RAPID 应用程序结构

① 任务。任务（Task）由程序模块和系统模块组成，它包含了机器人完成一项特定作业（如点焊、弧焊、搬运等）所需要的全部指令和数据。简单机器人系统的 RAPID 程序通常只有一个任务，但在多机器人复杂系统上，可通过特殊的多任务（Multitasking）控制软件，同步执行多个任务。任务中的模块性质、类型等属性，可通过任务特性参数（Task property parameter）进行定义。

② 程序模块。程序模块（Program module）是 RAPID 程序的主体，它需要由编程人员根据作业要求编制，一个任务的程序模块可能有多个。有关程序模块的格式、编制方法，

将在随后的内容中详细说明。

在程序模块中，含有登录程序（Entry routine）的模块可用于程序的组织、管理和调度，称为主模块（Main module）；ABB 所谓的登录程序，实际上就是主程序（Main program）。除主模块外的其他程序模块，通常用来实现某一动作或特定功能，它们可被主程序调用，因此也可以称之为子程序。根据功能与用途不同，RAPID 子程序又有普通程序 PROC、功能程序 FUNC、中断程序 TRAP 之分，3 类程序的结构和用途有所不同（见后述）。

RAPID 程序模块由程序（Routine）和程序数据（Program data）两部分组成：程序是用来指定机器人动作的指令（Instruction）集合；程序数据则用来定义指令操作数的数值（Value），如机器人的移动目标位置、工具坐标系、工件坐标系、作业参数等。

③ 系统模块。系统模块（System module）用来定义工业机器人的功能和系统参数。这是因为，对于同一机器人生产厂家而言，机器人控制器实际上是一种通用装置，它可用于不同用途、规格、功能机器人的控制，因此，当它用于特定机器人控制时，需要通过系统模块来定义机器人的硬件、软件、功能、规格等个性化参数。

RAPID 系统模块由系统程序（Routine）和系统数据（System data）组成，它由机器人生产厂家编制，并可在系统起动时自动加载，即使删除作业程序，系统模块仍将保留。

2.1.2　RAPID 模块格式

ABB 机器人 RAPID 应用程序的结构复杂、内容众多，往往会给初学者的阅读和理解带来难度。为了便于完整地了解 RAPID 应用程序结构，本节将对 RAPID 模块的一般概念作一简要说明，模块的编程要求等内容将在随后的章节中说明。

1. 程序模块

程序模块（Program module）是机器人作业程序的主体，它包含了机器人作业所需的各种程序，程序模块的基本组成和结构如下。

```
%%%
 VERSION:1
 LANGUAGE:ENGLISH
%%%                                                    // 标题
!*****************************************************
!*****************************************************
MODULE mainmodu (SYSMODULE)                    // 主模块 mainmodu 及属性
 ! Module name : Mainmodule for MIG welding     // 注释
 ! Robot type : IRB 2600
 ! Software : RobotWare 6.01
 ! Created : 2017-01-01
 ......
 PERS tooldata tMIG1 := [TRUE,[[0,0,0],[1.0,0,0]] , [1,[0,0,0],[1.0,0,0],0,
0,0]] ;      // 指令
 PERS wobjdata station := [FALSE,TRUE,"",[[0,0,0],[1.0,0,0]] , [[0,0,0],
[1.0,0,0]] ;
```

```
    PERS seamdata sm1 := [0.2, 0.05,[0,0,0,0,0,0,0,0,0],0,0,0,0,0, [0,0,0,0,0,
0,0,0,0],0.0,0,1,0, [0,0,0,0,0,0,0,0,0,0],0.05] ;
    PERS welddata wd1 := [40,10,[0,0,10,0,0,10,0,0,0], [0,0,0,0,0,0,0,0,0]] ;
    VAR speeddata vrapid := [500,30,250,15]
    CONST robtarget p0 := [[0,0,500],[1.0,0,0],[-1,0,-1,1],[9E9,9E9,9E9,9E9,
9E9,9E9]] ;
    ......
```

```
!*********************************************************
PROC mainprg ()                              // 主程序 mainprg
  ! Main program for MIG welding            // 注释
  Initall ;                                 // 调用子程序 Initall
  ......
WHILE TRUE DO                               // 循环执行
  IF di01WorkStart=1 THEN
  rWelding;                                 // 调用子程序 rWelding
  ......
  ENDIF
  WaitTime 0.3 ;                            // 暂停
  ENDWHILE                                  // 结束循环
ERROR                                       // 错误处理程序
  IF ERRNO = ERR_GLUEFLOW THEN
  ......
  ENDIF                                     // 错误处理程序结束
ENDPROC                                     // 主程序 mainprg 结束
!*********************************************************
PROC Initall()                              // 子程序 Initall
  AccSet 100,100 ;                          // 加速度设定
  VelSet 100, 2000 ;                        // 速度设定
  rCheckHomePos ;                           // 调用子程序 rCheckHomePos
  ......
  IDelete irWorkStop ;                      // 中断复位
  CONNECT irWorkStop WITH WorkStop ;        // 定义中断程序
  ISignalDI diWorkStop, 1, irWorkStop ;     // 定义中断、启动中断监控
ENDPROC                                     // 子程序 Initall 结束
!*********************************************************
PROC rCheckHomePos ()                       // 子程序 rCheckHomePos
  IF NOT CurrentPos(p0, tMIG1) THEN         // 调用功能程序 CurrentPos
  MoveJ p0, v30, fine, tMIG1\WObj := wobj0 ;
  ......
  ENDIF
ENDPROC                                     // 子程序 rCheckHomePos 结束
```

```
!*********************************************************
FUNC bool CurrentPos(robtarget ComparePos, INOUT tooldata TCP    //功能程序
CurrentPos
    VAR num Counter:= 0 ;
    VAR robtarget ActualPos ;
    ActualPos:=CRobT(\Tool:= tMIG1\WObj:=wobj0) ;
    IF ActualPos.trans.x>ComparePos.trans.x-25 AND ActualPos.trans.x <ComparePos.
trans.x +25 Counter:=Counter+1 ;
    ......
    IF ActualPos.rot.q1>ComparePos.rot.q1-0.1 AND ActualPos.rot.q1<ComparePos.
rot.q1+0.1  Counter:=Counter+1 ;
    ......
    RETURN Counter=7 ;                              // 返回 CurrentPos 状态
ENDFUNC                                             // 功能程序 CurrentPos 结束
!*********************************************************
TRAP WorkStop                                       // 中断程序 WorkStop
  TPWrite "Working Stop" ;
  bWorkStop :=TRUE ;
  ......
ENDTRAP                                             // 中断程序 WorkStop 结束
!*********************************************************
PROC rWelding()                                     // 子程序 rWelding
  MoveJ p1, v100, z30, tMIG1\WObj := station ;  // p0→p1
  MoveL p2 v200, z30, tMIG1\WObj := station ;  // p1→p2
  ......
ENDPROC                                             // 子程序 rWelding 结束
ENDMODULE                                           // 主模块结束
!*********************************************************
!*********************************************************
```

① 标题。标题（Header）是应用程序的简要说明文本，它可根据实际需要添加，不作强制性要求。标题编写在 RAPID 程序文件的起始位置，以字符"%%%"作为开始、结束标记。ABB 机器人程序文件的标题通常为程序版本（Version）、显示语言（Language）等说明。标题之后为组成应用程序的各种模块和程序。

② 注释。注释（Comment）是为了方便程序阅读所附加的说明文本，注释以符号"!"（程序指令 COMMENT 的简写）作为起始标记，以换行符结束。在 ABB 机器人中，有时以注释行"!******"来分隔程序模块。

③ 指令。指令（Instruction）是系统的控制命令，它用来定义系统需要执行的操作，如指令"PERS tooldata tMIG1 := ……"用来定义系统的作业工具数据 tMIG1；指令"VAR speeddata vrapid := ……" 用来定义机器人的移动速度数据 vrapid 等。

④ 标识。标识（Identifier）就是构成程序的元素名称，它是程序元素的识别标记。如

指令"PERS tooldata tMIG1 := ……"中的 tMIG1，就是特定作业工具的标识（工具数据 tooldata），指令"VAR speeddata vrapid := ……" 中的 vrapid，就是机器人特定移动速度的标识（速度数据 speeddata）等。

在 RAPID 程序中，不同的模块、程序、程序数据、参数等都需要通过标识区分，因此，在同一控制系统中，不同的程序元素原则上不可使用同样的标识，也不能仅仅通过字母的大小写来区分不同的程序元素。

RAPID 程序的标识需要用 ISO 8859-1 标准字符编写，最多不能超过 32 个字符；标识的首字符必须为英文字母，后续的字符可为字母、数字或下划线"_"；但不能使用空格及已被系统定义为指令、函数、属性等名称的系统专用标识（称保留字）。

RAPID 程序中不能作为标识使用的保留字如下。

ALIAS、AND；
BACKWARD；
CASE、CONNET、CONST；
DEFAULT、DIV、DO；
ELSE、ELSEIF、ENDFOR、ENDFUNC、ENDIF、ENDMODULE、ENDPROC、ENDRECORD、ENDTEST、ENDTRAP、ENDWHILE、ERROR、EXIT；
FALSE、FOR、FROM、FUNC；
GOTO；
IF、INOUT；
LOCAL；
MOD、MODULE；
NOSTEPIN、NOT、NOVIEW；
OR；
PERS、PROC；
RAISE、READONLY、RECORD、RETRY、RETURN；
STEP、SYSMODULE；
TEST、THEN、TO、TRAP、TRUE、TRYNEXT；
UNDO；
VAR、VIEWONLY；
WHILE、WITH；
XOR。

此外，还有许多系统专用的名称，如指令名（Accset、Movej、Conj 等）、函数命令名（Abs、Sin、Offs 等）、数据类型名（num、bool、inout 等）、程序数据类别名（robtarget、tooldata、speeddata、pos 等）、系统预定义的程序数据名（v100、z20、vmax、fine 等）等，均不能作为其他程序元素的标识。

如果需要，可以通过程序中的 RAPID 函数命令（见后述），对程序模块的名称、编辑时间等信息进行检查和确认。

2. 系统模块

系统模块（System module）用来定义机器人的系统参数和功能，其基本格式如下。由于系统模块需要由机器人生产厂家编制，它通常与用户编程无关，本书不再对其进行进一步的说明。

```
MODULE sysun1(SYSMODULE)              // 系统模块名称及属性
  ! Provide predefined variables      // 注释
  VAR num n1 := 0 ;                    // 系统数据定义指令
  VAR num n2 := 0 ;
  VAR num n3 := 0 ;
  VAR pos p1 := [0, 0, 0] ;
  VAR pos p2 := [0, 0, 0] ;
  ……
  ! Define channels - open in init function
  VAR channel printer;
  VAR channel logfile;
  ……
  ! Define standard tools
  PERS pose bmtool := [……]
  ! Define basic weld data records
  PERS wdrec wd1 := [……]
  ! Define basic move data records
  PERS mvrec mv1 := [……]
  ! Define home position - Sync. Pos. 3
  PERS robtarget home := [……]
  ……
  ! Init procedure
  LOCAL PROC init()                    // 系统程序
  Open\write, printer, "/dev/lpr";
  Open\write, logfile, "/usr/pm2/log1"…… ;
  ……
  ENDPROC                              // 系统程序结束
ENDMODULE                             // 系统模块结束
```

2.1.3　主模块与主程序

1. 主模块

主模块是包含有作业主程序及主要子程序的模块，它需要紧接在标题后。主模块的基本结构如下。

```
MODULE 模块名称（属性）;              // 主模块开始
模块注释
程序数据定义
主程序
子程序 1
```

......

子程序 n

ENDMODULE   // 主模块结束

主模块以 MODULE、ENDMODULE 作为起始、结束标记，起始行为模块声明（module declaration），模块标识 MODULE 后必须定义模块名称（如 mainmodu 等）；名称后的括号内，可附加模块的属性（可选，如 SYSMODULE 等）。主模块的名称可在示教器上输入与显示，但属性只能通过离线编程软件添加，也不能在示教器上显示。RAPID 模块的常用属性有以下几种。

① SYSMODULE：程序模块或系统模块；

② NOVIEW：可执行但不能显示的模块；

③ NOSTEPIN：不能单步执行的模块；

④ VIEWONLY：可显示但不能修改的模块；

⑤ READONLY：只读模块，只能显示、不能编辑，但可删除属性的模块。

当模块需要同时定义两种以上属性时，属性需要按以上①～⑤的次序排列，不同属性间用逗号分隔，如（SYSMODULE，NOSTEPIN）等。但是，属性 NOVIEW、NOSTEPIN、VIEWONLY、READONLY 不能同时定义；属性 VIEWONLY、READONLY 不能同时定义。

主模块起始行后一般为主模块注释，注释以文本的形式添加，数量不限；注释文本之后依次为程序数据定义指令、主程序、子程序模块；最后是主模块结束标记 ENDMODULE。

主模块的程序数据定义指令通常包括工具坐标系（tooldata）、工件坐标系（wobjdata）、作业参数（如 welddata）及机器人 TCP 移动目标位置（robtarget）、特殊移动速度（speeddata）等。程序数据可通过后述的 RAPID 数据声明指令定义为变量（VAR）、常量（CONST）、永久数据（PERS）等；运算符 ":=" 相当于算术运算的等号 "="。

2. 主程序

主程序（Main program）是用来组织、调用子程序的管理程序，每一主模块都需要有一个主程序。主程序以 PROC、ENDPROC 作为起始、结束标记，其基本结构如下。

```
PROC 主程序名称（参数表）
    程序注释
    一次性执行子程序
    ......
    WHILE TRUE DO
    循环子程序
    ......
    执行等待指令
    ENDWHILE
    ERROR
    错误处理程序
    ......
    ENDIF
ENDPROC
```

主程序起始行为程序声明（routine declaration），它用来定义程序使用范围、结构类型、名称及程序参数等。主程序通常采用全局普通程序结构（PROC，见第 2.2 节），PROC 后为程序名称（procedure name，如 mainprg 等）；如需要，名称后的括号内还可附加参数化编程用的程序参数表（parameter list）；无程序参数时，名称后需要保留括号"( )"；有关程序参数的定义方法见后述。

主程序的程序声明后一般为程序注释；随后为子程序的调用、管理指令；最后为主程序结束标记 ENDPROC。主程序调用子程序的方式与子程序的类别有关，它可分为中断程序调用、功能程序调用和普通程序调用 3 类。

中断程序（Trap routines，简称 TRAP）需要通过 RAPID 程序中的中断功能调用，中断功能一旦使能（启用），只要中断条件满足，系统可立即终止现行程序、直接跳转到中断程序，而无需编制程序调用指令。

功能程序（Functions，简称 FUNC）实际上是用来实现复杂运算或特殊动作的子程序，它可向主程序返回运算或执行结果，因此，可直接用程序数据调用，同样无需编制专门的程序调用指令。

普通程序（Procedures，简称 PROC）是程序模块的主体，它既可用于机器人作业控制，也可用于系统其他处理，需要通过 RAPID 程序执行管理指令调用。程序执行管理指令有一次性执行和循环执行两大类，并可利用无条件执行、条件执行、重复执行等指令来选择子程序的调用方式。普通子程序的执行管理方法见下述。

错误处理程序（ERROR）是用来处理程序执行错误的特殊程序块，当程序出现错误时，系统可立即中断现行指令，跳转至错误处理程序块，并执行相应的错误处理指令；处理完成后，可返回断点，继续后续指令。任何类型的程序（PROC、FUNC、TRAP）都可编制一个错误处理程序块；如用户程序中没有编制错误处理程序块 ERROR，或 ERROR 中无相应的错误处理指令，将自动调用系统的错误中断程序，由系统软件进行错误处理。

3. 普通子程序执行管理

普通子程序的执行方式分一次性执行和循环执行两类，其编程方法如下。

① 一次性执行子程序。一次性执行的子程序在启动主程序后，只能调用和执行一次，这些程序的调用指令应紧接在主程序注释后编写，并以无条件执行指令调用。

子程序的无条件调用可省略调用指令 ProcCall，而只需要在程序行编写子程序名称，当系统执行至该程序行时，便可跳转至指定的子程序继续执行。例如：

```
PROC mainprg ()
  ! Main program for MIG welding
  Initall ;                          // 无条件调用子程序 Initall
  ......
```

一次性执行的子程序通常用于机器人作业起点、控制信号初始状态、程序数据初始值的定义以及中断的设定，因此，在 ABB 机器人上常称为初始化子程序，并命名为 Init、Initialize、Initall 或 rInit、rInitialize、rInitAll 等。

② 循环执行子程序。循环执行子程序通常是机器人的作业控制程序，它们可在主程序启动后无限重复地执行。循环执行子程序一般使用"WHILE-DO"指令编程，其格式如下：

```
WHILE 循环条件 DO
    循环子程序
    条件调用循环子程序
    ……
    执行等待指令
  ENDWHILE
ENDPROC
```

系统执行 WHILE 指令时，如循环条件满足，则可执行 WHILE 至 ENDWHILE 的循环指令；循环指令执行完成后，系统将再次检查循环条件，如满足，则继续执行循环指令；如此循环。如 WHILE 指令的循环条件不满足，系统可跳过 WHILE 至 ENDWHILE 的循环指令，执行 ENDWHILE 后的其他指令。

WHILE 指令的循环条件可为判别、比较式，如 "Counter1=10" "reg1<reg2" 等，也可直接定义为逻辑状态 "TRUE（满足）" 或 "FALSE（不满足）"。如果循环条件直接定义为 "TRUE"，则 WHILE 至 ENDWHILE 的循环指令将进入无限重复；如定义为 "FALSE"，则 WHILE 至 ENDWHILE 的指令将永远无法执行。

因此，如果子程序调用指令 ProcCall（或子程序名称）编制在 WHILE 至 ENDWHILE 的循环指令中，便可实现子程序的循环调用。如果需要，也可通过后述重复执行、条件执行指令，选择子程序调用方式。

2.1.4 普通程序的调用

由于 RAPID 普通程序只需要在程序行编写程序名称，便可实现程序的调用功能，因此，可直接通过无条件执行、重复执行、条件执行指令来实现子程序的无条件调用、重复调用、条件调用功能。

无条件、重复、条件调用普通子程序的编程方法如下。

1. 无条件调用

无条件调用的普通子程序可省略调用指令 ProcCall，直接在程序行编写子程序名称，当系统执行至该程序行时，便可跳转至指定的子程序继续执行。例如：

```
rCheckHomePos ;                    // 无条件调用子程序 rCheckHomePos
……
rWelding;                          // 无条件调用子程序 rWelding
```

2. 重复调用

普通子程序的重复调用，可通过重复执行指令 FOR 来实现，子程序调用指令（子程序名称）可编写在程序行 FOR 至 ENDFOR 间。FOR 指令的编程格式如下，其中的计数增量选项 STEP 可根据需要省略或添加。

```
FOR 计数器 FROM 计数起始值 TO 计数结束值 [STEP 计数增量] DO
    子程序调用                                      // 重复执行指令
    ……
  ENDFOR                                          // 重复执行指令结束
```

省略 STEP 选项时，如计数结束值 TO 大于计数起始值 FROM，系统默认 STEP 值为 1，即每执行一次 FOR 至 ENDFOR 之间的重复指令，计数值将自动加 1；如计数结束值 TO 小于计数起始值 FROM，系统默认 STEP 值为–1，即每执行一次重复指令，计数值将自动减 1；如计数器初始值不在起始值 FROM 和结束值 TO 的范围内，将跳过 FOR 至 ENDFOR 之间的重复指令。

例如，对于以下程序，如计数器 i 的初始值为 1，子程序 rWelding 可连续调用 10 次，完成后执行指令 Reset do1；如计数器 i 的初始值为 5，则子程序 rWelding 可连续调用 5 次，完成后执行指令 Reset do1；如计数器 i 的初始值小于 1 或大于 10，则跳过子程序 rWelding，直接执行指令 Reset do1。

```
FOR i FROM 1 TO 10 DO
  rWelding;                              // 子程序 rWelding 重复调用
ENDFOR
  Reset do1 ;
  ……
```

当指令使用 STEP 选项（整数，可为负）时，如计数器初始值处于 FROM 和 TO 之间，则每执行一次重复执行指令，计数值自动增加 1 个增量值；同样，如计数器初始值不在起始值 FROM 和结束值 TO 范围内，则直接跳过重复执行指令。

例如，对于以下程序，因计数增量 STEP 值为–2，子程序调用指令 rWelding 每执行一次，计数器 i 将减 2。因此，当计数器 i 初始值 FOR 为 10、结束值 TO 为 0 时，子程序 rWelding 可重复执行 5 次，完成后执行指令 Reset do1；如计数器 i 的初始值小于 0 或大于 10，将跳过子程序 rWelding，直接执行指令 Reset do1。程序中的指令"a {i} := a {i–1}"用于计数器初始值调整，当初始值为奇数 1、3、5、7、9 时，系统可自动将其设定为 2、4、6、8、10。

```
FOR i FROM 10 TO 0 STEP -2 DO
  a {i} := a {i-1}
  rWelding;
ENDFOR
  Reset do1 ;
  ……
```

3. IF 条件调用

普通子程序的 IF 条件调用，可通过 RAPID 条件执行指令 IF 实现。IF 指令可采用"IF-THEN""IF-THEN-ELSE""IF-THEN-ELSEIF-THEN-ELSE"等多种形式编程，其作用如下。

（1）IF-THEN 调用

使用"IF-THEN"指令条件调用时，子程序调用指令（子程序名称）可编写在程序行 IF 与 ENDIF 间，如系统满足 IF 条件，子程序将调用；否则，子程序将被跳过。

例如，对于以下程序，如果寄存器 reg1 的值小于 5，系统可调用子程序 work1，work1 执行完成后，执行指令 Reset do1；否则，将跳过子程序 work1，直接执行 Reset do1 指令。

```
IF reg1<5 THEN
  work1 ;
```

```
ENDIF
  Reset do1 ;
  ……
```

（2）IF-THEN-ELSE 调用

使用"IF-THEN-ELSE"指令条件调用时，可根据需要，将子程序调用指令（子程序名称）编写在程序行 IF 与 ELSE 或 ELSE 与 ENDIF 间。如 IF 条件满足，IF 与 ELSE 间的子程序可被调用，而 ELSE 与 ENDIF 间的子程序将被跳过；否则，IF 与 ELSE 间的子程序被跳过、ELSE 与 ENDIF 间的子程序被调用。

例如，对于以下程序，如寄存器 reg1 的值小于 5，系统将调用子程序 work1，work1 执行完成后，跳转至指令 Reset do1；否则，系统将调用子程序 work2，work2 执行完成后，再执行指令 Reset do1。

```
IF reg1<5 THEN
  work1 ;
ELSE
  work2 ;
ENDIF
  Reset do1 ;
  ……
```

（3）IF-THEN-ELSEIF-THEN-ELSE 调用

"IF-THEN-ELSEIF-THEN-ELSE"可设定多重执行条件，子程序调用指令（子程序名称）可编写在所需的位置。

例如，对于以下程序，如果寄存器 reg1<4，系统将调用子程序 work1，work1 执行完成后，跳转至指令 Reset do1；如果 reg1=4 或 5，系统将调用子程序 work2，work2 执行完成后，跳转至指令 Reset do1；如果 5<reg1<10，系统将调用子程序 work3，work3 执行完成后，跳转至指令 Reset do1；如 reg1≥10，系统将调用子程序 work4，再执行指令 Reset do1。

```
IF reg1<4 THEN
  work1 ;
ELSEIF reg1=4 OR reg1=5 THEN
  work2 ;
ELSEIF reg1<10 THEN
  work3 ;
ELSE
  work4 ;
ENDIF
  Reset do1 ;
  ……
```

4. TEST 条件调用

RAPID 普通子程序的 TEST 条件调用，可通过条件测试指令 TEST 实现，子程序调用指令（子程序名称）可编写在所需的位置。TEST 指令的编程格式如下。

```
TEST 测试数据
CASE 测试值, 测试值, ……:
  调用子程序;
CASE 测试值, 测试值, ……:
  调用子程序;
……
DEFAULT:
  调用子程序;
ENDTEST
  ……
```

TEST 条件调用可通过对 TEST 测试数据的检查，按 CASE 指定的值，执行不同的指令。程序中的 CASE 使用次数不受限制，DEFAULT 可根据需要使用或省略。

例如，对于以下程序，如寄存器 reg1 的值为 1、2、3，系统将调用子程序 work1，work1 执行完成后，跳转至指令 Reset do1；如 reg1 的值为 4 或 5，系统将调用子程序 work2，work2 执行完成后，跳转至指令 Reset do1；如 reg1 的值为 6，系统将调用子程序 work3，work3 执行完成后，跳转至指令 Reset do1；如 reg1 的值不在 1～6 的范围内，则系统调用子程序 work4，work4 执行完成后，再执行指令 Reset do1。

```
TEST reg1
CASE 1, 2, 3:
  work1 ;
CASE 4, 5:
  work2 ;
CASE 6:
  work3 ;
DEFAULT:
  work4 ;
ENDTEST
  Reset do1 ;
  ……
```

2.2　RAPID 程序结构与分类

2.2.1　程序声明与程序参数

1. 程序声明

RAPID 应用程序的结构较复杂，它需要由各类模块和程序组成；程序又分主程序、子程序，全局程序、局域程序，普通程序、功能程序、中断程序等多钟。

为了能对程序的使用范围、结构类型、名称、程序参数进行统一的规定，程序的起始行需要利用如下形式的程序声明（routine declaration），对其属性进行相关定义。

LOCAL PROC Procedures1 (num requi_par, INOUT VER num inout_par, ……)

使用范围　程序类型　程序名称　　程序参数1　　　　　程序参数2

① 使用范围：使用范围用来规定可以使用该程序的模块，它可定义为全局程序（GLOBAL）或局域程序（LOCAL）。

全局程序（Global routine）可被任务中的所有模块使用，GLOBAL 是系统默认的设定，无需另加声明，如主程序 "PROC mainprg ()"、子程序 "PROC Initall()" 等均为全局程序。

局域程序（Local routine）只能由本模块使用，局域程序需要加 "LOCAL" 声明，如 "LOCAL PROC local_rprg ()" 等。

局域程序的优先级高于全局程序，因此，如任务中存在名称相同的全局程序和局域程序，执行局域程序所在模块时，系统将优先执行局域程序，与之同名的全局程序及其程序数据等均无效。

除了起始位置的 "LOCAL" 声明外，局域程序的类型、结构和格式要求等和全局程序并无区别，为此，本书后述的内容中均以全局程序为例进行说明。

② 程序类型：程序类型是对程序作用和功能的规定，它可选择普通程序（PROC）、功能程序（FUNC）和中断程序（TRAP）3 类；3 类程序的结构形式、调用要求各不相同，程序的编程格式与使用方法详见后述。

③ 程序名称：程序名称是程序的识别标记，程序名称用标识表示，在同一系统中，程序名称原则上不应重复定义。

④ 程序参数：程序参数是用于参数化编程的变量，它需要在程序名称后附加的括号内定义。普通程序 PROC 通常不使用参数化编程功能，因此一般不使用参数，但需要保留名称后的括号；中断程序 TRAP 在任何情况下均可能被调用，故不能使用程序参数，名称后也无括号；RAPID 功能程序 FUNC 采用的是参数化编程，故必须定义程序参数。

2. 程序参数定义

RAPID 程序参数简称参数（parameter），它是用于程序数据初始化赋值、返回程序执行结果的变量，在参数化编程的功能程序 FUNC 中必须予以定义。

程序参数需要在程序名称后的括号内定义，并允许有多个；不同参数间用逗号分隔。程序参数的定义格式和要求如下。

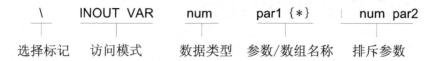

\　　INOUT VAR　　num　　par1 {*}　　num par2

选择标记　访问模式　数据类型　参数/数组名称　排斥参数

（1）选择标记：前缀 "\" 的参数为可选参数，无前缀的参数为必需参数。可选参数通常用于以函数命令 Present（当前值）作为判断条件的 IF 指令，满足 Present 条件时，参数有效，否则，忽略该参数。

例如，以下程序中的 switch on、wobj 是用于 IF 条件 Present 的可选参数，如参数 switch on 状态为 ON，参数有效，程序指令 1 将被执行，否则，忽略参数 switch on 和程序指令 1；如工件坐标系（参数 wobj）已通过 PERS 指令设定，则程序指令 2 将被执行，否则，忽略参数 wobj 和程序指令 2。

```
PROC glue ( \switch on, \PERS wobjdata wobj , num glueflow , ……)
  IF Present (on) THEN ;
    程序指令1                    // 可选参数 switch on 状态为 ON 时执行
  IF Present (wobj) THEN
    程序指令2                    // 可选参数 wobj（工件坐标系设定）符合时执行
ENDIF
……
```

（2）访问模式：访问模式用来指定参数值的设定与转换方法，可根据需要选择如下几种。

① IN（默认）：输入参数。输入参数需要在调用程序时设定初始值；在程序中，输入它可作为具有初始值的程序变量使用。IN 是系统默认的访问模式，定义时加 IN 标注。

② INOUT：输入/输出参数。输入/输出参数不仅在调用程序时可设定初始值，而且还可将程序的执行结果保存到参数上。

③ VAR、INOUT VAR：访问模式 VAR 是在程序中作为程序变量 VAR 使用，并需要输入数值的参数；访问模式 INOUT VAR 是在程序中作为程序变量 VAR 使用，需要输入初始值且能返回执行结果的参数。有关程序变量 VAR 的说明可参见后述。

④ PERS、INOUT PERS：访问模式 PERS 是在程序中作为永久数据 PERS 使用，并需要输入数值的参数；访问模式 INOUT PERS 是在程序中作为永久数据 PERS 使用，需要输入初始值且能返回执行结果的参数。有关永久数据 PERS 的说明可参见后述。

⑤ REF：交叉引用参数。访问模式 REF 仅用于系统预定义程序，在用户程序设计时不能使用该访问模式。

（3）数据类型：用来规定参数的数据格式，如数值型数据、逻辑状态型数据或复合型 TCP 位置、移动速度等。其详细内容将在后述章节中具体说明。

（4）参数/数组名称：参数名称是程序参数的识别标记，参数名称用标识表示。在同一系统中，参数名称原则上不应重复定义。参数也可为由多个数据组成的数组，此时需要在参数名称后加"{*}"标记。有关数组的表示方法可参见后述。

（5）排斥参数：排斥参数属于可选参数，它通常用于以函数命令 Present（当前值）作为 ON、OFF 判断条件的 IF 指令；用"丨"分隔的参数相互排斥，即只能选择其中之一。例如，对于以下程序，如排斥参数 switch on 状态为 ON，程序指令 1 将被执行，同时忽略参数 switch off；否则，忽略参数 switch on 和程序指令 1，执行程序指令 2。

```
PROC glue ( \switch on|switch off )
  IF Present (on) THEN ;
    程序指令1                    // 排斥参数 switch on 符合时执行
  IF Present (off) THEN
    程序指令2                    // 排斥参数 switch off 符合时执行
ENDIF
```

2.2.2 程序分类与程序结构

根据程序的功能与用途不同，RAPID 程序分为普通程序（PROC）、功能程序（FUNC）和中断程序（TRAP）3 类。3 类程序不仅功能与用途不同，而且程序的结构与编程格式也有所区别，说明如下。

1. 普通程序

RAPID 主程序以及大多数子程序均为普通程序（Procedures，PROC），普通程序可以被其他模块或程序调用，但不能向调用该程序的模块、程序返回执行结果，故又称为无返回值程序。

全局普通程序直接以程序类型 PROC 起始，用 ENDPROC 结束，程序的结构与格式如下：

```
PROC 程序名称（参数表）
  程序指令
  ……
ENDPROC
```

普通程序的起始行为程序声明，全局程序直接以程序类型 PROC 起始，后续程序名称、参数定义表，不使用参数表时保留括号"( )"。程序声明后可编写各种指令，指令 ENDPROC 代表程序结束。

普通程序被其他模块或程序调用时，可通过结束指令 ENDPROC 或指令 RETUN 返回原程序。例如，对于以下子程序 rWelCheck，如系统开关量输入信号 di01 的状态为"1"，程序将执行指令 RETUN，直接结束并返回；否则，将执行文本显示指令 TPWrite，在示教器上显示"Welder is not ready"，然后通过 ENDPROC 指令结束并返回。

```
PROC rWelCheck ()
  IF di01:=1 THEN
    RETUN
  ENDIF
    TPWrite "Welder is not ready " ;
ENDPROC
```

2. 功能程序

功能程序（Functions，简称 FUNC）又称有返回值程序，这是一种具有运算、比较等功能，能向调用该程序的模块、程序返回执行结果的参数化编程模块；调用功能程序时，不仅需要指定程序名称，且必须有程序参数。

功能程序的作用实际上与 RAPID 函数命令类似，它可作为函数命令的补充，实现用户所需要的特殊运算和处理功能。

全局功能程序直接以程序类型 FUNC 起始，用 ENDFUNC 结束，程序结构与格式如下。

```
FUNC 数据类型 功能名称（参数表）
  程序数据定义
  程序指令
```

```
    ......
    RETURN 返回数据
ENDFUNC
```

功能程序的起始行同样为程序声明，全局程序直接以程序类型 FUNC 起始，后续返回结果的数据类型和程序名称，名称后必须附加参数表。程序声明指令后可编写各种指令，其中，必须包含返回执行结果的指令 RETUN；最后用 ENDFUNC 指令结束。

功能程序可用来计算除数组外的其他所有程序数据，其程序格式和调用示例如下，示例中的主程序 PROC mainprg ( )调用了 3 个计算不同类型程序数据的功能程序；程序中涉及较多的程序数据概念，其详细说明可参见后述。

```
PROC mainprg ()
    ......
    p0 := pStart(Count1) ;               // 调用 pStart，确定起点位置 p0
    work_Dist := veclen(p0.trans) ;      // 调用 veclen，计算移动距离 work_Dist
    IF NOT CurrentPos(p0, tMIG1) THEN    // 调用 CurrentPos，确定 IF NOT 逻辑状态
    ......

ENDPROC
!**********************************************************


FUNC robtarget pStart (num nCount)       // 程序 pStart 声明
    VAR robtarget pTarget ;              // 定义程序数据 pTarget
    TEST nCount                          // 利用 TEST 指令确定 pTarget 值
    CASE 1:
    pTarget:= Offs(p0, 200, 200, 500) ;
    CASE 2:
    pTarget:= Offs(p0, 400, 200, 500) ;
    ......
    ENDTEST
    RETURN pTarget ;                     // 返回 pTarget 值
ENDFUNC
!**********************************************************


FUNC num veclen(pos vector)              // 程序 veclen 声明
    RETURN sqrt(quad(vector.x) + quad(vector.y) + quad(vector.z));
                    // 计算位置数据 vector 的 $\sqrt{x^2+y^2+z^2}$ 值，并返回结果
ENDFUNC
!**********************************************************


FUNC bool CurrentPos(robtarget ComparePos, INOUT tooldata TCP) // 程序声明
    VAR num Counter:= 0 ;                // 定义程序数据 Counter 及初值
    VAR robtarget ActualPos ;            // 定义程序数据 ActualPos
```

```
    ActualPos:=CRobT(\Tool:= tMIG1\WObj:=wobj0) ;        // 实际位置读取
    IF ActualPos.trans.x>ComparePos.trans.x-25 AND ActualPos.trans.x <ComparePos.
trans.x +25 Counter:=Counter+1 ;                         // 判别 X 轴位置
    ······
    IF ActualPos.rot.q1>ComparePos.rot.q1-0.1 AND ActualPos.rot.q1 <ComparePos.
rot.q1 +0.1 Counter:=Counter+1 ;                         // 判别工具姿态参数 q1
    ······
    RETURN Counter=7 ;                                   // 判断 Counter=7，返回逻辑状态
ENDFUNC
!***********************************************************
```

① 功能程序 pStart。功能程序 pStart 用来确定机器人多工件作业时的作业起点 TCP 位置 p0。返回数据 p0 的类型为 TCP 位置型（robtarget），故其名称为"FUNC robtarget pStart"。

程序中以工件计数器 Count1 的计数值作为确定作业起点位置的依据，它在功能程序中被定义为数值型（num）参数 nCount，故参数表为"（num nCount）"；参数 nCount 可通过主程序中调用指令 pStart 后缀的（Count1）赋值。

程序中的程序变量 pTarget 用来计算起点位置 p0，该程序数据的计算结果可通过返回指令 RETURN 返回到主程序，作为主程序的 p0 值。

② 功能程序 veclen。功能程序 veclen 用来计算机器人作业起点 p0 至坐标原点的空间距离 veclen。返回数据 veclen 的类型为数值（num 数据），故程序名为"FUNC num veclen"。

空间距离根据作业起点 p0 的 *XYZ* 坐标（*XYZ* 位置型 pos 数据）计算，故参数表为"（pos vector）"；参数 vector 可通过主程序调用指令 veclen 中的（p0.trans），用机器人 TCP 位置数据 p0 中所包含的 *XYZ* 坐标值 p0.trans 进行赋值。

功能程序可直接通过返回指令 RETURN 上的运算式 $\sqrt{x^2 + y^2 + z^2}$ 计算距离，并将计算结果直接返回至主程序，作为主程序中的 work_Dist 值。

③ 功能程序 CurrentPos。功能程序 CurrentPos 用来生成判别数据 CurrentPos，以便确定机器人的 TCP 点是否已处在作业起点附近。返回数据 CurrentPos 的类型为 bool（逻辑状态），故程序名称为"FUNC bool CurrentPos"。

判别机器人的 TCP 位置需要有比较基准和工具姿态两个参数；比较基准位置在程序中被定义为 TCP 位置型（robtarget）参数 ComparePos，工具姿态在程序中被定义为输入输出工具数据型（INOUT tooldata）参数 TCP，故名称中的参数表为"（robtarget ComparePos，INOUT tooldata TCP）"；它们可通过主程序调用指令 ComparePos 后缀的（p0，tMIG1），用主程序中的机器人起始位置 p0、工具数据 tMIG1 分别赋值。

功能程序 CurrentPos 使用了 1 个数值型程序数据 Counter 和 1 个 TCP 位置型程序数据 ActualPos。其中，程序数据 ActualPos 是利用指令 CRobT 读取的机器人 TCP 点当前位置值；程序数据 Counter 是用来计算实际位置 ActualPos 和比较基准 ComparePos 中符合项数量的计数器。例如，当机器人实际位置 ActualPos 的 *X* 坐标值（ActualPos.trans.x）处在比较基准 ComparePos 的 *X* 坐标（ComparePos.trans.x）±25mm 范围内时，认为 *X* 轴位置符合，计数器 Counter 加 1；同样，当实际位置 ActualPos 的工具姿态参数 q1（ActualPos.rot.q1）在比较基准 ComparePos 的 q1 值（ComparePos.rot.q1）±0.1 范围内时，认为工具姿态参数

q1 符合，计数器 Counter 加 1 等。

示例程序对机器人 TCP 位置中的[x，y，z]坐标值、工具姿态[q1，q2，q3，q4]共 7 个参数项进行了比较，如全部符合，则计数器 Counter=7，此时，可通过返回指令 RETURN Counter=7，向主程序返回逻辑状态"TRUE"，否则，返回逻辑状态"FALSE"。

3. 中断程序

中断程序（Trap routines，简称 TRAP）通常是用来处理异常情况的特殊程序，它可直接用中断条件调用，一旦中断条件满足或中断信号输入，系统将立即终止现行程序的执行，无条件调用中断程序。

全局中断程序直接以程序类型 TRAP 起始，用 ENDTRAP 结束，程序结构与格式如下。

```
TRAP 程序名称
  程序指令
  ……
END TRAP
```

中断程序的起始行同样为程序声明，但不能定义参数，因此，程序声明只需要在 TRAP 后定义程序名称，ENDTRAP 代表中断程序结束。

系统的中断功能一旦生效，中断程序就可随时中断条件直接调用。例如，利用输入信号调用中断程序的编程格式如下：

```
CONNECT 中断名称 WITH 中断程序 ;
ISignalDI 输入信号, 1, 中断名称;
……
```

指令 CONNECT-WITH 用来建立中断名称和中断程序的连接，对应的中断一旦生效，系统可立即无条件调用 WITH 指定的中断程序；指令 ISignalDI 用来定义中断条件和启动中断功能，ISignalDI 为系统开关量输入信号（DI 信号）中断，需要中断时的输入状态为"1"。以上指令一经执行，系统的中断监控功能将始终保持有效状态，除非利用指令 IDisable 禁止。因此，中断指令在初始化子程序上编制。

利用输入信号调用中断程序的程序示例如下，该中断程序的名称为 TRAP WorkStop，中断功能通过初始化子程序 PROC Initall 启动，中断名称定义为 irWorkStop；中断输入信号定义为 DI 输入 diWorkStop。

```
PROC Initall()
  ……
  IDelete irWorkStop ;
  CONNECT irWorkStop WITH WorkStop ;
  ISignalDI diWorkStop, 1, irWorkStop ;
ENDPROC
!*********************************************************
TRAP WorkStop
  TPWrite "Working Stop" ;
  bWorkStop :=TRUE ;
```

```
......
ENDTRAP
!************************************************************
```

在以上程序中，初始化子程序 PROC Initall 一经执行，只要 DI 输入 diWorkStop 为"1"，便可调用中断程序 TRAP WorkStop，系统将通过指令 TPWrite 在示教器上显示"Working Stop"文本，同时将程序数据 bWorkStop 的逻辑状态设定为"TRUE"。

中断程序也可以通过其他中断方式启动与调用，如果需要，还可以利用 IDisable 禁止、IEnable 启用，相关内容可参见本书第 5 章。

2.3 程序数据分类及定义

2.3.1 程序数据分类

RAPID 程序数据（Program data）简称数据（data），它是 RAPID 指令的操作数和 RAPID 应用程序的基本组成部分，正确使用程序数据是 ABB 机器人编程的基础。RAPID 程序数据的类型众多（见附录 C），为了便于全面了解程序数据，本节将对其结构组成及定义方法进行统一介绍。

根据数据的组成与结构不同，RAPID 程序数据总体分为基本型（atomic）、复合型（recode）和等同型（alias）3 大类，3 类数据的组成和特点如下。

1. 基本型数据

基本型（atomic）数据在 ABB 机器人说明书中有时译为"原子型"数据，基本型数据只能由数字、字符等基本元素构成，数据不能作进一步分解。

RAPID 程序常用的基本型数据有数值型（num）、双精度数值型（dnum）、字节型（byte）、逻辑状态型（bool）、字符串型（string、stringdig）几种。

（1）数值型、双精度数值型

数值型（num）、双精度数值型（dnum）数据是用具体数值表示的数据，数据格式按 ANSI IEEE 754 二进制浮点数标准（IEEE Standard for Floating-Point Arithmetic）定义，该标准与 ISO/IEC/IEEE 60559 等同。

数值型（num）数据采用 32 位单精度（Single precision）格式：数据位为 23 位、指数位为 8 位、符号位为 1 位；可准确表示的数值为 $-2^{23}\sim+(2^{23}-1)$。

数值型数据的用途众多，它既可表示具体的数值，还可通过数值来代表系统的工作状态，因此，在 RAPID 程序中又将其分为了多种类型。例如，专门用来表示开关量输入/输出信号逻辑状态的数值型数据称为 dionum 型数据，其值只能为"0"或"1"；专门用来表示系统错误性质的数值型数据称为 errtype 型数据，其值范围只能为正整数 0～3 等。

为了避免歧义，在 RAPID 程序中，这种用来代表系统工作状态的数据，通常应使用由字符组成的状态来表示其数值。例如，对于 dionum 型逻辑状态数据，数值"0"的状态名为 FALSE，数值"1"的状态名为 TRUE；对于 errtype 型系统错误性质数据，数值"1"的状态名为 TYPE_STATE（操作信息）、数值"2"的状态名为 TYPE_WARN（系统警示）、数值"3"的状态名为 TYPE_ERR（系统报警）等。

双精度数值型（dnum）数据采用 64 位双精度（Double precision）格式：数据位为 52 位、指数位为 11 位、符号位为 1 位；可准确表示的数值为 $-2^{52} \sim +(2^{52}-1)$。因此，在 RAPID 程序中，dnum 型数据可用来表示超过 num 型数据范围的数值。

num、dnum 数据的值可用整数、小数或指数形式表示，如 3、−5、3.14、−5.28、2E+3（2000）、2.5E−2（0.025）等；如需要，数值型也可用二进制（bin）、8 进制（oct）或 16 进制（hex）形式进行表示。

在数据取值允许的范围内，num 与 dnum 数据的转换可由系统自动完成。只要运算结果在取值范围内，num、dnum 数据还可进行各种运算；但由于小数部分的位数受限，系统只能近似值处理，因此，num、dnum 数据通常不能进行"等于"或"不等于"比较。此外，如程序中使用了除法运算，即使得到的商为整数，但系统也不认为它是准确的整数；例如，对于以下程序，由于系统不认为 *a/b* 是准确的整数 2，因而 IF 指令的条件将永远无法满足。

```
a := 10 ;
b := 5 ;
IF a/b=2 THEN
……
```

num、dnum 数据在 RAPID 程序中的编程示例如下。

```
VAR num counter ;                  // 定义 num 数据 counter
counter :=250 ;                    // num 数据 counter =250
a := 10 DIV 3 ;                    // num 数据 a 为 10÷3 的商（a=3）
b := 10 MOD 3 ;                    // num 数据 b 为 10÷3 的余数（b=1）
VAR num nCount :=1 ;               // 定义 num 数据 nCount 并赋值
VAR dnum reg1 :=10000 ;            // 定义 10 进制 dnum 数据 reg1 并赋值（10000）
VAR dnum bin := 0b11111111;        // 定义二进制 dnum 数据 bin 并赋值（255）
VAR dnum oct := 0o377;             // 定义 8 进制 dnum 数据 oct 并赋值（255）
VAR dnum hex := 0xFFFFFFFF ;       // 定义 16 进制 dnum 数据 hex 并赋值（2³²−1）
……
```

（2）字节型、逻辑状态型

字节型数据（byte）是 8 位二进制正整数，数值范围为 0～255，它主要用于多位逻辑运算及开关量输入/输出的成组处理。逻辑状态型数据（bool）用来表示二进制逻辑状态，其值用状态名 TRUE（真）、FALSE（假）表示；bool 型数据可用 TRUE、FALSE 赋值，也可进行比较、判断及逻辑运算，或直接作为 IF 指令的判别条件。

byte、bool 数据在 RAPID 程序中的编程示例如下。

```
VAR byte data3 ;                   // 定义 byte 数据 data3
VAR byte data1 := 38 ;             // 定义 byte 数据 data1=0010 0110
VAR byte data2 := 40 ;             // 定义 byte 数据 data2=0010 1000
```

```
data3 := BitAnd(data1, data2) ;        // 8 位逻辑与运算 data3=0010 0000
......
VAR bool flag1 ;                        // 定义 bool 数据 flag1
VAR bool active := TRUE;                // 定义 bool 数据 active 并赋值
......
VAR bool highvalue ;                    // 定义 bool 数据 highvalue
VAR num reg1 ;                          // 定义 num 数据 reg1
highvalue := reg1 > 100 ;        // highvalue 在 reg1 > 100 时为 TRUE, 否则为 FALSE
IF highvalue Set do1 ;           // highvalue 为 TRUE 时, 设定系统输出 do1 = 1
medvalue := reg1 > 20 AND NOT highvalue ;
```

// 定义 bool 数据 medvalue 并赋值, medvalue 在 reg1 > 20 及 highvalue 为非时(即 20<reg1≤100)为 TRUE, 否则为 FALSE

```
......
```

（3）字符串型

字符串型数据（string）亦称文本（text），它是由英文字母、数字及符号构成的特殊数据，在 RAPID 程序中，string 数据最大允许为 80 个 ASCII 字符，数据前后需要加双引号（"）标记。

如 string 数据本身包含有双引号 " 或反斜杠\，则需要连续使用 2 个双引号或 2 个反斜杠。例如，字符串 start "welding\pipe " 2 的 string 数据格式为："start " "welding\\pipe" " 2 "等。

由纯数字 0~9 组成的字符串型数据称为 stringdig 型数据，它可用来表示正整数的数值。stringdig 型数据可表示的数值范围为 $0\sim2^{32}$，大于 num 型数据（$2^{23}-1$）；且还可通过 StrDigCalc、StrDigCmp 等 RAPID 函数命令及 opcalc、opnum 型运算、比较符（LT、EQ、GT 等），进行算术运算和比较处理，有关内容可参见后述。

string 数据在 RAPID 程序中的编程示例如下。

```
VAR string text ;                    // 定义 string 数据 text
text := "start welding pipe 1" ;     // string 数据赋值
TPWrite text ;                       // 示教器显示文本 start welding pipe 1
......
VAR string name := "John Smith";     // 定义 string 数据 name 并赋值
VAR string text2 := "start " "welding\\pipe" " 2 "; //定义含"和\ 的 string 数据
TPWrite text2 ;                      // 示教器显示文本 start "welding\pipe" 2
......
VAR stringdig digits1 ;              // 定义 stringdig 数据 digits1
VAR stringdig digits2 := "4000000" ; // 定义 stringdig 数据 digits2 并赋值
VAR stringdig res ;                  // 定义 stringdig 数据 res
VAR bool flag1 ;                     // 定义 bool 数据 flag1
......
digits1 := "5000000" ;              // stringdig 数据 digits1 赋值
flag1 := StrDigCmp (digits1, LT, digits2) ;
// stringdig 数据比较, 如 digits1 > digits2, bool 数据 flag1 为 TRUE
res := StrDigCalc(digits1, OpAdd, digits2) ;
```

```
// stringdig 数据加法运算（digits1 + digits2）
......
```

2. 复合型数据

复合型（recode）数据在 ABB 机器人说明书中有时译为"记录型"数据，其数量众多，机器人位置、速度、工具等数据均为复合型数据。

复合型数据由多个数据复合而成，用来复合的数据既可以是基本型数据，也可为其他复合型数据。例如，用来表示机器人 TCP 位置的程序数据 robtarget，由 4 个复合型数据[trans，rot，robconf，extax] 复合而成，其中，trans 是由 3 个 num 数据组成的[x, y, z]复合型位置数据；rot 是由 4 个 num 数据组成的[q1, q2, q3, q4]复合型工具姿态数据；robconf 是由 4 个 num 数据组成的[cf1, cf4, cf6, cfx]复合型机器人姿态数据；extax 是由 6 个 num 数据（e1~e6 坐标值）组成的[e1, e2, e3, e4, e5, e6]复合型外部轴位置数据等。

在 RAPID 程序中，复合型数据既可整体使用，也可只使用其中的某一部分（如 trans）或某一部分的某一项数据（如 X 坐标值）；且还可利用 RAPID 函数命令进行运算与处理。

复合型数据的编程示例如下。

```
VAR robtarget p0 ;                              // 定义复合型数据 p0
p0 := [ [0, 0, 0], [1, 0, 0, 0], [1, 1,0, 0], [ 0, 0, 9E9, 9E9, 9E9, 9E9] ] ;
                                                // 复合型数据赋值
VAR robtarget p1 := [ [0, 0, 10], [1, 0, 0, 0], [1, 1,0, 0], [ 0, 0, 9E9,
9E9, 9E9, 9E9] ] ;
                                // 定义复合型数据 p1，并用基本型数据赋值
......
VAR robtarget pos2 ;            // 定义复合型数据
 VAR pos p2 := [100, 100, 200] ;   // 定义复合型数据的某一部分
pos2. trans := p2 ;            // 对 pos2 的 trans 部分赋值
......
VAR pos pos3 ;                 // 定义复合型数据的某一部分
pos3.x := 500.21 ;             // 对复合型数据 pos3 的 x 坐标项赋值
......
VAR robtarget p10 ;            // 定义复合型数据 p10
p10 := Offs(p1,10,0,0) ;       // 利用偏移函数 Offs 计算 p10 值
VAR robtarget p20 ;            // 定义复合型数据 p20
p20 := CRobT(\Tool:=tool\wobj:=wobj0) ; // 利用函数 CRobT 读入 TCP 当前位置值
......
```

3. 等同型数据

等同型（alias）数据实际上相当于通过 ALIAS 指令为系统预定义的数据类型，重新定义一个其他名称（别名），以便于数据分类和检索。别名可直接替代数据类型名使用。例如：

```
VAR num reg1 := 2;             // 定义 num 数据 reg1
ALIAS num level ;              // 数据类型名称 level 等同 num
......
```

```
VAR level high ;                                    // 定义 level 数据 high
VAR level low := 4.0;                               // 定义 level 数据 low 并赋值
high:= low+reg1                                     // 同类数据运算
……
```

2.3.2　程序数据定义

1. 数据声明指令

RAPID 程序数据可用来一次性定义多个操作数，其种类繁多，结构各不相同。控制系统出厂时，生产厂家已预定义了部分程序数据，如移动速度、定位区间等，这些数据可在程序中自由使用；用户编程时所需要的程序数据，则需要通过数据声明（data declaration）指令定义、赋值。

RAPID 数据声明指令的编程格式如下。

TASK　　PERS　　pos　　segpos {2} := [[0, 0, 0], [200, -100, 500]]

使用范围　数据性质　数据类型　数据名称/个数　　　　　初始值

（1）使用范围：用来限定数据的使用对象，规定程序数据用于哪些任务、模块和程序，它可根据需要定义为全局数据（global data）、任务数据（Task data）和局部数据（local data）。定义任务数据、局部数据的数据声明指令只用于模块编程，不能在程序中使用。

全局数据（global data）是可供所有任务、所有模块和程序使用的程序数据，它在系统中具有唯一的名称和唯一的值。全局数据是系统默认设定，无需在指令中声明 GLOBAL。任务数据（Task data）仅对该任务所属的模块和程序有效，不能被其他任务中的模块和程序共享。局部数据（local data）只能提供给本模块及所属的程序使用，不能被任务的其他模块共享；局部数据是系统优先使用的程序数据，如系统中存在与局部数据同名的其他全局数据、任务数据，则这些程序数据将无效。在实际程序中，由于大多数程序数据为系统默认的单任务、全局数据，因此，使用范围定义项通常可以省略。

（2）数据性质：用来规定程序数据的使用方法及数据的保存、赋值、更新要求。RAPID程序数据有常量 CONST（constant）、永久数据 PERS（persistent）、程序变量 VAR（variable）和程序参数（parameter）4 类，其中，程序参数需要在程序声明中定义，其定义方法见前述 2.2 节；常量 CONST、永久数据 PERS、程序变量 VAR，需要通过数据声明指令定义，其定义方法见下述。

声明为常量 CONST、永久数据 PERS 的程序数据，将被保存到系统的 SRAM 中，其数值可一直保持到下次赋值；声明为程序变量 VAR 的程序数据，以及在程序声明中定义的程序参数，将被保存到系统的 DRAM 中，数值仅在程序执行时有效，程序执行完成或系统复位时将被清除。

在 RAPID 程序中，程序数据的性质可通过 RAPID 函数命令 IsPers、IsVar 进行检查和确认，如程序数据为永久数据，则命令 IsPers 的执行结果为 TRUE；如程序数据为程序变量，则命令 IsVar 的执行结果为 TRUE。

（3）数据类型：用来规定程序数据的格式与用途，如数值型数据 num、逻辑状态型数据 bool 或 *XYZ* 型 TCP 位置 pos 等，程序数据分类与名称可参见附录 C。

（4）数据名称/个数、初始值：数据名称是程序数据的识别标记；数据个数仅用于数组，它用来指定数组所包含的程序数据数量；初始值用来设定指令执行后的数据值。

为了简化编程、减少指令，类型相同的多个程序数据可利用数组的形式进行定义。定义数组时，需要在名称后附加"｛价数，个数｝"标记；引用数据时，则需要在名称后附加"｛列号，序号｝"标记。但是，1 价数组定义时，只需要后缀个数；数据引用时，同样只需要附加数据序号。数组所包含的数据个数，可通过 RAPID 函数命令 Dim 读取。

RAPID 数组可为 1、2 或 3 价，数组的定义及引用示例如下。

```
VAR num counter := 1;                           // num 数据及初始值定义
VAR num dcounter_1 {5} := [ 9, 8, 7, 6, 5 ] ;   // 1 价 num 数组及初始值定义
VAR num dcounter_2 {2, 3} := [[ 9, 8, 7 ], [ 6, 5, 4 ]] ;
                                                // 2 价 num 数组及初始值定义
VAR pos seq{3} := [[0, 0, 0], [0, 0, 500], [0, 0,1000]];
                                                // 1 价 pos 数组及初始值定义
......
reg1 := dcounter_1 {3} ;                        // 1 价 num 数组引用，reg1=7
reg2 := dcounter_2 {1, 2}                        // 2 价 num 数组引用，reg2=8
reg3 := dcounter_2 {2, 3}                        // 2 价 num 数组引用，reg3=4
pos1 := seq{2}                                   //1 价 pos 数组引用，pos1=[0, 0, 500]
......
reg4 := Dim( dcounter_1, 1 ) ;                   // 1 价数组数据数读取，reg4=5
reg5 := Dim( dcounter_2, 2 ) ;                   // 2 价数组/第 2 列数据数读取，reg5=3
```

2. 常量及定义

常量 CONST（constant）在系统中具有恒定的值，任何类型的程序数据均可定义成常量。常量的值必须由程序中的数据声明指令直接定义，且在程序中不会改变。常量值可通过赋值指令、表达式等方式定义，也可用数组一次性定义多个常量。定义常量 CONST 的数据声明指令编程示例如下。

```
CONST num a := 3 ;                              // 定义常量 a=3
CONST num b := 5 ;                              // 定义常量 b=5
CONST num index := a + b ;                      // 用表达式定义常量 index =8
CONST pos seq{3} := [[0, 0, 0], [0, 0, 500], [0, 0,1000]];
                                                // 用 1 价数组定义位置型常量
CONST num dcounter_2 {2, 3} := [[ 9, 8, 7 ], [ 6, 5, 4 ]] ;
                                                // 用 2 价数组定义常量
......
```

3. 永久数据及定义

永久数据 PERS（persistent）是可定义初始值、可通过程序改变、且能保存程序执行结果的数据，任何类型的程序数据均可定义为永久数据。

永久数据 PERS 数据声明指令只能在模块中编程；主程序、子程序中可使用永久数据、改变永久数据值，但不能用声明指令来定义永久数据。永久数据值可通过程序中的赋值指令、函数命令或表达式更新或修改；数值在程序执行完成后仍保存在系统中，并供其他程序或下次开机时使用。

当永久数据的使用范围（见下述）被定义为任务数据 TASK、局部数据 GLOBAL 时，必须在数据声明指令中定义数据初始值；初始值可用赋值、表达式形式设定，也可用数组的形式一次性定义多个初始值。当使用范围被规定为全局数据时，如数据声明指令未定义初始值，系统将自动设定 num、dnum 数据的初始值为 0，bool 数据的初始值为 FALSE，string 数据的初始值为空白。

永久数据 PERS 的数据声明指令编程示例如下，指令只能在模块中编程，而不可在程序中编程。

```
MODULE mainmodu (SYSMODULE)          // 永久数据只能在模块中定义
 ......
 PERS num a := 3 ;                   // 定义永久数据 a=3
 PERS num b := 5 ;                   // 定义永久数据 b=3
 PERS num index := a + b ;          // 用表达式定义永久数据 index =8
 PERS pos seq{3} := [[0, 0, 0], [0, 0, 500], [0, 0,1000]];
                                    // 用 1 价数组定义位置型永久数据
 PERS num dcounter_2 {2, 3} := [[ 9, 8, 7 ] , [ 6, 5, 4 ]] ;
                                    // 用 2 价数组定义永久数据
 ......
 PERS pos refpnt := [0, 0, 0] ;     // 定义永久数据 refpnt 及初始值
 ......
 refpnt := [ x, y, z ] ;            // 永久数据 refpnt 值更新
 ......

ENDMODULE
```

在上述示例中，永久数据 refpnt（位置型数据）使用了更新指令 "refpnt := [x, y, z]"，如模块执行后的[x, y, z]值为[100, 200, 500]，则这一执行结果将被系统保存；当模块下次启动时，模块中的永久数据 refpnt 定义、更新指令将成为如下形式：

```
 ......
 PERS pos refpnt := [100, 200, 500] ;    // refpnt 的初始值为上次执行结果
 ......
 refpnt := [ x, y, z ] ;                  // 永久数据 refpnt 值更新
 ......
```

4. 程序变量及定义

程序变量 VAR（variable，简称变量）是可供模块、程序自由使用的程序数据。变量值可通过程序中的赋值指令、函数命令或表达式任意设定或修改；在程序执行完成后，变量值将被自动清除。

变量的初始值可在数据声明指令中定义，也可用数组的形式一次性定义多个变量；如

数据声明指令未对程序变量进行赋值，系统将自动设定 num、dnum 数据的初始值为 0，bool 数据的初始值为 FALSE，string 数据的初始值为空白（无字符）。

定义程序变量 VAR 的数据声明指令编程示例如下，指令可在模块、程序中编程。

```
VAR num counter ;                    // 定义 counter= 0
VAR bool bWorkStop ;                 // 定义 bWorkStop=FALSE
VAR pos pHome ;                      // 定义 pHome =[ 0, 0, 0]
VAR string author_name ;            // 定义 author_name 为空白
......
VAR pos pStart := [100, 100, 50] ;   // 定义 pStart=[100, 100, 50]
author_name := "John Smith" ;        // 修改 author_name 为"John Smith"
VAR num index := a + b ;             // 定义变量 index 并通过表达式赋值
VAR num maxno{6} := [1, 2, 3, 9, 8, 7] ;    // 定义 1 价 num 数组 maxno 并赋值
VAR pos seq{3} := [[0, 0, 0], [0, 0, 500], [0, 0,1000]];
                                     // 定义 1 价 pos 数组并赋值
VAR num dcounter_2 {2, 3} := [[ 9, 8, 7 ] , [ 6, 5, 4 ]] ;
                                     // 定义 2 价 num 数组并赋值
......
```

2.4　表达式、运算指令及函数

2.4.1　表达式及运算指令编程

1. 表达式及编程

在 RAPID 程序中，程序数据的值既可直接用变量赋值指令设定，也可以是利用表达式、运算指令或函数命令所得到的数学、逻辑运算结果。

表达式是用来计算程序数据数值、逻辑状态的算术、逻辑运算式或比较式。表达式中的运算数可以是基本型数据，也可以是常量 CONST、永久数据 PERS 和程序变量 VAR；表达式中的运算数需要用运算符来连接，不同运算对运算数的类型有规定和要求。简单四则运算和比较操作可使用基本运算符，复杂运算则需要用函数命令来实现。

RAPID 基本运算符的说明见表 2.4-1。

表 2.4-1　　　　　　　　　　　　基本运算符说明表

运算符		运算	运算数类型	运算说明
算术运算	:=	赋值	任意	a := b
	+	加	num，dnum，pos，string	$[x1, y1, z1]+[x2, y2, z2]=[x1+x2, y1+y2, z1+z2]$ " IN " + " OUT " = " INOUT "
	−	减	num，dnum，pos	$[x1, y1, z1]−[x2, y2, z2]=[x1−x2, y1−y2, z1−z2]$

运算符		运算	运算数类型	运算说明
算术运算	*	乘	num，dnum，pos，orient	[x1, y1, z1] * [x2, y2, z2] = [x1*x2, y1*y2, z1*z2] a * [x, y, z] = [a*x, a*y, a*z]
	/	除	num，dnum	a/b
比较运算	<	小于	num，dnum	(3 < 5) = TRUE；(5 < 3) = FALSE
	<=	小于等于	num，dnum	——
	=	等于	任意同类数据	([0, 0, 100] = [0, 0, 100]) = TRUE ([100, 0, 100] = [0, 0, 100]) = FALSE
	>	大于	num，dnum	——
	>=	大于等于	num，dnum	——
	<>	不等于	任意同类数据	([0, 0, 100] <> [0, 0, 100]) = FALSE ([100, 0, 100] <> [0, 0, 100]) = TRUE

表达式的运算次序与通常的算术、逻辑运算相同，并可使用括号；在比较和逻辑运算（见后述）混合的表达式上，比较运算优先于逻辑运算，如运算式"a<b AND c<d"，先进行的是 a<b、c<d 的比较运算，然后再进行比较结果的"AND"运算。

num、dnum 数据可进行算术和比较运算，算术运算的结果仍为 num、dnum 数据；三维空间的位置数据 pos 为矢量运算，结果仍为 pos 数据；string 数据相加的结果为字符合并。逻辑、比较运算的结果为 bool 数据，结果为 TRUE 或 FALSE。纯数字组成的字符串型数据（stringdig），还可通过 StrDigCalc、StrDigCmp 等函数命令及 opcalc、opnum 型运算、比较符（如 OpAdd、OpSub、LT、EQ、GT 等），进行算术运算和比较等处理，有关内容见后述。

在 RAPID 程序中，表达式可用于以下场合：
① 用于程序数据的赋值；
② 对复合型数据（recode）的某一部分进行赋值；
③ 代替指令中的操作数；
④ 作为 RAPID 函数命令的自变量；
⑤ 作为 IF 指令的判断条件等。
表达式在 RAPID 程序中的编程示例如下。

```
CONST num a := 3 ;
PERS num b := 5 ;
VAR num c := 10 ;
VAR num reg1 ;
VAR bool highstatus ;
VAR pos pos1 ;
……
reg1 := c* (a+b) ;                    // 用于数值型程序数据 reg1 的赋值
highstatus := reg1>100 OR reg1<10;    // 用于逻辑状态型程序数据 highstatus 的赋值
pos1 := [100, 200, 2*a] ;             // 对复合型数据 reg1 的 z 进行赋值
```

```
    WaitTime a+b ;                          // 代替 WaitTime 指令的操作数
    d := Abs(a-b) ;                         // 作为函数命令 Abs 的自变量
    ……
IF a > 2 AND NOT highstatus THEN            // 作为 IF 指令的判断条件
    work1 ;
    ELSEIF a<2 OR reg1>100 THEN             // 作为 IF 指令的判断条件
    work2 ;
    ELSEIF a<2 AND reg1<10 THEN             // 作为 IF 指令的判断条件
    work3 ;
    ENDIF
    ……
```

2. 运算指令及编程

RAPID 程序的运算指令较为简单，它通常只能用于数值型（num）、双精度数值型（dnum）数据的清除、相加、增减 1 等运算，指令的编程格式及简要说明见表 2.4-2。

表 2.4-2　　　　　　　　　　　　　RAPID 运算指令及编程格式

名称	编程格式与示例		
数值清除	Clear	编程格式	Clear Name | Dname ;
		程序数据	Name 或 Dname：需清除的数据，数据类型 num 或 dnum
	简要说明	清除指定程序数据的数值	
	编程示例	Clear reg1 ;	
加运算	Add	编程格式	Add Name | Dname,　AddValue | AddDvalue ;
		程序数据	Name、AddValue：加数、被加数，数据类型 num；或：Dname、AddDvalue：加数、被加数，数据类型 dnum
	简要说明	同类型程序数据加运算，结果保存在被加数上，加数可使用负号	
	编程示例	Add reg1, 3 ; Add reg1, −reg2 ;	
数值增 1	Incr	编程格式	Incr Name | Dname ;
		程序数据	Name 或 Dname：需增 1 的数据，数据类型 num 或 dnum
	简要说明	指定的程序数据数值增 1	
	编程示例	Incr reg1 ;	
数值减 1	Decr	编程格式	Decr Name | Dname ;
		程序数据	Name 或 Dname：需减 1 的数据，数据类型 num 或 dnum
	简要说明	指定的程序数据数值减 1	
	编程示例	Decr reg1 ;	
有效整数检查	TryInt	编程格式	TryInt DataObj | DataObj2
		程序数据	DataObj 或 DataObj2：需检查的数据，数据类型 num 或 dnum
	简要说明	检查指定的数据是否为 num 或 dnum 型整数，如为整数，程序继续；否则产生系统出错	
	编程示例	TryInt mydnum ;	

名称		编程格式与示例	
指定位 置位	BitSet	编程格式	BitSet BitData | DnumData, BitPos
		程序数据	BitData 或 DnumData：需要对指定位进行置位的数据，数据类型 byte 或 dnum； BitPos：需要置 1 的数据位，数据类型 num
	简要说明		将 byte、dnum 型数据指定位的状态置 1
	编程示例		BitSet data1, 8 ;
指定位 复位	BitClear	编程格式	BitClear BitData | DnumData, BitPos
		程序数据	BitData 或 DnumData：需要对指定位进行复位的数据，数据类型 byte 或 dnum； BitPos：需要复位的数据位，数据类型 num
	简要说明		将 byte、dnum 型数据指定位的状态置 0
	编程示例		BitClear data1, 8 ;

运算指令在 RAPID 程序中的编程示例如下。Add 指令的被加数与加数的数据类型必须一致，否则，需要通过后述的数据转换指令，进行 num、dnum 的格式转换。

```
Clear reg1 ;                                    // reg1=0
Add reg1, 3 ;                                   // reg1=reg1+3
Add reg1,-reg2 ;                                // reg1= reg1-reg2
Incr reg1 ;                                     // reg1=reg1+1
Decr reg1 ;                                     // reg1=reg1-1
! **********************************************************
VAR dnum a :=5000 ;                             // 程序数据定义
VAR num b :=6000 ;
VAR dnum c :=7000 ;
Add b, DnumToNum(a \Integer) ;                  // a 转换为 num 型，与 b 加运算
Add c, NumToDnum(b) ;                           //b 转换为 dnum 型，与 c 加运算
TryInt b ;                                      // 检查 b 为有效整数
! **********************************************************
CONST num parity1_bit := 8 ;                    // 程序数据定义
CONST num parity2_bit := 52 ;
VAR byte data1 := 2 ;
VAR dnum data2 := 2251799813685378 ;
BitSet data1, parity1_bit ;                     // data1 的第 8 位置 1
BitClear data2, parity2_bit ;                   // data2 的第 52 位置 0
......
```

2.4.2 函数运算命令编程

1. 函数命令与参数

函数命令相当于系统生产厂家编制的功能程序，但它可通过 RAPID 函数命令直接调

用。与功能程序一样，RAPID 函数命令同样需要定义参数，参数的数量、类型必须与函数命令的要求一致；命令执行结果同样可返回到程序中。

函数命令中所需要的参数，可以是程序声明中定义的程序参数，也可直接在命令中指定。程序参数的定义方法可参见 2.2 节；在命令中定义的参数，可为数值、已赋值的程序数据或常量 CONST、永久数据 PERS 和程序变量 VAR 等。例如：

```
PROC Calculate_val(iodev File\num Maxtime)      // 在程序声明中定义参数
......
VAR num angle1 ;                                // 定义程序变量
VAR num angle2 ;
VAR num x_value :=1 ;
VAR num y_value :=2 ;
......
reg1 := Sin(45) ;                               // 用数值指定参数
angle1 := ATan2(y_value, x_value) ;             // 用程序变量指定参数
angle2 := ATan2(a :=2, b :=2) ;                 // 用程序数据指定参数
......
character := ReadBin(File\Time? Maxtime) ;      // 使用程序参数
......
```

在以上程序中，指令"character := ReadBin(File\Time? Maxtime);"的函数命令 ReadBin，使用了可选程序参数"iodev File\num Maxtime"，此时，参数定义格式为"File\Time? Maxtime"，其含义与"File\Time := Maxtime"相同。

RAPID 函数命令数量众多（见附录 B），其中，算术和逻辑运算、纯数字字符串运算和比较、程序数据格式转换等命令是最基本的通用命令，说明如下；其他命令将结合编程指令，在后述的章节中一一说明。

2. 算术、逻辑运算命令

算术运算、逻辑运算函数命令可用于复杂算术运算、三角函数及多位逻辑运算。ABB 机器人程序常用的算术运算、逻辑运算函数命令见表 2.4-3，命令功能及参数的数据类型要求说明如下。

表 2.4-3　　　　　　　　　　常用的算术运算、逻辑运算函数命令表

	函数命令	功　能	编程示例
算术运算	Abs、AbsDnum	绝对值	val:= Abs (value)
	DIV	求商	val:= 20 DIV 3
	MOD	求余数	val:= 20 MOD 3
	quad、quadDnum	平方	val := quad (value)
	Sqrt、SqrtDnum	平方根	val:= Sqrt (value)
	Exp	计算 e^x	val:= Exp (x_value)
	Pow、PowDnum	计算 x^y	val:= Pow (x_value, y_value)
	Round、RoundDnum	小数位取整	val := Round (value \Dec:=1)
	Trunc、TruncDnum	小数位舍尾	val := Trunc (value \Dec:=1)

函数命令	功　能	编程示例
Sin、SinDnum	正弦	val := Sin(angle)
Cos、CosDnum	余弦	val := Cos(angle)
Tan、TanDnum	正切	val := Tan(angle)
Asin、AsinDnum	−90°～90° 反正弦	Angle1:= Asin (value)
Acos、AcosDnum	0°～180° 反余弦	Angle1:= Acos (value)
ATan、ATanDnum	−90°～90° 反正切	Angle1:= ATan (value)
ATan2、ATan2Dnum	y/x 反正切	Angle1:= ATan (y_value, x_value)
AND	逻辑"与"	val _ bit := a AND b
OR	逻辑"或"	val _ bit := a OR b
NOT	逻辑"非"	val _ bit := NOT a
XOR	异或	val _ bit := a XOR b
BitAnd、BitAndDnum	位"与"	val _ byte:= BitAnd (byte1, byte2)
BitOr、BitOrDnum	位"或"	val _ byte:= BitOr (byte1, byte2)
BitXOr、BitXOrDnum	位"异或"	val _ byte:= BitXOr (byte1, byte2)
BitNeg、BitNegDnum	位"非"	val _ byte := BitNeg (byte)
BitLSh、BitLShDnum	左移位	val _ byte := BitLSh (byte, value)
BitRSh、BitLRhDnum	右移位	val _ byte := BitRSh (byte, value)
BitCheck、BitCheckDnum	位状态检查	IF BitCheck (byte 1, value) = TRUE THEN

第1列分组：三角函数运算（Sin~ATan2）、逻辑运算（AND~XOR）、多位逻辑运算（BitAnd~BitCheck）

（1）算术运算命令

除 x^y 运算命令中的运算参数 x 只能为 num 数据外，其他命令均可为 num 或 dnum 数据。

命令 Round、Trunc 为取近似值命令，命令 Round 为"四舍五入"取整，命令 Trunc 为"舍尾"取整；近似值所保留的小数位数，可通过参数添加项\Dec 指定，省略\Dec 则为整数。

算术运算命令的编程示例如下。

```
VAR num reg1 := 0.8665372 ;
VAR num reg2 := 0.6356138 ;
VAR num val1 ;
……
val1 := Round(reg1\Dec:=3) ;       // 保留 3 位小数、四舍五入取整，val1=0.867
val2 := Round(reg2) ;              // 保留整数、四舍五入取整，val2=1
val3 := Trunc(reg1\Dec:=3) ;       // 保留 3 位小数、舍尾取整，val3=0.866
val4 := Trunc(reg2) ;              // 保留整数、舍尾取整，val4=0
……
```

（2）三角函数运算命令

Sin、Cos、Tan 用于正弦、余弦、正切运算；Asin、Acos、Atan、Atan2 用于反正弦、反余弦、反正切运算；参数为 num 数据。Asin、Acos 命令的参数值范围为−1～1，Asin 的计算结果为-90°～90°、Acos 的计算结果为 0～180°；Atan 命令的参数值范围任意，计算结果为-90°～90°；Atan2 命令可根据 y、x 值确定象限，并利用 Atan（y/x）求出角度，其计算结果为-180°～180°。

三角函数运算命令的编程示例如下。

```
VAR num reg1 := 30 ;
VAR num reg2 := 0.5 ;
VAR num reg3 := -0.5 ;
VAR num value1 := 1 ;
VAR num value2 := -1 ;
VAR num val1 ;
......
val1 := Sin(reg1) ;                        // val1=0.5
val2 := Asin(reg2) ;                       // val2=30
val3 := Asin(reg3) ;                       // val3=-30
val4 := Acos(reg2) ;                       // val4=60
val5 := Acos(reg3) ;                       // val5=120
val6 := Atan(value1) ;                     // val6=45
val7 := Atan(value2) ;                     // val7=-45
val8 := Atan2(value1, value1) ;            // val8=45
val9 := Atan2(value1, value2) ;            // val9=135
val10 := Atan2(value2, value1) ;           // val10=-45
val11 := Atan2(value2, value2) ;           // val11=-135
......
```

（3）逻辑运算命令

AND、OR、NOT、XOR 用于位逻辑运算；BitAnd、BitOr、BitXOr、BitNeg、BitLSh、BitRSh、BitCheck 用于 byte 数据的 8 位逻辑"与""或""异或""非"及移位、状态检查等逻辑操作；命令也可用于 dnum 正整数的 52 位逻辑操作。

逻辑运算命令的编程示例如下。

```
VAR bool highstatus ;
......
IF a > 2 AND NOT highstatus THEN          // NOT 运算
   work1 ;
ELSEIF a<2 OR reg1>100 THEN               // OR 运算
   work2 ;
ELSEIF a<2 AND reg1<10 THEN               // AND 运算
   work3 ;
ENDIF
......
!************************************************************
VAR byte data1 := 38 ;                    // 定义 byte 数据 data1=0010 0110
```

```
VAR byte data2 := 40 ;                 // 定义 byte 数据 data2=0010 1000
VAR num index_bit := 3 ;
VAR byte data3 ;
……
data3 := BitAnd(data1, data2) ;        // 8 位逻辑 "与" 运算 data3=0010 0000
data4 := BitOr(data1, data2) ;         // 8 位逻辑 "或" 运算 data4=0010 1110
data5 := BitXOr(data1, data2) ;        // 8 位逻辑 "异或" 运算 data5=0000 1110
data6 := BitNeg(data1) ;               // 8 位逻辑 "非" 运算 data6=1101 1001
data7 := BitLSh(data1, index_bit) ;    // 左移 3 位操作 data7=0011 0000
data8 := BitRSh(data1, index_bit) ;    // 右移 3 位操作 data8=0000 0100
IF BitCheck(data1, index_bit) = TRUE THEN // 检查第 3 位（bit2）的 "1" 状态
……
```

3. 字符串操作命令

字符串操作命令 StrDigCalc 和 StrDigCmp 用于纯数字字符串数据 stringdig 的四则运算和比较操作，stringdig 数据的范围为 $0\sim2^{32}$。stringdig 数据运算操作需要使用表 2.4-4 所示的文字型运算符 opcalc 和文字型比较符 opnum。

表 2.4-4　　　　　　　　　　　opcalc 运算符及 opnum 比较符一览表

运算	opcalc 运算符	OpAdd	OpSub	OpMult	OpDiv	OpMod	
	运算	加	减	乘	求商	求余数	
比较	opnum 比较符	LT	LTEQ	EQ	GT	GTEQ	NOTEQ
	操作	小于	小于等于	等于	大于	大于等于	不等于

进行字符串操作的命令参数及运算结果的数据类型为纯数字正整数字符串（stringdig），一旦运算结果为负、除数为 0 或数据范围超过 2^{32}，系统都将发生运算出错报警。

字符串操作命令的编程示例如下。

```
VAR stringdig digits1 := "99988" ;     // 定义纯数字字符串 1
VAR stringdig digits2 := "12345" ;     // 定义纯数字字符串 2
VAR stringdig res1 ;                    // 定义纯数字字符串变量
……
VAR bool is_not1 ;                      // 定义逻辑状态型变量
……
res1 := StrDigCalc(str1, OpAdd, str2) ;    // res1="112333"
res2 := StrDigCalc(str1, OpSub, str2) ;    // res2="87643"
res3 := StrDigCalc(str1, OpMult, str2) ;   // res3="1234351860"
res4 := StrDigCalc(str1, OpDiv, str2) ;    // res4="8"
res5 := StrDigCalc(str1, OpMod, str2) ;    // res5="1228"
……
is_not1 := StrDigCmp(digits1, LT, digits2) ;   // is_not1 为 FALSE
is_not2 := StrDigCmp(digits1, EQ, digits2) ;   // is_not2 为 FALSE
is_not3 := StrDigCmp(digits1, GT, digits2) ;   // is_not3 为 TRUE
is_not4 := StrDigCmp(digits1, NOTEQ, digits2) ;// is_not4 为 TRUE
……
```

2.4.3　数据转换函数命令编程

1. 命令与功能

RAPID 程序指令对操作数类型有规定的要求，为此，当操作数为其他类型数据时，需要通过程序数据转换函数命令，将其转换为指令所要求的类型。

RAPID 程序数据转换函数命令可用于 num、dnum、string、byte 等数据的转换，命令的编程格式、参数要求、执行结果及功能的简要说明见表 2.4-5。

表 2.4-5　　　　　　　　　　　　　数据转换函数命令说明表

名称	编程格式与示例		
num 数据转换为 dnum 数据	NumToDnum	命令格式	NumToDnum (Value)
		基本参数	Value：需要转换的数据，数据类型 num
		可选参数	——
		执行结果	dnum 型数据
	简要说明		将数值型数据转换为双精度数值型数据
	编程示例		Val_dnum:=NumToDnum(val_num) ;
dnum 数据转换为 num 数据	DnumToNum	命令格式	DnumToNum (Value [\Integer])
		基本参数	Value：需要转换的数据，数据类型 dnum
		可选参数	不指定：转换为浮点数； \Integer：转换为整数
		执行结果	num 型数据
	简要说明		将双精度数值型数据转换为数值型数据
	编程示例		Val_num:= DnumToNum (val_dnum) ;
num 数据转换为 string 数据	NumToStr	命令格式	NumToStr (Val , Dec [\Exp])
		基本参数	Val：需要转换的数据，数据类型 num； Dec：转换后保留的小数位数
		可选参数	不指定：小数形式的字符串； \Exp：指数形式的字符串
		执行结果	小数或指数形式的字符串数字，数据类型 string
	简要说明		将数值型数据转换为字符串格式
	编程示例		str := NumToStr(0.38521, 3) ;
dnum 数据转换为 string 数据	DnumToStr	命令格式	DnumToStr (Val, Dec [\Exp])
		基本参数	Val：需要转换的数据，数据类型 dnum； Dec：转换后保留的小数位数
		可选参数	不指定：小数形式的字符串； \Exp：指数形式的字符串
		执行结果	小数或指数形式的字符串数字，数据类型 string
	简要说明		将双精度数值型数据转换为字符串格式
	编程示例		str := DnumToStr(val, 2\Exp) ;

名称	编程格式与示例		
从 string 数据截取 string 数据	StrPart	命令格式	StrPart (Str, ChPos, Len)
		基本参数	Str：待转换的字符串，数据类型 string； ChPos：截取的首字符位置，数据类型 num； Len：需要截取的字符数量，数据类型 num
		可选参数	——
		执行结果	新的字符串，数据类型 string
	简要说明		从指定字符串中截取部分字符，构成新的字符串
	编程示例		part := StrPart("Robotics",1,5) ;
byte 数据转换为 string 数据	ByteToStr	命令格式	ByteToStr (BitData [\Hex] | [\Okt] | [\Bin] | [\Char])
		基本参数	BitData：需转换的数据，数据类型 byte，范围 0~255
		可选参数	不指定：用字符串表示的十进制值"0~255"； \Hex：用字符串表示的十六进制值"00~FF"； \Okt：用字符串表示的八进制值"000~377"； \Bin：用字符串表示的二进制值"0000 0000~1111 1111"； \Char：BitData 所对应的 ASCII 字符
		执行结果	可选参数选定的字符串，数据类型 string
	简要说明		将 1 字节常数 0~255 转换为指定形式的字符
	编程示例		str := ByteToStr (122 \Hex) ;
string 数据转换为 byte 数据	StrToByte	命令格式	StrToByte (ConStr [\Hex] | [\Okt] | [\Bin] | [\Char])
		基本参数	ConStr：需转换的数据，数据类型 string
		可选参数	不指定：需转换的字符串为十进制值"0~255"； \Hex：需转换的字符串为十六进制值"00~FF"； \Okt：需转换的字符串为八进制值"000~377"； \Bin：需转换的字符串为二进制值"0…0~1…1"； \Char：需转换的字符串为 ASCII 字符
		执行结果	1 字节常数 0~255，数据类型 byte
	简要说明		将指定形式的字符串转换为 1 字节常数 0~255
	编程示例		reg1 := StrToByte (7A \Hex) ;
任意类型数据转换为 string 数据	ValToStr	命令格式	ValToStr (Val)
		基本参数	Val：待转换的数据，类型任意
		可选参数	——
		执行结果	字符串，数据类型 string
	简要说明		将任意类型的程序数据转换为字符串
	编程示例		str := ValToStr(p) ;
string 数据转换为任意类型数据	StrToVal	命令格式	StrToVal (Str, Val)
		基本参数	Str：待转换的字符串，数据类型 string； Val：转换结果，数据类型任意定义
		可选参数	——

续表

名称	编程格式与示例		
string 数据转换为任意类型数据		执行结果	命令执行情况，转换成功为 TRUE，否则为 FALSE
	简要说明		将指定的字符串转换为任意类型的程序数据
	编程示例		ok := StrToVal("3.85",nval) ;
当前日期转换为 string 数据	CDate	命令格式	CDate()
		基本参数	——
		可选参数	——
		执行结果	字符串，数据类型 string
	简要说明		日期的标准格式为"年—月—日"
	编程示例		date := CDate() ;
当前时间转换为 string 数据	CTime	命令格式	CTime ()
		基本参数	——
		可选参数	——
		执行结果	字符串，数据类型 string
	简要说明		时间的标准格式为"时：分：秒"
	编程示例		time := CTime() ;
十进制/十六进制字符串转换	DecToHex	命令格式	DecToHex (Str)
		基本参数	Str：十进制数字字符串，数据类型 string
		执行结果	十六进制数字字符串，数据类型 string
	简要说明		将十进制数字字符串转换为十六进制数字字符串
	编程示例		str := DecToHex("98763548") ;
十六进制/十进制字符串转换	HexToDec	命令格式	HexToDec (Str)
		基本参数	Str：十六进制数字字符串，数据类型 string
		执行结果	十进制数字字符串，数据类型 string
	简要说明		将十六进制数字字符串转换为十进制数字字符串
	编程示例		str := HexToDec ("5F5E0FF") ;

2. 基本转换命令编程

num、dnum、string 数据的转换是最基本的数据转换操作，函数命令的编程示例如下。

```
VAR num a := 55 ;                              // 程序数据定义
VAR dnum b :=8388609 ;
VAR num val_num ;
VAR dnum val_dnum ;
val_dnum:=NumToDnum( a ) ;                     // num→dnum 数据转换
val_num:= DnumToNum ( b ) ;
……
!************************************************
VAR string str1 ;                              // 程序数据定义
```

```
VAR string str2 ;
VAR string str3 ;
VAR string str4 ;
VAR string str5 ;
VAR string str6 ;
......
VAR num a := 0.38521 ;
VAR num b := 0.3852138754655357 ;
str1 := NumToStr( a, 2 ) ;        // num→string 转换, str1 为字符 " 0.38 "
str2 := NumToStr(a, 2\Exp) ;      // num→string 转换, str2 为字符 " 3.85E-01 "
str3 := DnumToStr(b, 3) ;         // dnum→string 转换, str3 为字符 " 0.385 "
str4 := DnumToStr(val, 3\Exp) ;   // dnum→string 转换, str4 为字符 " 3.852E-01 "
str5 := DecToHex("99999999") ;    // Dec/Hex 转换, str5 为字符 " 5F5E0FF "
str6 := HexToDec("5F5E0FF") ;     // Hex/Dec 转换, str6 为字符 " 99999999 "
......
!*************************************************
VAR string part1 ;
VAR string part2 ;
Part1 := StrPart( "Robotics Position", 1, 5 ) ;
                                  // 字符串截取, part1 为字符"Robot"
Part2 := StrPart( "Robotics Position", 10, 3 ) ; // 字符串截取, part2 为字符"Pos"
......
!*************************************************
VAR string time ;                 // 程序数据定义
VAR string date ;
time := CTime() ;                 // time 为字符 "时:分:秒"
date := CDate() ;                 // date 为字符 "年—月—日"
......
```

3. 字节数据转换命令编程

byte 数据是一种特殊形式的 num 数据，其数值为正整数 0～255，因此，它可用来表示 1 字节逻辑状态 0000 0000～1111 1111、十六进制（Hex）数 00～FF、八进制（Okt）数 00～377，此外，它还能用来表示 ASCII 字符。

ASCII 是美国信息交换标准代码 American Standard Code for Information Interchange 的简称，它是目前英语及其他西欧语言显示最通用的编码系统（ISO/IEC 646 标准等同）。ASCII 用表 2.4-6 所示的 2 位十六进制数 00～7F 表示字符，表中的水平方向数值代表高位，垂直方向数值代表低位，如字符 "A" 的 ASCII 代码为十六进制 "41"，对应的十进制数为 65 等；字符 "one" 所对应的 ASCII 代码则为十六进制 "6F 6E 65" 等。

利用 RAPID 函数命令转换 ASCII 字符时，应首先将命令参数中的十进制数转换为十六进制数，然后再将十六进制数转换成 ASCII 字符。例如，十进制参数 "122" 的十六进

制值为 "7A"，因此，它所对应的 ASCII 字符为英文小写字母 "z"；英文大写字母 "A" 的 ASCII 代码为十六进制 "41"，转换为十进制则为 "65"，等等。

表 2.4-6　　　　　　　　　　　　　　　ASCII 代码表

十六进制代码	0	1	2	3	4	5	6	7
0		DLE	SP	0	@	P		p
1	SOH	DC1	!	1	A	Q	a	q
2	STX	DC2	"	2	B	R	b	r
3	ETX	DC3	#	3	C	S	c	s
4	EOT	DC4	S	4	D	T	d	t
5	ENQ	NAK	%	5	E	U	e	u
6	ACK	SYN	&	6	F	V	f	v
7	BEL	ETB	'	7	G	W	g	w
8	BS	CAN	(	8	H	X	h	x
9	HT	EM	)	9	I	Y	i	y
A	LF	SUB	*	:	J	Z	j	z
B	VT	ESC	+	;	K	[	k	{
C	FF	FS	,	<	L	\	l	l
D	CR	GS	-	=	M	]	m	}
E	SO	RS	.	>	M	^	n	~
F	SI	US	/	?	O	-	o	DEL

字节转换函数命令的编程示例如下，为简化程序，以下程序使用了数组数据。

```
VAR byte data1 := 122 ;                              // 待转换数据定义
VAR string data_buf{5} ;                   // 保存转换结果的程序数据（数组）定义
data_buf{1} := ByteToStr(data1) ;  // num→string 转换，data_buf{1}为字符"122"
data_buf{2} := ByteToStr(data1\Hex) ;        // data_buf{2}为 Hex 字符"7A"
data_buf{3} := ByteToStr(data1\Okt) ;        // data_buf{3}为 Okt 字符"172"
data_buf{4} := ByteToStr(data1\Bin) ;  // data_buf{4}为 Bin 字符"0111 1010"
data_buf{5} := ByteToStr(data1\Char) ;       // data_buf{5}为 ASCII 字符"z"
!*************************************************
VAR string data_chg {5} := ["15", "FF", "172", "00001010","A"] ;
                                             // 待转换数据定义
VAR byte data_buf{5};
data_buf{1} := StrToByte(data_chg{1}) ;      // string→num 转换，data_buf{1}
为数值 15
    data_buf{2} := StrToByte(data_chg{2}\Hex) ;   // data_buf{2}为数值 255
    data_buf{3} := StrToByte(data_chg{3}\Okt) ;   // data_buf{3}为数值 122
    data_buf{4} := StrToByte(data_chg{4}\Bin) ;   // data_buf{4}为数值 10
    data_buf{5} := StrToByte(data_chg{1}\Char) ;  // data_buf{5}为数值 65
    ......
```

4. 字符串转换命令编程

函数命令 ValToStr、StrToVal 可进行字符串（string 数据）和其他类型数据间的相互转换，数据类型可以任意指定。

ValToStr 可将任意类型的数据转换为 string 数据。num 数据转换为 string 数据时，保留 6 个有效数字（不包括符号、小数点）；dnum 数据转换为 string 数据时，保留 15 个有效数字。例如：

```
VAR string str1 ;                    // 程序数据定义
VAR string str2 ;
VAR string str3 ;
VAR string str4 ;
VAR pos p := [100,200,300] ;
VAR num numtype:=1.234567890123456789 ;
VAR dnum dnumtype:=1.234567890123456789 ;
……
Str1 := ValToStr(p) ;                // str1 为字符"[100,200,300]"
Str2 := ValToStr(TRUE) ;             // str2 为字符"TRUE"
Str3 := ValToStr(numtype) ;          // str3 为字符"1.23457"
Str4 := ValToStr(dnumtype) ;         // str4 为字符"1.23456789012346"
……
```

StrToVal 可将字符串（string 数据）转换为任意类型的数据，命令的执行结果为 bool 数据；数据转换成功时，执行结果为 TRUE；否则为 FALSE。

例如，利用以下程序，可将字符串"3.85"转换为 num 数据 nval、字符串"[600，500，225.3]"转换为 pos 数据 pos15，命令执行结果分别保存在 bool 数据 ok1、ok2 中，数据转换成功时，ok1、ok2 状态分别为 TRUE。

```
VAR bool ok1 ;                       // 程序数据定义
VAR num nval ;
ok1 := StrToVal("3.85",nval) ;       // 数据转换，并保存命令执行结果
……
!*****************************************************
VAR bool ok2 ;                       // 程序数据定义
VAR pos pos15 ;
VAR string str15 := "[600, 500, 225.3]" ;
ok2 := StrToVal(str15, pos15) ;      // 数据转换，并保存命令执行结果
……
```

RAPID 数据转换指令与函数多用于通信指令，有关内容可参见第 6 章。

| 第 3 章 |
基本移动指令编程

3.1 机器人坐标系

3.1.1 机械单元与运动轴

1. 机器人与控制

工业机器人是一种功能完整、可独立运行的工业自动化设备，像数控机床、自动生产线一样，机器人程序指令同样包括运动轴（伺服驱动轴）位置控制、电磁元件通断控制、通信网络控制以及程序自动运行控制、系统参数设定、系统运行监控等方面的内容。

ABB 工业机器人的 RAPID 程序指令、函数命令、程序数据数量众多、编程复杂，为此，在 ABB 技术参考手册《RAPID 指令、函数和数据类型》中，其指令、函数命令、程序数据的说明均需要按英文顺序排列，以便查阅，但它也给机器人程序设计、编程学习带来了较大的不便。因此，从本章起，本书正文将按照机器人控制功能，对 RAPID 程序指令、函数命令、程序数据进行分类说明；附录 A、B、C 提供了 RAPID 指令、函数和数据类型索引表，以便查阅。

运动轴位置和电磁元件通断是工业机器人最基本的控制。运动轴位置控制一般用来改变工具作业点，它可驱动机器人关节运动或机器人、工件的整体移动；在机器人应用程序中，运动轴位置可通过基本移动指令控制。基本移动指令属于通用指令，只要机器人的控制系统相同，即使工业机器人的用途有所区别，但移动指令的格式、编程要求仍一致。

部分工业机器人可能还包含特殊的运动轴位置控制要求，例如，点焊机器人的伺服焊钳控制、分拣机器人的同步跟踪控制、探测机器人的传感器引导运动和摄像控制等。此类机器人的控制系统通常需要选配特殊功能，并通过专门的 RAPID 移动指令进行控制，有关内容将在第 7 章进行介绍。

电磁元件通断通常用来控制机器人辅助部件的电磁接触器、电磁阀等开关器件动作，它与机器人用途、作业工具、附件等有关。例如，点焊机器人需要控制焊钳开合、电极加压及焊接电流通断等；弧焊机器人需要运动引弧、熄弧、送丝、通气等；搬运机器人则需要控制抓手夹紧、松开等。电磁元件通断控制一般由系统的开关量输入/输出（DI/DO）指令控制，其中，控制系统的 PLC 程序是实现 DI/DO 控制的主要软件，但是，在 RAPID 程序中，也可以通过相关指令实现部分 DI/DO 控制功能，有关内容将在第 4 章详细阐述。

2. 运动控制模型

多关节机器人的运动复杂，为了实现对机器人本体运动轴的控制，需要对机器人的工具参考点（Tool Reference Point，TRP）位置进行定义，以便建立其运动控制模型。

例如，在图 3.1-1 所示的 6 轴串联机器人上，TRP 就是机器人手腕上的工具安装法兰中心点。为了确定 TRP，在控制系统中，需要定义基座高度（height_of_foot），j2、j3 轴中心偏移（offset_off_joint_2、offset_off_joint_3），下臂、上臂长度（length_of_lower_arm、length_of_upper_arm）以及手腕长度（length_of_wrist）等结构参数。

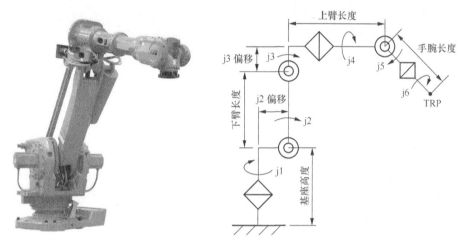

图 3.1-1　机器人控制模型与结构参数

结构参数是机器人运动控制的前提条件，且与机器人结构密切相关，故需要机器人生产厂家在系统参数上设置。在 RAPID 应用程序中，ABB 机器人的结构参数一般在系统模块（System module）中定义，该模块由 ABB 公司编制，并可在系统启动时自动加载，并且不受用户作业程序删除操作的影响。

TRP 也是确定工具作业点、设定工具数据的基准位置。工业机器人的工具作业点又称为工具控制点（Tool Control Point，TCP）或工具中心点（Tool Center Point，TCP），它是机器人关节、直线、圆弧插补等移动指令的控制对象，指令中的起点、终点就是 TCP 在指定坐标系上的位置值。TCP 的位置与工具形状、安装方式密切相关；不安装工具时，TCP 就是 TRP。

3. 机械单元

机器人作业程序中的移动指令大多用来控制机器人 TCP 和工件（或基准）的相对运动，TCP 的位置取决于机械部件的运动。例如，通过机器人本体的运动，可使 TCP 和机器人基座产生相对运动；通过机器人基座的整体移动，可使 TCP 和大地产生相对运动；通过工件的整体运动，可使 TCP 和工件产生相对运动等。

可驱动机器人 TCP 运动的运动轴众多、组成形式多样，简单系统可能只有单一的机器人本体运动；复杂机系统可能需要控制多个机器人以及机器人变位器、工件变位器等诸多辅助部件运动。例如，图 3.1-2 所示的双机器人协同作业系统，实际上包含机器人 1、机器人 2、机器人变位器、工件变位器共 4 个运动部件。

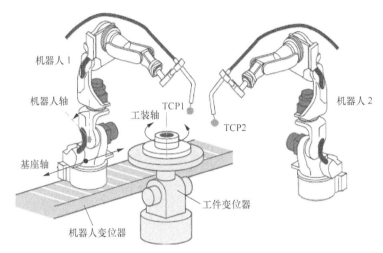

图 3.1-2　机械单元与控制轴组

　　为了便于控制与编程，在控制系统内部，通常需要根据机械部件的功能与用途，对运动轴进行分组管理，将系统分为若干个具有独立功能和若干个运动轴的基本运动单元。在 ABB 机器人说明书中，将这样的单元称为机械单元（Mechanical unit）；而在安川等公司生产的机器人说明书中，则将其称为"控制轴组"。

　　工业机器人系统的运动轴一般可分为机器人单元（机器人轴组）、基座单元（基座轴组）和工装单元（工装轴组）3 类。

　　① 机器人单元。机器人轴是用于机器人本体运动控制的坐标轴，用来控制机器人 TCP 和机器人基座的相对运动。在多机器人控制系统上，可分为机器人 1（ROB_1）、机器人 2（ROB_2）等多个轴组（单元）；机器人单元一旦选定，对应的机器人就成为系统的控制对象。

　　② 基座单元。基座轴是驱动机器人安装基座、实现机器人整体变位的辅助运动轴，用来控制机器人基座及 TCP 和大地的相对运动。基座单元一旦选定，机器人变位器就成为系统的控制对象。

　　③ 工装单元。工装轴是驱动工装运动、实现工件整体变位的辅助运动轴，用来控制机器人 TCP 和工件的相对运动。工装单元一旦选定，工件变位器就成为系统的控制对象。

　　机器人轴是系统的基本运动轴，任何工业机器人都具备；基座轴、工装轴是用于机器人、工件整体移动的辅助轴，当系统配置有变位器时需要使用。在工业机器人系统中，基座轴、工装轴统称为"外部轴"或"外部关节"（extjoint）。

　　同一机械单元的所有运动轴可进行成组管理。机器人操作或编程时，可根据需要，通过生效/撤销机械单元来改变系统的控制对象。

　　在 ABB 机器人中，机械单元（控制轴组）可通过系统参数定义，不同的机械单元需要定义不同的名称。在 RAPID 程序中，可通过机械单元启用/停用指令，来使能/关闭指定机械单元全部运动轴的伺服驱动器，使该机械单元的运动轴处于实时位置控制状态，或处于保持位置不变的伺服锁定状态（见第 7 章）。

3.1.2　机器人坐标系

　　机器人 TCP 的运动需要通过三维笛卡尔直角坐标系来描述。在 ABB 机器人中，笛卡尔坐标系有图 3.1-3 所示的大地坐标系（World coordinates）、基座坐标系（Base coordinates）、工具坐标系（Tool coordinates）、用户坐标系（User coordinates）和工件坐标系（Object coordinates）等，说明如下。

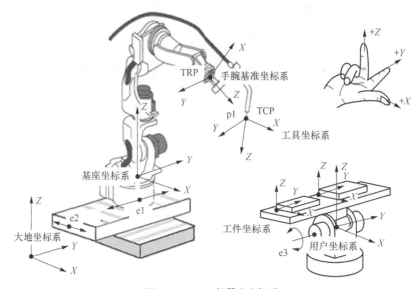

图 3.1-3　ABB 机器人坐标系

1. 大地坐标系

　　大地坐标系（World coordinates）有时被译为"世界坐标系"，它是以地面为基准的三维笛卡尔直角坐标系，可用来描述物体相对于地面的运动。在多机器人协同作业系统或使用机器人变位器的系统中，为了确定机器人（基座）的位置，需要建立大地坐标系。此外，如机器人采用了图 3.1-4 所示的倒置或倾斜安装，大地坐标系也是设定基座坐标系的基准。

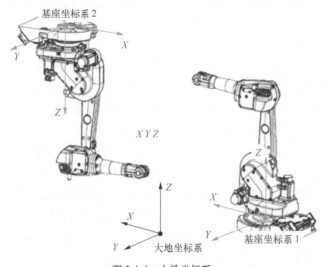

图 3.1-4　大地坐标系

通常情况下，地面垂直安装的机器人基座坐标系与大地坐标系的方向一致，因此，对于常用的、地面垂直安装的单机器人系统，系统默认为大地坐标系和基座坐标系重合，此时，可不设定大地坐标系。

2. 基座坐标系

基座坐标系（Base coordinates）亦称为机器人坐标系，它是以机器人安装基座为基准、用来描述机器人本体运动的虚拟笛卡尔直角坐标系。基座坐标系是描述机器人 TCP 在三维空间运动所必需的基本坐标系，机器人的手动操作、程序自动运行、加工作业都离不开基座坐标系，因此，任何机器人都需要有基座坐标系。

基座坐标系通常以腰回转轴线为 Z 轴、以机器人安装底面为 XY 平面；其 Z 轴正向与腰回转轴线方向相同，X 轴轴线与腰回转轴 j1 的 0° 线重合，手腕离开机器人向外方向为 X 轴正向；Y 轴由图 3.1-3 所示的右手定则确定。

3. 工具坐标系

工具坐标系（Tool coordinates）是机器人作业必需的坐标系，建立工具坐标系的目的是确定工具的 TCP 位置和安装方式（姿态）。通过建立工具坐标系，机器人使用不同的工具作业时，只需要改变工具坐标系（工具数据 tooldata），就能保证 TCP 到达指令点，而无需对程序进行其他修改。

机器人手腕上的工具安装法兰面和中心点是工具的安装定位基准。以工具安装法兰中心点（TRP）为原点、垂直工具安装法兰面向外的方向为 Z 轴正向、手腕向机器人外侧运动的方向为 X 轴正向的虚拟笛卡尔直角坐标系，称为机器人的手腕基准坐标系。手腕基准坐标系是建立工具坐标系的基准，如未设定工具坐标系，控制系统将默认为工具坐标系和手腕基准坐标系重合。

工具坐标系是用来确定工具 TCP 位置和工具方向（姿态）的坐标系，它通常是以 TCP 为原点、以工具接近工件方向为 Z 轴正向的虚拟笛卡尔直角坐标系；常用的点焊、弧焊机器人的工具坐标系一般如图 3.1-5 所示。

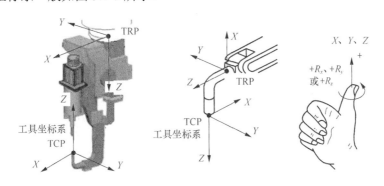

图 3.1-5 工具坐标系

工具坐标系可通过手腕基准坐标系偏移、旋转的方法定义，其偏移量就是 TCP 在手腕基准坐标系上的位置值；坐标轴的旋转可用四元数（Quaternion）法表示，或者，按图 3.1-4 所示的右手定则，通过坐标轴的旋转参数确定。在 RAPID 程序中，工具坐标系可通过工具数据（tooldata）定义，坐标轴旋转用四元数表示，有关内容详见后述。

4. 用户坐标系

用户坐标系（User coordinates）是以图 3.1-6 所示的工装位置为基准来描述 TCP 运动

的虚拟笛卡尔直角坐标系，通常用于工装移动协同作业系统或多工位作业系统。

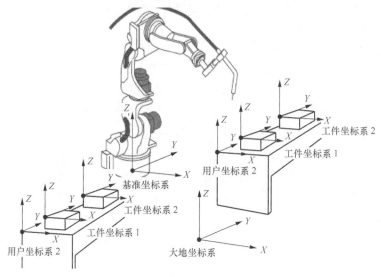

图 3.1-6　用户坐标系和工件坐标系

通过建立用户坐标系，机器人在不同工位进行相同作业时，只需要改变用户坐标系（工件数据 wobjdata），就能保证工具 TCP 到达指令点，而无需对程序进行其他修改。

在 RAPID 程序中，用户坐标系可通过工件数据（wobjdata）定义，有关内容详见后述。对于通常的工件固定、机器人移动工具作业，用户坐标系以大地坐标系为基准建立；对于工具固定、机器人移动工件作业，用户坐标系则以手腕基准坐标系为基准建立。

5. 工件坐标系

工件坐标系（Object coordinates）是以工件为基准来描述 TCP 运动的虚拟笛卡尔坐标系（参见图 3.1-6）。通过建立工件坐标系，机器人需要对不同工件进行相同作业时，只需要改变工件坐标系，就能保证工具 TCP 到达指令点，而无需对程序进行其他修改。

工件坐标系可在用户坐标系的基础上建立，并允许有多个。对于工具固定、机器人用于工件移动的作业，必须通过工件坐标系来描述 TCP 与工件的相对运动。

在 RAPID 程序中，工件坐标系同样需要通过工件数据（wobjdata）定义；如果机器人仅用于单工件作业，系统默认用户坐标系和工件坐标系重合，无需另行设定工件坐标系。

3.2　姿态及定义

3.2.1　机器人与工具姿态

1. 姿态的含义

在多关节机器人上，由于基座坐标系、工具坐标系都是虚拟的三维笛卡尔直角坐标系，因此，通过坐标值（x，y，z）确定的工具 TCP 位置，实际上可通过多种形式的关节旋转、摆动来实现。例如，对于图 3.2-1 所示的 TCP 定位点 p1，即使不改变手腕回转轴 j4、手回转轴 j6 的状态，也可通过机器人机身的 3 种不同方式实现定位。

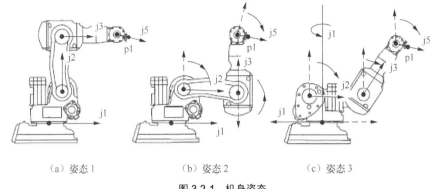

（a）姿态 1　　　　　　　（b）姿态 2　　　　　　　（c）姿态 3

图 3.2-1　机身姿态

图 3.2-1（a）采用的是腰回转 j1 轴朝前、下臂 j2 轴垂直向上、上臂 j3 轴前伸、腕摆动 j5 轴下俯的定位姿态，机器人机身呈直立状态。图 3.2-1（b）采用的是腰回转 j1 轴朝前、下臂 j2 轴前倾、上臂 j3 轴垂直向上（后仰）、腕摆动 j5 轴下俯的定位姿态，机器人机身呈俯卧状态。图 3.2-1（c）采用的是腰回转 j1 轴朝后、下臂 j2 轴后仰、上臂 j3 轴后仰、腕摆动 j5 轴上仰的定位姿态，机器人机身呈仰卧状态。

同样，对于图 3.2-2 所示的工具姿态，即使不改变腰回转 j1 轴、下臂 j2 轴、上臂 j3 轴的状态，机器人的手腕也可通过两种方式实现工具定向。

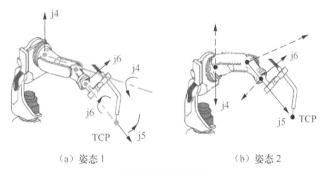

（a）姿态 1　　　　　　　　　　　（b）姿态 2

图 3.2-2　工具姿态

图 3.2-2（a）所示为手腕回转轴 j4、手回转轴 j6 均处于 0° 状态，腕摆动 j5 轴下俯的工具定向姿态；图 3.2-2（b）所示为手腕回转轴 j4、手回转轴 j6 均处于 180° 状态，腕摆动 j5 轴上仰的工具定向姿态。

因此，当机器人通过三维笛卡尔直角坐标系的（x，y，z）值来描述 TCP 位置时，不仅需要指定坐标值，而且还必须定义机器人和工具的姿态。

2. 姿态的定义

在 RAPID 程序中，机器人和工具的姿态可在 TCP 位置型程序数据上定义。以三维笛卡尔直角坐标系（x，y，z）形式描述的工具 TCP 位置的程序数据称为 TCP 位置数据（robtarget），TCP 位置是关节插补、直线插补、圆弧插补等指令的移动目标位置，数据的格式如下：

robtarget p1:= [[600,200,500], [1,0,0,0], [0,-1,2,1], [682,45,9E9,9E9,9E9,9E9]]

TCP位置	XYZ坐标	工具姿态	机器人姿态	外部轴e1~e6位置
名称：p1	名称：trans	名称：rot	名称：robconf	名称：extax
类型：robtarget	类型：pos	类型：orient	类型：confdata	类型：extjoint

TCP 位置数据 robtarget 属于复合型数据（recode），它由 XYZ 位置（pos）数据 trans、工具方位（orient）数据 rot、机器人配置（confdata）数据 robconf、外部轴位置（extjoint）数据 extax 4 个复合型数据复合而成；其中，方位数据 rot、配置数据 robconf 分别用来定义工具以及机器人本体的姿态，需要按 RAPID 程序数据 confdata、orient 的要求定义。

TCP 位置数据的构成项含义如图 3.2-3 所示，说明如下。

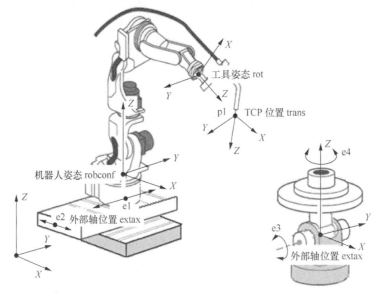

图 3.2-3　TCP 位置的表示

trans：位置数据 pos；用来指定 TCP 在指定坐标系上的 X、Y、Z 坐标值。

rot：工具方位数据 orient；用来指定工具的工具姿态。RAPID 程序采用的是四元数表示法，其定义方法详见后述。

robconf：机器人姿态数据 confdata；用来指定机器人本体上各关节轴的状态（机器人姿态）。在 RAPID 程序中，它可通过腰回转轴 j1、手腕回转轴 j4、手回转轴 j6 所处的区间（象限）以及下臂摆动轴 j2、上臂摆动轴 j3、腕摆动轴 j5 的方向等特性参数来表示，其定义方法详见后述。

extax：外部轴绝对位置数据 extjoint；用来指定机器人变位器（基座轴）及工件变位器（工装轴）e1~e6 的位置，9E9 代表该外部轴未安装。

TCP 位置数据 robtarget 属于复合型数据（recode），在程序中需要以"数据名称"的形式编程，其数值需要通过程序指令定义。

3. 姿态的控制

在 RAPID 程序中，机器人和工具的姿态控制功能可通过指令 ConfJ\ON、ConfJ\OFF

（关节插补）及 ConfL\ON、ConfL\OFF（直线或圆弧插补）予以生效、撤销；此外，还可以通过奇点姿态控制指令 SingArea 回避奇点，有关内容详见指令编程说明。

当程序通过 ConfJ\ON、ConfL\ON 指令生效姿态控制功能时，执行随后的关节插补、直线及圆弧插补指令，系统必须控制机器人本体的运动轴，保证到达目标位置时，机器人和工具的姿态与目标位置（TCP 位置）所规定的姿态完全相同；如这样的运动实际上无法实现，程序将在插补指令执行前自动停止。

当程序通过 ConfJ\OFF、ConfL\OFF 指令取消姿态控制功能时，执行随后的关节插补、直线及圆弧插补指令，系统将自动选择最接近目标位置姿态的插补运动；TCP 到达目标位置时，机器人和工具的姿态可能与 TCP 位置数据所规定的姿态有所不同。

3.2.2 机器人姿态与定义

由于所采用的控制系统、编程语言不同，机器人姿态的定义方法在不同公司生产的机器人中有所不同。例如，安川机器人的姿态一般通过"本体形态"和"手腕形态"进行描述，定义参数主要有腰回转轴 S 角度、机身前/后位置、上臂正肘/反肘、手腕回转轴 R 角度、手腕摆动轴 B 俯/仰等，有关内容可参见本书作者编著的《工业机器人完全应用手册》（人民邮电出版社 2017 年 1 月出版）一书。

在 ABB 机器人的 RAPID 程序中，机器人姿态通过机器人配置（robot configuration）数据 confdata 定义，机器人配置在 ABB 手册中又被译为机械臂配置。机器人配置数据 confdata 的基本格式为[cf1, cf4, cf6, cfx]，其中的数据项 cf1、cf4、cf6 分别为机器人 j1、j4、j6 轴所处的区间号，设定范围为−4～3；cfx 为机器人的姿态号，设定范围为 0～7；区间号和姿态号的含义如下。

1. 区间号

机器人 j1、j4、j6 轴的区间号与运动轴类型（回转轴、直线轴）有关，其定义方法分别如图 3.2-4 所示。

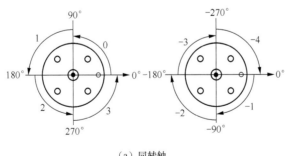

（a）同转轴

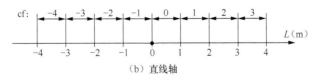

（b）直线轴

图 3.2-4 区间号的定义

回转轴的区间号以图 3.2-4（a）所示的象限编号表示；运动轴正向（逆时针）回转时，

第 I~IV 象限的区间号依次为 0~3；运动轴负向（顺时针）回转时，第 IV~I 象限的区间号依次为–4~–1。

直线轴的区间号以图 3.2-4（b）所示的行程区间编号表示；设定值–4~3 依次代表–4~4m 范围内间隔为 1m 的不同区间。

2. 姿态号定义

机器人的姿态号 cfx 用来定义机器人的姿态，在垂直串联机器人中，可用来区分机器人的机身前/后、上臂正肘/反肘和手腕方向。姿态号 cfx 的设定范围为 0~7，设定值含义见表 3.2-1。

表 3.2-1　　　　　　　　　　　垂直串联机器人 cfx 设定表

cfx 设定	0	1	2	3	4	5	6	7
机身状态	前	前	前	前	后	后	后	后
上臂状态（肘）	正	正	反	反	正	正	反	反
手腕方向	正	负	正	负	正	负	正	负

垂直串联机器人机身的前/后、上臂的正肘/反肘、手腕方向的定义与手腕中心点所处的位置有关。机器人的手腕中心点（Wrist Center Point，WCP）就是手腕摆动轴 j5 的回转中心，根据 WCP 的不同位置，机器人机身前/后、上臂正肘/反肘、手腕方向可按照如下方法定义。

① 机身前/后。机器人机身前/后位置的定义方法如图 3.2-5 所示，它是以机器人基座坐标系的 YZ 平面作为基准平面，当手腕中心位于基准平面前方区域时，称为"前"；位于基准平面后方区域时，则称为"后"。

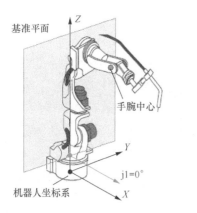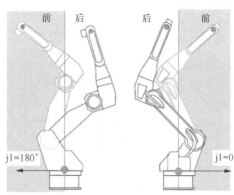

图 3.2-5　机身前/后位置定义

② 上臂正肘/反肘。机器人上臂正肘/反肘的定义方法如图 3.2-6 所示，它以上臂和下臂回转中心线所在的平面为基准，当 WCP 处在基准平面前方区域时，称为"正肘"；处于基准平面后方区域时，则称为"反肘"。

③ 手腕方向。机器人手腕的方向可根据图 3.2-7 所示的手腕摆动轴 j5 的回转方向进行判别，它与观察方向（腰回转轴 j1、手腕回转轴 j4 的位置）有关。

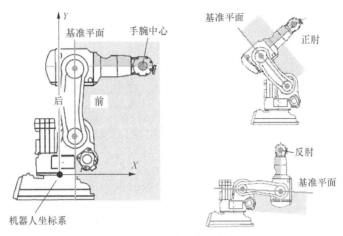

图 3.2-6　上臂正肘和反肘

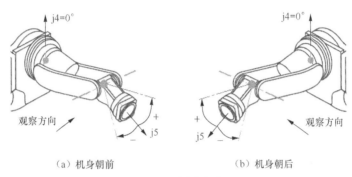

（a）机身朝前　　　　　　　（b）机身朝后

图 3.2-7　手腕方向定义

当机身位于图 3.2-7（a）所示的朝前方向（−90°<j1≤90°）时，如 j4 轴朝上（−90°<j4≤90°），从观察方向看，j5 轴的正向运动将使得手腕逆时针旋转，故手腕方向定义为"正"；而当 j4 轴朝下（j4≤−90°或 j4>90°）时，从观察方向看，j5 轴的正向运动将使得手腕顺时针旋转，故手腕方向定义为"负"。

当机身位于图 3.2-7（b）所示的朝后方向（j1≤−90°或 j1>90°）时，从同样的观察方向看，如手腕方向为"正"，则 j5 轴的正向运动将使手腕产生顺时针旋转，而负向运动则使手腕产生逆时针旋转。

3. 典型姿态号

常用的垂直串联机器人典型姿态及姿态号 cfx 的设定如图 3.2-8 所示。

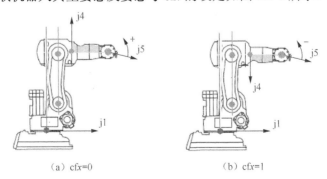

（a）cfx=0　　　　　　　　　　（b）cfx=1

图 3.2-8　垂直串联机器人典型姿态号

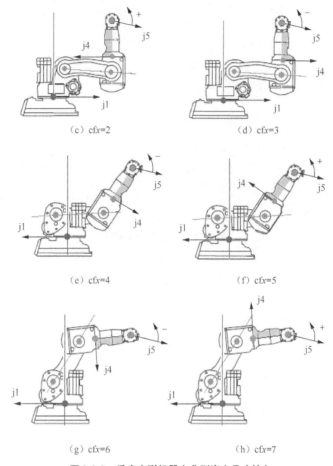

（c）cf$x$=2　　　　　　　　（d）cf$x$=3

（e）cf$x$=4　　　　　　　　（f）cf$x$=5

（g）cf$x$=6　　　　　　　　（h）cf$x$=7

图 3.2-8　垂直串联机器人典型姿态号（续）

3.2.3　工具姿态与定义

1. 工具姿态的定义方法

在工业机器人中，作业工具需要定义方向（姿态）和作业点位置（坐标）2 组参数，系统才能准确控制工具方向和 TCP 位置，实现工具定向和 TCP 定位运动，这就是工具坐标系。

机器人工具坐标系的描述方法可参见后述的工具数据说明。对于图 3.2-9 所示的、机器人安装工具的通常情况，以 TRP 为原点的机器人手腕基准坐标系是建立工具坐标系的基准。

机器人的运动不仅包括了改变 TCP 位置的定位运动，而且还包括了改变工具方位的定向运动，因此，以程序数据 robtarget 指定目标位置时，同样需要定义工具方位数据 orient 来明确作业工具的方向（工具姿态）。

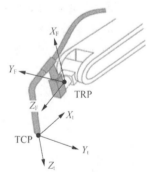

图 3.2-9　工具姿态定义

在数学上，三维空间的坐标系（包括工具、工件等）方向可通过基准坐标系的旋转来表示，常用的表示方法有欧拉角（Euler angles）、旋转矩阵（Rotation matrix）、轴角（Axial angle）、四元数（Quaternion）等。RAPID 方位数据（orient）

采用的是四元数表示法，参数格式与定义方法如下。

2. 四元数的确定

用四元数（Quaternion）定义坐标系方向的方位数据 orient 格式为[q_1，q_2，q_3，q_4]；其中，q_1、q_2、q_3、q_4 为表示坐标旋转的四元数，它们是带符号的常数，其数值和符号按照以下方法确定。

① 数值。四元数 q_1、q_2、q_3、q_4 的数值，可按以下公式计算后确定：

$$q_1^2 + q_2^2 + q_3^2 + q_4^2 = 1$$

$$q_1 = \frac{\sqrt{x_1 + y_2 + z_3 + 1}}{2}$$

$$q_2 = \frac{\sqrt{x_1 - y_2 - z_3 + 1}}{2}$$

$$q_3 = \frac{\sqrt{y_2 - x_1 - z_3 + 1}}{2}$$

$$q_4 = \frac{\sqrt{z_3 - x_1 - y_2 + 1}}{2}$$

式中的（x_1，x_2，x_3）、（y_1，y_2，y_3）、（z_1，z_2，z_3）分别为图 3.2-10 所示的旋转坐标系 X'、Y'、Z' 轴单位向量在基准坐标系 X、Y、Z 轴上的投影。

为了确保 q_1、q_2、q_3、q_4 的平方和为 1，在实际使用时，可通过 RAPID 函数命令 Norient，使计算得到的近似值转换为规范值。

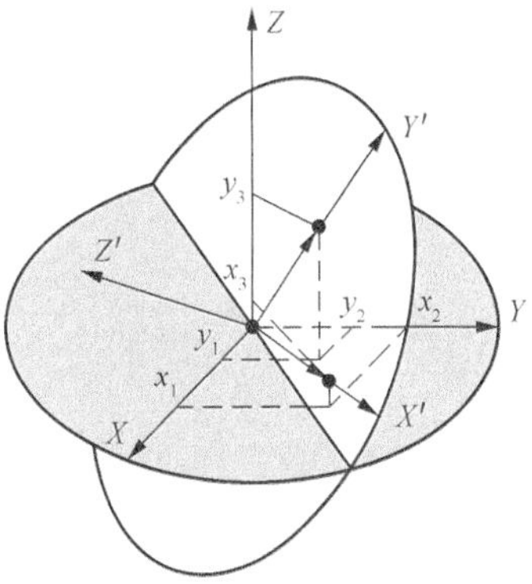

② 符号。四元数 q_1、q_2、q_3、q_4 的符号按下述方法确定。

q_1：符号总是为正；

q_2：符号与（y_3-z_2）的计算结果相同；

q_3：符号与（z_1-x_3）的计算结果相同；

q_4：符号与（x_2-y_1）的计算结果相同。

3. 工具姿态定义实例

由于坐标系方向的四元数[q_1、q_2、q_3、q_4]定义较为复杂，

图 3.2-10   四元数数值计算

以下将以工业机器人常用的典型工具坐标系为例，介绍四元数的计算方法；其他情况的四元数计算方法类似，可参照示例计算后确定。

【例 1】假设机器人工具坐标系方向为图 3.2-11 所示、与手腕基准坐标系完全相同，则旋转坐标系 X'、Y'、Z' 轴单位向量在基准坐标系 X、Y、Z 轴上的投影分别为：

$$(x_1，x_2，x_3) = (1，0，0)$$

$$(y_1，y_2，y_3) = (0，1，0)$$

$$(z_1，z_2，z_3) = (0，0，1)$$

由此可得：

$$q_1 = \frac{\sqrt{x_1 + y_2 + z_3 + 1}}{2} = 1$$

$$q_2 = \frac{\sqrt{x_1 - y_2 - z_3 + 1}}{2} = 0$$

$$q_3 = \frac{\sqrt{y_2 - x_1 - z_3 + 1}}{2} = 0$$

$$q_4 = \frac{\sqrt{z_3 - x_1 - y_2 + 1}}{2} = 0$$

由于 q_2、q_3、q_4 均为 "0"，故无需考虑符号；故而，用四元数所定义的工具姿态方位数据 orient 为 [1，0，0，0]。

【**例 2**】假设机器人工具坐标系方向为图 3.2-12 所示、回绕手腕基准坐标系 Z 轴逆时针旋转 180° 方向（即 R_z = +180°），则旋转坐标系 X'、Y'、Z' 轴单位向量在基准坐标系 X、Y、Z 轴上的投影分别为：

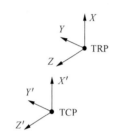

图 3.2-11　方向和基准坐标系相同

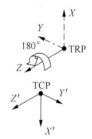

图 3.2-12　R_z=180°

$$(x_1，x_2，x_3) = (-1，0，0)$$
$$(y_1，y_2，y_3) = (0，-1，0)$$
$$(z_1，z_2，z_3) = (0，0，1)$$

由此可得：

$$q_1 = \frac{\sqrt{x_1 + y_2 + z_3 + 1}}{2} = 0$$

$$q_2 = \frac{\sqrt{x_1 - y_2 - z_3 + 1}}{2} = 0$$

$$q_3 = \frac{\sqrt{y_2 - x_1 - z_3 + 1}}{2} = 0$$

$$q_4 = \frac{\sqrt{z_3 - x_1 - y_2 + 1}}{2} = 1$$

q_2、q_3 为 "0"，无需考虑符号；(x_2-y_1) =0，q_4 符号为 "+"；故而，用四元数所定义的工具姿态方位数据 orient 为 [0，0，0，1]。

【**例 3**】假设机器人工具坐标系方向为图 3.2-13 所示、回绕基准坐标系 Y 轴逆时针旋转 30° 方向（即 R_y=30°），则旋转坐标系 X'、Y'、Z' 轴单位向量在基准坐标系 X、Y、Z 轴上的投影分别为：

$$(x_1，x_2，x_3) = (\cos30°，0，-\sin30°)$$
$$(y_1，y_2，y_3) = (0，-1，0)$$
$$(z_1，z_2，z_3) = (\sin30°，0，\cos30°)$$

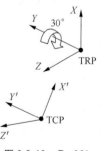

图 3.2-13　R_y=30°

由此可得：

$$q_1 = \frac{\sqrt{x_1 + y_2 + z_3 + 1}}{2} = 0.966$$

$$q_2 = \frac{\sqrt{x_1 - y_2 - z_3 + 1}}{2} = 0.0$$

$$q_3 = \frac{\sqrt{y_2 - x_1 - z_3 + 1}}{2} = 0.259$$

$$q_4 = \frac{\sqrt{z_3 - x_1 - y_2 + 1}}{2} = 0$$

q_2、q_4 为"0"，无需考虑符号；$(z_1-x_3)=1$，q_3 符号为"+"；故而，利用四元数所定义的工具姿态方位数据 orient 为[0.966，0，0.259，0]。

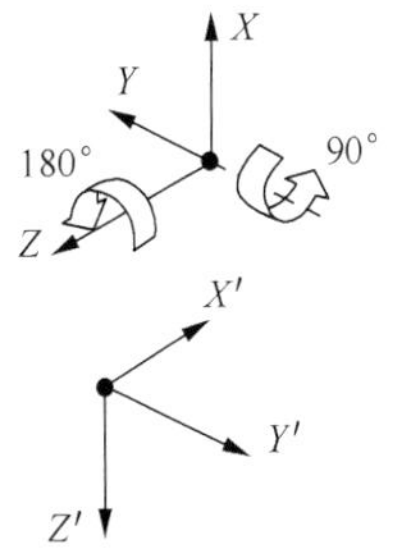

【例4】假设机器人工具坐标系方向为图 3.2-14 所示、先回绕基准坐标系 Z 轴逆时针旋转 $180°$（$R_z=180°$），然后再回绕旋转后的 Y 轴逆时针旋转 $90°$（$R_y=90°$）的方向，则旋转坐标系 X'、Y'、Z' 轴单位向量在基准坐标系 X、Y、Z 轴上的投影分别为：

$$(x_1, x_2, x_3) = (0, 0, -1)$$
$$(y_1, y_2, y_3) = (0, -1, 0)$$
$$(z_1, z_2, z_3) = (-1, 0, 0)$$

图 3.2-14　$R_z=180°$ /$R_y=90°$

由此可得：

$$q_1 = \frac{\sqrt{x_1 + y_2 + z_3 + 1}}{2} = 0$$

$$q_2 = \frac{\sqrt{x_1 - y_2 - z_3 + 1}}{2} = 0.707$$

$$q_3 = \frac{\sqrt{y_2 - x_1 - z_3 + 1}}{2} = 0$$

$$q_4 = \frac{\sqrt{z_3 - x_1 - y_2 + 1}}{2} = 0.707$$

q_3 为"0"，无需考虑符号；$(y_3-z_2)=0$，q_2 符号为"+"；$(x_2-y_1)=0$，q_4 符号为"+"；故而，用四元数所定义的工具姿态方位数据 orient 为[0，0.707，0，0.707]。

3.2.4　工具与工件数据定义

1. 工具数据及定义

在 RAPID 程序中，工具数据（tooldata）是用来全面描述作业工具特性的程序数据，它不仅包括了上述的工具姿态参数，而且还包含了 TCP 位置、工具安装、工具质量和重心等诸多参数。tooldata 数据定义指令的格式如下：

tooldata tool1:= [TRUE, [[20, 30, 100], [1, 0, 0, 0]], [2.5, [23, 0, 75], [1, 0, 0, 0], 0, 0, 0]]

工具数据
名称：tool1
类型：tooldata

安装形式
名称：robhold
类型：bool

工具坐标系
名称：tframe
类型：pose

负载特性
名称：tload
类型：loaddata

原点位置
名称：trans
类型：pos

工具姿态
名称：rot
类型：orient

重心位置
名称：cog
类型：pos

重心方向
名称：aom
类型：orient

负载质量
名称：mass
类型：num

负载惯量
名称：ix, iy, iz
类型：num

工具数据（tooldata）由逻辑状态 bool 数据 robhold、坐标系姿态 pose 数据 tframe、负载 loaddata 数据 tload 复合而成；其中，坐标系姿态数据 tframe、负载特性 loaddata 又由 pos 位置数据、orient 方位数据、num 数值数据复合而成，数据构成项的含义如下。

① 安装形式 robhold。工具的安装形式数据项 robhold 为逻辑状态 bool 数据，设定值为 "TURE" "FALSE"，分别代表工具移动、工具固定。例如，对于图 3.2-15（a）所示机器人安装焊枪的工具移动作业，定义为 "TURE"；对于图 3.2-15（b）所示焊枪固定、机器人移动工件的工具固定作业，定义为 "FALSE"。

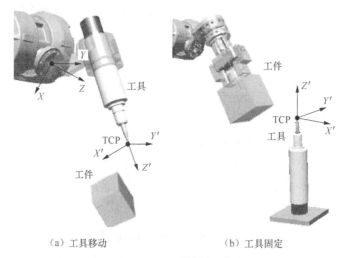

（a）工具移动　　　　　　　　（b）工具固定

图 3.2-15　工具安装形式

② 工具坐标系 tframe。工具坐标系数据项 tframe 用来定义工具坐标系的坐标原点和轴方向。tframe 为坐标系姿态数据 pose，它由 pos 位置数据 trans、orient 方位数据 rot 复合而成；其中，pos 数据 trans 是以[x，y，z]形式表示的工具坐标系原点（即 TCP）位置；orient 数据 rot 是以[q_1，q_2，q_3，q_4]四元数表示的坐标轴方向（工具姿态）。

工具安装形式不同，定义工具坐标系数据项 tframe 的基准坐标系有所区别。对于图 3.2-15（a）所示的移动工具，规定以手腕基准坐标系为基准来定义工具坐标系的原点 trans 和方位 rot；对于图 3.2-15（b）所示的固定工具，则需要以大地坐标系为基准来定义工具坐标系的原点 trans 和方位 rot。

③ 负载特性 tload。负载特性数据项 tload 用来定义机器人手腕上的负载（工具或工件）的质量、重心和惯量。tload 为负载数据（loaddata），它由 num 数值数据 mass、ix、iy、iz 以及 pos 位置数据 cog、方位 orient 数据 aom 复合而成；数据构成项的含义如图 3.2-16 所示，说明如下。

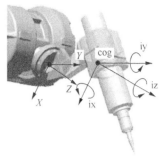

图 3.2-16　负载特性数据

mass：负载质量，num 数据；用来指定机器人手腕上的负载（工具或工件）质量，单位为 kg。

cog：重心位置，pos 数据；以[x, y, z]形式表示的负载（工具或工件）重心在手腕基准坐标系上的位置值（x, y, z）。

aom：重心方向，orient 数据；以手腕基准坐标系为基准、用[q_1, q_2, q_3, q_4]四元数表示的负载重心方向。

ix、iy、iz：转动惯量，数值型（num）；ix、iy、iz 依次为负载在手腕基准坐标系 X、Y、Z 方向的负载转动惯量，单位为 kgm^2。当定义 ix、iy、iz 为 0 时，负载将作为质点处理。

对于 RAPID 移动指令，负载特性数据项 tload 也可直接通过程序数据添加项\Tload 定义，添加项\TLoad 一旦指定，工具数据 tooldata 中所设定的负载特性数据 tload 将无效；如不指定添加项\TLoad，或指定\TLoad:=load0，则 tooldata 中负载特性数据 tload 生效。

在 RAPID 程序中，工具数据 tooldata 需要以数据名称的形式编程，其数值应通过程序数据定义指令进行定义。RAPID 工具数据既可完整定义，也对其中的某一部分进行修改或设定，例如：

```
PERS tooldata tool1 ;                    // 定义工具数据（初值 tool0）
PERS tooldata tool2 ;
……
tool1:= [TRUE, [ [97.4, 0, 223.1], [0.966, 0, 0.259, 0] ], [ 5, [23, 0, 75],
[1, 0, 0, 0], 0, 0, 0] ] ;
                                         // 工具数据赋值
tool2.tframe.trans := [100, 0, 220] ;    // 仅设定 tool2 的 trans 项
tool2.tframe.trans.z := 300 ;            // 仅设定 tool2、trans 项的 z 位置
……
```

程序中所定义的作业工具 tool1 特性为：移动工具、TCP 位于手腕基准坐标系的（97.4, 0, 223.1）位置，工具坐标系的方向为基准坐标系绕 Y 轴旋转 30°；工具的质量为 5kg，重心位于手腕基准坐标系的（23, 0, 75）位置，重心方向与手腕基准坐标系相同；负载可视为一个质点，无需考虑转动惯量。

由于工具数据的计算较为复杂，为了便于用户编程，ABB 机器人可直接使用工具数据自动测定指令（见第 7.2 节），由控制系统自动测试并设定工具数据。系统出厂时预定义的初始工具数据 tool0 如下，它可以作为工具数据 tooldata 定义指令的初始值。

```
tool0 := [ TRUE, [ [ 0, 0, 0], [ 1, 0, 0 ,0 ] ], [ 0.001, [ 0, 0, 0.001 ],
[1, 0, 0, 0], 0, 0, 0 ] ] ;
```

tool0 定义的工具特性为：移动工具、TCP 与 TRP 重合、工具坐标系方向与手腕基准

坐标系相同；工具质量为 0.001kg（系统允许的最小设定值，可视为 0）、重心与 TRP 重合（z0.001 为系统允许的最小设定值，可视为 0）、重心方向与手腕基准坐标系相同；负载可视为一个质点，无需考虑转动惯量。

2. 工件数据及定义

RAPID 工件数据（wobjdata）是用来描述工件安装特性的程序数据，它可用来定义用户坐标系、工件坐标系的参数。wobjdata 数据定义指令的格式如下：

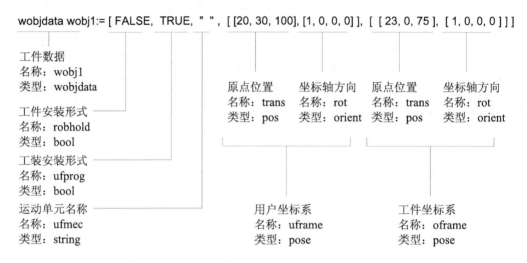

工件数据 wobjdata 由逻辑状态 bool 数据 robhold 和 ufprog、字符串 string 数据 ufmec、坐标系姿态 pose 数据 uframe 和 oframe 复合而成，构成项的含义如下。

① 工件安装形式 robhold。工件安装形式数据项 robhold 为 bool 数据，设定值为"TURE""FALSE"，分别代表工件移动、工件固定。例如，对于图 3.2-15（a）所示的机器人安装焊枪的工具移动作业，其工件为固定安装，数据项 robhold 应为"FALSE"；而对于图 3.2-15（b）所示的焊枪固定、由机器人移动工件的作业，数据项 robhold 应为"TURE"。

② 工装安装形式 ufprog。工装安装形式数据项 ufprog 为 bool 数据，设定值为"TURE""FALSE"，分别代表工装固定、工装移动。工装固定用于通常的作业系统，其数据项 ufprog 应定义为"TURE"；移动工装仅用于带工装变位器的协同作业系统（MultiMove），此时，数据项 ufprog 应定义为"FALSE"，此外，还需要用数据项 ufmec 定义用于工装移动的机械单元名称。

③ 运动单元名称 ufmec。运动单元名称数据项 ufmec 为 string 数据，在工装移动的协同作业系统中，它用来定义用于工装移动的机械单元名称。运动单元名称以字符串的形式表示，故需要加双引号标识；对于通常的工装固定作业系统，没有用于工装运动的机械单元，故数据项 ufmec 只需要保留双引号。

④ 用户坐标系 uframe。用户坐标系数据项 uframe 用来定义用户坐标系（坐标原点和轴方向）。uframe 为坐标系姿态 pose 数据，它由 pos 位置数据 trans、orient 方位数据 rot 复合而成；其中，位置数据 trans 是以[x, y, z]形式表示的用户坐标系原点位置；方位数据 rot 是以[q_1, q_2, q_3, q_4]四元数表示的坐标轴方向。

用户坐标系的设定基准与工件的安装形式有关。对于工件固定、机器人移动工具作业

（robhold 设定为 FALSE），大地坐标系是确定用户坐标系原点和轴方向的基准坐标系；对于工具固定、机器人移动工件作业（robhold 设定为 TURE），用户坐标系需要以手腕基准坐标系为基准设定。

⑤ 工件坐标系 oframe。工件坐标系数据项 oframe 用来定义工件坐标系（坐标原点和轴方向）。oframe 同样为 pos 位置数据 trans、orient 方位数据 rot 复合的坐标系姿态数据 pose，位置数据 trans 是以[x, y, z]形式表示的工件坐标系原点位置；方位型数据 rot 是以[q_1, q_2, q_3, q_4]四元数表示的坐标轴方向。

用户坐标系是建立工件坐标系的基准坐标。机器人用于单工件作业时，系统默认为用户坐标系和工件坐标系重合，无需另行设定工件坐标系。

工件数据 wobjdata 属于复合型数据，在 RAPID 程序中，它需要以数据名称的形式编程，其数值应通过程序数据定义指令定义。工件数据既可完整定义，也对其中的某一部分进行修改或设定，例如：

```
PRES wobjdata wobj1 ;                    // 定义工件数据（初始 wobj0）
PRES wobjdata wobj2 ;
......
wobj1 := [ FALSE, TRUE, "", [ [0, 0, 200], [1, 0,0 ,0] ], [ [100, 200, 0],
[1, 0, 0 ,0] ] ] ;                       // 工件数据赋值
wobj2.uframe.trans := [100, 0, 200] ;    // 定义 wobj2 用户坐标系的 trans 项
wobj2.uframe.trans.z := 300 ;            // 定义 wobj2 用户坐标系 trans 项的 z 轴位置
wobj2.oframe.trans := [100, 200, 0] ;    // 定义 wobj2 工件坐标系的 trans 项
wobj2.oframe.trans.z := 300 ;            // 定义 wobj2 工件坐标系 trans 项的 z 轴位置
......
```

程序中所定义的工件数据 wobj1 的特性为：工件和工装固定、用户坐标系原点位于大地坐标系（0，0，200）位置，坐标轴方向与大地坐标系相同；工件坐标系原点位于用户坐标系（100，200，0）位置，坐标轴方向与用户坐标系相同。

为了便于用户编程，ABB 机器人出厂时已预定义了工件数据 wobj0，wobj0 的数据设定值如下，它可以作为工件数据 wobjdata 定义指令的初始值。

```
wobj0 := [ FALSE, TRUE, "", [ [0, 0, 0], [1, 0,0 ,0] ], [ [0, 0, 0], [1, 0, 0 ,0] ] ] ;
```

wobj0 所定义的工件特性为：工件和工装固定，用户坐标系、工件坐标系与大地坐标系重合。

3.3 移动要素及定义

3.3.1 目标位置与定义

1. 移动指令与移动要素

移动指令用来控制机器人和外部轴运动，目标位置、运动轨迹、定位允差、移动速度

是机器人移动控制的基本要素。

在 RAPID 程序中，移动指令的基本编程格式如下：

$$\text{MoveJ} \quad \text{start\_p0,} \quad \text{v500\textbackslash V:=520,} \quad \text{fine\textbackslash Inpos:=inpos20,} \quad \text{tool1\textbackslash Wobj:=wobj1}$$

| 指令代码 | 目标位置 | 移动速度 | 定位允差 | 工具/工件数据 |

指令代码：指令代码用来指定运动方式和运动轨迹，如绝对位置定位 MoveAbsJ，关节插补 MoveJ、直线插补 MoveL、圆弧插补 MoveC 等。

目标位置：用来定义移动终点（目标位置），移动指令的起点是指令执行时机器人、外部轴的当前位置。目标位置可通过已定义位置的程序点（定位点）名称指定，如 p0、start_p0 等；或者直接在指令中以其他方式输入位置值，此时，程序点名称以"*"代替。RAPID 程序的移动目标位置有关节位置数据（jointtarget）和 TCP 位置数据（robtarget）两种指定方式，其数据格式与编程要求见下述。

移动速度：用来定义机器人、外部轴的运动速度。

定位允差：用来定义目标位置的允许定位误差，机器人、外部轴一旦到达指令规定的目标位置定位允差范围，系统便认为移动指令执行完成，接着执行下一指令。

工具/工件数据：用来定义移动指令的附加特性，如工具坐标系、工具姿态及工件坐标系等。

以上指令中的目标位置、定位允差、移动速度均需要通过程序数据、添加项，以程序数据名称、添加项名称的形式指定，因此，在 RAPID 程序中，需要通过程序数据定义指令定义相关数据，本节将对此进行逐一说明。

2. 绝对位置及定义

绝对位置是以各运动轴本身的绝对原点为基准，直接利用回转角度或直线位置描述的机器人和外部轴位置。在 RAPID 程序中，它可通过机器人绝对定位指令 MoveAbsJ、外部轴绝对定位指令 MoveExtJ，实现目标位置的定位。

在机器人控制系统中，绝对位置通过驱动轴运动的伺服电机的位置编码器输出脉冲计数得到，因此，在安川等机器人中称为"脉冲型位置"。由于机器人伺服电机编码器采用的是带断电保持功能的绝对编码器，脉冲计数的零位（绝对原点）一经设定，在任何时刻，电机轴转过的脉冲计数值都是一个确定值，它既不受机器人、工具、工件等坐标系的影响，也与机器人、工具的姿态无关。

在 RAPID 程序中，绝对位置通过关节位置数据 jointtarget 指定。关节位置数据 jointtarget 属于复合型数据，在程序中需要以数据名称的形式编程，数值需要用数据定义指令定义。

定义关节位置数据 jointtarget 的指令格式如下：

$$\text{jointtarget} \quad \text{p1} := [\ [\ 0,\ 0,\ 0,\ 0, -30,\ 0\ ],\ [\ 682,\ 45,\ 9E9,\ 9E9,\ 9E9,\ 9E9\ ]\ ]$$

绝对位置	机器人位置	外部轴位置
名称：p1	名称：robax	名称：extax
类型：jointtarget	类型：robjoint	类型：extjoint

关节位置型数据 jointtarget 由机器人关节位置 robjoint 数据 robax 和外部轴位置 extjoint 数据 extax 复合而成，数据项的含义如图 3.3-1 所示，说明如下。

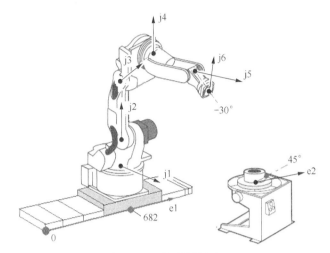

图 3.3-1　绝对位置定义

robax：机器人本体运动轴的绝对位置，标准编程软件允许使用 6 个运动轴 j1～j6；回转轴以绝对角度表示，单位为°；直线轴以绝对位置表示，单位为 mm。

extax：机器人基座轴、工装轴的绝对位置，标准编程软件允许使用 6 个外部轴 e1～e6；回转轴以绝对角度表示，单位为°；直线轴以绝对位置表示，单位为 mm；未使用的外部轴设定为"9E9"。

在 RAPID 程序中，绝对位置既可完整编程，也可对机器人本体绝对位置 robax、外部轴绝对位置 extax 进行单独编程，此外，还可通过偏移指令 EOffsSet 调整外部轴位置。

绝对位置的编程示例如下。

```
VAR jointtarget p0 := [[0,0,0,0,0,0],[ 0,0,9E9,9E9,9E9,9E9]] ;
                                        // 定义绝对位置 p0
......
VAR robjoint p1 ;                       // 定义绝对位置（初始值 0）
p1.robax := [0, 45, 30, 0, -30, 0];     // 定义机器人的绝对位置项
p1.extax := [-500, -180, 9E9,9E9,9E9,9E9]; // 定义外部轴的绝对位置项
......
VAR extjoint eax_ofs :=[ 100, 45, 9E9,9E9,9E9,9E9];  // 定义外部轴偏移量
EOffsSet eax_ofs ;                      // 外部轴绝对位置偏移
......
```

3. TCP 位置定义

TCP 位置是以指定的坐标系原点为基准，以三维笛卡尔直角坐标系位置值（x，y，z）描述的机器人 TCP 位置。在 RAPID 程序中，TCP 位置是关节、直线、圆弧插补指令 MoveJ、MoveL、MoveC 的目标位置。

在 RAPID 程序中，TCP 位置通过 TCP 位置 robtarget 数据指定，TCP 位置数据 robtarget

属于复合型数据，在程序中以数据名称的形式编程，数值需要通过程序数据定义指令定义。

定义 TCP 位置数据 robtarget 的指令格式如下：

robtarget p1:= [[600,200,500], [1,0,0,0], [0,–1,2,1], [682,45,9E9,9E9,9E9,9E9]]

TCP位置	XYZ坐标	工具姿态	机器人姿态	外部轴 e1～e6 位置
名称：p1	名称：trans	名称：rot	名称：robconf	名称：extax
类型：robtarget	类型：pos	类型：orient	类型：confdata	类型：extjoint

TCP 位置数据 robtarget 由 pos 位置数据 trans、orient 方位数据 rot、confdata 配置数据 robconf、extjoint 外部轴位置数据 extax 复合而成；数据项的说明可参见前述 3.2 节。

在 RAPID 程序中，TCP 位置既可完整定义，也可对其某一部分进行单独修改或设定；此外，还可通过 RAPID 函数指令进行运算和处理。

TCP 位置的编程示例如下。

```
VAR robtarget p1 := [[0,0,0],[1,0,0,0],[0,1,0,0],[0,0,9E9,9E9,9E9,9E9]] ;
                                                    // TCP 位置定义
......
VAR robtarget p2 ;                                  // 定义 TCP 位置（初始值 0）
p2.pos := [50, 100, 200];                           // 定义 pos 数据项
p2.pos.z := 200;                                    // 定义 pos 数据的 Z 值
......
VAR robtarget p3 ;                                  // 定义 TCP 位置（初始值 0）
VAR robtarget p4 ;
VAR robtarget p5 ;
P3 := CRobT(Tool1 := tool1\Wobj0) ;                 // 读取机器人当前位置
P4 := Offs(p1, 50, 80, 100) ;                       // pos 数据偏移
P5 := RelTool(p1,50,80,100\Rx:=0\ Ry:=0\ Rz:=90);   // pos 数据偏移并旋转
......
```

3.3.2　到位区间与定义

1. 定位允差和到位区间

定位允差是控制系统判别运动轴是否到达目标位置的依据，但它并不是运动轴的实际定位精度。在安川等机器人中，定位允差又称为"位置等级"或"定位等级"（Positioning Level，PL）；而 RAPID 程序中则称为"到位区间（zone）"。

到位区间用来规定目标位置的定位允差。执行移动指令时，如机器人 TCP 到达了目标位置所规定的到位区间，控制系统便认为目标位置到达、移动指令执行完成，并开始执行后续指令，因此，对于连续移动指令，就会在两条指令轨迹的转换点上产生图 3.3-2 所示的抛物线轨迹（亦称圆拐角）。因为，只要当前一移动指令进入到位区间，控制系统便开始起动下一指令的移动，这样，系统一方面需要利用闭环位置调节功能，继续保证前一指令

的目标位置到达；同时，又开始沿后移指令的轨迹加速，故而拐角处的实际轨迹将成为抛物线。如果到位区间的范围设定较大，对于图 3.3-2 中的 p1→p2→p3 连续移动，机器人将直接从 p1 连续运动至 p3，而不再经过 p2 点。

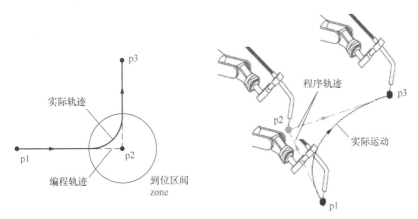
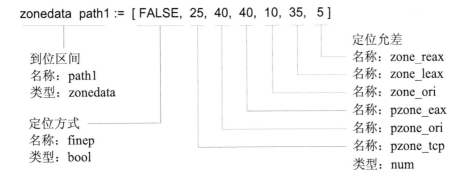

图 3.3-2　到位区间与连续移动

2. 到位区间及定义

在 RAPID 程序中，到位区间可通过区间数据 zonedata 定义，在此基础上，还可通过添加项\Inpos 增加更多的判定条件。区间数据 zonedata 属于复合型数据，在程序中需要以"数据名称"的形式编程，数值需要在程序中定义。

定义到位区间数据 zonedata 的指令编程格式如下：

```
zonedata  path1 := [ FALSE, 25, 40, 40, 10, 35, 5 ]
```

定位允差
名称：zone_reax
名称：zone_leax
名称：zone_ori
名称：pzone_eax
名称：pzone_ori
名称：pzone_tcp
类型：num

到位区间
名称：path1
类型：zonedata

定位方式
名称：finep
类型：bool

zonedata 数据由 bool 数据 finep 和多个 num 数据复合而成，数据项含义如下。

finep：定位方式，bool 数据。"TRUE"为程序暂停，机器人到达目标位置后暂停程序；"FALSE"为连续运动，机器人到达目标位置的到位区间，即开始执行后续指令。

pzone_tcp：TCP 定位允差，num 数据，单位为 mm。

pzone_ori：工具姿态允差，num 数据，单位为 mm。pzone_ori 值应大于或等于 pzone_tcp 设定，否则，系统将自动根据 pzone_tcp 设定取值。

pzone_eax：外部轴定位允差，num 数据，单位为 mm。设定值应大于或等于 TCP 点定位允差 pzone_tcp 的设定，否则，系统将自动设定 pzone_tcp 相同的值。

zone_ori：工具定向轴定位允差，单位为°。

zone_leax：外部直线轴定位允差，单位为 mm。

zone_reax：外部回转轴定位允差，单位为°。

以上 pzone_tcp、pzone_ori、pzone_eax 是以 TCP 目标位置为圆心的球形到位区间，通常用于机器人的关节、直线、圆弧插补；而 zone_ori、zone_leax、zone_reax 则是对单独的工具定向、外部直线和回转轴定位所设定的到位区间。为了确保机器人能到达指令轨迹，应保证指令行程大于 2 倍的定位允差，否则，系统将按照指令行程自动缩小到位区间。

在 RAPID 程序中，到位区间既可完整定义，也可对其某一部分进行单独修改或设定；此外，还可通过后述的添加项\Inpos，增加更多的判定条件。

到位区间的编程示例如下。

```
VAR zonedata path1 := [ FALSE,25,35,40,10,35,5 ] ;        // 定义到位区间
VAR zonedata path2                                        // 定义到位区间（初始值 z0）
Path2. pzone_tcp :=30 ;                                   // 设定 TCP 定位允差
Path2. pzone_ori :=40 ;                                   // 设定工具姿态允差
……
```

为便于用户编程，控制系统已预先定义了表 3.3-1 所示的到位区间，表 3.3-1 中的 fine 为到位停止点，到位区间 z0～z200 定义为连续运动。在 RAPID 程序中，系统预定义的到位区间可直接以区间名称的形式使用，无需另行定义程序数据。

表 3.3-1　　　　　　　　　　　　系统预定义到位区间

到位区间名称	系统预定义值					
	pzone_tcp	pzone_ori	pzone_eax	zone_ori	zone_leax	zone_reax
fine（停止点）	0.3mm	0.3mm	0.3mm	0.03°	0.3mm	0.03°
z0	0.3mm	0.3mm	0.3mm	0.03°	0.3mm	0.03°
z1	1mm	1mm	1mm	0.1°	1mm	0.1°
z5	5mm	8mm	8mm	0.8°	8mm	0.8°
z10	10mm	15mm	15mm	1.5°	15mm	1.5°
z15	15mm	23mm	23mm	2.3°	23mm	2.3°
z20	20mm	30mm	30mm	3°	30mm	3°
z30	30mm	45mm	45mm	4.5°	45mm	4.5°
z40	40mm	60mm	60mm	6°	60mm	6°
z50	50mm	75mm	75mm	7.5°	75mm	7.5°
z60	60mm	90mm	90mm	9°	90mm	9°
z80	80mm	120mm	120mm	12°	120mm	12°
z100	100mm	150mm	150mm	15°	150mm	15°
z150	150mm	225mm	225mm	23°	225mm	23°
z200	200mm	300mm	300mm	30°	300mm	30°

3. 到位停止添加项

到位区间可通过添加项\Inpos，对目标位置暂停的移动速度、停顿时间等到位判断条件作更进一步的规定。

　　机器人运动轴的实际停止过程如图 3.3-3 所示。轴停止时，系统指令速度将按加减速要求下降，指令速度到达 0 的点，就是理论上的停止位置，它也是系统开始计算停顿时间、程序暂停时间的起始点。但是，由于运动系统存在惯性，运动轴的实际速度变化必然滞后于指令速度变化，即存在伺服延时。通常而言，交流伺服驱动系统的伺服延时大致在 100ms 左右，因此，确保运动停止的程序暂停时间应大于 100ms。

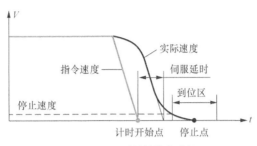

图 3.3-3　运动轴的停止过程

　　在 RAPID 程序中，到位停止添加项\Inpos 可通过停止点数据 stoppointdata 定义。停止点数据是复合型数据，程序中需要以"数据名称"的形式编程，数值需要通过程序数据定义指令定义。

　　定义停止点数据 stoppointdata 的指令编程格式如下：

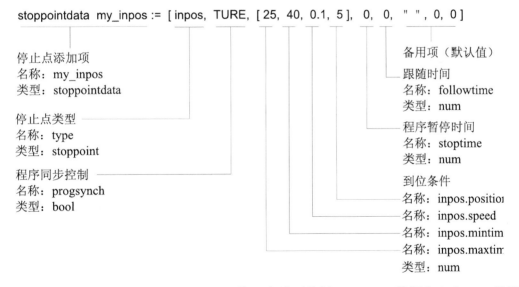

```
stoppointdata my_inpos := [ inpos, TURE, [ 25, 40, 0.1, 5 ], 0, 0, " ", 0, 0 ]
```

停止点添加项
名称：my_inpos
类型：stoppointdata

停止点类型
名称：type
类型：stoppoint

程序同步控制
名称：progsynch
类型：bool

备用项（默认值）

跟随时间
名称：followtime
类型：num

程序暂停时间
名称：stoptime
类型：num

到位条件
名称：inpos.position
名称：inpos.speed
名称：inpos.mintim
名称：inpos.maxtim
类型：num

　　停止点数据 stoppointdata 由 stoppoint 停止点类型数据 type、bool 数据和多个 num 数据复合而成，数据项的说明如下。

　　type：停止点类型，stoppoint 数据。设定"1"或"inpos"为到位停止，到位条件由数据项 inpos.position、inpos.speed、inpos.mintime、inpos.maxtime 指定；设定"2"或"stoptime"为程序暂停，程序暂停时间可通过数据项 stoptime 设定；设定"3"或"fllwtime"为跟随停止，可用于变位器协同作业，跟随时间由数据项 followtime 指定；到位条件、暂停时间、跟随时间均未指定时，使用到位区间 fine（z0）。

　　progsynch：程序同步控制，bool 数据。设定"TRUE"为程序同步，机器人在满足全部到位判定条件后，才能执行下一指令；设定"FALSE"为连续执行程序，机器人只要进入目标位置的到位区间，便可执行后续指令。程序同步控制对后述的带连续执行添加项\Conc 的移动指令无效。

inpos.position：到位区间条件，num 数据，到位区间 fine 的百分率。

inpos.speed：到位速度条件，num 数据，到位区间 fine 运动速度的百分率。

inpos.mintime：到位最短停顿时间条件，num 数据，单位为 s，允许范围为 0～20s。在本设定的时间内，即使停止条件已满足，也不启动后续指令，设定值应大于伺服延时 0.1s。

inpos.maxtime：到位最长停顿时间条件，num 数据，单位为 s，允许范围为 0～20s。到达本设定时间后，即使停止条件未满足，后续指令也将启动执行，设定值应大于伺服延时 0.1s。

stoptime：程序暂停时间，num 数据。停止点类型 type 选择 stoptime 时，用来设定目标点的程序暂停时间，单位为 s，允许范围为 0～20s；设定值应大于伺服延时 0.1s。

followtime：跟随时间，num 数据。停止点类型 type 选择 fllwtime 时，用来设定协同作业的目标点暂停时间，单位为 s，允许范围为 0～20s；设定值应大于伺服延时 0.1s。

signal、relation、checkvalue：string、num、num 数据，数据项目前不能使用，可直接设定为[" ", 0, 0]。

在 RAPID 程序中，停止点数据 stoppointdata 既可完整编程，也可对其某一部分进行单独编程。

```
VAR stoppointdata path_inpos1;              // stoppointdata 数据定义
VAR stoppointdata path_inpos2;
VAR stoppointdata path_inpos3;
……
path_inpos1 := [inpos, TRUE, [25,40,1,3], 0, 0,"", 0, 0] ;
                                            // stoppointdata 数据赋值
path_inpos2 := [stoptime, FALSE, [0,0,0,0], 2, 0,"", 0, 0] ;
path_inpos3. inpos.position :=40 ;          // inpos.position 数据项设定
path_inpos3. inpos.stoptime :=3 ;           // inpos.stoptime 数据项设定
……
```

为便于用户编程，控制系统已预先定义了表 3.3-2（到位停止型）、表 3.3-3（程序暂停、跟随停止型）所示的停止点数据。在 RAPID 程序中，系统预定义的停止点可直接以停止点名称的形式编程，无需进行程序数据定义。

表 3.3-2　　　　　　　　　系统预定义"到位停止"型停止点

停止点名称	系统预定义值					
	type	progsynch	inpos.position	inpos.speed	inpos.mintime	inpos.maxtime	其他
inpos20	inpos	TRUE	20	20	0	2	0
inpos50	inpos	TRUE	50	50	0	2	0
inpos100	inpos	TRUE	100	100	0	2	0

表 3.3-3 系统预定义"程序暂停""跟随停止"型停止点

停止点名称	系统预定义值				
	type	progsynch	stoptime	followtime	其他
stoptime0_5	stoptime	FALSE	0.5	0	0
stoptime1_0	stoptime	FALSE	1.0	0	0
stoptime1_5	stoptime	FALSE	1.5	0	0
fllwtime0_5	fllwtime	TRUE	0	0.5	0
fllwtime1_0	fllwtime	TRUE	0	1.0	0
fllwtime1_5	fllwtime	TRUE	0	1.5	0

3.3.3 移动速度与定义

1. 速度数据与设定

移动速度是工业机器人运动的基本要素之一，在 RAPID 程序中，移动速度用程序数据 speeddata 定义或利用速度添加项直接指定。

速度数据 speeddata 是由 4 个 num 数据复合成的复合型数据，数据的编程格式为[v_tcp, v_ori, v_leax, v_reax]，数据项的含义如下。

v_tcp：TCP 移动速度，单位为 mm/s；

v_ori：工具定向轴回转速度，单位为°/s；

v_leax：外部直线轴移动速度，单位为 mm/s；

v_reax：外部回转轴回转速度，单位为°/s。

速度数据 speeddata 在程序中需要以"数据名称"的形式编程，数值需要在程序中定义。在 RAPID 程序中，speeddata 数据既可完整定义，也可对其某一部分进行修改或设定，例如：

```
VAR speeddata v_rapid := [500,30,250,15] ;    // 定义速度数据并赋值
VAR speeddata v_work;                          // 定义速度数据（初始值 0）
v_ work. v_tcp :=200 ;                         // 定义数据项 v_tcp
v_ work. v_ori :=12 ;                          // 定义数据项 v_ori
......
```

速度数据 speeddata 所定义的移动速度及加速度，还可通过 RAPID 指令 VelSet、AccSet 进行倍率调整，有关内容详见本章后述。

2. 系统预定义速度

为便于用户编程，控制系统已预先定义了部分速度数据，其名称、作用及设定值分别如下。在 RAPID 程序中，系统预定义的速度数据可直接以速度名称的形式使用，无需另行定义程序数据。

表 3.3-4 是系统预定义的 TCP 速度 v_tcp 表，它可用于机器人绝对定位指令 MoveAbsJ、关节插补指令 MoveJ、直线插补指令 MoveL、圆弧插补指令 MoveC 的速度编程。表中的 vmax 速度为系统最大 TCP 速度值，其值可通过 RAPID 函数指令 MaxRobSpeed 读取。速度 v5～vmax 预定义的工具定向速度 v_ori 均为 500°/s，外部直线轴速度 v_leax 均为 5000mm/s，外部回转轴速度 v_reax 均为 1000°/s。

表 3.3-4 系统预定义机器人定位、插补速度表

速度名称	v5	v10	v20	v30	v40	v50	v60	v80	v100
v_tcp（mm/s）	5	10	20	30	40	50	60	80	100
速度名称	v150	v200	v300	v400	v500	v600	v800	v1000	v1500
v_tcp（mm/s）	150	200	300	400	500	600	800	1000	1500
速度名称	v2000	v2500	v3000	v4000	v5000	v6000	v7000	vmax	
v_tcp（mm/s）	2000	2500	3000	4000	5000	6000	7000	MaxRobSpeed	

表 3.3-5 是系统预定义的外部回转轴速度 v_reax 表，用于外部回转轴绝对定位指令 MoveExtJ 的速度编程；vrot1～vrot100 预定义的 TCP 点移动速度 v_tcp、工具定向速度 v_ori、外部直线轴速度 v_leax 均为 0。

表 3.3-5 系统预定义外部回转轴定位速度表

速度名称	vrot1	vrot2	vrot5	vrot10	vrot20	vrot50	vrot100
v_reax（°/s）	1	2	5	10	20	50	100

表 3.3-6 是系统预定义的外部直线轴移动速度 v_leax 表，用于外部直线轴绝对定位指令 MoveExtJ 的速度编程；vlin10～vlin1000 预定义的 TCP 点移动速度 v_tcp、工具定向速度 v_ori、外部回转轴速度 v_reax 均为 0。

表 3.3-6 系统预定义外部直线轴定位速度表

速度名称	vlin10	vlin20	vlin50	vlin100	vlin200	vlin500	vlin1000
v_leax（mm/s）	10	20	50	100	200	500	1000

3. 速度添加项及编程

当程序不使用系统预定义速度时，可用添加项\V 或\T，在指令中定义 TCP 速度或实际移动时间。添加项\V 只能规定 TCP 速度，因此，它对工具定向、外部轴绝对定位指令 MoveExtJ 无效；添加项\T 则可用于全部移动指令。但是，在同一指令中，不能同时使用添加项\V 和\T。

速度添加项\V 和\T 的含义与编程方法如下。

\V：TCP 速度设定，单位为 mm/s。添加项\V 可替代 speeddata 数据项 v_tcp，直接设定 TCP 的移动速度，例如：

```
MoveJ p2, v200\V:=250, fine, grip1;        // 定义 TCP 移动速度为 250mm/s
```

指令直接定义了 TCP 移动速度为 250mm/s，系统预定义的移动速度 v200 中的数据项 v_tcp 速度 200mm/s 无效。

\T：移动时间设定，单位为 s。添加项\T 可通过移动时间间接指定 TCP 移动速度，例如：

```
MoveJ p10, v100\T:=4, fine, grip1;         // 指令移动时间为 4s
MoveExtJ p2_ ext, vrot10\T:=6, fine;       // 外部轴移动时间为 6s
```

在以上程序中，指令 MoveJ 直接定义了 TCP 从现在位置到达 p10 的时间为 4s，因此，如移动距离为 500mm，TCP 移动速度将为 125mm/s；系统预定义的移动速度 v100 中的 v_tcp 速度 100mm/s 将无效；同样，指令 MoveExtJ 直接定义了外部轴的移动时间为 6s，如回转

角度为 90°，外部轴的实际回转速度将为 15°/s；系统预定义的回转轴速度 vrot10 中的 v_reax 将无效。

3.4　基本移动指令编程

3.4.1　指令格式与说明

1. 指令格式

RAPID 移动指令实际上包括了绝对定位、关节插补、直线插补、圆弧插补等基本移动指令，以及带 I/O 控制功能的移动指令（见第 4 章）、特殊的独立轴和伺服焊钳控制指令（见第 7 章）、智能机器人的同步跟踪和外部引导运动（见第 7 章）等多种，以基本移动指令最为常用，本节将对此进行说明，其他移动指令的编程要求将在随后的章节中逐一说明。

RAPID 基本移动指令及编程格式见表 3.4-1。

表 3.4-1　　　　　　　　　　　RAPID 基本移动指令及编程格式

名称		编程格式与示例	
绝对定位	MoveAbsJ	程序数据	ToJointPos，Speed，Zone，Tool
		指令添加项	\Conc
		数据添加项	\ID、\NoEOffs，\V | \T，\Z，\Inpos，\WObj、\TLoad
	编程示例	MoveAbsJ j1，v500，fine，grip1； MoveAbsJ\Conc，j1\NoEOffs，v500，fine\Inpos:=inpos20，grip1； MoveAbsJ　j1，v500\V:=580，z20\Z:=25，grip1\WObj:=wobjTable；	
外部轴绝对定位	MoveExtJ	程序数据	ToJointPos，Speed，Zone
		指令添加项	\Conc
		数据添加项	\ID、\NoEOffs，\T，\Inpos
	编程示例	MoveExtJ j1，vrot10，fine； MoveExtJ\Conc，j2，vlin100，fine\Inpos:=inpos20； MoveExtJ j1，vrot10\T:=5，z20；	
关节插补	MoveJ	程序数据	ToPoint，Speed，Zone，Tool
		指令添加项	\Conc
		数据添加项	\ID，\V | \T，\Z，\Inpos，\WObj、\TLoad
	编程示例	MoveJ p1，v500，fine，grip1； MoveJ\Conc，p1，v500，fine\Inpos:=inpos50，grip1； MoveJ p1，v500\V:=520，z40\Z:=45，grip1\WObj:=wobjTable；	
直线插补	MoveL	程序数据	ToPoint，Speed，Zone，Tool
		指令添加项	\Conc
		数据添加项	\ID，\V | \T，\Z，\Inpos，\WObj、\Corr、\TLoad

名称	编程格式与示例		
直线插补	编程示例	MoveL p1，v500，fine，grip1； MoveL\Conc，p1，v500，fine\Inpos:=inpos50，grip1\Corr； MoveJ p1，v500\V:=520，z40\Z:=45，grip1\WObj:=wobjTable；	
圆弧插补	MoveC	程序数据	CirPoint，ToPoint，Speed，Zone，Tool
		指令添加项	\Conc
		数据添加项	\ID，\V | \T，\Z、\Inpos，\WObj、\Corr、\TLoad
	编程示例	MoveC p1，p2，v300，fine，grip1； MoveL\Conc，p1，p2，v300，fine\Inpos:=inpos20，grip1\Corr； MoveJ p1，p2，v300\V:=320，z20\Z:=25，grip1\WObj:=wobjTable；	

目标位置、移动速度、到位区间、作业工具等是移动指令必需的基本程序数据，它们需要在程序中预先定义；指令添加项\Conc 用于同步控制；数据添加项是对程序数据的补充说明，它们可根据程序的实际执行要求及编程的需要添加。

基本移动指令的程序数据、添加项基本相同，统一介绍如下；其他特殊程序数据及添加项的作用与编程要求，可参见相关指令的说明。

2. 基本程序数据

基本移动指令的程序数据主要有目标位置 ToJointPos 或 ToPoint、移动速度 Speed、到位区间 Zone、作业工具 Tool 等，程序数据的含义和编程要求如下，程序数据的定义方法可参见前述。

① ToJointPoint。机器人、外部轴绝对位置，数据类型 jointtarget。绝对位置以各运动轴的绝对原点为基准，利用角度（回转轴）或行程（直线轴）描述的机器人或外部轴位置，它与机器人的坐标系、TCP 点位置等均无关。在指令中，ToJointPoint 一般以数据名称的形式编程，如以其他方式直接在指令中输入位置值，则用"*"代替数据名称。在多机器人协同作业系统（MultiMove）中，如不同机器人需要同步移动，则目标位置 ToJointPoint 后需要用添加项\ID 指定同步指令编号。

② ToPoint。TCP 位置，数据类型 robtarget。TCP 位置是以指定的坐标系原点为基准，通过 TCP 在坐标系中的 *XYZ* 坐标值描述的位置，它与坐标系设定和选择、工具姿态、机器人姿态、外部轴位置等均有关。在指令中，ToPoint 一般以数据名称的形式编程，如以其他方式直接在指令中输入位置值，则用"*"代替数据名称。在多机器人协同作业系统（MultiMove）中，如不同机器人需要同步移动，则目标位置 ToPoint 后需要用添加项\ID 指定同步指令编号。

TCP 位置还可通过工具偏移 RelTool、程序偏移 Offs 等 RAPID 函数命令指定，函数命令可直接替代程序数据 ToPoint 在指令中编程，例如：

```
MoveL RelTool(p1,50,80,100\Rx:=0\ Ry:=0\ Rz:=90), v1000, z30, Tool1;
MoveL Offs(p1,0,0,100),v1000,z30,grip2\Wobj:=fixture;
```

③ Speed。移动速度，数据类型 speeddata。移动速度可为系统预定义的速度名称，也可通过数据添加项\V 或\T 在指令中直接设定。

④ Zone。到位区间，数据类型 zonedata。到位区间可为系统预定义的区间名称，也可通过数据添加项\Z、\Inpos，在指令中指定定位允差、规定到位条件。

⑤ Tool。作业工具，数据类型 tooldata。作业工具用来确定 TCP 点位置、工具姿态等参数。作业工具还可通过添加项\WObj、\TLoad、\Corr，指定工件数据、工具负载、轨迹修整等参数；在工具固定、机器人移动工件作业的系统中，必须使用添加项\WObj 确定工件数据 wobjdata。

3. 基本添加项

添加项属于指令中可用可不用的选择项。RAPID 移动指令可通过添加项改变指令执行条件和程序数据，常用的添加项含义及编程方法如下。

① \Conc。连续执行指令添加项，数据类型 switch，添加在移动指令后。指令附加添加项\Conc 时，系统可在移动机器人的同时，启动后续程序中的非移动指令，添加项\Conc 和程序数据需要用 "," 分隔，例如：

```
MoveJ\Conc, p1, v1000, fine, grip1;
Set do1, on;
```

MoveJ\Conc 指令可使机器人在关节插补的同时，启动后续的非移动指令 "Set do1, on ;"，使得系统开关量输出 do1 的状态成为 ON；不使用添加项\Conc 时，只能在机器人移动到目标位置 p1 后，才执行非移动指令 "Set do1, on ;"。

添加项\Conc 允许连续执行的非移动指令最多为 5 条；此外，需要通过轨迹存储、恢复指令 StorePath、RestoPath，存储、恢复指令轨迹的移动指令（见第 5 章），不能使用连续执行添加项\Conc 编程。

② \ID。同步移动指令编号，数据类型 identno，添加在目标位置 ToJointPoint、ToPoint 后。添加项\ID 仅用于多机器人协同作业（MultiMove）系统，当不同机器人需要同步移动、协同作业时，添加项\ID 用来指定同步移动的指令编号（见第 5 章）。

③ \V 或\T。TCP 移动速度或指令移动时间，数据类型 num，用来指定用户自定义的移动速度（见前述）；\V 和\T 不能在同一指令中同时使用。

④ \Z、\Inpos。用户自定义的 TCP 到位区间和定位方式、到位判定条件，\Z 数据类型 num、\Inpos 数据类型 stoppointdata。

添加项\Z 可直接指定到位区间（定位允差），如 "z40\Z:=45" 表示目标点的定位允差为 45mm 等。添加项\Inpos 可对目标位置的停止点类型、到位区间、停止速度、停顿时间等条件作进一步的规定；如 "fine\Inpos:=inpos20" 为使用系统预定义停止点 inpos20，停止点类型为 "到位停止"、程序同步控制有效、到位区间为 fine 设定值的 20%、停止速度为 fine 设定值的 20%、最短停顿时间为 0s、最长停顿时间为 2s 等。

⑤ \Wobj。工件数据，数据类型 wobjdata，\Wobj 添加在工具数据 Tool 后，可和添加项\TLoad、\Corr 同时使用。添加项\Wobj 可选择工件坐标系、用户坐标系及工件数据。对于工具固定、机器人移动工件的作业，添加项\Wobj 直接影响到机器人本体的运动，故必须予以指定；对于工件固定、机器人移动工具的作业，则可根据实际需要选择。

⑥ \TLoad。机器人负载，数据类型 loaddata，可和添加项\Wobj、\Corr 同时使用。添加项\TLoad 可直接设定机器人负载，指定添加项\TLoad，工具数据 tooldata 中的负载

特性项 tload 将无效；不指定添加项或指定\TLoad:=load0，则 tooldata 数据中的数据项 tload 有效。

3.4.2 定位指令与编程

基本移动指令包括定位和插补两类：定位是通过机器人轴、外部轴（基座、工装）的运动，使控制对象移动到目标位置的操作，它仅控制终点定位，不管轨迹；插补是按要求轨迹所进行的多轴位置同步控制，它可保证控制对象沿指定的轨迹连续移动。

RAPID 定位指令分为绝对定位和外部轴绝对定位两种，指令的功能及编程格式、要求分别如下。

1. 绝对定位指令

绝对定位指令可将机器人、外部轴（基座、工装）定位到指定的目标位置上，目标位置是以各运动轴绝对原点为基准的唯一位置，它不受机器人坐标系、工具坐标系、工件坐标系等坐标系设定的影响。但是，由于工具、负载等参数与机器人安全、伺服驱动控制密切相关，因此，在指令中需要指定工具、工件数据。

绝对定位是以当前位置作为起点、以目标位置为终点的"点到点"的绝对定位运动，它不分 TCP 定位、工具定向、变位器运动，也不管运动轨迹；但是，所有轴均可同时到达终点，机器人 TCP 的移动速度大致与指令速度一致。具体如图 3.4-1 所示。

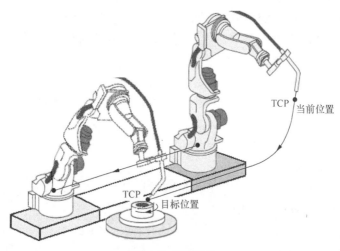

图 3.4-1 绝对定位

绝对定位指令 MoveAbsJ 的编程格式如下：

```
MoveAbsJ [\Conc,] ToJointPoint [\ID] [\NoEOffs], Speed [\V]|[\T], Zone [\Z]
[\Inpos], Tool [\Wobj] [\TLoad];
```

指令中的程序数据 TojointPoint、Speed、Zone、Tool，指令添加项\Conc 及数据添加项\ID，\V 或\T，\Z、\Inpos，\Wobj、\TLoad 的含义及编程方法可参见前述；添加项\NoEOffs 的含义及编程方法如下。

\NoEOffs：取消外部偏移，数据类型 switch。增加添加项\NoEOffs，可通过系统参数 NoEOffs =1 的设定，取消外部轴的偏移量（见后述）。

绝对定位指令 MoveAbsJ 的编程实例如下。

```
MoveAbsJ  p1,v1000,fine,grip1;                    //使用系统预定义的数据定位
MoveAbsJ  p2,v500\V:=520,z30\Z:=35,tool1;          //指定移动速度和到位区间
MoveAbsJ  p3,v500\T:=10,fine\Inpos:=inpos20,tool1;  //指定移动时间和到位条件
MoveAbsJ\Conc, p4[\NoEOffs],v1000,fine,tool1;      //使用指令添加项
Set do1,on;                                        //连续执行指令
……
```

2. 外部轴绝对定位指令

外部轴绝对定位指令用于机器人基座轴、工装轴的单独定位，外部轴的位置以绝对位置的形式指定。

外部轴绝对定位如图 3.4-2 所示，指令目标位置是以运动轴绝对原点为基准的唯一位置，同样不受机器人、工具、工件坐标系的影响。外部轴绝对定位时，机器人的 TCP 相对于基座无运动，因此，无需考虑工具、负载等参数的影响，指令无需指定工具、工件数据。

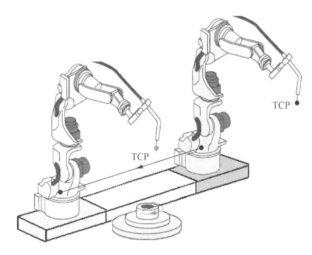

图 3.4-2　外部轴绝对定位

外部轴绝对定位指令 MoveExtJ 的 RAPID 编程格式如下：

```
MoveExtJ [\Conc,] ToJointPoint [\ID] [\UseEOffs],Speed [\T],Zone [\Inpos];
```

指令中的程序数据 TojointPoint、Speed、Zone，指令添加项\Conc 及数据添加项\ID, \T, \Inpos 的含义及编程方法可参见前述，特殊添加项\UseEOffs 的含义及编程方法如下。

\UseEOffs：外部轴偏移，数据类型 switch。增加添加项\UseEOffs，可通过指令 EoffsSet 所设定的外部轴偏移量来改变目标位置（见后述）。

指令的编程实例如下。

```
VAR extjoint eax_ap4 := [100, 0, 0, 0, 0, 0] ;   // 定义外部轴偏移量 eax_ap4
……
MoveExtJ  p1,vrot10,z30;                           // 使用系统预定义的数据定位
MoveExtJ  p2,vrot10\T:=10,fine\Inpos:=inpos20;    // 指定移动时间和到位条件
MoveExtJ\Conc, p3,vrot10,fine;                    // 使用指令添加项
```

```
Set do1,on;                                    // 连续执行指令
……
EOffsSet eax_ap4 ;                             // 生效外部轴偏移量 eax_ap4
MoveExtJ, p4\UseEOffs,vrot10,fine;             // 使用外部轴偏移改变目标位置
……
```

3.4.3 插补指令与编程

机器人插补可以按要求的轨迹，使机器人移动到指定目标位置。RAPID 插补指令包括关节插补、直线插补和圆弧插补 3 种，指令的功能及编程格式、要求分别如下。

1. 关节插补指令

关节插补指令又称为关节运动指令，其编程格式如下：

```
MoveJ [\Conc,] ToPoint[\ID],Speed[\V]|[\T],Zone[\Z][\Inpos],Tool[\Wobj]
[\TLoad];
```

执行关节插补指令时，机器人将以执行指令时的当前 TCP 位置作为起点、以指令指定的目标 TCP 位置为终点，进行插补运动。程序数据及添加项含义及编程方法可参见前述。

关节插补可包含机器人系统的所有运动轴，故可用来实现 TCP 定位、工具定向、外部轴定位等运动；参与插补的全部轴可同时到达终点；TCP 的运动轨迹由各轴运动合成，通常不是直线。

关节插补的 TCP 移动速度可使用系统预定义的 speeddata 数据，也可通过添加项\V 或\T 设定；实际 TCP 移动速度与指令速度大致相同。

关节插补指令 MoveJ 的编程实例如下。

```
MoveJ  p1,v1000, fine,grip1;                    // 使用系统预定义的数据插补
MoveJ  p2,v500\V:=520,z30\Z:=35,tool1;          // 直接指定速度到到位区间
MoveJ  p3,v1000\T:=5,fine\Inpos:=inpos20,tool1; // 直接移动时间和到位条件
MoveJ\Conc, p4, v1000,fine,tool1;               // 使用指令添加项
Set do1,on;                                     // 连续执行指令
……
MoveJ p5,v1000,fine,grip2\Wobj:=fixture;        // 使用工件数据
……
```

2. 直线插补指令

直线插补又称为直线运动指令，目标位置为 TCP 位置。直线插补不仅可保证全部轴同时到达终点，且 TCP 的移动轨迹为图 3.4-3 所示的连接起点和终点的直线。

直线插补指令的编程格式如下：

```
MoveL [\Conc,] ToPoint[\ID],Speed[\V]|[\T],Zone[\Z] [\Inpos],Tool[\Wobj]
[\Corr] [\TLoad];
```

指令中的程序数据及添加项含义及编程方法可参见前述，添加项\Corr 的含义及编程方法如下。

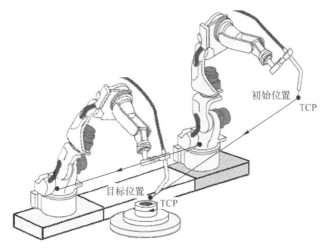

图 3.4-3 直线插补

\Corr：轨迹校准，数据类型 switch。添加项用于带轨迹校准器的智能机器人（见第 7 章），增加添加项\Corr 后，系统可通过轨迹校准器自动调整移动轨迹。

直线插补指令 MoveL 与关节插补指令 MoveJ 的编程方法相同，例如：

```
MoveL  p1,v500,z30,Tool1;                       // 使用系统预定义的数据插补
Move   p2,v1000\T:=5,fine\Inpos:=inpos20,tool1;  // 使用数据添加项
MoveL\Conc, p3,v1000,fine,tool1;                // 使用指令添加项
Set do1,on;                                      // 连续执行指令
……
MoveL  p4,v500,z30,Tool1 [\Corr];               // 使用轨迹修整功能
MoveL RelTool(p3,0,0,100\Rx:=0\ Ry:=0\ Rz:=90),v300,fine\Inpos:=inpos20,Tool1;
                                                 // 使用函数命令
MoveL Offs(p3,0,0,100),v300,fine\Inpos:=inpos20,grip2\Wobj:=fixture;
                                                 // 使用函数命令
```

3. 圆弧插补指令

圆弧插补又称为圆周运动指令，它可使机器人的 TCP 按指定的移动速度，沿指定的圆弧，从当前位置移动到目标位置。圆弧需要通过起点（当前位置）、中间点（CirPoint）和终点（目标位置）3 点进行定义，指令 MoveC 的编程格式如下：

```
MoveC [\Conc,] CirPoint,ToPoint [\ID],Speed [\V]|[\T],Zone [\Z] [\Inpos],
Tool [\Wobj] [\Corr] [\TLoad];
```

指令中的程序数据及添加项含义及编程方法可参见前述，程序数据 CirPoint 用来指定圆弧的中间点，其含义及编程方法如下。

CirPoint：圆弧中间点 TCP 位置，数据类型 robtarget。中间点是圆弧上位于起点和终点之间的任意一点，但是，为了获得正确的轨迹，编程时需要注意以下问题。

① 为了保证圆弧的准确，应尽可能在圆弧的中间位置选取中间点（CirPoint）。

② 起点（start）、中间点（CirPoint）、终点（ToPoint）3 者间应有足够的间距，图 3.4-4 所示的起点（start）离终点（ToPoint）、起点（start）离中间点（CirPoint）的距离均应大于等于 0.1mm。此外，还需要保证起点（start）/中间点（CirPoint）连线与起点（start）/终点（ToPoint）连线的夹角大于 1°；否则，不仅无法得到准确的运动轨迹，而且还可能使系统产生报警。

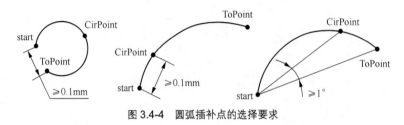

图 3.4-4　圆弧插补点的选择要求

③ 不能试图用终点和起点重合的圆弧插补指令来实现 360° 全圆插补；全圆插补需要通过 2 条或以上的圆弧插补指令来实现。

圆弧插补指令 MoveC 的编程实例如下。

```
MoveC  p1,p2,v500,z30,Tool1;                        // 使用系统预定义的数据插补
MoveC  p2,p3,v500\V:=550,z30\Z:=35,Tool1;          // 直接指定速度和到位区间
MoveC\Conc, p4,p5,v200,fine\Inpos:=inpos20,tool1;   // 指令使用添加项
Set do1, on;                                        // 连续执行指令
……
```

利用圆弧插补指令 MoveC 实现 360° 全圆插补的程序示例如下。

```
MoveL  p1,v500,fine,Tool1;
MoveC  p2,p3,v500,z20,Tool1;
MoveC  p4,p1,v500,fine,Tool1;
```

执行以上指令时，首先，将 TCP 以系统预定义速度 v500 直线移动到 p1；然后，按照 p1、p2、p3 所定义的圆弧，移动到 p3（第一段圆弧的终点）；接着，按照 p3、p4、p1 定义的圆弧，移动到 p1，使两段圆弧闭合。这样，如指令中的 p1、p2、p3、p4 均位于同一圆弧上，便可得到图 3.4-5（a）所示的 360° 全圆轨迹；否则，将得到图 3.4-5（b）所示的两段闭合圆弧。

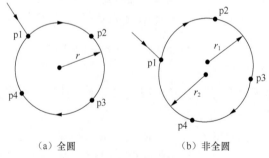

（a）全圆　　　　　　　　　　　　（b）非全圆

图 3.4-5　全圆插补

3.4.4　可调用程序插补指令编程

1. 指令及编程格式

RAPID 插补指令可附加程序调用功能。对于普通型程序（PROC 程序）的调用，可在关节、直线、圆弧插补的移动目标位置进行；这一功能可直接通过后缀 Sync 的基本移动指令 MoveJSync、MoveLSync、MoveCSync 来实现。如需要在关节、直线、圆弧插补轨迹的其他位置调用程序，则需要使用 RAPID 中断功能，通过带 I/O 控制功能的插补指令 TriggJ、TriggL、TriggC 来实现（见第 4 章）。

RAPID 普通子程序调用插补指令的编程格式见表 3.4-2。

表 3.4-2　　　　　　　　　普通程序调用控制移动指令及编程格式

名称		编程格式与示例	
关节插补调用程序	MoveJSync	程序数据	ToPoint，Speed，Zone，Tool，ProcName
		指令添加项	——
		数据添加项	\ID，\T，\WObj，\TLoad
	编程示例	MoveJSync p1, v500, z30, tool2, "proc1" ;	
直线插补调用程序	MoveLSync	程序数据	ToPoint，Speed，Zone，Tool，ProcName
		指令添加项	——
		数据添加项	\ID，\T，\WObj，\TLoad
	编程示例	MoveLSync p1, v500, z30, tool2, "proc1" ;	
圆弧插补调用程序	MoveCSync	程序数据	CirPoint，ToPoint，Speed，Zone，Tool，ProcName
		指令添加项	——
		数据添加项	\ID，\T，\WObj，\TLoad
	编程示例	MoveCSync p1, p2, v500, z30, tool2, "proc1" ;	

指令 MoveJSync、MoveLSync、MoveCSync 的普通程序调用在移动目标位置进行，对于不经过目标位置的连续移动指令，其程序的调用将在拐角抛物线的中间点进行。

2. 编程说明

普通程序调用控制移动指令 MoveJSync、MoveLSync、MoveCSync 的编程方法与基本移动指令 MoveJ、MoveL、MoveC 类似，但可使用的添加项较少，指令格式如下：

```
MoveJSync ToPoint [\ID],Speed [\T],Zone,Tool [\WObj],ProcName[\TLoad];
MoveLSync ToPoint [\ID],Speed [\T],Zone,Tool [\WObj],ProcName[\TLoad];
MoveCSync CirPoint,ToPoint[\ID],Speed[\T],Zone,Tool[\WObj],ProcName[\TLoad];
```

指令中的基本程序数据及添加项的含义、编程要求与基本移动指令相同。程序数据 ProcName 为需要调用的 PROC 程序名称，其数据类型为 string。

普通程序调用控制移动指令的编程实例如下。

```
MoveJSync p1, v800, z30, tool2, "proc1";    // 关节插补终点 P1 调用程序 proc1
Set do1,on;                                  // 非连续移动
......
```

```
MoveLSync p2, v500, z30, tool2, "proc2" ;   // 直线插补 P2 拐角中点调用程序 proc2
MoveL p3, v500, z30, tool2 ;                 // 连续移动
MoveCSync p4, p5, v500, z30, tool2, "proc3" ; // 圆弧插补终点 P5 调用程序 proc3
Set do1,off;                                 // 非连续移动
......
```

3.5　运动控制指令与编程

　　RAPID 运动控制参数包括移动速度、加速度、姿态、载荷、作业区间等。运动控制参数是机器人移动必需的基本参数，其默认值可在控制系统启动（冷启动）、程序加载或重新执行时，通过系统模块 BASE_SHARED 中的 SYS_RESET 程序自动装载。

　　在 RAPID 程序中，运动控制参数也可通过运动控制指令进行设定和调整，通过指令所设定的运动参数，将对后续的全部移动指令有效，直至利用新的设定指令重新设定或进行恢复系统默认值的操作。

　　运动控制指令中的移动速度、加速度，姿态的设定和调整指令，将直接影响机器人的移动速度和运动轨迹，它们是常用的指令，本节将对其进行介绍。

3.5.1　速度控制指令

1. 指令及编程格式

　　速度控制指令用于移动指令的速度倍率调节，以及指定轴、检查点的最大移动速度限制，指令及功能、编程格式的简要说明见表 3.5-1，如程序同时使用了轴速度限制、速度限制指令，则实际速度为两者中的较小值。

表 3.5-1　　　　　　　　　　　RAPID 速度控制指令及编程格式

名称	编程格式与示例		
速度设定	VelSet	编程格式	VelSet Override，Max ;
		程序数据	Override：速度倍率（单位为%），数据类型 num；Max：最大速度（单位为 mm/s），数据类型 num
	功能说明		移动速度倍率、最大速度设定
	编程示例		VelSet 50，800 ;
速度倍率调整	SpeedRefresh	编程格式	SpeedRefresh Override ;
		程序数据	Override：速度倍率（单位为%），数据类型 num
	功能说明		调整移动速度倍率
	编程示例		SpeedRefresh speed_ov1 ;
轴速度限制	SpeedLimAxis	编程格式	SpeedLimAxis MechUnit，AxisNo，AxisSpeed ;
		程序数据	MechUnit：机械单元名称，数据类型 mecunit；AxisNo：轴序号，数据类型 num；AxisSpeed：速度限制值，数据类型 num

名称	编程格式与示例		
轴速度限制	功能说明	限制指定机械单元、指定轴的最大移动速度	
	编程示例	SpeedLimAxis ROB_1, 1, 10 ;	
检查点速度限制	SpeedLimCheckPoint	编程格式	SpeedLimCheckPoint RobSpeed ;
		程序数据	RobSpeed：速度限制值，数据类型 num
	功能说明	限制机器人 4 个检查点的最大移动速度	
	编程示例	SpeedLimCheckPoint Lim_ speed1 ;	

2. 速度设定和倍率调整指令

RAPID 速度设定指令 VelSet 用来调节速度数据 speeddata 的倍率，设定关节、直线、圆弧插补的 TCP 最大移动速度。

速度倍率 Override 对全部移动指令、所有形式指定的移动速度均有效，但它不能改变机器人作业数据中规定的移动速度，如焊接数据 welddata 规定的焊接速度等。速度倍率一经设定，运动轴的实际移动速度为指令值和倍率的乘积。

TCP 最大移动速度 Max 仅对以 TCP 为控制对象的关节、直线和圆弧插补指令有效，但不能改变绝对定位、外部轴绝对定位速度；而且不能改变添加项\T 指定的速度。

RAPID 速度设定指令 VelSet 的编程实例如下。

```
VelSet 50,800;                  //指定速度倍率 50%、最大插补速度 800mm/s
MoveJ  *,v1000,z20,tool1;       //倍率有效，实际速度 500
MoveL  *,v2000,z20,tool1;       //速度限制有效，实际速度 800
MoveL  *,v2000\V:=2400,z10,tool1; //速度限制有效，实际速度 800
MoveAbsJ  *,v2000,fine,grip1;   //倍率有效、速度限制无效，实际速度 1000
MoveExtJ j1,v2000,z20;          //倍率有效、速度限制无效，实际速度 1000
MoveL  *,v1000\T:=5,z20,tool1;  //倍率有效，实际移动时间 10s
MoveL  *,v2000\T:=6,z20,tool1;  //倍率有效、速度限制无效，实际移动时间 12s
……
```

速度倍率调整指令 SpeedRefresh 可用倍率的形式调整移动指令的速度，倍率允许调整的范围为 0～100%，指令的编程实例如下。

```
VAR num speed_ov1 := 50;        // 定义速度倍率 speed_ov1 为 50（%）
MoveJ  *,v1000,z20,tool1;       // 移动速度 1000
MoveL  *,v2000,z20,tool1;       // 移动速度 2000
SpeedRefresh speed_ov1 ;        // 速度倍率更新为 speed_ov1（50%）
MoveJ  *,v1000,z20,tool1;       // 速度倍率 speed_ov1 有效，实际速度 500
MoveL  *,v2000,z20,tool1;       // 速度倍率 speed_ov1 有效，实际速度 1000
……
```

3. 轴速度限制指令

轴速度限制指令 SpeedLimAxis 用来设定指定机械单元、指定轴的最大移动速度，指令在系统 DI 信号"LimitSpeed"状态为"1"时生效。指令生效时，如指定轴的实际移动速度超过了限制值，系统将自动减速至指令所规定的速度限制值。对于插补运动，只要其中有一轴的速度被限制，参与插补运动的其他运动轴的移动速度也将按同样的比例降低，以保证插补轨迹不变。

程序数据 MechUnit 用来选择机械单元；AxisNo 用来选择轴，对于 6 轴垂直串联机器人的 j1、j2、…、j6 的序号依次为 1、2、…、6；AxisSpeed 为速度限制值，关节轴或外部回转轴的单位为° /s；直线轴的单位为 mm/s。

轴速度限制指令 SpeedLimAxis 的编程实例如下。

```
SpeedLimAxis ROB_1, 1, 10;
SpeedLimAxis ROB_1, 2, 15;
SpeedLimAxis ROB_1, 3, 15;
SpeedLimAxis ROB_1, 4, 30;
SpeedLimAxis ROB_1, 5, 30;
SpeedLimAxis ROB_1, 6, 30;
SpeedLimAxis STN_1, 1, 20;
SpeedLimAxis STN_1, 2, 25;
……
```

当系统输入信号 "LimitSpeed" 状态为 "1" 时，机器人 ROB_1 的 j1 轴的最大移动速度限制为 10° /s，j2 和 j3 轴的最大移动速度限制为 15° /s，j4、j5、j6 轴的最大移动速度限制为 30° /s；变位器 STN_1 的 e1 轴的最大移动速度限制为 20° /s，e2 轴的最大移动速度限制为 25° /s。

4. 检查点速度限制指令

检查点速度限制指令 SpeedLimCheckPoint 用来规定图 3.5-1 所示的机器人 4 个检查点的最大移动速度，若 4 个检查点中的任意 1 个的移动速度超过指令的限制值，相关运动轴的移动速度都将被自动限制在指令所设定的速度上。SpeedLimCheckPoint 指令同样只有在系统 DI 信号 "LimitSpeed" 状态为 "1" 时才生效。程序数据 RobSpeed 用来定义检查点的速度限制值，单位为 mm/s。

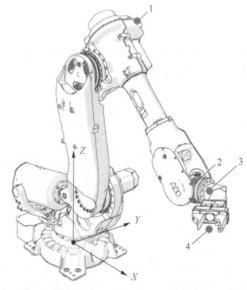

1—上臂端点　2—手腕中心点（WCP）　3—工具参考点（TRP）　4—TCP
图 3.5-1　机器人的速度检查点

检查点速度限制指令 SpeedLimCheckPoint 的编程实例如下。

```
MoveJ p1,v1000,z20,tool1;
......
VAR num Lim_ speed := 200;              // 设定检查点速度限制 200mm/s
SpeedLimCheckPoint  Lim_ speed;         // 生效检查点速度限制
MoveJ p2,v1000,z20,tool1;               // 检查点速度限制 200mm/s
......
```

3.5.2　加速度控制指令

1. 指令及编程格式

工业机器人轴的加/减速方式有图 3.5-2 所示的线性和 S 型（亦称钟形或玲型）两种。

线性加减速的加速度（Acc）为定值，加/减速时的速度按图 3.5-2（a）所示的线性变化，它在加/减速开始、结束区存在较大冲击，故不宜用于高速运动。

S 型加/减速是加速度变化率 da/dt（Ramp）保持恒定的加/减速方式，加/减速时的加速度、速度将分别按图 3.5-2（b）所示的线性、S 型曲线变化，其加/减速平稳、机械冲击小。

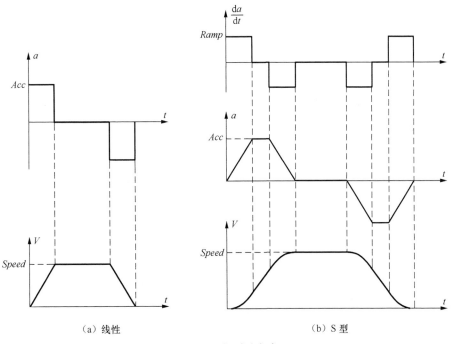

（a）线性　　　　　　　　　　　　（b）S 型

图 3.5-2　加/减速方式

ABB 机器人采用的 S 型加/减速，其加速度、加速度变化率以及 TCP 加速度等，均可通过 RAPID 程序中的加速度设定、加速度限制指令进行规定。

RAPID 加速度控制指令属于模态指令，加速度倍率、加速度变化率倍率、最大加速度限制值一经设定，对后续的全部移动指令都将有效，直至利用新的设定指令重新设定或进行恢复系统默认值的操作。

RAPID 速度控制指令及编程格式见表 3.5-2。如果程序中同时使用了指令加速度设定、TCP 加速度限制、大地坐标系 TCP 加速度限制指令，则实际加速度为三者中的最小值。

表 3.5-2 RAPID 加速度控制指令及编程格式

名称			编程格式与示例	
加速度设定	AccSet	编程格式	AccSet Acc, Ramp ;	
		程序数据	Acc：加速度倍率（%），数据类型 num；	
			Ramp：加速度变化率倍率（%），数据类型 num	
	功能说明		设定加速度、加速度变化率倍率	
	编程示例		AccSet 50, 80 ;	
加速度限制	PathAccLim	编程格式	PathAccLim　AccLim [\AccMax], DecelLim [\DecelMax] ;	
		程序数据与添加项	AccLim：起动加速度限制有/无，数据类型 bool；	
			\AccMax：起动加速度限制值（m/s²），数据类型 num；	
			DecelLim：停止加速度限制有/无，数据类型 bool；	
			\DeceMax：停止加速度限制值（m/s²），数据类型 num	
	功能说明		设定起/制动的最大加速度	
	编程示例		PathAccLim TRUE \AccMax := 4, TRUE \DecelMax := 4 ;	
大地坐标系加速度限制	WorldAccLim	编程格式	WorldAccLim [\On]	[\Off] ;	
		程序数据与添加项	\On：设定加速度限制值，数据类型 num；	
			\Off：使用最大加速度值，数据类型 switch	
	功能说明		设定大地坐标系的最大加速度	
	编程示例		WorldAccLim \On := 3.5 ;	

2. 编程说明

加速度设定指令 AccSet 用来设定移动指令的加速度、加速度变化率倍率。加速度倍率的默认值为 100%，允许设定的范围为 20%～100%；如设定值小于 20%，系统将自动取 20%；加速度变化率倍率的默认值为 100%，允许设定的范围为 10%～100%；如设定值小于 10%，系统将自动取 10%。指令的编程实例如下。

```
AccSet 50,80;            // 加速度倍率 50%、加速度变化率倍率 80%
AccSet 15,5;             // 自动取加速度倍率 20%、加速度变化率倍率 10%
```

加速度限制指令 PathAccLim 用来设定机器人 TCP 的最大加速度，它对所有参与插补运动的轴均有效，加速度限制指令生效时，如机器人 TCP 的加速度超过了限制值，将自动减速至指令所规定的加速度限制值。程序数据 AccLim、DecelLim 为 bool 数据，设定 TURE 或 FALSE，可生效或撤销机器人起动、停止时的加速度限制功能；系统默认状态为 FALSE（无效）；添加项 \AccMax、\DecelMax 用来设定起动、停止时的加速度限制值，最小设定值为 0.1m/s²。指令的编程实例如下。

```
MoveL p1, v1000, z30, tool0 ;           // TCP 按系统默认加速度移动到 p1 点
PathAccLim TRUE\AccMax := 4, FALSE ;     // 起动加速度限制为 4m/s²
MoveL p2, v1000, z30, tool0 ;           // TCP 以 4m/s² 起动，并移动到 p2 点
PathAccLim FALSE, TRUE\DecelMax := 3 ;   // 停止加速度限制为 3m/s²
```

```
MoveL p3, v1000, fine, tool0 ;          // TCP 移动到 p3 点，并以 3m/s² 停止
PathAccLim FALSE, FALSE ;               // 撤销起/停加速度限制功能
……
```

大地坐标系加速度限制指令 WorldAccLim 用来设定 TCP 在大地坐标系上的最大加速度，它包括了机器人运动和基座轴运动；加速度限制指令生效时，如果机器人 TCP 的加速度超过了限制值，将自动减速至指令所规定的加速度限制值。指定添加项\On 时，可生效大地坐标系加速度限制功能，设定加速度限制值；指定添加项\OFF 时，将撤销大地坐标系加速度限制功能，按照系统最大加速度加速。指令的编程实例如下。

```
VAR robtarget p1 := [[800, -100,750],[1,0,0,0],[0, -2,0,0],[45,9E9,9E9,9E9,
9E9,9E9]] ;
WorldAccLim \On := 3.5 ;                // 大地坐标系加速度限制为 3.5m/s²
MoveJ p1, v1000, z30, tool0 ;           // 机器人移动到 p1 点，加速度不超过 3.5m/s²
WorldAccLim \Off ;                      // 撤销大地坐标系加速度限制功能
MoveL p2, v1000, z30, tool0 ;           // 机器人移动到 p2 点
……
```

3.5.3　姿态控制指令

1. 指令与编程格式

RAPID 程序的机器人和工具姿态控制指令用于以 TCP 位置为移动目标的关节插补、直线插补、圆弧插补指令，指令的编程格式见表 3.5-3。

表 3.5-3　　　　　　　　　　RAPID 姿态控制指令及编程格式

名称	编程格式与示例		
关节插补姿态控制	ConfJ	编程格式	ConfJ [\On] | [\Off] ;
		指令添加项	\On：生效姿态控制，数据类型 switch； \Off：撤销姿态控制，数据类型 switch
	功能说明		生效/撤销关节插补的姿态控制功能
	编程示例		ConfJ\On ;
直线、圆弧插补姿态控制	ConfL	编程格式	ConfL [\On] | [\Off] ;
		指令添加项	\On：生效姿态控制，数据类型 switch； \Off：撤销姿态控制，数据类型 switch
	功能说明		生效/撤销直线、圆弧插补的姿态控制功能
	编程示例		ConfL\On ;
奇点姿态控制	SingArea	编程格式	SingArea [\Wrist] | [\LockAxis4] | [\Off] ;
		指令添加项	\Wrist：改变工具姿态、避免奇点，数据类型 switch； \LockAxis4：锁定 j4 轴、避免奇点，数据类型 switch； \Off：撤销奇点姿态控制，数据类型 switch
	功能说明		生效/撤销奇点姿态控制功能
	编程示例		SingArea \Wrist ;

名称	编程格式与示例		
圆弧插补工具 姿态控制	CirPathMode	编程格式	CirPathMode \[\PathFrame\] | \[\ObjectFrame\] | \[\CirPointOri\] | \[\Wrist45\] | \[\Wrist46\] | \[\Wrist56\];
		指令添加项	说明见后
	功能说明		生效/撤销圆弧插补的工具姿态控制功能
	编程示例		CirPathMode \ObjectFrame;

2. 插补姿态控制

关节插补姿态控制指令 ConfJ 用来规定关节插补指令 MoveJ 的机器人、工具的姿态；直线、圆弧插补姿态控制指令 ConfL 用来规定直线插补指令 MoveL 及圆弧插补指令 MoveC 的机器人、工具姿态。指令可通过添加项\ON 或\OFF 来生效或撤销机器人、工具的姿态控制功能。

当程序通过 ConfJ\ON、ConfL\ON 指令生效姿态控制功能时，系统可保证到目标位置的机器人、工具姿态与 TCP 位置数据 robtarget 所规定的姿态相同；如果这样的姿态无法实现，程序将在指令执行前自动停止。当程序通过 ConfJ\OFF、ConfL\OFF 指令取消姿态控制功能时，如果系统无法保证 TCP 位置数据 robtarget 所规定的姿态，将自动选择最接近 robtarget 数据的姿态执行指令。

指令 ConfJ、ConfL 所设定的控制状态，对后续的程序有效，直至利用新的指令重新设定或进行恢复系统默认值（ConfJ\ON、ConfL\ON）的操作，指令的编程示例如下。

```
ConfJ \ On ;                      // 关节插补姿态控制生效
ConfL \ On ;                      // 直线、圆弧插补姿态控制生效
MoveJ p1, v1000, z30, tool1 ;     // 关节插补运动到 p1 点，并保证姿态一致
MoveL p2, v300, fine, tool1 ;     // 直线插补运动到 p2 点，并保证姿态一致
MoveC p3, p4, v200, z20, Tool1;   // 圆弧插补运动到 p4 点，并保证姿态一致
......
ConfJ \ Off ;                     // 关节插补姿态控制撤销
ConfL \ Off ;                     // 直线、圆弧插补姿态控制撤销
MoveJ p10, v1000, fine, tool1 ;   // 以最接近的姿态关节插补到 p10 点
......
```

3. 奇点姿态控制

奇点（Singularity）又称奇异点，它在数学上的意义是不满足整体性质的个别点。由于机器人位置控制采用的是逆运动学，使得 TCP 在正常工作范围内的某些位置存在多种实现的可能，这就是机器人的奇点。根据 RIA 等标准的定义，机器人奇点是"由两个或多个机器人轴的共线对准所引起的、机器人运动状态和速度不可预测的点"。

6 轴串联机器人在工作范围内的奇点主要有图 3.5-3 所示的臂奇点、肘奇点和腕奇点 3 类。

臂奇点如图 3.5-3（a）所示，它是指机器人手腕 j4、j5、j6 轴的中心线交点（即手腕中心点 Wrist Center Point，简称 WCP），正好处于 j1 轴回转中心线（机器人坐标系 Z 轴）上的所有位置。在臂奇点上，机器人的 j1、j4 轴有多种实现可能，它可能会导致 j1、j4 轴

产生瞬间旋转 180° 的运动。

肘奇点如图 3.5-3（b）所示，它是 j2、j3 轴回转中心和 WCP 处于同一直线的所有位置。在肘奇点上，由于机器人手臂的伸长已到达极限位置，可能导致机器人运动的不可控。

腕奇点是如图 3.5-3（c）所示，它是 j4、j6 轴中心线重合的所有位置。在腕奇点上，机器人的 j4、j6 轴有多种实现可能，它可能会导致 j4、j6 轴产生瞬间旋转 180° 的运动。

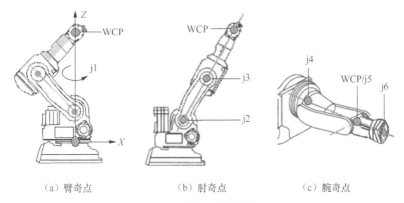

（a）臂奇点　　　　　　（b）肘奇点　　　　　　（c）腕奇点

图 3.5-3　6 轴串联机器人的奇点

RAPID 奇点姿态控制指令 SingArea 用来规定机器人的奇点定位方式，它可通过少量改变工具姿态或锁定 j4 轴位置来回避奇点或规定奇点的定位方式。

指令 SingArea 可通过以下添加项之一来规定奇点的姿态控制方式。

\Off：撤销奇点姿态控制功能，工具姿态调整、j4 轴位置锁定功能无效。

\Wrist：改变工具姿态、避免奇点定位，同时保证机器人 TCP 的运动轨迹与编程轨迹一致。

\LockAxis4：将 j4 轴锁定在 0° 或 ±180° 位置，以避免奇点的 j1、j4、j6 轴可能产生的瞬间旋转 180° 的运动，并保证机器人 TCP 的运动轨迹与编程轨迹一致。

奇点控制指令 SingArea 所设定的控制状态，对后续的程序有效，直至利用新的指令重新设定或进行恢复系统默认值（\Off）的操作，指令的编程实例如下。

```
SingArea\Wrist ;                    // 改变工具姿态、避免奇点定位
MoveL p2, v1000, z30, tool0 ;       // 机器人移动到 p2 点
```

4. 圆弧插补姿态控制

圆弧插补姿态控制指令 CirPathMode 用于圆弧插补时的工具姿态控制，它可根据不同的要求，在圆弧插补过程中连续调整工具的姿态，使圆弧起点、中间点、终点的工具姿态与对应程序数据 robtarget 所规定的姿态一致。指令 CirPathMode 可通过添加项实现图 3.5-4 所示的不同工具姿态控制，功能对圆弧插补指令 MoveC、MoveCDO、MoveCSync、SearchC、TriggC 均有效。

圆弧插补姿态控制指令 CirPathMode 的编程格式及含义如下：

```
CirPathMode [\PathFrame]|[\ObjectFrame]|[\CirPointOri]|[\Wrist45]|[\Wrist46]|
[\Wrist56];
```

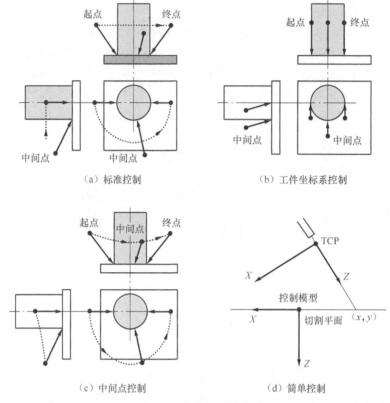

图 3.5-4　圆弧插补工具姿态控制

\PathFrame：系统默认的标准工具姿态控制方式。标准工具姿态控制如图 3.5-4（a）所示，这是一种按编程轨迹（path），使工具从起点姿态连续变化为终点姿态的控制方式，圆弧中间位置的工具姿态由系统自动调整，中间点 CirPoint 的实际姿态与程序数据所规定的姿态可能不同。

\ObjectFrame：工件坐标系姿态控制方式。工件坐标系姿态控制如图 3.5-4（b）所示，这是一种按工件坐标系上的圆弧轨迹要求，使工具从起点姿态连续变化为终点姿态的控制方式，圆弧中间位置的工具姿态同样由系统自动调整，因此，中间点 CirPoint 的实际姿态与程序数据所规定的姿态可能不同。

\CirPointOri：中间点姿态控制方式。中间点姿态控制如图 3.5-4（c）所示，这是一种按工件坐标系的圆弧轨迹要求，使工具从起点姿态连续变化中间点姿态、再从中间点姿态连续变化为终点姿态的控制方式，中间点 CirPoint 的实际姿态与程序数据所规定的姿态一致。采用中间点姿态控制方式时，指令 MoveC 的中间点 CirPoint 必须选择在指令圆弧段的 1/4～3/4 区域内。

\Wirst45、\Wirst46、\Wirst56：简单姿态控制方式，多用于对工具姿态要求不高的薄板零件切割加工等场合。中间点姿态控制如图 3.5-4（d）所示，采用这一控制方式时，工具姿态仅通过 j4/j5 轴（Wirst45），或 j4/j6 轴（Wirst46），或 j5/j6 轴（Wirst56）进行控制，使得圆弧插补时的工具（工具坐标系的 Z 轴）在加工（切割）平面上的投影始终与编程的圆弧轨迹垂直。

圆弧插补工具姿态控制指令 CirPathMode 的编程实例如下。

```
CirPathMode \CirPointOri ;                           // 中间点工具姿态控制生效
MoveC p2,p3,v500,z20,grip2\Wobj:=fixture;  // p2、p3 点姿态与指令一致
```

CirPathMode 指令所设定的控制状态，对后续的全部圆弧插补指令始终有效，直至利用新的指令重新设定或进行恢复系统默认值（\PathFrame）的操作。

3.6　程序点调整指令及编程

在工业机器人中，关节、直线、圆弧插补的目标位置（TCP 位置）称为"程序点"。在 RAPID 程序中，程序点的数据类型为 robtarget，它包含有工具控制点的 *XYZ* 坐标（位置数据 pos）、工具姿态（方位数据 orient）、机器人姿态（配置数据 confdata）、外部轴位置（绝对位置数据 extjoint）等。

在 RAPID 程序中，程序点可通过程序偏移、位置偏置、镜像等方法改变。程序偏移可用来改变程序点的 *XYZ* 坐标、工具姿态、外部轴位置；位置偏置、镜像只能改变程序点的 *XYZ* 坐标，而不能改变工具姿态和外部轴位置。

3.6.1　程序偏移与设定指令

1. 指令与功能

PAPID 程序偏移生效、程序偏移设定指令可整体改变程序中所有程序点的位置，机器人和外部轴的偏移可分别指令，指令的名称与编程格式见表 3.6-1。

表 3.6-1　　　　　　　　　　　　程序偏移指令及编程格式

名称	编程格式与示例		
机器人程序偏移生效	PDispOn	编程格式	PDispOn [\Rot] [\ExeP,] ProgPoint, Tool [\WObj] ;
		指令添加项	\Rot：工具偏移功能选择，数据类型 switch； \ExeP：程序偏移目标位置，数据类型 robtarget
		程序数据 与添加项	ProgPoint：程序偏移参照点，数据类型 robtarget； Tool：工具数据，数据类型 tooldata； \WObj：工件数据，数据类型 wobjdata
	功能说明		生效程序偏移功能
	编程示例		PDispOn\ExeP := p10,　p20,　tool1 ;
机器人程序偏移设定	PDispSet	编程格式	PDispSet DispFrame ;
		程序数据	DispFrame：程序偏移量，数据类型 pose
	功能说明		设定机器人程序偏移量
	编程示例		PDispSet xp100 ;
机器人偏移撤销	PDispOff	编程格式	PDispOff ;
		程序数据	——

名称	编程格式与示例		
机器人偏移撤销	功能说明	撤销机器人程序偏移	
	编程示例	PDispOff ;	
外部轴程序偏移生效	EOffsOn	编程格式	EOffsOn [\ExeP,]　ProgPoint ;
		指令添加项	\ExeP: 程序偏移目标点，数据类型 robtarget。
		程序数据	ProgPoint: 程序偏移参照点，数据类型 robtarget
	功能说明	生效外部轴程序偏移功能	
	编程示例	EOffsOn \ExeP:=p10, p20 ;	
外部轴程序偏移设定	EOffsSet	编程格式	EOffsSet EAxOffs ;
		程序数据	EaxOffs: 外部轴程序偏移量，数据类型 extjoint
	功能说明	设定外部轴程序偏移量	
	编程示例	EOffsSet eax _p100 ;	
外部轴偏移撤销	EOffsOff	编程格式	EOffsOff ;
		程序数据	——
	功能说明	撤销外部轴程序偏移	
	编程示例	EOffsOff ;	

程序偏移生效、程序偏移设定指令的功能类似于工件坐标系设定，当机器人偏移生效时，可使所有程序点的 *XYZ* 坐标、工具姿态均产生整体偏移；外部轴偏移生效时，则可使所有程序点的外部轴位置产生整体偏移。

程序偏移不仅可改变图 3.6-1（a）所示的机器人 *XYZ* 位置，而且还可添加工具姿态偏移功能，使坐标系产生图 3.6-1（b）所示的旋转。程序偏移通常用来改变机器人的作业区，例如，当机器人需要进行多工件作业时，通过机器人偏移，便可利用同一程序完成作业区 1、作业区 2 的相同作业。

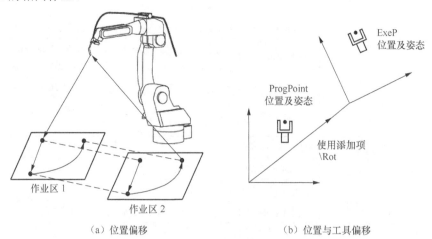

（a）位置偏移　　　　　　　　　（b）位置与工具偏移

图 3.6-1　机器人的程序偏移

2. 程序偏移生效与撤销

在 RAPID 程序中，机器人、外部轴的程序偏移可分别通过机器人程序偏移生效指令

PDispOn、外部轴程序偏移生效指令 EOffsOn 来实现。

　　程序偏移生效指令的偏移量可通过指令中的参照点和目标点，由系统自动计算生成；程序偏移设定指令可直接定义机器人、外部轴的程序偏移量，无需指定参照点和目标位置。PDispOn、EOffsOn 指令可在程序中同时使用，所产生的偏移量可自动叠加。

　　PDispOn、EOffsOn 指令所产生的程序偏移，可分别通过指令 PDispOff、EOffsOff 撤销，或利用后述的程序偏移量清除函数命令 ORobT 清除；此外，如果程序中使用了后述的程序偏移设定指令 PDispSet、EoffsSet，也将清除 PDispOn、EOffsOn 指令的程序偏移。

　　PDispOn、EOffsOn 指令中的添加项、程序数据作用如下。

　　\Rot：工具偏移功能选择，数据类型 switch。增加添加项\Rot，可使机器人在 XYZ 位置偏移的同时，根据目标位置调整工具姿态。

　　\ExeP：程序偏移目标位置，数据类型 robtarget。它用来定义参照点 ProgPoint 经程序偏移后的目标位置；如不使用添加项\ExeP，则以当前位置（停止点 fine）作为程序偏移目标。

　　ProgPoint：程序偏移参照点，数据类型 robtarget。参照点是用来计算机器人、外部轴程序偏移量的基准位置，目标位置与参照点的差值就是程序偏移量。

　　Tool：工具数据，数据类型 tooldata。指定程序偏移所对应的工具。

　　\WObj：工件数据，数据类型 wobjdata。增加添加项后，程序数据 ProgPoint、\ExeP 为工件坐标系数据；否则，为大地坐标系数据。

　　机器人程序偏移生效/撤销指令的编程实例如下，程序的移动轨迹如图 3.6-2 所示。

```
MoveL p0, v500, z10, tool1 ;                    // 无偏移运动
MoveL p1, v500, z10, tool1 ;
......
PDispOn\ExeP := p1, p10, tool1 ;                // 生效机器人偏移
MoveL p20, v500, z10, tool1 ;                   // 偏移运动
MoveL p30, v500, z10, tool1 ;
PDispOff ;                                      // 机器人偏移撤销
MoveL p40, v500, z10, tool1 ;
......
```

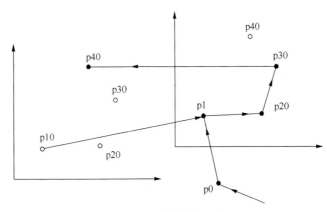

图 3.6-2　程序偏移运动

　　外部轴程序偏移仅用于配置有外部轴的机器人系统，指令的编程实例如下。

```
MoveL p1, v500, z10, tool1 ;                    // 无偏移运动
EOffsOn \ExeP := p1, p10 ;                       // 外部轴程序偏移生效
MoveL p20, v500, z10, tool1 ;
……
EOffsOff ;                                        // 外部轴偏移撤销
```

如机器人当前位置是以停止点（fine）形式指定的准确位置，则该点可直接作为程序偏移的目标位置，此时，指令中无需使用添加项\ExeP，例如：

```
MoveJ p1, v500, fine \Inpos := inpos50, tool1 ;// 停止点定位
PDispOn p10, tool1 ;                             // 机器人偏移，目标点 P1
……
MoveJ p2, v500, fine \Inpos := inpos50, tool1 ;// 停止点定位
EOffsOn p20 ;                                     // 外部轴偏移，目标点 P2
……
```

机器人程序偏移指令还可结合子程序调用使用，使程序的运动轨迹整体偏移，以达到改变作业区域的目的。例如，实现图 3.6-3 所示 3 个作业区变换的程序如下。

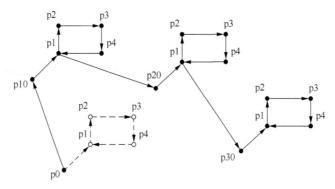

图 3.6-3　改变作业区的运动

```
MoveJ p10, v1000, fine\Inpos := inpos50, tool1 ;// 第 1 偏移目标点定位
draw_square ;                                    // 调用子程序轨迹
MoveJ p20, v1000, fine \Inpos := inpos50, tool1 ;// 第 2 偏移目标点定位
draw_square ;                                    // 调用子程序轨迹
MoveJ p30, v1000, fine \Inpos := inpos50, tool1 ;// 第 3 偏移目标点定位
draw_square ;                                    // 调用子程序轨迹
……
!**********************************
PROC draw_square()
    PDispOn p0, tool1 ;                          // 生效程序偏移，参照点 p0、目标点为当前位置
    MoveJ p1, v1000, z10, tool1 ;                // 需要偏移的轨迹
    MoveL p2, v500, z10, tool1 ;
    MoveL p3, v500, z10, tool1 ;
    MoveL p4, v500, z10, tool1 ;
    MoveL p1, v500, z10, tool1 ;
```

```
        PDispOff ;                                      // 程序偏移撤销
        ENDPROC
!*********************************
```

3. 程序偏移设定与撤销

在 RAPID 程序中，机器人、外部轴的程序偏移也可通过机器人、外部轴程序偏移设定指令来实现。PDispSet、EOffsSet 指令可直接定义机器人、外部轴的程序偏移量，而无需利用参照点和目标位置计算偏移量；因此，对于只需要进行坐标轴偏移的作业（如搬运、堆垛等），可利用指令实现位置平移，以简化编程与操作。

指令 PDispSet、EOffsSet 所生成的程序偏移，可分别通过偏移撤销指令 PDispOff、EOffsOff 撤销，或利用程序偏移指令 PDispOn、EOffsOn 清除。此外，对于同一程序点，只能利用 PDispSet、EOffsSet 指令设定一个偏移量，而不能通过指令的重复使用叠加偏移。

机器人、外部轴程序偏移设定指令的程序数据含义如下。

DispFrame：机器人程序偏移量，数据类型 pose。机器人的程序偏移量需要通过坐标系姿态数据 pose 定义，pose 数据中的位置数据项 pos 用来指定坐标原点的偏移量；方位数据项 orient 用来指定坐标系旋转的四元数，不需要旋转坐标系时，orient 为 [1, 0, 0, 0]。

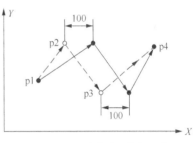

图 3.6-4　程序偏移设定与运动

EAxOffs：外部轴程序偏移量，数据类型 extjoint。直线轴偏移量的单位为 mm，回转轴的单位为 °。

对于图 3.6-4 所示的简单程序偏移运动，程序偏移设定/撤销指令的编程实例如下。

```
VAR pose xp100 := [ [100, 0, 0], [1, 0, 0, 0] ] ;    // 定义程序偏移量 X+100
MoveJ p1, v1000, z10, tool1 ;                        // 无偏移运动
……
PDispSet xp100 ;                                     // 程序偏移生效
MoveL p2, v500, z10, tool1 ;                         // 偏移运动
MoveL p3, v500, z10, tool1 ;
PDispOff ;                                           // 程序偏移撤销
MoveJ p4, v1000, z10, tool1 ;                        // 无偏移运动
……
```

外部轴程序偏移设定仅用于配置有外部轴的机器人系统，指令的编程实例如下。

```
VAR extjoint eax_p100 := [100, 0, 0, 0, 0, 0] ;      // 定义外部轴偏移量 e1+100
MoveJ p1, v1000, z10, tool1 ;                        // 无偏移运动
……
EOffsSet eax_p100 ;                                  // 程序偏移生效
MoveL p2, v500, z10, tool1 ;                         // 偏移运动
EOffsOff ;                                           // 程序偏移撤销
MoveJ p3, v1000, z10, tool1 ;                        // 无偏移运动
……
```

3.6.2 程序偏移与坐标变换函数

1. 命令与功能

利用机器人、外部轴程序偏移设定指令 PDispSet、EOffsSet 进行程序偏移时，需要在指令中用坐标系姿态数据 pose 定义程序偏移量，由于 pose 数据包含有 *XYZ* 位置数据 pos 和方位型数据 orient，因此，它实际上是一种坐标系变换功能。

pose 数据的计算较复杂，因此，实际编程时，一般需要通过 RAPID 偏移量计算函数命令，由系统进行自动计算和生成。此外，指令 PDispOn、EOffsOn 及 PDispSet、EOffsSet 所指定的程序偏移量，也可通过 RAPID 程序偏移量清除函数命令 ORobT 清除。

RAPID 程序偏移与坐标姿态数据 pose 计算函数命令的名称与编程格式见表 3.6-2，不同函数命令的参数含义及编程要求如下。

表 3.6-2　　　　　　　　　程序偏移与坐标变换函数命令及编程格式

名称	编程格式与示例		
pose 数据的3点定义	DefFrame	命令参数	NewP1，NewP2，NewP3
		可选参数	\Origin
	编程示例	frame1 := DefFrame (p1, p2, p3) ;	
pose 数据的6点定义	DefDFrame	命令参数	OldP1，OldP2，OldP3，NewP1，NewP2，NewP3
		可选参数	——
	编程示例	frame1 := DefDframe (p1, p2, p3, p4, p5, p6) ;	
pose 数据的多点定义	DefAccFrame	命令参数	argetListOne，TargetListTwo，TargetsInList，MaxErrMeanErr
		可选参数	——
	编程示例	frame1 := DefAccFrame (pCAD, pWCS, 5, max_err, mean_err) ;	
程序偏移量清除	ORobT	命令参数	OrgPoint
		可选参数	\InPDisp | \InEOffs
	编程示例	p10 := ORobT(p10\InEOffs) ;	
坐标逆变换	PoseInv	命令参数	Pose
		可选参数	——
	编程示例	pose2 := PoseInv(pose1) ;	
位置逆变换	PoseVect	命令参数	Pose，Pos
		可选参数	——
	编程示例	pos2:= PoseVect(pose1, pos1) ;	
双重坐标变换	PoseMult	命令参数	Pose1，Pose2
		可选参数	——
	编程示例	pose3 := PoseMult(pose1, pose2) ;	

2. pose 数据的3点定义

利用 3 点定义函数命令 DefFrame，可通过 3 个基准点，在命令执行结果中获得从当前坐标系变换为目标坐标系的姿态数据 pose。命令的编程格式及命令参数要求如下：

```
DefFrame (NewP1, NewP2, NewP3 [\Origin])
```

NewP1～3：确定目标坐标系的 3 个基准点，数据类型 robtarget。

\Origin：目标坐标系的原点位置，数据类型 num，设定值的含义如下。

① 未指定或\Origin=1。利用 3 点法定义的目标坐标系如图 3.6-5 所示。参数 NewP1 为坐标系原点；NewP2 为+X 轴上的 1 点；NewP3 为 XY 平面+Y 方向上的 1 点；+Z 轴方向由右手定则决定。

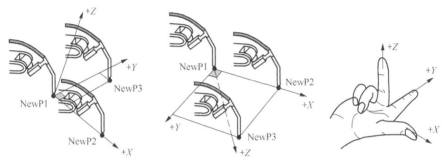

图 3.6-5　Origin=1 或未指定时的坐标变换

② \Origin=2。利用 3 点法定义的目标坐标系如图 3.6-6（a）所示。参数 NewP2 为坐标系原点；NewP1 为–X 轴上的 1 点；NewP3 为 XY 平面+Y 方向上的 1 点；+Z 轴方向由右手定则决定。

③ \Origin=3。利用 3 点法定义的目标坐标系如图 3.6-6（b）所示。参数 NewP1、NewP2 的矢量为+X 轴；NewP3 为+Y 轴上的 1 点，NewP3 与 NewP1、NewP2 连线的垂足为坐标系原点；Z 轴正方向由右手定则决定。

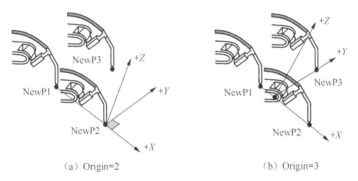

（a）Origin=2　　　　　　　　　　　（b）Origin=3

图 3.6-6　Origin=2 或 3 时的坐标变换

命令 DefFrame 所生成的姿态型数据 pose，可直接用于机器人程序偏移设定指令 PdispSet，程序偏移量可通过指令 PDispOff 撤销，命令的编程实例如下。

```
CONST robtarget p1 := [……] ;                        // 定义 NewP1
CONST robtarget p2 := [……] ;                        // 定义 NewP2
CONST robtarget p3 := [……] ;                        // 定义 NewP3
VAR pose frame1 ;                                   // 定义程序数据
……
```

```
frame1 := DefFrame (p1, p2, p3) ;              // 计算坐标变换数据
PDispSet frame1 ;                              // 程序偏移生效
MoveL p2, v500, z10, tool1 ;                   // 偏移运动
……
PDispOff ;                                     // 程序偏移撤销
……
```

3. 偏移量的多点定义

利用 6 点及多点计算函数命令,可计算和生成实现 2 个任意坐标系变换的 RAPID 坐标系姿态数据 pose。

① 6 点计算函数。6 点计算函数命令 DefDFrame 可通过原坐标系上的 3 个参照点以及它们经偏移后的 3 个目标位置,自动计算出程序偏移量,其执行结果为实现图 3.6-7 所示偏移和变换的姿态数据 pose。

DefDFrame 命令的编程格式及命令参数要求如下。

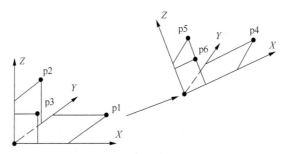

图 3.6-7   坐标变换数据的 6 点计算

```
DefDFrame (OldP1, OldP2, OldP3, NewP1, NewP2, NewP3)
```

OldP1～3:程序偏移前的 3 个参照点,数据类型 robtarget。

NewP1～3:3 个参照点经偏移后的目标位置,数据类型 robtarget。

其中,OldP1 和 NewP1 用来确定目标坐标系的原点,即 pose 的位置数据项 pos,因此,需要有足够高的定位精度(fine);OldP2、OldP3 及 NewP2、NewP3 用来确定目标坐标系的方向,即 pose 的方位数据项 orient,程序点的间距应尽可能大。

程序偏移量 6 点计算函数命令的编程实例如下。

```
CONST robtarget p1 := [……] ;                  // 定义参照点 1
CONST robtarget p2 := [……] ;                  // 定义参照点 2
CONST robtarget p3 := [……] ;                  // 定义参照点 3
VAR robtarget p4 := [……] ;                    // 定义目标点 1
VAR robtarget p5 := [……] ;                    // 定义目标点 2
VAR robtarget p6 := [……] ;                    // 定义目标点 3
VAR pose frame1 ;                              // 定义程序偏移变量
……
frame1 := DefDframe (p1, p2, p3, p4, p5, p6) ; // 程序偏移量计算
PDispSet frame1 ;                              // 程序偏移生效
```

```
MoveL p2, v500, z10, tool1 ;                          // 偏移运动
……

PDispOff ;                                            // 程序偏移撤销
```

② 多点计算函数。多点计算函数命令 DefAccFrame 可通过原坐标系上的 3～10 个参照点以及它们经偏移后的目标位置，自动计算程序偏移量，其执行结果同样为姿态型数据 pose。由于 DefAccFrame 命令的取样点较多，因此所得到的计算值比 DefDFrame 命令更准确。

多点计算函数命令 DefAccFrame 的编程格式及命令参数要求如下。

```
DefAccFrame (TargetListOne, TargetListTwo, TargetsInList, MaxErr, MeanErr)
```

TargetListOne：以数组形式定义的程序偏移前的 3～10 个参照点，数据类型 robtarget。

TargetListTwo：以数组形式定义的 3～10 个参照点经偏移后的目标位置，数据类型 robtarget。

TargetsInList：数组所含的数据数量，数据类型 num，允许值为 3～10。

MaxErr：最大误差值，数据类型 num，单位为 mm。

MeanErr：平均误差值，数据类型 num，单位为 mm。

程序偏移量多点计算函数命令的编程实例如下。

```
CONST robtarget p1 := [……] ;                          // 定义参照点 1
……

CONST robtarget p5 := [……] ;                          // 定义参照点 5
VAR robtarget p6 := [……] ;                            // 定义目标点 1
……

VAR robtarget p10 := [……] ;                           // 定义目标点 5
VAR robtarget pCAD{5} ;                               // 定义参照点数组
VAR robtarget pWCS{5} ;                               // 定义目标点数组
VAR pose frame1 ;                                     // 定义程序偏移变量
VAR num max_err ;                                     // 定义最大误差变量
VAR num mean_err ;                                    // 定义平均误差变量
pCAD{1} :=p1 ;                                        // 参照点数组{1}赋值
……

pCAD{5}:=p5 ;                                         // 参照点数组{5}赋值
pWCS{1}:=p6 ;                                         // 目标点数组{1}赋值
……

pWCS{5}:=p10 ;                                        // 目标点数组{5}赋值
frame1 := DefAccFrame (pCAD, pWCS, 5, max_err, mean_err) ;// 程序偏移量计算
PDispSet frame1 ;                                     // 程序偏移生效
MoveL p2, v500, z10, tool1 ;                          // 偏移运动
……

PDispOff ;                                            // 程序偏移撤销
```

4. 程序偏移量清除

RAPID 程序偏移量清除函数命令 OrobT 可用来清除指令 PDispOn、EOffsOn 及指令

PDispSet、EOffsSet 所生成的机器人、外部轴程序偏移量；命令的执行结果为偏移量清除后的 TCP 位置数据 robtarget。

程序偏移量清除函数命令 ORobT 的编程格式及命令参数要求如下。

```
ORobT (OrgPoint [\InPDisp] | [\InEOffs])
```

OrgPoint：需要清除偏移量的程序点，数据类型 robtarget。

\InPDisp 或\InEOffs：需要保留的偏移量，数据类型 switch。不指定添加项时，命令将同时清除指令 PDispOn 生成的机器人程序偏移量和 EOffsOn 指令生成的外部轴偏移量；选择添加项\InPDisp，执行结果将保留清除 EOffsOn 指令生成的外部轴偏移量；选择添加项 \InEOffs，执行结果将保留 EOffsOn 指令生成的外部轴偏移量。

程序偏移量清除函数命令 ORobT 的编程实例如下。

```
VAR robtarget p10 ;                        // 程序数据定义
VAR robtarget p11 ;
VAR robtarget p12 ;
……
p10 := ORobT(p1) ;                         // p10 为无偏移的 p1 位置
p11 := ORobT(p1 \InPDisp) ;                // p11 为保留机器人偏移的 p1 位置
p12 := ORobT(p1 \InEOffs) ;                // p12 为保留外部轴偏移的 p1 位置
……
```

5. 坐标与位置逆变换

① 坐标逆变换。RAPID 坐标逆变换函数命令 PoseInv，可根据坐标系姿态数据 pose，自动计算出从目标坐标系恢复为基准坐标系的坐标变换数据 pose。命令的编程格式为：

```
PoseInv (Pose) ;
```

命令参数 pose 为从基准坐标系变换到目标坐标系的坐标变换数据 pose；命令执行结果为从目标坐标系恢复为基准坐标系的坐标变换数据 pose。例如：

```
CONST robtarget p1 := [……] ;              // 坐标变换点定义
CONST robtarget p2 := [……] ;
CONST robtarget p3 := [……] ;
VAR pose frame0 ;                          // 定义程序数据
VAR pose frame1 ;
……
frame1 := DefFrame (p1, p2, p3) ;          // 基准坐标到目标坐标的变换数据
frame0 := PoseInv(frame1) ;                // 以目标坐标恢复基准坐标的变换数据
……
```

② 位置逆变换。RAPID 位置逆变换函数命令 PoseVect，可根据坐标变换数据 pose，自动计算出指定点在基准坐标系的 *XYZ* 位置数据 pos。命令的编程格式为：

```
PoseVect (Pose, Pos) ;
```

命令参数 pose 为从基准坐标系变换到目标坐标系的坐标变换数据 pose；pos 为目标坐

标系的 *XYZ* 位置（pos 型数据）；命令执行结果为指定点在基准坐标系的 *XYZ* 位置（pos 型数据）。例如，以下程序的执行结果 pos2 为图 3.6-8 所示的目标坐标系 p1 点在基准坐标系 frame0 上的 *XYZ* 位置数据 pos。

```
VAR pose frame1 ;                            // 定义程序数据
VAR pos p1 ;
VAR pos pos2 ;
……
pos2 := PoseVect(frame1, p1) ;               // 位置逆变换
……
```

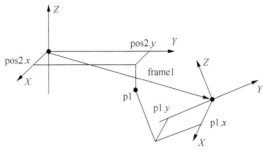

图 3.6-8　位置逆变换

6. 坐标双重变换

RAPID 坐标双重变换函数命令 PoseMult，可通过两个坐标变换数据 pose1、pose2 的矢量乘运算，将图 3.6-9 所示的、由基准坐标变换为中间坐标（变换数据 pose1）、再由中间坐标变换到目标坐标（变换数据 pose2）的 2 次变换，转换为由基准坐标变换为目标坐标的 1 次变换数据 pose3。

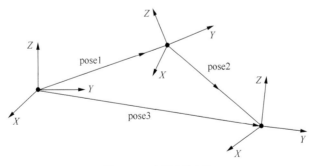

图 3.6-9　坐标双重变换

坐标双重变换函数命令 PoseMult 的编程格式为：

```
PoseMult (Pose1 , Pose2) ;
```

命令参数 pose1、pose2 分别为由基准坐标变换为中间坐标、再由中间坐标变换到目标坐标的坐标变换数据 pose；命令的执行结果为由基准坐标直接变换到目标坐标的坐标变换数据 pose。

3.6.3 程序点偏置与镜像函数

1. 指令与功能

RAPID 程序中的程序点位置不仅可利用前述的程序偏移生效、设定指令来进行整体调整，而且还可利用位置偏置、工具偏置、程序点镜像等 RAPID 函数命令来改变指定程序点的位置。

在 RAPID 程序中，位置偏置函数命令可用来改变指定程序点（robtarget 数据）的 *XYZ* 位置数据项 pos，但不改变工具姿态数据项 orient；工具偏置函数命令可改变指定程序点的工具姿态（工具坐标系原点、方向），但不改变 *XYZ* 位置（数据 pos）；镜像函数命令可将指定程序点转换为 *XZ* 平面或 *YZ* 平面的对称点。

RAPID 位置、工具偏置及镜像函数命令的名称与编程格式见表 3.6-3。

表 3.6-3 位置、工具偏置及镜像函数命令及编程格式

名称	编程格式与示例		
位置偏置函数	Offs	命令参数	Point，XOffset，YOffset，ZOffset
		可选参数	——
	编程示例		p1 := Offs (p1, 5, 10, 15) ;
工具偏置函数	RelTool	命令参数	Point，Dx，Dy，Dz
		可选参数	\Rx、\Ry、\Rz
	编程示例		MoveL RelTool (p1, 0, 0, 0 \Rz:= 25), v100, fine, tool1;
程序点镜像函数	MirPos	命令参数	Point，MirPlane
		可选参数	\WObj、\MirY
	编程示例		p2 := MirPos(p1, mirror) ;

2. 位置偏置函数

位置偏置函数命令 Offs 可改变程序点 TCP 位置数据 robtarget 中的 *XYZ* 位置数据 pos，偏移程序点的 *X*、*Y*、*Z* 坐标值，但不能用于工具姿态的调整；命令的执行结果同样为 TCP 位置型数据 robtarget。函数命令的编程格式及命令参数要求如下。

```
Offs ( Point, XOffset, YOffset, ZOffset )
```

Point：需要偏置的程序点名称，数据类型 robtarget。

XOffset、YOffset、ZOffset：*X*、*Y*、*Z* 坐标偏移量，数据类型 num，单位为 mm。

位置偏置函数命令 Offs 可用来改变指定程序点的 *XYZ* 坐标值、定义新程序点或直接替代移动指令程序点，命令的编程实例如下。

```
p1 := Offs (p1, 0, 0, 100) ;              // 改变程序点坐标值
p2 := Offs (p1, 50, 100, 150) ;           // 定义新程序点
MoveL Offs(p2, 0, 0, 10), v1000, z50, tool1 ;   // 替代移动指令程序点
……
```

位置偏置函数命令 Offs 结合子程序调用功能使用，可用来实现不需要调整工具姿态的

分区作业（如搬运、码垛等），以简化编程和操作。例如，对于图 3.6-10 所示的机器人搬运作业，如使用如下子程序 PROC pallet，只要在主程序中改变列号参数 cun、行号参数 row 和间距参数 dist，系统便可利用位置偏置函数命令 Offs，自动计算偏移量、调整目标位置 ptpos 的 X、Y 坐标值；并将机器人定位到目标点，从而简化作业程序。

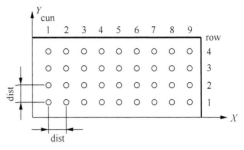

图 3.6-10　位置偏置命令应用

```
! ************************************************************
PROC pallet (num cun, num row, num dist, PERS tooldata tool, PERS wobjdata wobj )
  VAR robtarget ptpos:=[[0, 0, 0], [1, 0, 0, 0], [0, 0, 0, 0],[9E9, 9E9, 9E9,
9E9,  9E9,  9E9]] ;
  ptpos := Offs (ptpos, cun*dist, row*dist , 0 ) ;
  MoveL ptpos, v100, fine, tool\WObj:=wobj ;
ENDPROC
! ************************************************************
```

3. 工具偏置函数

工具偏置函数命令 RelTool 可用来调整程序点的工具姿态，包括工具坐标原点的 *XYZ* 坐标值及工具坐标系方向，命令的执行结果同样为 TCP 位置型数据 robtarget。函数命令的编程格式及命令参数要求如下。

```
RelTool ( Point, Dx, Dy, Dz [\Rx] [\Ry] [\Rz] )
```

Point：需要工具偏置的程序点名称，数据类型 robtarget。

Dx、Dy、Dz：工具坐标原点的 *XYZ* 偏移量，数据类型 num，单位为 mm。

\Rx、\Ry、\Rz：工具坐标系方向，即工具绕 *X*、*Y*、*Z* 轴旋转的角度，数据类型 num，单位为°。当添加项\Rx、\Ry、\Rz 同时指定时，工具坐标系方向按绕 *X*、绕 *Y*、绕 *Z* 轴依次回转。

工具偏置函数命令 RelTool 可用来改变指定程序点的工具姿态、定义新程序点或直接替代移动指令程序点，命令的编程实例如下。

```
p1 := RelTool (p1, 0, 0, 100 \Rx:=30) ;                 // 改变程序点工具姿态
p2 := RelTool (p1, 50, 100, 150 \Rx:=30 \Ry:= 45) ; // 定义新程序点
MoveL RelTool (p2, 0, 0, 100 \Rz:=90), v1000, z50, tool1 ;
                                                        // 替代移动指令程序点
……
```

4. 程序点镜像函数

镜像函数命令 MirPos 可将指定程序点转换为 *XZ* 平面或 *YZ* 平面的对称点，以实现机器人的对称作业功能。例如，对于图 3.6-11 所示的作业，如果原程序的运动轨迹为 P0→P1→P2→P0，若生效 *XZ* 平面对称的镜像功能，则机器人的运动轨迹可转换成 P0′→P1′→P2′→P0′。

RAPID 镜像函数命令 MirPos 的编程格式及命令参数要求如下。

```
MirPos (Point, MirPlane [\WObj] [\MirY])
```

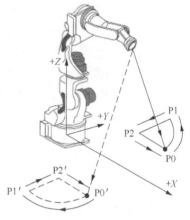

Point：需要进行镜像转换的程序点名称，数据类型 robtarget。如程序点为工件坐标系位置，则其工件坐标系名称由添加项\WObj 指定。

MirPlane：用来实现镜像变换的工件坐标系名称，数据类型 wobjdata。

\WObj：程序点 Point 所使用的工件坐标系名称，数据类型 wobjdata。不使用添加项时为大地坐标系或机器人基座坐标系数据。

图 3.6-11　对称作业

\MirY：XZ 平面对称，数据类型 switch。不使用添加项时为 YZ 平面对称。

机器人的镜像转换一般在工件坐标系上进行，基座坐标系、工具坐标系的镜像受结构限制。例如，在机器人基座坐标系上进行镜像转换时，由于坐标系的 Z 原点位于机器人安装底平面，故不能实现 XY 平面对称作业；如进行 YZ 平面对称作业，则机器人必须增加腰回转动作等。此外，由于机器人的工具坐标系原点位于手腕工具安装法兰基准面上，由于程序转换不能改变工具安装，因而一般也不能使用工具坐标镜像功能。

镜像函数命令 MirPos 一般用来定义新程序点或直接替代移动指令程序点，命令的编程实例如下。

```
PERS wobjdata mirror := [……] ;                    // 定义镜像转换坐标系
p2 := MirPos(p1, mirror) ;                         // 定义新程序点
MoveL RelTool MirPos(p1, mirror), v1000, z50, tool1 ;   // 替代移动指令程序点
……
```

3.7　数据读入与转换命令编程

3.7.1　移动数据读入函数

1. 命令与功能

在 RAPID 程序中，控制系统信息、机器人和外部轴移动数据、系统 I/O 信号状态等，均可通过程序指令或函数命令读入到程序中，以便在程序中对相关部件的工作状态进行监控，或进行相关参数的运算和处理。

控制系统信息主要用于控制系统、机器人的型号、规格、软件版本等配置检查和网络控制，在机器人作业程序中一般较少涉及，有关内容将在后续的章节介绍。I/O 信号状态多用于 DI/DO、AI/AO 信号的逻辑、算术运算处理，有关内容可参见第 4 章。

　　机器人和外部轴移动数据包括机器人、外部轴的当前位置、移动速度、使用的工具/工件等。移动数据不仅可用于机器人、外部轴工作状态的监控，而且还可直接或间接在程序中使用，因此需要通过 RAPID 函数命令予以读取。

　　读取机器人和外部轴移动数据的 RAPID 函数命令见表 3.7-1。

表 3.7-1　　　　　　　　　　　　移动数据读入函数命令说明表

名称	编程格式与示例		
XYZ 位置读取	CPos	命令格式	CPos ([\Tool] [\WObj])
		基本参数	——
		可选参数	\Tool：工具数据，未指定时为当前工具； \WObj：工件数据，未指定时为当前工件
		执行结果	机器人当前的 XYZ 位置，数据类型 pos
	功能说明		读取当前的 XYZ 位置值、到位区间要求：inpos50 以下的停止点 fine
	编程示例		pos1 := CPos(\Tool:=tool1 \WObj:=wobj0) ;
TCP 位置读取	CRobT	命令格式	CRobT ([\TaskRef] | [\TaskName] [\Tool] [\WObj])
		基本参数	——
		可选参数	\TaskRef | \TaskName：任务代号或名称，未指定时为当前任务； \Tool：工具数据，未指定时为当前工具； \WObj：工件数据，未指定时为当前工件
		执行结果	机器人当前的 TCP 位置，数据类型 robtarget
	功能说明		读取当前的 TCP 位置值、到位区间要求：inpos50 以下的停止点 fine
	编程示例		p1 := CRobT(\Tool:=tool1 \WObj:=wobj0) ;
关节位置读取	CJointT	命令格式	CJointT ([\TaskRef] | [\TaskName])
		基本参数	——
		可选参数	\TaskRef | \TaskName：同 CRobT 命令
		执行结果	机器人当前的关节位置，数据类型 jointtarget
	功能说明		读取机器人及外部轴的关节位置、到位区间要求：停止点 fine
	编程示例		joints := CJointT() ;
电机转角读取	ReadMotor	命令格式	ReadMotor ([\MecUnit], Axis)
		基本参数	Axis：轴序号 1～6
		可选参数	\MecUnit：机械单元名称，未指定时为机器人
		执行结果	电机当前的转角，数据类型 num，单位为弧度
	功能说明		读取指定机械单元、指定轴的电机转角
	编程示例		motor_angle := ReadMotor(\MecUnit:=STN1, 1) ;
工具数据读取	CTool	命令格式	CTool ([\TaskRef] | [\TaskName])
		基本参数	——
		可选参数	\TaskRef | \TaskName：同 CRobT 命令
		执行结果	当前有效的工具数据，数据类型 tooldata

续表

名称	编程格式与示例	
工具数据读取	功能说明	读取当前有效的工具数据
	编程示例	temp_tool := CTool() ;
工件数据读取	CWobj	命令格式	CWobj ([\TaskRef] | [\TaskName])
		基本参数	——
		可选参数	\TaskRef | \TaskName：同 CRobT 命令
		执行结果	当前有效的工件数据，数据类型 wobjdata
	功能说明	读取当前有效的工件数据
	编程示例	temp_wobj := CWObj() ;
速度倍率读取	CSpeedOverride	命令格式	CSpeedOverride ([\CTask])
		基本参数	——
		可选参数	\CTask：当前任务（switch 型），未指定时为系统总值
		执行结果	示教器的速度倍率调整值，数据类型 num
	功能说明	读取示教器当前设定的速度倍率调整值
	编程示例	myspeed := CSpeedOverride() ;
TCP 最大速度读取	MaxRobSpeed	命令格式	MaxRobSpeed ()
		基本参数	——
		可选参数	——
		执行结果	最大 TCP 移动速度，数据类型 num，单位为 mm/s
	功能说明	读取机器人的最大 TCP 移动速度
	编程示例	myspeed := MaxRobSpeed() ;

2. 编程示例

RAPID 移动数据读入函数命令的编程示例如下。

```
VAR pos pos1 ;                                    // 程序数据定义
VAR robtarget p1 ;
VAR jointtarget joints1 ;
PERS tooldata temp_tool ;
PERS wobjdata temp_wobj ;
VAR num Mspeed_Ov1 ;
VAR num Mspeed_Max1 ;
……
MoveL *, v500, fine\Inpos := inpos50, grip2\Wobj:=fixture;  // 定位到程序点
pos1 := CPos(\Tool:=tool1 \WObj:=wobj0) ;    // 当前的 XYZ 坐标读入到 pos1
p1 := CRobT(\Tool:=tool1 \WObj:=wobj0) ;      // 当前的 TCP 位置读入到 p1
joints1 := CJointT() ;                        // 当前的关节位置读入到 joints1
temp_tool := CTool() ;                        // 当前的工具数据读入到 temp_tool
temp_wobj := CWObj() ;                        // 当前的工件数据读入到 temp_wobj
Mspeed_Ov1 := CSpeedOverride() ;              // 当前的速度倍率读入到 Mspeed_Ov1
```

```
Mspeed_Max1 :=MaxRobSpeed() ;          // TCP 最大速度读入到 Mspeed_Max1
......
```

3.7.2　移动数据转换函数

1. 命令与功能

RAPID 移动数据转换函数命令可用于机器人的 TCP 位置数据 robtarget 和关节位置数据 jointtarget 的相互转换，以及两个程序点间的空间距离计算。相关函数命令的编程格式、参数要求、执行结果、功能说明见表 3.7-2。

表 3.7-2　　　　　　　　　　　　　移动数据转换函数命令说明表

名称		编程格式与示例	
TCP 位置转换为关节位置	CalcJointT	命令格式	CalcJointT ([\UseCurWObjPos], Rob_target, Tool [\WObj] [\ErrorNumber])
		基本参数	Rob_target：需要转换的机器人 TCP 位置； Tool：指定工具
		可选参数	\UseCurWObjPos：用户坐标系位置（switch 型），未指定时为工件坐标系位置； \WObj：工件数据，未指定时为 WObj0； \ErrorNumber：存储错误的变量名称
		执行结果	程序点 Rob_target 的关节位置，数据类型 jointtarget
	功能说明		将机器人的 TCP 位置转换为关节位置
	编程示例		jointpos1 := CalcJointT(p1, tool1 \WObj:=wobj1) ;
关节位置转换为 TCP 位置	CalcRobT	命令格式	CalcRobT(Joint_target, Tool [\WObj])
		命令参数	Joint_target：需要转换的机器人关节位置； Tool：工具数据
		可选参数	\WObj：工件数据，未指定时为 WObj0
		执行结果	程序点 Joint_target 的 TCP 位置，数据类型 robtarget
	功能说明		将机器人的关节位置转换为 TCP 位置
	编程示例		p1 := CalcRobT(jointpos1, tool1 \WObj:=wobj1) ;
位置矢量长度计算	VectMagn	命令格式	VectMagn (Vector)
		命令参数	Vector：位置数据 pos
		可选参数	——
		执行结果	指定位置矢量长度（模），数据类型 num
	功能说明		计算指定位置的矢量长度
	编程示例		magnitude := VectMagn(vector) ;
两点距离计算	Distance	命令格式	Distance (Point1，Point2)
		命令参数	Point1：第 1 点位置（pos）； Point2：第 2 点位置（pos）
		可选参数	——
		执行结果	Point1 与 Point2 的空间距离，数据类型 num

名称	编程格式与示例		
两点距离 计算	功能说明	计算两点的空间距离	
	编程示例	dist := Distance(p1, p2) ;	
位置矢量乘 积计算	DotProd	命令格式	DotProd (Vector1, Vector2)
		命令参数	Vector1、Vector2: 位置数据 pos
		可选参数	——
		执行结果	Vector1、Vector2 的矢量乘积,数据类型 num
	功能说明	计算两位置数据的矢量乘积	
	编程示例	dotprod := DotProd (p1, p2) ;	

2. 编程示例

命令 CalcJointT 可根据指定点的 TCP 位置数据 robtarget,计算出机器人在使用指定工具、工件时的关节位置数据 jointtarget。系统在计算关节位置时,机器人的姿态将按 TCP 位置数据 robtarget 的定义确定,它不受插补姿态控制指令 ConfL、ConfJ 的影响;如指定点为机器人奇点,则 j4 轴的位置规定为 0 度。如果执行命令时机器人、外部轴程序偏移有效,则转换结果为程序偏移后的机器人、外部轴关节位置。

例如,计算 TCP 位置 p1 在使用工具 tool1、工件 wobj1 时的机器人关节位置 jointpos1 的程序如下。

```
VAR jointtarget jointpos1 ;                        // 程序数据定义
CONST robtarget p1 ;
jointpos1 := CalcJointT(p1, tool1 \WObj:=wobj1) ;  // 关节位置计算
......
```

命令 CalcRobT 可将指定的机器人关节位置数据 jointtarget 转换为指定工具、工件下的 TCP 位置数据 robtarget。如执行命令时,机器人、外部轴程序偏移有效,则转换结果为程序偏移后的机器人 TCP 位置。

例如,计算机器人关节位置 jointpos1 在使用工具 tool1、工件 wobj1 时的 TCP 位置 p1 的程序如下。

```
VAR robtarget p1 ;                                 // 程序数据定义
CONST jointtarget jointpos1;
p1 := CalcRobT(jointpos1, tool1 \WObj:=wobj1) ;    // TCP 位置计算
......
```

命令 VectMagn 可计算指定 pos 型 *XYZ* 位置数据(x, y, z)的矢量长度,其计算结果为 $\sqrt{x^2 + y^2 + z^2}$。命令 Distance 可计算两个 pos 型 *XYZ* 位置数据(x_1, y_1, z_1)和(x_2, y_2, z_2)间的空间距离,其计算结果为 $\sqrt{(x_1 - x_2)^2 + (y_1 - y_2)^2 + (z_1 - z_2)^2}$。命令 DotProd 可计算两个 pos 型 *XYZ* 位置数据(x_1, y_1, z_1)和(x_2, y_2, z_2)间的矢量乘积,其计算结果为 $|A||B|\cos\theta_{AB}$。

命令 VectMagn、Distance、DotProd 的编程实例如下。

```
VAR pos p1 ;                               // 程序数据定义
VAR pos p2 ;
VAR num magnitude ;
VAR num dist ;
......
magnitude := VectMagn(p1) ;                // 矢量长度计算
dist := Distance(p1, p2) ;                 // 2 点距离计算
dotprod := DotProd(p1, p2) ;               // 矢量乘积计算
......
```

| 第 4 章 |

输入/输出指令编程

4.1 I/O 配置与检测指令编程

4.1.1 I/O 信号及连接

1. 输入/输出信号分类

工业机器人作业时，不仅需要利用移动指令来控制机器人移动，而且还需要通过输入/输出指令来辅助部件的动作，以满足作业所需的辅助控制要求。例如，点焊机器人需要进行焊钳的开合、电极加压、焊接电流通断等控制，同时还要进行焊接电流、焊接电压等模拟量的调节；弧焊机器人需要进行引弧、熄弧、送丝、通气等动作控制，同时还要进行焊接电流、焊接电压等模拟量的调节等。

根据信号的性质与处理方式不同，机器人控制系统的辅助控制信号分为开关量控制信号 DI/DO 和模拟量控制信号 AI/AO 两大类。

① DI/DO 信号。开关量控制信号用于电磁元件的通断控制，状态可用逻辑状态数据 bool 或二进制数字量来描述。开关量控制信号分为两类：一是用来检测电磁器件通断状态的信号，此类信号对于控制器来说属于输入，故称为开关量输入或数字输入（Data Input）信号，简称 DI 信号；二是用来控制电磁器件通断状态的信号，此类信号对于控制器来说属于输出，故称为开关量输出或数字输出（Data Output）信号，简称 DO 信号。在 RAPID 程序中，DI/DO 信号可直接利用逻辑运算函数命令处理。

② AI/AO 信号。模拟量信号用于连续变化参数的检测与调节，状态以连续变化的数值描述。模拟量控制信号同样可分为两类：一是用来检测实际参数值的信号，此类信号对于控制器来说属于输入，故称为模拟量输入（Analog Input）信号，简称 AI 信号；二是用来改变参数值的信号，此类信号对于控制器来说属于输出，故称为模拟量输出（Analog Output）信号，简称 AO 信号。AI/AO 信号需要通过算术运算函数命令进行处理。

根据信号的功能与用途不同，机器人的辅助控制信号则可分为系统内部信号和外部控制信号两大类。

① 系统内部信号。系统内部信号用于 PLC 程序设计或机器人作业监控，但不能连接外部检测开关和执行元件。系统内部信号分为系统输入（System Input）和系统输出（System Output）两类：系统输入用于系统的运行控制，如伺服启动/急停、主程序启动、程序运行/暂停等；系统输出为系统的运行状态信号，如伺服已启动、系统急停、程序运行中、系统报警等。系统输入信号的功能、用途一般由系统生产厂家规定；而系统输出信号的功能、状态则由系统自动生成，用户不能通过程序改变其状态。

② 外部控制信号。外部控制信号可直接连接机器人、作业工具等部件上的检测开关、电磁元件或控制装置，信号的地址、功能、用途可由用户定义。外部控制信号的数量、功能、地址在不同的机器人上将有所不同，信号需要通过系统的 I/O 单元进行连接。

2. 外部 I/O 信号连接

在工业机器人控制系统中，机器人、作业工具和工件的移动和位置控制，需要通过伺服驱动系统来实现；而辅助部件的动作控制，则需要配套输入/输出接口单元（I/O 单元）。ABB 机器人常用的 IRC5 控制系统结构及 I/O 单元的安装如图 4.1-1 所示。

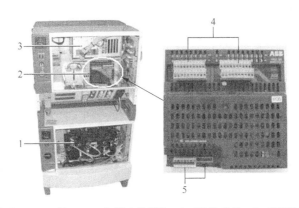

1—伺服驱动器　2—I/O 单元　3—机器人控制器　4—I/O 连接器　5—总线连接和地址设定

图 4.1-1　IRC5 控制系统结构图

ABB 机器人控制系统的 I/O 单元用途、功能及电路结构，均与 PLC 的分布式 I/O 单元十分相似。在 ABB 控制系统 IRC5 中，标准 I/O 单元可通过 Device Net 总线和机器人控制器连接，单元数量、型号规格可根据机器人的实际需要选配；如需要，也可使用 Interbus-S、Profibus-DP 等总线连接的开放式网络从站（Slave station）。

IRC5 控制系统最大可连接的 I/O 点数为 512/512 点，但由于机器人的辅助动作通常比较简单，因此，单机控制的实际 I/O 点数通常较少。IRC5 常用的 I/O 单元主要有以下几种。

DSQC 320：16/16 点 AC 120V 开关量输入/输出单元（120VAC I/O）；

DSQC 327：16/16 点 DC 24V 开关量输入/晶体管输出和 2 通道 DC 12V 模拟量输出组合单元（Combi I/O）；

DSQC 328：16/16 点 DC 24V 开关量输入/晶体管输出单元（Digital I/O）；

DSQC 332：16/16 点 DC 24V 开关量输入/继电器输出单元（Relay I/O）；

DSQC 350：128/128 点 AB 公司（Allen-Bradley）标准远程 I/O 单元（Remote I/O）；

DSQC 351：128/128 点 Interbus-S 网络从站（Interbus-S slave）；

DSQC 352：128/128 点 Profibus-DP 网络从站（Profibus-DP slave）；

DSQC 354：编码器接口单元（Encoder interface unit），需要与 Conveyer Tracking 软件配合使用；

DSQC 355：4/4 通道 DC 12V 模拟量输入/输出单元（Analog I/O）。

3. DI/DO 信号组的处理

工业机器人的辅助控制信号以 DI/DO 居多。在控制系统中，DI/DO 信号状态以二进制位（bit）表示，存储器地址为连续分配；因此，在 RAPID 程序中，不仅可通过普通的逻辑操作指令，以逻辑状态 bool 数据的形式，对数据类型为 signaldi、signaldio 的 DI/DO 信号进行单独的逻辑处理；而且也可用数值数据 num 或双精度数值数据 dnum 的形式，通过多位逻辑处理函数命令（如 GOutput、GInputDnum、BitAnd、BitAndDnum 等），对数据类型为 signalgi、signalgo 的输入/输出信号组（Group Input/Group Output，简称 GI/GO）进行成组逻辑处理。

计算机控制系统的 DI/DO 信号接口电路一般按字节（8bit）分组。由于 num 数据的数据位为 23 位（指数 8 位、符号 1 位）、dnum 数据的数据位为 52 位（指数 11 位、符号 1位），因此，num 数据一般用来处理 1、2 字节（8、16 点）DI/DO 信号；dnum 数据一般用来处理 3、4 字节（24、32 点）DI/DO 信号。例如：

```
IF gi2 = 5 THEN              // 检测 16 点 DI 输入组 gi2 状态 0…0101
Reset do10 ;                 // DO 信号 do10 复位（置 "0"）
Set do11 ;                   // DO 信号 do11 置位（置 "1"）
……
IF GInputDnum(gi2) = 25 THEN // 检测 32 点 DI 输入组 gi2 状态 0…01 1001
SetGO go2, 12 ;             // 16 点 DO 输出组 go2 状态设定为 12（0…0 1100）
……
```

4.1.2 I/O 配置指令

1. 指令与功能

通常情况下，控制系统的 I/O 单元应在系统参数上配置，单元可在系统启动时自动工作（启用）；但是，如果需要，也可在 RAPID 程序中，通过 I/O 单元撤销指令 IODisable 停用指定的 I/O 单元，在需要时再通过 I/O 单元使能指令 IOEnable 重新启用。

为了增加程序的通用性，RAPID 程序中所使用的 I/O 信号可自由命名，当程序用于特定机器人时，可通过 I/O 连接定义指令 AliasIO，建立程序 I/O 和系统实际配置 I/O 间的连接。指令 AliasIO 所建立的 I/O 连接，还可通过 I/O 连接撤销指令 AliasIOReset 撤销，以便重新建立程序 I/O 与其他实际配置 I/O 的连接。

由于 IRC5 系统的标准 I/O 单元利用 Device Net 总线连接，因此，当使用 Interbus-S、Profibus-DP 等网络从站时，需要在 RAPID 程序中，利用总线使能指令，生效相应的总线和网络从站。

RAPID 程序的 I/O 配置指令名称与编程格式见表 4.1-1，指令编程要求和实例如下。

2. I/O 单元使能/撤销指令

I/O 单元使能/撤销指令 IOEnable/IODisable 可用来启用/禁止系统中已经实际配置的指定 I/O 单元。

表 4.1-1 I/O 配置指令及编程格式

名称	编程格式与示例		
I/O 单元使能	IOEnable	程序数据	UnitName，MaxTime
	编程示例	IOEnable board1, 5 ;	
I/O 单元撤销	IODisable	程序数据	UnitName，MaxTime
	编程示例	IODisable board1, 5 ;	
I/O 连接定义	AliasIO	程序数据	FromSignal，ToSignal
	编程示例	AliasIO config_do, alias_do ;	
I/O 连接撤销	AliasIOReset	程序数据	Signal
	编程示例	AliasIOReset alias_do ;	
I/O 总线使能	IOBusStart	程序数据	BusName
	编程示例	IOBusStart "IBS";	

I/O 单元一旦被禁止，单元上的所有输出信号状态将变成 "0"（OFF 或 FALSE）；单元重新启用后，输出信号状态可恢复为撤销指令 IODisable 执行前的状态。指令 IODisable 对单元属性 Unit Trustlevel 设定为 "Required（必需）" 的 I/O 单元无效。

I/O 单元使能/撤销指令 IOEnable/IODisable 的编程格式及程序数据含义如下。

```
IODisable UnitName MaxTime ;
IOEnable UnitName MaxTime ;
```

UnitName：I/O 单元名称，数据类型 string。I/O 单元名称必须与系统参数中所设定的名称统一，否则，系统将发生 "名称不存在" 报警（ERR_NAME_INVALID）。

MaxTime：指令执行最大等待时间，数据类型 num，单位为 s。I/O 单元使能/撤销需要进行总线通信、状态保存等操作，其执行时间为 2～5s。

I/O 单元使能/撤销指令 IOEnable/ IODisable 的编程实例如下。

```
CONST string board1 := "board1" ;        // 定义 I/O 单元名称
IODisable board1, 5 ;                     // 撤销 I/O 单元
......
IOEnable board1, 5 ;                      // 重新启用 I/O 单元
......
```

3. I/O 连接定义/撤销指令

① I/O 连接定义指令。I/O 连接定义指令 AliasIO 可用来建立 RAPID 程序中的 I/O 信号和系统实际配置的 I/O 信号间的连接，使程序中的信号成为系统实际配置的 I/O 信号。通过使用 I/O 连接定义指令，就可在 RAPID 编程时自由定义 I/O 信号名称，然后通过连接指令使之与系统实际配置的 I/O 信号对应。

I/O 连接定义指令 AliasIO 的编程格式及程序数据含义如下。

```
AliasIO FromSignal, ToSignal;
```

FromSignal：系统实际配置的 I/O 信号名称，数据类型 signal** 或 string（字符串型信号名称），signal** 中的 "**" 可为 di（开关量输入 DI）、do（开关量输出 DO）、ai（模拟

量输入 AI)、ao（模拟量输出 AO)、gi（开关量输入组 GI)、go（开关量输出组 GO)。程序数据 FromSignal 所指定的信号必须是系统实际存在的信号；使用字符串型（string）信号名称时，还需要通过数据声明指令，将字符串数据定义为系统实际存在的信号。

ToSignal：RAPID 程序中所使用的 I/O 信号名称，数据类型 signal**（**可为 di、do、ai、ao、gi、go，含义同上)。程序数据 ToSignal 所指定的信号，必须在程序中利用数据声明指令定义其程序数据类型。

执行 I/O 连接指令，系统便可用实际配置的信号 FromSignal 来替代 RAPID 程序中的 I/O 信号 ToSignal。

② I/O 连接撤销指令。I/O 连接撤销指令 AliasIOReset 用来撤销指令 AliasIO 所建立的 RAPID 程序 I/O 信号和系统实际配置 I/O 信号间的连接，以便重新连接其他 I/O 信号。

I/O 连接指令 AliasIOReset 的编程格式及含义如下。

```
AliasIOReset Signal;
```

Signal：RAPID 程序中的 I/O 信号名称，数据类型 signal**（**可为 di、do、ai、ao、gi、go，含义同上)。程序数据 Signal 所指定的信号同样必须是程序中已经通过数据声明指令定义了类型的程序数据。

I/O 连接定义/撤销指令的编程实例如下。

```
MODULE mainmodu (SYSMODULE)                     // 主模块
  !*********************************************************
    VAR signaldi alias_di ;                      // alias_di 信号类型定义
    VAR signaldo alias_do ;                      // alias_do 信号类型定义
    ......
  !*********************************************************
  PROC prog_start()                              // I/O 连接定义程序
    CONST string config_string := "config_di";// DI 信号名称定义
    ......
    AliasIO config_string, alias_di ;  // 连接 config_string、alias_di 信号
    AliasIO config_do, alias_do ;      // 连接 config_do、alias_do 信号
    IF alias_di = 1 THEN
    SetDO alias_do, 1 ;
    ......
    AliasIOReset alias_di ;                      // 撤销 alias_di 信号连接
    AliasIOReset alias_do ;                      // 撤销 alias_do 信号连接
    ......
```

4. I/O 总线使能指令

I/O 总线使能指令 IOBusStart 可用来使能 Interbus-S、Profibus-DP 等总线以及与之连接的网络从站，并对总线进行命名。

I/O 总线使能指令 IOBusStart 的编程格式及程序数据含义如下。

```
IOBusStart BusName;
```

BusName：I/O 总线名称，数据类型为 string。

I/O 总线使能指令的编程实例如下。

```
……
IOBusStart "IBS" ;                          // 使能 I/O 总线，并命名为 IBS
……
```

4.1.3　I/O 检测函数与指令

1. 函数与指令

为了检查 I/O 信号的状态，在 RAPID 程序中，可以利用 I/O 单元检测、I/O 信号运行及连接检测函数命令 IOUnitState、ValidIO 及 GetSignalOrigin 来检测 I/O 单元及 I/O 信号的实际运行、连接状态。在此基础上，还可通过 I/O 总线检测指令 IOBusState 获得 I/O 总线的运行状态、物理状态或逻辑状态。

I/O 检测函数命令、总线检测指令的名称与编程格式见表 4.1-2，命令和指令的编程要求和实例如下。

表 4.1-2　　　　　　　　　　　I/O 检测函数命令及编程格式

名称			编程格式与示例	
函数命令	I/O 单元检测	IOUnitState	命令参数	UnitName
			可选参数	\Phys | \Logic
		编程示例	IF(IOUnitState("UNIT1"\Phys)= IOUNIT_RUNNING) THEN	
	I/O 运行检测	ValidIO	命令参数	Signal
		编程示例	IF ValidIO(ai1) SetDO do1, 1 ; IF NOT ValidIO(di17) SetDO do1, 1 ; IF ValidIO(gi1) AND ValidIO(go1) SetDO do3, 1 ;	
	I/O 连接检测	GetSignalOrigin	命令参数	Signal，SignalName
		编程示例	reg1:= GetSignalOrigin(di1, di1_name) ;	
程序指令	I/O 总线检测	IOBusState	程序数据	BusName，State
			数据添加项	\Phys | \Logic
		编程示例	IOBusState "IBS", bstate \Phys ; TEST bstate CASE IOBUS_PHYS_STATE_RUNNING :	

2. I/O 单元检测函数

I/O 单元检测函数命令 IOUnitState 可用来检测指定 I/O 单元当前的运行状态，其执行结果为只具有特殊值的 I/O 单元状态（iounit_state）数据，iounit_state 数据通常以字符串文本表示，数据可设定的值及含义见表 4.1-3。

I/O 单元检测函数命令 IOUnitState 的编程格式及参数、可选参数的要求如下。

```
IOUnitState (UnitName [\Phys] | [\Logic])
```

UnitName：需要检测的 I/O 单元名称，数据类型 string。I/O 单元名称以字符串数据的形式指定，名称必须与系统参数定义的单元名称一致。如可选参数\Phys 或\Logic 未指定，可获得表 4.1-3 中的单元运行状态 1～4。

表 4.1-3   I/O 单元状态型数据 iounit_state 的含义

I/O 单元状态值		含　义
数值	字符串文本	
1	IOUNIT_RUNNING	运行状态：I/O 单元运行正常
2	IOUNIT_RUNERROR	运行状态：I/O 单元运行出错
3	IOUNIT_DISABLE	运行状态：I/O 单元已撤销
4	IOUNIT_OTHERERR	运行状态：I/O 单元配置或初始化出错
10	IOUNIT_LOG_STATE_DISABLED	逻辑状态：I/O 单元已撤销
11	IOUNIT_LOG_STATE_ENABLED	逻辑状态：I/O 单元已使能
20	IOUNIT_PHYS_STATE_DEACTIVATED	物理状态：I/O 单元被程序撤销，未运行
21	IOUNIT_PHYS_STATE_RUNNING	物理状态：I/O 单元已使能，正常运行中
22	IOUNIT_PHYS_STATE_ERROR	物理状态：系统报警，I/O 单元停止运行
23	IOUNIT_PHYS_STATE_UNCONNECTED	物理状态：I/O 单元已配置，总线通信出错
24	IOUNIT_PHYS_STATE_UNCONFIGURED	物理状态：I/O 单元未配置，总线通信出错
25	IOUNIT_PHYS_STATE_STARTUP	物理状态：I/O 单元正在启动中
26	IOUNIT_PHYS_STATE_INIT	物理状态：I/O 单元正在初始化

\Phys 或\Logic：物理状态或逻辑状态检测，数据类型 switch。增加选择参数\Phys 后，可获得表 4.1-3 中的 I/O 单元的物理状态 20～26；增加选择参数\Logic 后，可获得表 4.1-3 中的 I/O 单元的逻辑状态 10～11。

I/O 单元检测函数命令的检测结果（iounit_state 型数据，通常使用字符串）一般作为 IF、TEST 等指令的判断条件、测试数据，指令的编程实例如下。

```
IF (IOUnitState("UNIT1")= IOUNIT_RUNNING) THEN
……                                      // 检测 I/O 单元的运行状态
IF (IOUnitState("UNIT1" \Phys)=IOUNIT_PHYS_STATE_RUNNING) THEN
……                                      // 检测 I/O 单元的物理状态
IF (IOUnitState("UNIT1" \Logic)=IOUNIT_LOG_STATE_DISABLED) THEN
……                                      // 检测 I/O 单元的逻辑状态
```

3. I/O 运行检测函数

I/O 运行检测函数命令 ValidIO 用来检测指定 I/O 信号及对应 I/O 单元的实际运行状态，其执行结果为逻辑状态（bool）型数据。执行命令后，如命令参数所指定的 I/O 信号及所在 I/O 单元运行正常，且 I/O 信号已通过指令 AliasIO 定义了连接，则命令执行结果为"TRUE"；如该 I/O 单元运行不正常，或指定的 I/O 信号未通过 AliasIO 指令定义连接，则命令执行结果为"FALSE"。

I/O 运行检测函数命令 ValidIO 的编程格式及参数要求如下。

```
ValidIO (Signal)
```

Signal：需要检测的 I/O 信号名称，数据类型 signal**（**可为 di、do、ai、ao、gi、 go，含义同前）。

I/O 状态检测函数命令一般作为 IF、TEST 等指令的判断条件、测试数据，并可使用 NOT、AND、OR 等逻辑运算表达式，命令的编程实例如下。

```
IF ValidIO(di17) SetDO do1, 1 ;              // di17 正常, do1=1
IF NOT ValidIO(do9) SetDO do2, 1 ;           // do9 不正常, do2=1
IF ValidIO(ai1) AND ValidIO(ao1) SetDO do3, 1 ;   // ai1、ao1 均正常, do3=1
IF ValidIO(gi1) AND ValidIO(go1) SetDO do4, 1 ;   // gi1、go1 均正常, do4=1
......
```

4. I/O 连接检测函数

I/O 连接检测函数命令 GetSignalOrigin 可用来检测程序中以字符串形式定义的 I/O 信号的连接定义情况，其执行结果为只具有特殊值的信号来源数据 SignalOrigin。SignalOrigin 数据通常以字符串文本表示，数据可设定的值及含义见表 4.1-4。

表 4.1-4　　　　　　　　　　信号来源型数据 SignalOrigin 的含义

连接状态		含　义
数值	字符串文本	
0	SIGORIG_NONE	I/O 信号已通过数据声明指令定义，但未进行 I/O 连接定义
1	SIGORIG_CFG	I/O 信号在系统的实际配置中存在
2	SIGORIG_ALIAS	I/O 信号已通过数据声明指令定义，I/O 连接定义已完成

I/O 连接检测函数命令 GetSignalOrigin 的编程格式及参数要求如下。

```
GetSignalOrigin (Signal, SignalName)
```

Signal：需要检测的 I/O 信号名称，数据类型 signal**（**可为 di、do、ai、ao、gi、go，含义同前）。

SignalName：RAPID 程序中以字符串定义的 I/O 信号名称，数据类型 string。

I/O 连接检测函数命令的检测结果（SignalOrigin 型数据，通常使用字符串）同样可作为 IF、TEST 等指令的判断条件、测试数据，指令的编程实例如下。

```
VAR signalorigin reg1 ;              // 保存指令执行结果的程序变量 reg1 定义
VAR string di1_name ;                // 检测信号名称 di1_name 定义
......
reg1 := GetSignalOrigin( di1, di1_name ) ;
IF reg1 := SIGORIG_NONE THEN
......
ELSEIF reg1 := SIGORIG_CFG THEN
......
ELSEIF reg1 : = SIGORIG_ALIAS THEN
......
ENDIF
......
```

5. I/O 总线检测指令

I/O 总线检测指令 IOBusState 可用来检测指定 I/O 总线的运行状态,其执行结果为特殊的总线状态 busstate 数据。busstate 数据通常以字符串文本表示,数据可设定的值及含义见表 4.1-5。

表 4.1-5 I/O 单元状态型数据 iounit_state 的含义

总线运行状态		含 义
数值	字符串文本	
0	BUSSTATE_HALTED	运行状态:I/O 总线停止
1	BUSSTATE_RUN	运行状态:I/O 总线运行正常
2	BUSSTATE_ERROR	运行状态:系统报警,I/O 总线停止
3	BUSSTATE_STARTUP	运行状态:I/O 总线正在启动中
4	BUSSTATE_INIT	运行状态:I/O 总线正在初始化
10	IOBUS_LOG_STATE_STOPPED	逻辑状态:系统报警,I/O 总线停止运行
11	IOBUS_LOG_STATE_STARTED	逻辑状态:I/O 总线正常运行
20	IOBUS_PHYS_STATE_HALTED	物理状态:I/O 总线被撤销,未运行
21	IOBUS_PHYS_STATE_RUNNING	物理状态:I/O 总线使能,正常运行中
22	IOBUS_PHYS_STATE_ERROR	物理状态:系统报警,I/O 总线停止运行
23	IOBUS_PHYS_STATE_STARTUP	物理状态:I/O 总线正在启动中
24	IOBUS_PHYS_STATE_INIT	物理状态:I/O 总线正在初始化

I/O 总线检测指令 IOBusState 的编程格式及程序数据、数据添加项的要求如下。

```
IOBusState BusName, State [\Phys] | [\Logic]
```

BusName:需要检测的 I/O 总线名称,数据类型 string。

State:总线状态存储数据名称,数据类型 busstate。该数据用来存储 I/O 总线检测结果,如未指定添加项\Phys 或\Logic,则可获得表 4.1-5 中的 I/O 总线运行状态 0~4。

\Phys 或\Logic:物理状态或逻辑状态检测,数据类型 switch。增加添加项\Phys 后,可获得表 4.1-5 中的 I/O 总线物理状态 20~24;增加添加项\Logic 后,可获得表 4.1-5 中的 I/O 总线逻辑状态 10~11。

I/O 总线检测指令的检测结果一般作为 IF、TEST 等指令的判断条件、测试数据,指令的编程实例如下。

```
VAR busstate bstate ;                    // 总线状态存储变量 bstate 定义
  ......
IOBusState "IBS", bstate ;               // 总线运行状态测试
TEST bstate
  CASE BUSSTATE_RUN:
  ......
  IOBusState "IBS", bstate \Phys ;       // 总线物理状态测试
TEST bstate
```

```
CASE IOBUS_PHYS_STATE_RUNNING:
……
IOBusState "IBS", bstate \Logic ;              // 总线逻辑状态测试
TEST bstate
CASE IOBUS_LOG_STATE_STARTED:
……
```

4.2 I/O 读写指令与函数编程

4.2.1 I/O 状态读入函数

1. 函数与功能

在 RAPID 程序中，系统 I/O 信号的当前状态可通过 I/O 读入函数命令在程序中读取或检查；DI/DO 信号状态也可成组读取；DI/DO 信号（组）名称可通过命令参数指定。

I/O 状态读入函数命令的名称、参数与编程格式见表 4.2-1。

表 4.2-1　　　　　　　　　　　　　I/O 状态读入函数命令及编程格式

名称	编程格式与示例		
DI 状态读入	DInput	命令参数	Signal
	编程示例	flag1:= DInput(di1) ; 或：flag1:= di1 ;	
DO 状态读入	DOutput	命令参数	Signal
	编程示例	flag1:= DOutput(do1) ;	
AI 数值读入	AInput	命令参数	Signal
	编程示例	reg1:= AInput(current) ; 或：reg1:= current ;	
AO 数值读入	AOutput	命令参数	Signal
	编程示例	reg1:= AOutput(current) ;	
16 点 DI 状态成组读入	GInput	命令参数	Signal
	编程示例	reg1:= GInput(gi1) ; 或：reg1:= gi1 ;	
32 点 DI 状态成组读入	GInputDnum	命令参数	Signal
	编程示例	reg1:= GInputDnum (gi1) ;	
16 点 DO 状态成组读入	GOutput	命令参数	Signal
	编程示例	reg1:= GInput(go1) ;	
32 点 DO 状态成组读入	GOutputDnum	命令参数	Signal
	编程示例	reg1:= GOutputDnum (go1) ;	
DI 状态检测	TestDI	命令参数	Signal
	编程示例	IF TestDI (di2) SetDO do1, 1 ; IF NOT TestDI (di2) SetDO do2, 1 ; IF TestDI (di1) AND TestDI(di2) SetDO do3, 1 ;	

表 4.2-1 中的 DI、AI 读入函数命令 DInput、AInput 及 16 点 DI 状态成组读入函数命令 GInput 为早期系统遗留命令，在现行系统中可直接用程序参数表示，例如，程序参数 di1 可替代命令 DInput(di1)、current 可替代命令 AInput(current)、gi1 可直接替代命令 GInput(gi1) 等。其他函数命令的编程要求和实例如下。

2. DI/DO 状态读入函数

DI/DO 状态读入函数命令用来读入参数指定的 DI/DO 信号状态，命令的执行结果为 DIO 数值（dionum）数据，数值为"0"或"1"。命令的编程格式及参数要求如下，在现行系统中，命令 DInput(Signal)可直接用参数 Signal 替代。

```
DInput(Signal) ; 或: Signal ;          // DI 信号状态读入
DOutput(Signal) ;                      // DO 信号状态读入
```

Signal：DI/DO 信号名称，DI 状态读入命令的数据类型 signaldi、DO 状态读入命令的数据类型 signaldo。

DI/DO 状态读入函数命令的编程实例如下。

```
flag1:= di1 ;                          // 读入 di1 信号状态
flag2:= DOutput(do1) ;                 // 读入 do1 信号状态
……
IF di2 = 1 THEN                        // di2 状态用作 IF 指令条件
……
IF DOutput(do2) = 1 THEN               // do2 状态用作 IF 指令条件
……
```

3. AI/AO 数值读入函数

AI/AO 数值读入函数命令用来读入指定 AI/AO 通道的模拟量输入/输出值，命令的执行结果为数值数据 num。命令的编程格式及参数要求如下，在现行系统中，命令 AInput(Signal)已可直接用参数 Signal 替代。

```
AInput(Signal) ; 或: Signal ;          // AI 数值读入
AOutput(Signal) ;                      // AO 数值读入
```

Signal：AI/AO 信号名称，AI 数值读入命令的数据类型 signalai、AO 数值读入命令的数据类型 signalao。

AI/AO 数值读入函数命令的编程实例如下。

```
reg1:= ai1 ;                           // 读入 ai1 值
reg2:= AOutput(ao1) ;                  // 读入 ao1 值
……
deviation1 := 3 * ai2 + 10 ;           // ai2 值参与运算
deviation2 := deviation1 + reg2 ;
……
IF ai2 = 5.12 THEN                     // ai2 值用作 IF 指令条件
……
IF AOutput(ao2) ⩾ 10.25 THEN           // ao2 值用作 IF 指令条件
……
```

4. DI/DO 状态成组读入函数

DI/DO 状态成组读入函数命令用来一次性读入 8～32 点 DI/DO 信号状态,命令执行结果为 num 或 dnum 数据,num 数据一般用来处理 1、2 字节(8、16 点)DI/DO 信号;dnum 数据一般用来处理 3、4 字节(24、32 点)DI/DO 信号。

DI/DO 状态成组读入函数命令的编程格式及参数要求如下,在现行系统中,命令 GInput(Signal)可直接用参数 Signal 替代。

```
GInput(Signal) ; 或: Signal ;              // 16 点 DI 状态成组读入
GInputDnum (Signal) ;                      // 32 点 DI 状态成组读入
GOutput(Signal) ;                          // 16 点 DO 状态成组读入
GOutputDnum (Signal) ;                     // 32 点 DO 状态成组读入
```

Signal:DI/DO 信号组名,DI 状态读入命令的数据类型 signalgi、DO 状态读入命令的数据类型 signalgo。

DI/DO 状态成组读入函数命令的编程实例如下。

```
reg1:= gi1 ;                           // 读入 gi1 组 16 点 DI 状态
reg2:= GOutput(go1) ;                  // 读入 go1 组 16 点 DI 状态
reg3:= GInputDnum (gi1) ;              // 读入 gi1 组 32 点 DI 状态
reg4:= GOutputDnum (go1) ;             // 读入 go1 组 32 点 DI 状态
……
IF gi2 = 5 THEN                        // 检查 16 点 DI 组 gi2 的状态(0…0101)
……
IF GInputDnum(gi2) = 25 THEN           // 检查 32 点 DI 组 gi2 的状态(0…01 1001)
……
```

5. DI 状态检测函数

DI 状态检测函数命令用来检测命令参数所指定的 DI 信号状态,根据 DI 信号的"1"或"0"状态,命令执行结果为逻辑状态(bool)数据"TRUE"或"FALSE"。命令的编程格式及参数要求如下。

```
TestDI (Signal) ;
```

Signal:DI 信号名称,数据类型 signaldi。

DI 状态检测函数命令多作为 IF 指令的判断条件使用,并可使用 NOT、AND、OR 等逻辑运算表达式,TestDI 命令的编程实例如下。

```
IF TestDI (di2) SetDO do1, 1 ;          // di2=1 时 do1 输出 1
IF NOT TestDI (di2) SetDO do2, 1 ;      // di2=0 时 do2 输出 1
IF TestDI (di1) AND TestDI(di2) SetDO do3, 1 ;  // di1、di2 同时为 1 时 do3 输出 1
……
```

4.2.2　DO/AO 输出指令

1. 指令与功能

在 RAPID 程序中,DO 信号状态、AO 信号输出值均可通过 DO/AO 输出(写)指令定义；DO/AO 信号名称可通过程序数据指定。对于 DO 信号，不仅可进行多 DO 信号状态的成组输出，而且也可用状态取反、脉冲、延时、同步等方式输出。

DO/AO 输出指令名称、编程格式见表 4.2-2，指令的编程要求和示例如下。

表 4.2-2　　　　　　　　　　　DO/AO 输出指令及编程格式

名称			编程格式与示例	
输出控制	DO 信号 ON	Set	程序数据	Signal
			指令添加项	——
		编程示例	Set do15 ;	
	DO 信号 OFF	Reset	程序数据	Signal
			指令添加项	——
		编程示例	Reset do15 ;	
	DO 信号取反	InvertDO	程序数据	Signal
			指令添加项	——
		编程示例	InvertDO do15 ;	
脉冲输出		PulseDO	程序数据	Signal
			指令添加项	\High, \Plength
		编程示例	PulseDO do15 ; PulseDO\High do3 ; PulseDO\PLength:=1.0, do3 ;	
输出设置	DO 状态设置	SetDO	程序数据	Signal，Value
			指令添加项	\SDelay, \Sync
		编程示例	SetDO do15, 1 ; SetDO \SDelay := 0.2, do15, 1 ; SetDO \Sync ,do1, 0 ;	
	DO 组状态设置	SetGO	程序数据	Signal，Value | Dvalue
			指令添加项	\SDelay
		编程示例	SetGO go2, 12 ; SetGO \SDelay := 0.4, go2, 10 ;	
	AO 值设置	SetAO	程序数据	Signal，Value
			指令添加项	——
		编程示例	SetAO ao2, 5.5 ;	

2. 输出控制指令

输出控制指令用来定义指定 DO 点的输出状态，输出状态可为 ON（1）、OFF（0）或将现行状态取反。输出控制指令的编程格式及程序数据要求如下。

```
Set Signal ;                              // DO 信号 ON
Reset Signal ;                            // DO 信号 OFF
InvertDO Signal ;                         // DO 状态取反
```

Signal：DO 信号名称，数据类型 signaldo。

DO 输出控制指令的编程实例如下。

```
Set do2 ;                            // do2 输出 ON
Reset do15 ;                         // do15 输出 OFF
InvertDO do10 ;                      // do10 输出状态取反
……
```

3. 脉冲输出指令

脉冲输出指令 PulseDO 可在指定的 DO 点上输出脉冲信号，输出脉冲宽度、输出形式可通过指令添加项定义。

PulseDO 指令的编程格式及指令添加项、程序数据要求如下。

```
PulseDO [ \High, ] [ \PLength, ] Signal ;
```

Signal：DO 信号名称，数据类型 signaldo。在未使用添加项\High 时，PulseDO 指令的输出如图 4.2-1（a）所示，脉冲的形状与指令执行前的 DO 信号状态有关：如指令执行前 DO 信号状态为"0"，则产生一个正脉冲，脉冲宽度可通过添加项\PLength 指定，未使用添加项\PLength 时，系统默认的脉冲宽度为 0.2s；如指令执行前 DO 信号状态为"1"，则产生一个负脉冲，脉冲宽度可通过添加项\PLength 指定，未使用添加项\PLength 时，系统默认的脉冲宽度为 0.2s。

\PLength：输出脉冲宽度，数据类型 num，单位为 s，允许输入范围为 0.001～2000。省略添加项时，系统默认的脉冲宽度为 0.2s。

\High：输出脉冲形式定义，数据类型 switch。增加添加项\High，将规定输出脉冲只能为"1"状态，故而，实际输出有图 4.2-1（b）所示的两种情况：如指令执行前 DO 信号状态为"0"，则产生一个正脉冲，脉冲宽度可通过添加项\PLength 指定，未使用添加项\PLength 时，系统默认的脉冲宽度为 0.2s；如指令执行前 DO 信号状态为"1"，则其"1"状态将保持\PLength 指定的时间，未使用添加项\PLength 时，系统默认为 0.2s。

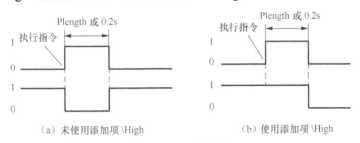

（a）未使用添加项\High　　　　　　　（b）使用添加项\High

图 4.2-1　DO 脉冲输出

脉冲输出指令 PulseDO 的编程实例如下。

```
PulseDO do15 ;                       // do15 输出宽度为 0.2s 的脉冲
PulseDO \PLength :=1.0, do2 ;        // do2 输出宽度为 1s 的脉冲
PulseDO \High, do3 ;                 // do3 输出 0.2s 脉冲，或保持"1"状态 0.2s
……
```

4. 输出设置指令

输出设置指令不仅可用来控制 DO、AO 的输出，且可通过添加项定义延时、同步等控制参数，还可用于 DO 信号的成组输出（GO 输出）。

输出设置指令的编程格式及指令添加项、程序数据要求如下。

```
SetDO [ \SDelay, ] | [ \Sync, ] Signal, Value ;      // DO 输出设置
SetAO Signal, Value ;                                 // AO 输出设置
SetGO [ \SDelay , ] Signal, Value | Dvalue ;          // DO 组输出设置
```

Signal：输出信号名称，SetDO 指令的数据类型 signaldo；SetAO 指令的数据类型 signalao；SetGO 指令的数据类型 signalgo。

Value 或 Dvalue：输出值，SetDO 指令的数据类型为 dionum（0 或 1）；SetAO 指令的数据类型 num；SetGO 指令的数据类型 num 或 dnum。

\SDelay：输出延时，数据类型 num，单位为 s，允许输入范围为 0.001～2000。系统在输出延时阶段，可继续执行后续的其他指令，延时到达后改变输出信号状态。如果在输出延时期间再次出现了同一输出信号的设置指令，则前一指令被自动取消，系统直接执行最后一条输出设置指令。

\Sync：同步控制，数据类型为 switch。增加添加项\Sync 后，系统执行输出设置指令时，需要确认 DO 信号的实际输出状态发生改变后，才能继续执行下一指令；如无添加项 \Sync，则系统不等待 DO 信号的实际输出状态变化。

输出设置指令的编程示例如下。

```
VAR dionum off := 0 ;                     // 程序数据定义
VAR dionum high := 1 ;
......
SetDO do1, 1 ;                            // 输出 do1 设定为 1
SetDO do2, off ;                          // 输出 do2 设定为 0
SetDO \SDelay := 0.5, do3, high ;         // 延时 0.5s 后，将 do3 设定为 1
SetDO \Sync ,do4, 0 ;                     // 输出 do4 设定为 0，并确认实际状态
......
SetAO ao1, 5.5 ;                          // ao1 模拟量输出值设定为 5.5
......
SetGO go1, 12 ;                           // 输出组 go1 设定为 0…0 1100
SetGO\SDelay := 0.5, go2, 10 ;            // 延时 0.5s 后，输出组 go2 设定为 0…0 1010
......
```

4.2.3 I/O 读写等待指令

1. 指令与功能

在 RAPID 程序中，DI/DO、AI/AO 或 GI/GO 组信号的状态可用来控制程序的执行过程，使得程序只有在指定的条件满足后，才能继续执行下一指令；否则，将进入程序暂停的等待状态。

I/O 读写等待指令的名称与编程格式见表 4.2-3，编程要求和示例如下。

表 4.2-3   **I/O 读写等待指令及编程格式**

名称	编程格式与示例		
DI 读入 等待	WaitDI	程序数据	Signal，Value
		指令添加项	——
		数据添加项	\MaxTime，\TimeFlag
	编程示例	WaitDI di4, 1; WaitDI di4, 1\ MaxTime:=2 ; WaitDI di4, 1\ MaxTime:=2\ TimeFlag:= flag1 ;	
DO 输出 等待	WaitDO	程序数据	Signal，Value
		指令添加项	——
		数据添加项	\MaxTime，\TimeFlag
	编程示例	WaitDI do4, 1; WaitDI do4, 1\ MaxTime:=2 ; WaitDI do4, 1\ MaxTime:=2\ TimeFlag:= flag1 ;	
AI 读入 等待	WaitAI	程序数据	Signal，Value
		指令添加项	——
		数据添加项	\LT | \GT，\MaxTime，\ValueAtTimeout
	编程示例	WaitAI ai1, 5 ; WaitAI ai1, \GT, 5 ; WaitAI ai1, \LT, 5 \MaxTime:=4 ; WaitAI ai1, \LT, 5 \MaxTime:=4 \ValueAtTimeout:= reg1 ;	
AO 输出 等待	WaitAO	程序数据	Signal，Value
		指令添加项	——
		数据添加项	\LT | \GT，\MaxTime，\ValueAtTimeout
	编程示例	WaitAO ao1, 5 ; WaitAO ao1, \GT, 5 ; WaitAO ao1, \LT, 5 \MaxTime:=4 ; WaitAO ao1, \LT, 5 \MaxTime:=4 \ValueAtTimeout:= reg1 ;	
GI 读入 等待	WaitGI	程序数据	Signal，Value | Dvalue
		指令添加项	——
		数据添加项	\NOTEQ | \LT | \GT，\MaxTime，\TimeFlag
	编程示例	WaitGI gi1, 5 ; WaitGI gi1, \NOTEQ, 0 ; WaitGI gi1, 5\MaxTime := 2 ; WaitGI gi1, \NOTEQ, 0\MaxTime := 2 ;	
GO 输出 等待	WaitGO	程序数据	Signal，Value | Dvalue
		指令添加项	——
		数据添加项	\NOTEQ | \LT | \GT，\MaxTime， \ValueAtTimeout | \DvalueAtTimeout
	编程示例	WaitGO go1, 5 ; WaitGO go1, \NOTEQ, 0 ; WaitGO go1, 5\MaxTime := 2 ; WaitGO go1, \NOTEQ, 0\MaxTime := 2\ValueAtTimeout := reg1 ;	

2. DI/DO 读写等待指令

DI/DO 读写等待指令可通过系统对指定 DI/DO 点的状态检查来决定程序是否继续执行；如需要，指令还可通过添加项来规定最长等待时间、生成超时标记等。

DI/DO 读写等待指令的编程格式及指令添加项、程序数据要求如下。

```
WaitDI Signal, Value [\MaxTime] [\TimeFlag] ;        // DI 读入等待
WaitDO Signal, Value [\MaxTime] [\TimeFlag] ;        // DO 输出等待
```

Signal：DI/DO 信号名称，WaitDI 指令的数据类型 signaldi、WaitDO 指令的数据类型 signaldo。

Value：DI/DO 信号状态，数据类型为 dionum（0 或 1）。

\MaxTime：最长等待时间，数据类型 num，单位为 s。不使用本添加项时，系统必须等待 DI/DO 条件满足，才能继续执行后续指令；使用本添加项时，如 DI/DO 在\MaxTime 规定的时间内未满足条件，则进行如下处理。

① 未定义添加项\TimeFlag 时，系统将发出等待超时报警（ERR_WAIT_MAXTIME），并停止。

② 定义添加项\TimeFlag 时，则将\TimeFlag 指定的等待超时标志置为"TURE"状态，系统可继续执行后续指令。

\TimeFlag：等待超时标志，数据类型 bool。增加本添加项时，如指定的条件在\MaxTime 规定的时间内仍未满足，则该程序数据将为"TURE"状态，系统可继续执行后续指令。

DI/DO 读写等待指令的编程示例如下。

```
VAR bool flag1 ;                                // 程序数据定义
VAR bool flag2 ;
  ......
  WaitDI di4, 1 ;                               // 等待 di4=1
  WaitDI di4, 1\MaxTime:=2 ;                    // 等待 di4=1，2s 后报警停止
  WaitDI di4, 1\MaxTime:=2\TimeFlag:= flag1 ;
                    // 等待 di4=1，2s 后 flag1 为 TURE，并执行下一指令
IF flag1 THEN
  ......
  WaitDO do4, 1;                                // 用于 DO 等待，含义同上
  WaitDO do4, 1\MaxTime:=2 ;
  WaitDO do4, 1\MaxTime:=2\TimeFlag:= flag2 ;
IF flag2 THEN
  ......
```

3. AI/AO 读写等待指令

AI/AO 读写等待指令可通过系统对 AI/AO 的数值检查来决定程序是否继续执行；如需要，指令还可通过添加项来增加判断条件、规定最长等待时间、保存超时瞬间当前值等。

AI/AO 读写等待指令的编程格式及指令添加项、程序数据要求如下。

```
WaitAI Signal [\LT] | [\GT] , Value [\MaxTime] [\ValueAtTimeout] ;
                                    // 等待 AI 条件满足
```

```
WaitAO Signal [\LT] | [\GT] , Value [\MaxTime] [\ValueAtTimeout];
                                    // 等待 AO 条件满足
```

Signal：AI/AO 信号名称，WaitAI 指令的数据类型 signalai、WaitAO 指令的数据类型 signalao。

Value：AI/AO 判别值，数据类型 num。

\LT 或**\GT**：判断条件，"小于"或"大于"判别值，数据类型 switch。指令不使用添加项\LT 或\GT 时，直接以判别值（等于）作为判断条件。

\MaxTime：最长等待时间，数据类型 num，单位为 s；含义同 WaitDI/WaitDO 指令。

\ValueAtTimeout：当前值存储数据，数据类型 num。当 AI/AO 在\MaxTime 规定时间内未满足条件时，超时瞬间的 AI/AO 当前值保存在该程序数据中。

AI/AO 读写等待指令的编程示例如下。

```
VAR num reg1:=0 ;                        // 程序数据定义
VAR num reg2:=0 ;
......
WaitAI ai1, 5 ;                          // 等待 ai1=5
WaitAI ai1, \GT, 5 ;                     // 等待 ai1＞5
WaitAI ai1, \LT, 5\MaxTime:=4 ;          // 等待 ai1＜5，4s 后报警停止
WaitAI ai1, \LT, 5\MaxTime:=4\ValueAtTimeout:= reg1 ;
                        // 等待 ai1＜5，4s 后报警停止，当前值保存至 reg1
......
WaitAO ao1, 5 ;                          // 用于 AO 等待，含义同上
WaitAO ao1, \GT, 5 ;
WaitAO ao1, \LT, 5\MaxTime:=4 ;
WaitAO ao1, \LT, 5\MaxTime:=4\ValueAtTimeout:= reg2 ;
......
```

4. GI/GO 读写等待指令

GI/GO 读写等待指令可通过系统对成组 DI/DO 信号 GI/GO 的状态检查来决定程序是否继续执行；如需要，指令还可通过程序数据添加项来规定判断条件、规定最长等待时间、保存超时瞬间当前值等。

GI/GO 读写等待指令的编程格式及指令添加项、程序数据要求如下。

```
WaitGI Signal, [ \NOTEQ ] | [ \LT ] | [ \GT ] , Value | Dvalue [ \MaxTime ]
        [ \ValueAtTimeout ] | [ \DvalueAtTimeout ] ;
WaitGO Signal, [\NOTEQ] | [ \LT ] | [ \GT ] , Value | Dvalue [ \MaxTime ]
        [ \ValueAtTimeout ] | [ \DvalueAtTimeout ] ;
```

Signal：信号组 GI/GO 名称，WaitGI 指令的数据类型 signalgi、WaitGO 指令的数据类型 signalgo。

Value 或 **Dvalue**：GI/GO 判别值，数据类型为 num 或 dnum。

\NOTEQ 或\LT 或\GT：判断条件，"不等于"或"小于"或"大于"判别值，数据类型 switch。指令不使用添加项\NOTEQ 或\LT 或\GT 时，以等于判别值作为判断条件。

\MaxTime：最长等待时间，数据类型 num，单位为 s；含义同 WaitDI/WaitDO 指令。

\ValueAtTimeout 或**\DvalueAtTimeout**：当前值存储数据，数据类型 num 或 dnum。当 GI/GO 信号在\MaxTime 规定时间内未满足条件时，超时瞬间的 GI/GO 信号当前状态将保存在该程序数据中。

GI/GO 读写等待指令的编程示例如下。

```
VAR num reg1:=0 ;                        // 程序数据定义
VAR num reg2:=0 ;
……
WaitGI gi1, 5 ;                          // 等待 gi1=0…0 0101
WaitGI gi1, \NOTEQ, 0 ;                  // 等待 gi1 不为 0
WaitGI gi1, 5\MaxTime := 2 ;             // 等待 gi1=0…0 0101，2s 后报警停止
WaitGI gi1, \GT, 0\MaxTime := 2 ;        // 等待 gi1 大于 0，2s 后报警停止
WaitGO gi1, \GT, 0\MaxTime := 2\ValueAtTimeout := reg1 ;
                    // 等待 gi1 大于 0，2s 后报警停止，当前值保存至 reg1
WaitGO go1, 5 ;                          // 用于 GO 等待，含义同上
WaitGO go1, \NOTEQ, 0 ;
WaitGO go1, 5\MaxTime := 2 ;
WaitGI go1, \GT, 0\MaxTime := 2 ;
WaitGO go1, \GT, 0\MaxTime := 2\ValueAtTimeout := reg2 ;
……
```

4.3 控制点输出指令编程

4.3.1 I/O 控制点与设定

1. 控制点及功能

在 PAPID 程序中，系统 I/O 信号的状态检测与信号输出，不仅可通过前述的 I/O 读写指令控制，还可在机器人进行关节、直线、圆弧插补的移动过程中控制，从而实现机器人移动和 I/O 控制的同步。这一功能可用于点焊机器人的焊钳开合、电极加压、焊接启动、多点连续焊接，以及弧焊机器人的引弧、熄弧等诸多控制场合。

机器人关节、直线、圆弧插补轨迹上需要进行 I/O 控制的位置，称为 I/O 控制点或触发点（trigger point），简称控制点。在 RAPID 程序中，控制点不但可以是关节、直线、圆弧插补的目标位置，还可以是插补轨迹上的任意位置，两者的区别如下。

① 目标位置控制。以关节、直线、圆弧插补的移动目标位置为控制点的 I/O 控制指令，可用于系统开关量输出 DO 信号、GO 组信号及模拟量输出 AO 信号的输出控制，故直接

称为目标点输出控制指令。

在 RAPID 程序中，目标点输出控制指令无需定义 I/O 控制点，因此，指令直接以基本移动后缀输出信号的形式表示，例如，MoveJDO、MoveJAO、MoveJGO 分别为关节插补目标位置 DO、AO、GO 组信号输出指令；而 MoveLDO、MoveCAO 则为直线插补目标位置 DO 输出、圆弧插补目标位置 AO 输出指令等。

② 任意位置控制。以机器人关节、直线、圆弧插补轨迹上任意位置作为控制点的 I/O 控制指令，不仅可用于 DO、AO、GO 组信号输出，还可用于 DI/DO、AI/AO、GI/GO 信号的状态检查和输出控制，机器人移动速度和线性变化模拟量输出控制，程序中断控制等，其功能更强。

除了目标点输出控制外，其他全部 I/O 控制功能都需要通过专门的 I/O 控制插补指令来实现，并需要利用对应的控制点设定指令定义 I/O 控制点及功能。在 RAPID 程序中，用于机器人关节、直线、圆弧的基本 I/O 控制插补指令分别为 TriggJ、TriggL、TriggC；指令的 I/O 控制点及功能需要利用控制点设定指令事先定义。

对于机器人关节、直线插补的 DO、AO、GO 组信号输出，还可使用 TriggJIOs、TriggLIOs 指令进行控制。指令 TriggJIOs、TriggLIOs 的 I/O 控制点可通过程序数据 triggios 或 triggstrgo、triggiosdnum 设定，指令的格式和编程要求与 TriggJ、TriggL、TriggC 有所不同，且不能用于圆弧插补的 I/O 控制。

2. I/O 控制点的设定

在 RAPID 程序中，基本 I/O 控制插补指令 TriggJ、TriggL、TriggC 的 I/O 控制点及控制功能，需要利用控制点设定指令进行定义；关节、直线插补 DO、AO、GO 信号输出指令 TriggJIOs、TriggLIOs 的控制点与功能，则需要通过程序数据定义。

根据 I/O 控制功能的不同，I/O 控制点设定指令的格式、编程要求有所区别。利用 I/O 控制点设定指令所创建的控制点数据，通称为控制点（triggdata）数据，但是，由于 I/O 控制功能有 DI/DO、AI/AO、GI/GO 信号状态检查和输出，机器人移动速度和线性变化模拟量输出，程序中断等多种，因此，程序数据 triggdata 并不能以统一的格式表示，一般也不能通过修改程序数据的方法来改变控制点和功能。然而，指令 TriggJIOs、TriggLIOs 的控制点，可直接用固定格式的程序数据进行设定和修改。

利用 I/O 控制点设定指令创建的控制点数据 triggdata，可通过 triggdata 数据清除、复制指令进行清除与复制；或者，通过 RAPID 函数命令 TriggDataValid 进行检查与确认。

RAPID 程序用于 I/O 控制点设定、检查的指令、函数、程序数据及功能见表 4.3-1，指令的编程格式与要求，将结合 I/O 控制功能，在后述的内容中具体介绍。

表 4.3-1　　　　　　　　　I/O 控制点设定指令、函数、程序数据及功能

控制点设定、检查方法		I/O 控制功能	I/O 控制插补指令
程序指令	名称		
TriggIO	固定输出控制点设定	DO/AO/GO 输出	TriggJ、TriggL、TriggC
TriggEquip	浮动输出控制点设定	DO/AO/GO 输出	TriggJ、TriggL、TriggC
TriggSpeed	速度模拟量输出设定	AO 输出	TriggJ、TriggL、TriggC
TriggRampAO	线性变化模拟量输出设定	AO 输出	TriggJ、TriggL、TriggC

控制点设定、检查方法		I/O 控制功能	I/O 控制插补指令
程序指令	名称		
TriggInt	I/O 中断设定	程序中断	TriggJ、TriggL、TriggC
TriggCheckIO	I/O 条件中断设定	程序中断	TriggJ、TriggL、TriggC
TriggDataReset	控制点清除	清除控制点数据	——
TriggDataCopy	控制点复制	复制控制点数据	——
函数命令：TriggDataValid		检测控制点数据	——
程序数据：triggios、triggiosdnum		DO/AO/GO 输出	TriggJIOs、TriggLIOs
程序数据：triggstrgo		GO 组输出	TriggJIOs、TriggLIOs

3. 控制点清除、复制与检查

由于 I/O 控制点设定指令所创建的控制点数据 triggdata 不能以统一的格式表示，故不能利用修改程序数据的方法来改变。因此，它们需要通过控制点（triggdata）数据清除、复制指令进行清除与复制；如需要，也可通过 RAPID 函数命令 TriggDataValid 进行检查与确认。

控制点（triggdata）数据清除、复制指令及检查函数命令，可用于所有控制点设定指令所创建的控制点数据 triggdata，指令及检查函数命令的名称、编程格式见表 4.3-2，指令编程要求和示例统一说明如下。

表 4.3-2　　　　　I/O 控制点清除、复制指令及检查函数命令及编程格式

名称	编程格式与示例		
I/O 控制点清除	TriggDataReset	程序数据	TriggData
		数据添加项	——
	编程示例	TriggDataReset gunon;	
I/O 控制点复制	TriggDataCopy	程序数据	Source，Destination
		数据添加项	——
	编程示例	TriggDataCopy gunon1, gunon2 ;	
I/O 控制点检查	TriggDataValid	命令参数	TriggData
		编程示例	IF TriggDataValid(T1) THEN

① 控制点清除、复制。控制点数据清除、复制指令 TriggDataReset、TriggDataCopy，可用来清除、复制控制点设定指令所创建的控制点数据 triggdata，指令的编程格式及程序数据含义如下。

```
TriggDataReset TriggData ;
TriggDataCopy Source, Destination ;
```

TriggData：需要清除的控制点数据名称。
Source：需要复制的控制点数据名称。
Destination：需要粘贴的控制点数据名称。
控制点数据清除、复制指令 TriggDataReset、TriggDataCopy 的编程示例如下。

```
VAR triggdata gunon ;                          // 定义控制点
VAR triggdata glueflow ;
......
TriggDataCopy gunon, glueflow ;                // 控制点 gunon 复制到 glueflow
TriggDataReset gunon ;                          // 清除控制点 gunon
......
```

② 控制点检查函数。控制点检查函数命令 TriggDataValid 可用来检查控制点设定指令所创建的 triggdata 数据正确性，命令的执行结果为逻辑状态数据 bool；如控制点数据设定正确，则结果为 TRUE；如控制点数据未设定或设定不正确，则结果为 FALSE。

控制点检查函数命令 TriggDataValid 的编程格式及参数要求如下。

```
TriggDataValid（TriggData）
```

TriggData：需要检查的控制点数据名称。

控制点检查函数命令的执行结果一般作为 IF 指令的判断条件，命令的编程示例如下。

```
VAR triggdata gunon ;                          // 定义控制点
TriggIO gunon, 1.5\Time\DOp:=do1, 1 ;          // 设定控制点 gunon
......
IF TriggDataValid(gunon) THEN                  // 检查控制点 gunon
......
```

4.3.2　移动目标点输出指令

1. 指令与功能

以关节插补、直线插补、圆弧插补目标位置作为 I/O 控制点的目标点输出控制指令，可以直接用于 DO、AO 或 GO 组信号输出，I/O 控制的插补指令直接以基本移动后缀输出信号的形式表示。

以移动目标位置作为 I/O 控制点时，DO、AO 或 GO 组信号将在移动指令执行完成、机器人到达插补目标位置时输出。对于图 4.3-1 所示、p1→p2→p3 连续移动轨迹，如果 p1→p2 移动采用的是移动目标点输出指令，其 DO、AO 或 GO 组的信号将在拐角抛物线的中间点输出。

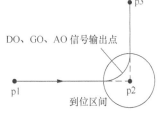

图 4.3-1　连续移动时的信号输出点

移动目标点输出指令的名称与编程格式见表 4.3-3，编程要求和示例如下。

表 4.3-3　　　　　　　　　　移动目标点输出指令及编程格式

名称		编程格式与示例	
关节插补	MoveJDO MoveJAO	基本程序数据	ToPoint，Speed，Zone，Tool
		附加程序数据	Signal，Value
		基本指令添加项	——
		基本数据添加项	\ID，\T，\WObj，\TLoad
		附加数据添加项	——

名称	编程格式与示例		
关节插补	MoveJGO	基本程序数据	ToPoint，Speed，Zone，Tool
		附加程序数据	Signal
		基本指令添加项	——
		基本数据添加项	\ID，\T，\WObj，\TLoad
		附加数据添加项	\Value｜\DValue
	编程示例	MoveJDO p1, v1000, z30, tool2, do1, 1 ; MoveJAO p1, v1000, z30, tool2, ao1, 5.2 ; MoveJGO p1, v1000, z30, tool2, go1 \Value:=5 ;	
直线插补	MoveLDO MoveLAO	基本程序数据	ToPoint，Speed，Zone，Tool
		附加程序数据	Signal，Value
		基本指令添加项	——
		基本数据添加项	\ID，\T，\WObj，\TLoad
		附加数据添加项	——
	MoveLGO	基本程序数据	ToPoint，Speed，Zone，Tool
		附加程序数据	Signal
		基本指令添加项	——
		基本数据添加项	\ID，\T，\WObj，\TLoad
		附加数据添加项	\Value｜\DValue
	编程示例	MoveLDO p1, v500, z30, tool2, do1, 1 ; MoveLAO p1, v500, z30, tool2, ao1, 5.2 ; MoveLGO p1, v500, z30, tool2, go1 \Value:=5 ;	
圆弧插补	MoveCDO MoveCAO	基本程序数据	CirPoint，ToPoint，Speed，Zone，Tool
		附加程序数据	Signal，Value
		基本指令添加项	——
		基本数据添加项	\ID，\T，\WObj，\TLoad
		附加数据添加项	——
	MoveCGO	基本程序数据	ToPoint，Speed，Zone，Tool
		附加程序数据	Signal
		基本指令添加项	——
		基本数据添加项	\ID，\T，\WObj，\TLoad
		附加数据添加项	\Value｜\DValue
	编程示例	MoveCDO p1, p2, v500, z30, tool2, do1, 1 ; MoveCAO p1, p2, v500, z30, tool2, ao1, 5.2 ; MoveCGO p1, p2, v500, z30, tool2, go1 \Value:=5 ;	

2. 编程要求与示例

移动目标点输出指令的机器人移动过程、基本程序数据及添加项含义均与基本移动指令相同，有关内容可参见第 3 章，但两者的添加项及\TLoad 的编程位置稍有不同。关节、直线、圆弧插补移动目标点输出指令的编程格式和要求如下。

关节插补输出指令：

```
MoveJDO ToPoint [\ID], Speed [\T], Zone, Tool [\WObj], Signal, Value[\TLoad] ;
MoveJAO ToPoint [\ID], Speed [\T], Zone, Tool [\WObj], Signal, Value[\TLoad] ;
MoveJGO ToPoint [\ID], Speed[\T], Zone, Tool [\WObj], Signal[\Value]|
[\DValue] [\TLoad] ;
```

直线插补输出指令：

```
MoveLDO ToPoint [\ID], Speed [\T], Zone, Tool [\WObj], Signal, Value[\TLoad] ;
MoveLAO ToPoint [\ID], Speed [\T], Zone, Tool [\WObj], Signal, Value[\TLoad] ;
MoveLGO ToPoint [\ID], Speed [\T], Zone, Tool [\WObj], Signal[\Value]|
[\DValue] [\TLoad] ;
```

圆弧插补输出控制指令：

```
MoveCDO CirPoint, ToPoint [\ID], Speed [\T], Zone, Tool [\WObj], Signal, Value
[\TLoad] ;
MoveCAO CirPoint, ToPoint [\ID], Speed [\T], Zone, Tool [\WObj], Signal, Value
[\TLoad] ;
MoveCGO CirPoint, ToPoint [\ID], Speed [\T], Zone, Tool [\WObj], Signal
[\Value] | [\DValue] [\TLoad] ;
```

移动目标点输出指令的附加程序数据 Signal、Value 及添加项\Value 或\Dvalue 用来指定输出信号名称、输出值，其含义及编程要求如下。

Signal：DO、AO 或 GO 组信号名称，MoveJDO 指令的数据类型 signaldo，MoveJAO 指令的数据类型 signalao，MoveJGO 指令的数据类型 signalgo。

Value：DO、AO 信号输出值，DO 信号的数据类型 dionum，AO 信号的数据类型 num。

\Value 或\Dvalue：GO 组信号的输出值，数据类型为 num 或 dnum。

移动目标点输出指令的编程示例如下。

```
MoveJDO p1, v1000, fine, tool2, do1, 1 ;        // 在终点 p1 输出 do1=1
Reset do0 ;                                     // 非移动指令
MoveLAO p2, v1000, z30, tool2, ao1, 5.2 ;       // 在 p2 拐角中间点输出 ao1=5.2
MoveC p3, p4, v500, fine, tool2 ao1, 6;         // 在 p4 拐角中间点输出 ao1=6
MoveLAO p5, v1000, z30, tool2 ;                 // 连续移动指令
MoveJGO p6, v1000, z30, tool2, go1 \Value:=6 ;  // 输出组 go1= 0…0 0110
……
```

4.3.3　输出控制点设定

1. 控制点输出功能

输出控制点是机器人关节、直线、圆弧插补轨迹上用来输出 DO、AO 或 GO 组信号的位置。在 RAPID 程序中，用于 DO、AO 或 GO 组信号输出的 I/O 控制插补指令有 TriggJ、

TriggL、TriggC 及 TriggJIOs、TriggLIOs 两类，两类指令的控制点定义方式有所不同。

① TriggJ、TriggL、TriggC 控制点。TriggJ、TriggL、TriggC 指令的输出控制点需要通过控制点设定指令 TriggIO、TriggEquip 进行设定，指令所创建的控制点数据 triggdata 可通过前述的控制点数据清除、复制指令来清除与复制；或者，通过 RAPID 函数命令 TriggDataValid 进行检查与确认。

TriggJ、TriggL、TriggC 指令控制点设定指令的名称、编程格式见表 4.3-4。

表 4.3-4 输出控制点设定指令及编程格式

名称	编程格式与示例		
固定输出控制点设定	TriggIO	程序数据	TriggData，Distance，SetValue | SetDvalue
		数据添加项	\Start | \Time，\DOp | \GOp | \AOp | \ProcID，\DODelay
	编程示例		TriggIO gunon, 0.2\Time\DOp:=gun, 1 ;
浮动输出控制点设定	TriggEquip	程序数据	TriggData，Distance，EquipLag，SetValue | SetDvalue
		数据添加项	\Start，\DOp | \GOp | \AOp | \ProcID，\Inhib
	编程示例		TriggEquip gunon, 10, 0.1 \DOp:=gun, 1 ;

② TriggJIOs、TriggLIOs 控制点。TriggJIOs、TriggLIOs 指令的输出控制点需要通过程序数据 triggios 或 triggiosdnum、triggstrgo 进行设定，程序数据具有统一的格式，并可以利用常规的方法进行设定或修改，以改变控制点的位置及控制要求。

TriggJ、TriggL、TriggC 控制点设定指令及 TriggJIOs、TriggLIOs 控制点程序数据的设定方法、编程要求和示例如下。

2. 输出控制点设定指令

输出控制点设定指令 TriggIO、TriggEquip 用于 TriggJ、TriggL、TriggC 指令的 DO、AO 或 GO 组信号输出位置及功能设定。TriggIO、TriggEquip 指令的区别如图 4.3-2 所示。

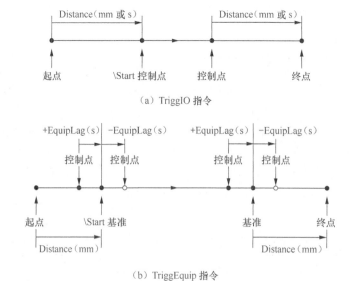

图 4.3-2 输出控制点定义

TriggIO 指令以图 4.3-2（a）所示的 TriggJ、TriggL、TriggC 指令终点或起点（\Start）

为基准，通过程序数据 Distance 设定的距离或移动时间（\Time）来定义控制点的位置。

TriggEquip 指令以图 4.3-2（b）所示的 TriggJ、TriggL、TriggC 移动轨迹上离终点或起点（\Start）指定距离（Distance）的位置为基准，通过补偿外设动作的机器人移动时间（EquipLag）设定来定义控制点的位置。

由于移动指令的起点或终点在系统中具有固定的值，而移动轨迹上的指定点只是运动经过的虚拟点，因此，需要准确定义输出控制点时，应使用指令 TriggIO。

输出控制点设定指令 TriggIO、TriggEquip 的编程格式及添加项、程序数据含义如下。

```
TriggIO  TriggData, Distance [ \Start ] | [ \Time ] [ \DOp] | [\GOp] | [ \AOp ]
        | [ \ProcID ],SetValue | SetDvalue [ \DODelay ] ;
TriggEquip TriggData, Distance [ \Start ], EquipLag [ \DOp] | [\GOp] | [ \AOp ]
        | [ \ProcID],SetValue | SetDvalue [ \Inhib ] ;
```

TriggData：控制点名称，数据类型 triggdata。控制点可用于后述 TriggJ、TriggL、TriggC 指令的 DO、AO 或 GO 组信号输出控制。

Distance：控制点位置（TriggIO 指令）或基准位置（TriggEquip 指令），数据类型 num。TriggIO 指令可使用添加项\Time 或\Start，无添加项时，Distance 值为控制点离终点的绝对距离（mm）；使用添加项\Start 时，Distance 的基准为起点；使用添加项\Time 时，Distance 值为从控制点到基准位置的机器人移动时间（s）。TriggEquip 指令只能使用添加项\Start，Distance 为基准位置离起点或终点的绝对距离（mm）。

SetValue 或 SetDvalue：DO、AO、GO 信号输出值，数据类型 num。

EquipLag：补偿外设动作的机器人实际移动时间（仅 TriggEquip 指令），数据类型 num，单位为 s。EquipLag 为正时，控制点将超前于 Distance 基准位置；为负时，控制点将滞后 Distance 基准位置。

\Start 或\Time：基准位置或移动时间，数据类型 switch。不使用添加项\Start 时，Distance 以移动指令的终点为基准；使用添加项\Start 时，Distance 以移动指令的起点为基准。使用添加项\Time t 时（TriggIO 指令），Distance 为机器人实际移动时间（单位为 s）。

\DOp 或\GOp 或\AOp：需要输出的 DO 或 GO、AO 信号名称，数据类型 signaldo 或 signalgo 或 signalao，增加添加项后，可以在控制点上输出对应的 DO 或 GO 组或 AO 信号。

\DODelay：DO、AO、GO 信号的输出延时，数据类型 num，单位为 s。

\ProcID：调用的 IPM 程序号，数据类型 num。该添加项用户不能使用。

输出控制点设定指令 TriggIO、TriggEquip 的编程示例如下，程序所实现的输出功能如图 4.3-3 所示。

```
VAR triggdata gunon ;                          // 定义控制点
VAR triggdata glueflow ;
......
TriggIO gunon, 1\Time\DOp:=do1, 1 ;            // 设定固定控制点 gunon
TriggEquip glueflow, 20\Start, 0.5\AOp:=ao1, 5.3 ; // 设定浮动控制点 glueflow
......
TriggL p1, v500, gunon, fine, gun1 ;           // gunon 控制点输出 do1=1
```

```
TriggL p2, v500, glueflow, z50, tool1 ;      // glueflow 控制点输出 ao1=5.3
......
```

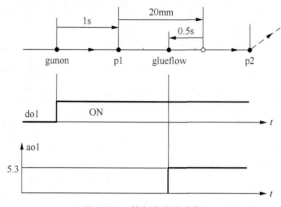

图 4.3-3　控制点输出功能

3. 程序数据定义

I/O 控制插补指令 TriggJIOs、TriggLIOs 的 DO、AO 或 GO 组信号的输出位置，可通过控制点型程序数据 triggios 或 triggiosdnum、triggstrgo 定义，程序数据具有统一的格式，因此，可以利用常规的方法，通过对程序数据进行设定或修改，改变控制点的位置及功能。在 RAPID 程序中，程序数据 triggios、triggiosdnum、triggstrgo 通常以数组的形式定义。

程序数据 triggios、triggiosdnum 用于 DO、AO 或 GO 组信号的输出控制点定义，triggios 数据的信号输出值用 num 数据设定，triggiosdnum 数据的信号输出值用 dnum 数据设定。程序数据 triggstrgo 只能用于 GO 组信号的输出控制点定义，信号的输出值用纯数字的字符串型数据 stringdig 设定。

程序数据 triggios、triggiosdnum、triggstrgo 的基本格式如下，程序数据的名称可由用户自由定义为 gun1 等。

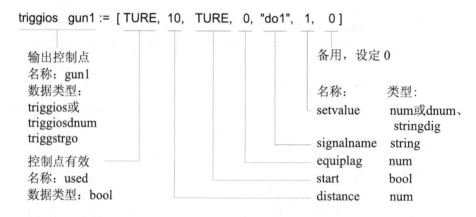

triggios 或 triggiosdnum、triggstrgo 型数据由逻辑状态型（bool）数据 used、start，数值型（num）数据 distance、equiplag，字符串型（string）数据 signalname，以及数据 setvalue（类型可为 num 或 dnum、stringdig）复合而成；数据项的含义如下，有关说明可参见前述的输出控制点定义。

used：控制点有效性，逻辑状态（bool）数据，TURE 代表输出控制点有效；FALSE 代表控制点无效。

distance：控制点位置，数值（num）数据，单位为 mm。设定值为输出控制点离基准位置的距离。

start：Distance 基准位置，逻辑状态（bool）数据，设定 TURE 代表基准位置为移动指令起点；设定 FALSE 代表基准位置为移动指令终点。

equiplag：补偿外设动作的机器人实际移动时间，数值（num）数据，单位为 s。设定值为正时，输出控制点将超前于 Distance 位置；为负时，输出控制点将滞后 Distance 位置。

signalname：输出信号名称，字符串（string）数据，用来指定输出信号。

setvalue：信号输出值，triggios 为 num 数据；triggiosdnum 为 dnum 数据；triggstrgo 为 stringdig 数据。

在 RAPID 程序中，输出控制点既可完整定义，也可对其中的每一项进行单独修改，或者以数组形式一次性定义多个控制点。输出控制点数据定义的编程示例如下。

```
VAR triggios trig_p1 ;                              // 定义控制点
VAR triggiosdnum trig_p2 ;
VAR triggstrgo trig_p3 ;
……
trig_p1 := [ TRUE, 5, FALSE, 0, "do1",1, 0 ] ;      // 完整定义
trig_p2 := [ TRUE, 10, TRUE, 0, "go3", 4294967295, 0 ] ;
trig_p3 := [ TRUE, 15, TRUE, 0, "go2", "800000", 0 ] ;
……
trig_p1.distance:=10 ;                      // 逐项定义或修改
trig_p1.start:=TRUE ;
……
VAR triggios trig_A1{3}  := [ [TRUE, 3, FALSE, 0, "do1", 1, 0],
                              [TRUE, 15, TRUE, 0, "ao1", 10, 0],
                              [TRUE, 3, TRUE, 0, "go1", 55, 0] ] ;
                                              // 数组定义
VAR triggiosdnum trig_A2{3}:= [ [TRUE, 10, TRUE, 0, "do2", 1, 0],
                                [TRUE, 10, TRUE, 0, "ao2", 5, 0],
                                [TRUE, 10, TRUE, 0,"go3", 4294967295, 0] ] ;
VAR triggstrgo trig_A3{3}:= [ [TRUE, 3, TRUE, 0, "go2", "1",0],
                              [TRUE, 15, TRUE, 0, "go2", "800000", 0],
                              [TRUE, 4, FALSE, 0, "go2", "4294967295", 0] ] ;
……
trig_A1{1}.start:= TRUE ;                    // 数组的逐项定义或修改
trig_A1{1}.equiplag :=0.5
……
```

163

4.3.4 控制点输出指令

1. 指令与功能

RAPID 控制点输出指令，可在机器人关节、直线、圆弧插补轨迹的任意位置上，输出所设定的 DO、AO 或 GO 组信号。指令有 TriggJ、TriggL、TriggC 及 TriggJIOs、TriggLIOs 两类，两类指令的输出控制点的定义方式、使用要求有所不同。

利用指令 TriggJ、TriggL、TriggC，机器人可在关节、直线、圆弧插补到达控制点时，输出控制点设定指令所定义的 DO、AO 或 GO 组信号。TriggJ、TriggL、TriggC 指令的控制点，需要通过前述的 TriggIO、TriggEquip 指令设定；在每一条指令所指定的插补轨迹中，最大允许存在 8 个输出控制点，大于 8 个输出控制点的插补轨迹，则需要分段编程。

利用指令 TriggJIOs、TriggLIOs，机器人同样可在关节、直线到达指定的输出控制点时，输出对应控制点设定的 DO、AO 或 GO 组信号，但圆弧插补不能使用本方式控制。TriggJIOs、TriggLIOs 指令的输出控制点，需要通过程序数据 triggios 或 triggstrgo、triggiosdnum 定义（数组），每一条 TriggJIOs、TriggLIOs 指令所指定的插补轨迹，最大可以有 50 个输出控制点。

控制点输出指令的名称、编程格式见表 4.3-5，编程要求和示例如下。

表 4.3-5 控制点输出指令及编程格式

名称	编程格式与示例		
关节插补控制点输出	TriggJ	基本程序数据	ToPoint，Speed，Zone，Tool
		附加程序数据	Trigg_1 | TriggArray{*}
		基本指令添加项	\Conc
		基本数据添加项	\ID，\T，\Inpos、\WObj、\TLoad
		附加数据添加项	\T2、\T3、\T4、\T5、\T6、\T7、\T8
	TriggJIOs	基本程序数据	ToPoint，Speed，Zone，Tool
		附加程序数据	——
		基本指令添加项	——
		基本数据添加项	\ID，\T，\Inpos、\WObj、\Corr、\TLoad
		附加数据添加项	\TriggData1、\TriggData2、\TriggData3
	编程示例	TriggJ p2, v500, gunon, fine, gun1; TriggJIOs p3, v500, \TriggData1:=gunon, z50, gun1 ;	
直线插补控制点输出	TriggL	基本程序数据	ToPoint，Speed，Zone，Tool
		附加程序数据	Trigg_1 | TriggArray{*}
		基本指令添加项	\Conc
		基本数据添加项	\ID，\T，\Inpos、\WObj、\Corr、\TLoad
		附加数据添加项	\T2、\T3、\T4、\T5、\T6、\T7、\T8
	TriggLIOs	基本程序数据	ToPoint，Speed，Zone，Tool
		附加程序数据	——
		基本指令添加项	——

续表

名称		编程格式与示例	
直线插补控制点输出	TriggLIOs	基本数据添加项	\ID，\T，\Inpos，\WObj、\Corr、\TLoad
		附加数据添加项	\TriggData1、\TriggData2、\TriggData3
	编程示例	TriggL p2, v500, gunon, fine, gun1 ; TriggLIOs p3, v500, \TriggData1:=gunon, z50, gun1 ;	
圆弧插补控制点输出	TriggC	基本程序数据	CirPoint，ToPoint，Speed，Zone，Tool
		附加程序数据	Trigg_1 | TriggArray{*}
		基本指令添加项	\Conc
		基本数据添加项	\ID，\T，\Inpos，\WObj、\Corr、\TLoad
		附加数据添加项	\T2、\T3、\T4、\T5、\T6、\T7、\T8
	编程示例	TriggC p2, p3, v500, gunon, fine, gun1 ;	

2. TriggJ、TriggL、TriggC 指令

I/O 控制插补指令 TriggJ、TriggL、TriggC 可分别在关节、直线、圆弧插补到达输出控制点时，输出指定的 DO、AO 或 GO 组信号，指令的编程格式及程序数据要求如下。

```
TriggJ[\Conc]  ToPoint [\ID], Speed [\T], Trigg_1 | TriggArray{*} [\T2] [\T3]
        [\T4] [\T5] [\T6][\T7] [\T8], Zone [\Inpos], Tool [\WObj] [\TLoad] ;
TriggL[\Conc]  ToPoint [\ID], Speed [\T], Trigg_1 | TriggArray{*} [\T2] [\T3]
        [\T4] [\T5] [\T6][\T7] [\T8], Zone [\Inpos], Tool[\WObj] [\Corr]
        [\TLoad] ;
TriggC[\Conc]  CirPoint, ToPoint [\ID], Speed [\T], Trigg_1 |TriggArray{*}
        [\T2] [\T3] [\T4] [\T5] [\T6] [\T7] [\T8], Zone[\Inpos], Tool
        [\WObj] [\Corr ] [\TLoad] ;
```

指令 TriggJ、TriggL、TriggC 的基本指令添加项、程序数据、数据添加项的含义及格式要求与关节、直线、圆弧插补指令 MoveJ、MoveL、MoveC 相同，有关内容可参见第 3 章。指令需要增加的程序数据、数据添加项含义及要求如下。

Trigg_1 或 **TriggArray{*}**：输出控制点名称，数据类型 triggdata。程序数据 Trigg_1 允许使用添加项\T2～\T8，指定 8 个输出控制点；程序数据 TriggArray{*} 为数组型变量，最大允许定义 25 个 triggdata 型输出控制点，以 TriggArray{*} 数组形式指定输出控制点时，不允许使用添加项\T2～\T8。

\T2～\T8：输出控制点 2～8 名称，数据类型 triggdata。以 TriggArray{*} 数组形式指定输出控制点时，不允许使用添加项\T2～\T8。

I/O 控制插补指令 TriggJ、TriggL、TriggC 的编程示例如下，程序所实现的输出控制如图 4.3-4 所示。

```
VAR triggdata gunon ;                    // 定义控制点
VAR triggdata gunoff ;
```

```
……
TriggIO gunon, 5\Start\DOp:=do1, 1 ;                // 设定输出控制点
TriggIO gunoff, 10\DOp:= do1, 0 ;
……
MoveJ p1, v500, z50, gun1 ;
TriggL p2, v500, gunon, fine, gun1 ;                // 控制点 gunon 输出 do1=1
TriggL p3, v500, gunoff, fine, gun1 ;               // 控制点 gunoff 输出 do1=0
MoveJ p4, v500, z50, gun1 ;
TriggL p5, v500, gunon\T2:= gunoff, fine, gun1 ;
                                                    // 控制点 gunon、gunoff 同时有效
……
```

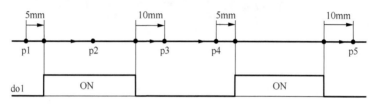

图 4.3-4　TriggJ/TriggL/TriggC 输出控制

3. TriggJIOs、TriggLIOs 指令

指令 TriggJIOs、TriggLIOs 可在关节、直线到达程序数据 triggios 或 triggiosdnum、triggstrgo 指定的输出控制点时，输出程序数据所设定的 DO、AO 或 GO 组信号，但圆弧插补不能使用本方式控制。指令的编程格式及程序数据要求如下。

```
TriggJIOs ToPoint[\ID], Speed [\T], [\TriggData1] [\TriggData2] [\TriggData3],
          Zone[\Inpos],Tool [\WObj] [\Corr] [\TLoad] ;
TriggLIOs[\Conc] ToPoint[\ID], Speed [\T], [\TriggData1] [\TriggData2]
          [\TriggData3], Zone[\Inpos], Tool [\WObj] [\Corr] [\TLoad] ;
```

指令 TriggJIOs、TriggLIOs 的基本指令添加项、程序数据、数据添加项的含义及格式要求与关节、直线、圆弧插补指令 MoveJ、MoveL 相同，有关内容可参见第 3 章。指令需要增加的程序数据、数据添加项含义及要求如下。

\TriggData1、\TriggData2、\TriggData3：控制点数据 triggios 或 triggiosdnum、triggstrgo 名称，一般以数组形式定义。

控制点输出指令 TriggJIOs、TriggLIOs 的编程示例如下，程序所实现的输出控制如图 4.3-5 所示。

```
VAR triggios gunon{1} := [ TRUE, 5, TRUE, 0, "do1", 1, 0 ] ;
                                                    // 程序数据定义
VAR triggios trig_A1{3} := [ [TRUE, 6, FALSE, 0, "do1", 0, 0],
                             [TRUE, 5, TRUE, 0, "ao1", 10, 0],
                             [TRUE, 20, TRUE, 0, "go1", 55, 0] ] ;
……
```

```
MoveJ p1, v500, z50, gun1 ;
TriggLIOs p2, v500, \TriggData1:=gunon, z50, gun1 ;
Reset do1 ;
TriggJIOs p3, v500, \TriggData1:= gunon \TriggData2:= trig_A1, z50, gun1;
……
```

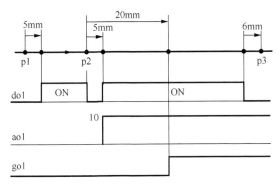

图 4.3-5　TriggJIOs/TriggLIOs 输出控制

4.4　其他 I/O 控制指令编程

4.4.1　特殊模拟量输出指令

1. 指令与功能

RAPID 特殊模拟量输出指令有线性变化模拟量输出和机器人 TCP 移动速度模拟量输出两类。线性变化模拟量输出可在机器人关节、直线、圆弧插补轨迹的同时，在指定的移动区域中输出线性增、减的模拟量；TCP 移动速度模拟量输出可在机器人关节、直线、圆弧插补轨迹的控制点上，输出与机器人 TCP 实际移动速度成正比的模拟量。

线性变化模拟量输出、TCP 移动速度模拟量输出常用于弧焊机器人，以提高焊接质量。例如，线性变化模拟量输出可用于薄板类零件的"渐变焊接"，使焊接过程中的焊接电流、焊接电压逐步减小，以防止由于零件本身温度大幅度上升，在焊接结束阶段可能出现的工件烧穿、断裂等现象。而利用 TCP 移动速度模拟量输出功能，可使焊接电流、焊接电压随焊接移动速度变化，以保证焊缝均匀等。

线性变化模拟量、机器人 TCP 移动速度模拟量的输出点及功能，分别需要用模拟量输出设定指令 TriggRampAO、TriggSpeed 进行设定，指令所设定的数据同样以控制点数据 triggdata 的形式保存；移动指令仍使用 I/O 控制插补指令 TriggJ、TriggL、TriggC，但指令中的控制点应为线性变化模拟量、机器人 TCP 移动速度模拟量设定点。

线性变化模拟量、机器人 TCP 移动速度模拟量设定指令及编程格式见表 4.4-1。

2. 线性变化模拟量输出指令

线性变化模拟量输出的功能、输出点及变化区位置，需要用特殊模拟量输出设定指

TriggRampAO 定义，控制点设定数据同样以控制点数据 triggdata 的形式保存；这一控制点如果被 I/O 控制插补指令 TriggJ、TriggL、TriggC 所引用，系统便可在机器人关节、直线、圆弧插补轨迹的同时，在指定的移动区域中输出线性增、减的模拟量。

表 4.4-1　　　　　　　　　　特殊模拟量输出指令及编程格式

名称	编程格式与示例		
线性变化模拟量输出	TriggRampAO	程序数据	TriggData，Distance，EquipLag, AOutput, SetValue, RampLength
		指令添加项	——
		数据添加项	\Start，\Time
	编程示例	TriggRampAO aoup, 10\Start, 0.1, ao1, 8, 12 ;	
机器人 TCP 移动速度模拟量输出	TriggSpeed	程序数据	TriggData，Distance，ScaleLag， AOp，ScaleValue
		指令添加项	——
		数据添加项	\Start，\DipLag]、\ErrDO]、\Inhib
	编程示例	TriggSpeed flow, 10\Start, 0.5, ao1, 0.5\DipLag:=0.03 ;	

指令 TriggRampAO 的编程格式如下，程序数据及添加项的含义如图 4.4-1 所示。

```
TriggRampAO  TriggData, Distance[\Start], EquipLag, AOutput, SetValue,
             RampLength [\Time] ;
```

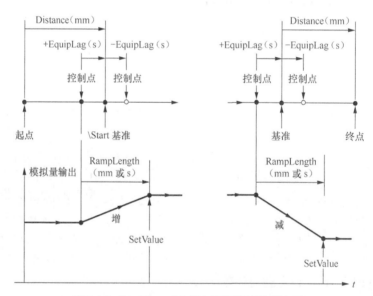

图 4.4-1　TriggRampAO 指令的程序数据与添加项

程序数据 TriggData、Distance、EquipLag 及添加项\Start，用来设定线性变化模拟量输出控制点的位置，其含义与输出控制点设定指令相同；其他程序数据及添加项的含义、编程要求如下。

AOutput：模拟量输出信号名称，数据类型 signalao。

SetValue：模拟量输出信号线性增、减的目标值，数据类型 num。

RampLength：模拟量输出信号的线性变化区域，数据类型 num。未使用添加项\Time

时，设定值为线性变化区域的插补轨迹长度，单位为 mm；使用添加项\Time 时，设定值为线性变化区域的机器人移动时间，单位为 s。

\Time：线性变化区域的机器人移动时间定义有效，数据类型 switch。使用添加项时，RampLength 设定值为机器人移动时间。

线性变化模拟量输出可通过 I/O 控制插补指令 TriggJ、TriggL、TriggC 来实现，但指令中的控制点需要改为线性变化模拟量输出控制点。线性变化模拟量输出的编程示例如下，程序所对应的 ao1 模拟量输出如图 4.4-2 所示。

```
VAR triggdata upao ;                               // 控制点定义
VAR triggdata dnao ;
......
TriggRampAO upao, 10\Start, 0.1, ao1, 8, 12 ;   // 线性变化模拟量输出设定
TriggRampAO dnao, 8, 0.1, ao1, 2, 10 ;
......
MoveL p1, v200, z10, gun1 ;                        // 线性变化模拟量输出指令
TriggL p2, v200, upao, z10, gun1 ;
TriggL p3, v200, dnao, z10, gun1 ;
......
```

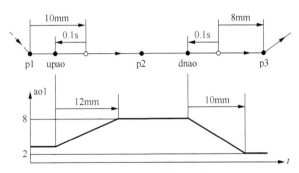

图 4.4-2　线性变化模拟量输出

3. TCP 移动速度模拟量输出指令

机器人 TCP 移动速度模拟量输出的功能、输出点，需要用 TCP 移动速度模拟量输出设定指令 TriggSpeed 定义，控制点设定数据同样以控制点数据 triggdata 的形式保存；这一控制点如果被 I/O 控制插补指令 TriggJ、TriggL、TriggC 所引用，系统便可在机器人关节、直线、圆弧插补轨迹的同时，在指定的点上输出机器人 TCP 移动速度模拟量。

指令 TriggSpeed 的编程格式及程序数据要求如下。

```
TriggSpeed  TriggData, Distance[\Start], ScaleLag, AOp, ScaleValue[\DipLag]
            [\ErrDO] [\Inhib]
```

程序数据 TriggData、Distance 及添加项\Start，用来设定 TCP 移动速度模拟量输出控制点位置，其含义与输出控制点设定指令相同；其他程序数据及添加项的含义、编程要求如下。

ScaleLag：外设动作延时补偿，数据类型 num，单位为 s。以机器人实际移动时间的形式补偿外设动作延时，含义与输出控制点设定指令的 EquipLag 相同。设定值为正时，模拟量输出控制点将超前于 Distance 位置；为负时，控制点将滞后 Distance 位置。

AOp：AO 信号名称，数据类型 signalao。指定的 AO 信号用于 TCP 移动速度模拟量输出。

ScaleValue：模拟量输出倍率，数据类型 num。该设定值以倍率的形式调整实际模拟量输出值。

\DipLag：机器人减速补偿，数据类型 num，设定值为正，单位为 s。增加本添加项后，可在机器人进行终点减速前，提前\DipLag 时间输出减速的速度模拟量，以补偿模拟量输出滞后。\DipLag 为模态参数，添加项一经设定，对后续的所有 TriggSpeed 指令均有效。

\ErrDO：模拟量出错时的 DO 输出信号名称，数据类型 signaldo。如果在机器人移动期间，AOp 所指定信号的逻辑模拟输出值溢出，则该 DO 信号将输出 1。\ErrDO 为模态参数，添加项一经设定，对后续的所有 TriggSpeed 指令均有效。

\Inhib：模拟量输出禁止，数据类型 bool。添加项定义为 TRUE 时，禁止 AOp 所指定信号的模拟量输出（输出为 0）。\Inhib 为模态参数，添加项一经设定，对后续的所有 TriggSpeed 指令均有效。

TCP 速度模拟量输出指令可通过 I/O 控制插补指令 TriggJ、TriggL、TriggC 来实现，但指令中的控制点需要改为 TCP 移动速度模拟量输出控制点。TCP 移动速度模拟量输出的编程示例如下，程序所对应的 ao1 模拟量输出如图 4.4-3 所示。

```
VAR triggdata flow ;                                    // 控制点定义
TriggSpeed flow, 10\Start, 1, ao1, 0.8\DipLag:=0.5 ;    // 速度模拟量输出定义
TriggL p1, v500, flow, z10, tool1 ;                     // 速度模拟量输出
……
TriggSpeed flow, 8, 1, ao1, 1 ;                         // 改变速度模拟量输出
TriggL p2, v500, flow, z10, tool1 ;                     // 速度模拟量输出
……
```

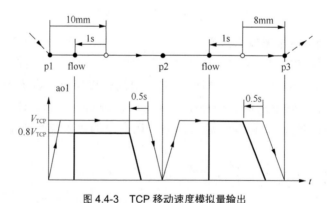

图 4.4-3　TCP 移动速度模拟量输出

4.4.2　控制点 I/O 中断指令

1. 指令与功能

中断是系统对异常情况的处理，中断功能一旦使能（启用），只要中断条件满足，系统

可立即终止现行程序的执行，直接转入中断程序（Trap routines，简称 TRAP），而无需进行其他编程。有关中断程序的结构和格式，可参见本书第 2 章。

实现 RAPID 程序中断的方式有两种：一是机器人关节、直线、圆弧插补轨迹上的定点中断（控制点中断）；二是在其他情况下的中断。由于控制点中断同样需要通过 I/O 控制插补指令 TriggJ、TriggL、TriggC 来实现，且与 I/O 控制点设定密切相关，在此一并说明如下；有关 RAPID 程序中断控制功能的详细内容，将在第 5 章详述。

RAPID 控制点中断方式有无条件中断和 I/O 检测中断（条件中断）两种。无条件中断可在指定的插补控制点上，无条件停止机器人运动、结束当前程序，并转入中断程序的执行；条件中断可通过对插补控制点的 I/O 状态检测和判别，决定是否需要进行程序中断。控制点中断同样需要通过第 5 章所述的中断连接指令（CONNECT）连接中断程序（TRAP），并可通过使能、禁止、删除、启用、停用等基本中断控制指令控制中断。

控制点中断、I/O 检测中断均可在机器人关节、直线、圆弧插补轨迹的控制点上进行，控制点需要利用相应的中断控制点设定指令定义。中断控制点的数据同样以控制点数据 triggdata 的形式保存；移动指令仍使用 I/O 控制插补指令 TriggJ、TriggL、TriggC，但指令中的控制点应为无条件或条件中断点 I/O 检测点。

控制点中断的优先级高于控制点输出，如中断点同时又被定义为输出控制点，则系统将优先执行控制点中断。

控制点中断指令及编程格式见表 4.4-2。

表 4.4-2　　　　　　　　　　控制点中断指令及编程格式

名称	编程格式与示例		
控制点中断设定	TriggInt	程序数据	TriggData，Distance，Interrupt
		指令添加项	——
		数据添加项	\Start | \Time
	编程示例	TriggInt trigg1, 5, intno1;	
I/O 检测中断设定	TriggCheckIO	程序数据	TriggData，Distance，Signal，Relation，CheckValue | CheckDvalue，Interrupt
		指令添加项	——
		数据添加项	\Start | \Time，\StopMove
	编程示例	TriggCheckIO checkgrip, 100, airok, EQ, 1, intno1 ;	

2. 控制点中断指令

RAPID 控制点中断可用于机器人关节、直线、圆弧插补轨迹指定位置的无条件中断，控制点需要通过控制点中断设定指令 TriggInt 定义，并以控制点数据 triggdata 的形式保存；这一控制点如被 I/O 控制插补指令 TriggJ、TriggL、TriggC 引用，机器人到达控制点时，系统可无条件终止现行程序而转入中断程序。

控制点中断设定指令 TriggInt 的编程格式及程序数据要求如下。

```
TriggInt TriggData, Distance [\Start] | [\Time], Interrupt ;
```

程序数据 TriggData、Distance 及添加项\Start 或\Time，用来设定中断控制点的位置，其含义与输出控制点设定指令相同；程序数据 Interrupt 用来定义中断名称，其数据类型为 intnum，它可用来连接中断程序。

控制点中断可通过 I/O 控制插补指令 TriggJ、TriggL、TriggC 来实现，但指令中的控制点应为中断点。中断设定指令 TriggInt 及控制点中断的编程示例如下，程序所对应的中断控制功能如图 4.4-4 所示。

```
VAR intnum intno1 ;                          // 中断名称定义
VAR triggdata trigg1 ;                        // 控制点定义
……
! ********************************
PROC main()
CONNECT intno1 WITH trap1 ;                   // 中断程序连接
TriggInt trigg1, 5, intno1 ;                  // 中断设定
……
TriggJ p1, v500, trigg1, z50, gun1 ;          // 控制点中断
TriggL p2, v500 , z50, gun1 ;
TriggL p3, v500, trigg1, z50, gun1 ;          // 控制点中断
……
IDelete intno1 ;                              // 删除中断
……
```

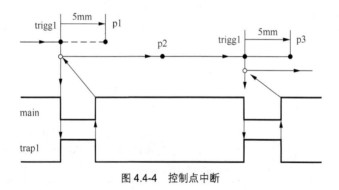

图 4.4-4　控制点中断

3. I/O 检测中断指令

I/O 检测中断指令可在机器人关节、直线、圆弧插补轨迹的控制点上，通过对指定 I/O 信号的状态检查和判别，决定是否需要终止现行程序而转入中断程序。控制点需要通过 I/O 检测中断设定指令 TriggCheckIO 定义，并以控制点数据 triggdata 的形式保存；这一控制点如被 I/O 控制插补指令 TriggJ、TriggL、TriggC 引用，在机器人到达控制点时，系统可检查指定 I/O 信号的状态，决定是否需要中断。

I/O 检测中断设定指令 TriggCheckIO 的编程格式及程序数据要求如下。

```
TriggCheckIO  TriggData, Distance [\Start] | [\Time], Signal, Relation,
              CheckValue |CheckDvalue [\StopMove], Interrupt ;
```

程序数据 TriggData、Distance 及添加项\Start 或\Time，用来设定中断控制点的位置，

其含义与输出控制点设定指令相同；其他程序数据及添加项的含义、编程要求如下。

Signal：检测信号名称，数据类型 signal** 或 string（字符串型信号名称），signal** 中的 "**" 可为 di（开关量输入 DI）、do（开关量输入 DO）、ai（模拟量输入 AI）、ao（模拟量输出 AO）、gi（开关量输入组 GI）、go（开关量输出组 GO）。

Relation：文字型比较符，数据类型 opnum；可使用的符号及含义见第 2.4 节。

CheckValue 或 CheckDvalue：比较基准值，数据类型为 num 或 dnum。

\StopMove：运动停止选项，数据类型 switch。增加本选项，可在调用中断程序前立即停止机器人运动。

Interrupt：中断名称，数据类型 intnum。

I/O 检测中断可通过 I/O 控制插补指令 TriggJ、TriggL、TriggC 来实现，但指令中的控制点应为 I/O 检测中断点，I/O 检测中断设定指令及控制点中断的编程示例如下，程序所对应的中断控制功能如图 4.4-5 所示。

```
VAR intnum gateclosed ;                              // 中断名称定义
VAR triggdata checkgate ;                             // 控制点定义
......
! ********************************
PROC main()
CONNECT gateclosed WITH waitgate ;                   // 中断程序连接
TriggCheckIO checkgate, 5, di1, EQ, 1\StopMove, gateclosed ; //中断点设定
......
TriggJ p1, v600, checkgate, z50, grip1 ;             // 中断控制
TriggL p2, v500, checkgate, z50, grip1 ;             // 中断控制
......
IDelete gateclosed ;                                 // 删除中断
......
```

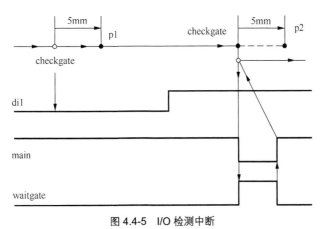

图 4.4-5　I/O 检测中断

4.4.3　输出状态保存指令

1. 指令功能与编程格式

输出状态保存指令 TriggStopProc 可用来保存程序停止（STOP）或系统急停（QSTOP）

时的 DO 或 GO 组状态，指令所保存的状态以重新启动（restartdata）型数据的形式，保存在系统的永久数据中，以便系统重新起动时检查、恢复输出状态。指令的执行状态可通过指定的 DO 信号输出。

输出保存指令 TriggStopProc 在程序停止（STOP）或系统急停（QSTOP）时的基本执行过程如下。

① 机器人按正常的减速停止（程序停止 STOP），或以紧急制动方式停止（系统急停 QSTOP）。

② 系统读取指定的信号状态，并作为程序数据 restartdata 的初值（prevalue）保存。

③ 延时 400～500ms 后，再次读取指定信号的状态，并作为程序数据 restartdata 的终值（postvalue）保存。

④ 将系统的全部 DO 输出的状态设定为 0。

⑤ 根据程序数据 restartdata 的设定，输出程序执行标记信号 ShadowDO。

系统停止输出保存指令 TriggStopProc 的编程格式及程序数据、添加项的含义如下。

```
TriggStopProc  RestartRef [\DO] [\GO1] [\GO2] [\GO3] [\GO4] , ShadowDO ;
```

RestartRef：系统重启数据名称，数据类型 restartdata。在系统中，重启数据需要用永久数据变量的形式进行存储。

ShadowDO：指令执行状态输出，数据类型 signaldo。

\DO1：程序停止时需要保存的 DO 信号，数据类型 signaldo。

\GO1～\GO4：程序停止时需要保存的 GO 组信号 1～4，数据类型 signalgo。

2. 程序数据及设定

系统停止输出保存指令 TriggStopProc 所保存的程序数据 restartdata 格式如下，重启数据的名称（data1）可自由定义。

restartdata data1:= [TURE, TURE, 1, 1 , 5, 5, 0, 0, 0, 0, 0, 0, 1, 0, 1]

重启数据
名称：data1
数据类型：restartdata

名称：   类型：
restartstop   bool
stoponpath   bool
predo1val   dionum
postdo1val   dionum

名称依次为：
prego1val, postgo1val,
prego2val, postgo2val,
prego3val, postgo3val,
prego4val, postgo4val,
类型：全部num

名称：   类型：
preshadowval   dionum
shadowflanksl   num
postshadowval   dionum

restartdata 型数据由逻辑状态型（bool）数据 restartstop、stoponpath，DIO 状态型（dionum）数据 predo1val、postdo1val 等，数值（num）数据 prego1val、postgo1val 等复合而成，数据构成项的含义如下。

restartstop：数据有效性，逻辑状态（bool）数据，TURE 代表数据有效；FALSE 代表数据无效。

stoponpath：机器人停止状态，逻辑状态（bool）数据，TURE 代表在插补轨迹上停止；

FALSE 代表不在插补轨迹上停止。

predo1val：DO1 初始值，DIO 状态（dionum）数据。

postdo1val：DO1 最终值，DIO 状态（dionum）数据。

prego1val～postgo4val：GO1～GO4 初始值，数值（num）数据。

postgo1val～postgo4val：GO1～GO4 最终值，数值（num）数据。

preshadowval：ShadowDO 初始值设定，DIO 状态（dionum）数据。

shadowflanks：ShadowDO 信号状态变化次数设定，数值（num）数据。

postshadowval：ShadowDO 最终值设定，DIO 状态（dionum）数据。

利用数据项 preshadowval、shadowflanks、postshadowval 的初始值、最终值、变化次数的设定，可在执行状态输出信号 ShadowDO 上得到不同的输出状态。例如，当 preshadowval、postshadowval、shadowflanks 均设定为"0"时，ShadowDO 输出始终为 0；设定 preshadowval=1、postshadowval=1、shadowflank=0 时，数据保存后 ShadowDO 的输出状态将为"1"；而设定 preshadowval=0、postshadowval=1、shadowflank=1 时，数据保存时信号 ShadowDO 上将产生一个上升沿；设定 preshadowval=0、postshadowval=0、shadowflank=2 时，数据保存时信号 ShadowDO 上则可获得一个宽度为 400～500ms 的脉冲，等等。

4.4.4　DI 监控点搜索指令

1. 指令与功能

所谓 DI 监控点，就是系统 DI 信号状态发生变化的点。DI 监控点搜索指令可通过机器人 TCP 点的直线插补、圆弧插补运动或外部轴的运动来搜索指定 DI 监控点，并将该点位置保存到指定的程序数据中；同时，还可根据需要，选择机器人或外部轴在 DI 监控点上以不同的方式停止。DI 监控点搜索指令指定的程序运动轨迹，不能通过指令 StorePath 存储。

DI 监控点搜索 RAPID 指令的功能、编程格式、程序数据及添加项要求见表 4.4-3。

表 4.4-3　　　　　　　　DI 监控点搜索指令及编程格式

名称			编程格式与示例
直线插补 DI 监控点搜索	SearchL	编程格式	SearchL [\Stop] | [\PStop] | [\SStop] | [\Sup], PersBool | Signal [\Flanks] | [\PosFlank] | [\NegFlank] | [\HighLevel] | [\LowLevel], SearchPoint, ToPoint [\ID], Speed [\V] | [\T], Tool [\WObj] [\Corr] [\TLoad] ;
		指令添加项	\Stop：监控点快速停止，数据类型 switch； \PStop：监控点轨迹停止，数据类型 switch； \SStop：监控点减速停止，数据类型 switch； \Sup：多监控点允许，数据类型 switch
		程序数据与添加项	PersBool：监控信号及初始状态，数据类型 bool； Signal：监控信号名称，数据类型 signaldi； \Flanks：上升/下降沿监控，数据类型 switch； \PosFlank：上升沿监控，数据类型 switch； \NegFlank：下降沿监控，数据类型 switch； \HighLevel：高电平监控，数据类型 switch； \LowLevel：低电平监控，数据类型 switch； SearchPoint：监控点位置，数据类型 robtarget；

名称	编程格式与示例		
直线插补 DI 监控点 搜索	SearchL	程序数据 与添加项	ToPoint：插补目标位置，数据类型 robtarget； \ID：同步运动，数据类型 switch； Speed：移动速度，数据类型 speeddata； \V：TCP 速度，数据类型 num； \T：移动时间，数据类型 num； Tool：工具数据，数据类型 tooldata； \WObj：工件数据，数据类型 wobjdata； \Corr：轨迹校准，数据类型 switch； \TLoad：工具负载，数据类型 loaddata；
	功能说明		以直线插补方式搜索监控点，并保存到程序数据 SearchPoint 中
	编程示例		SearchL \Stop, di1, sp, p10, v100, tool1 ;
圆弧插补 DI 监控点 搜索	SearchC	编程格式	SearchC [\Stop] | [\PStop] | [\SStop] | [\Sup], PersBool | Signal [\Flanks] | [\PosFlank] | [\NegFlank] | [\HighLevel] | [\LowLevel], SearchPoint, CirPoint, ToPoint [\ID], Speed [\V] | [\T], Tool [\WObj] [\Corr] [\TLoad] ;
		指令添加项	同指令 SearchL
		程序数据 与添加项	CirPoint：圆弧插补中间点，数据类型 robtarget； ToPoint：圆弧插补目标位置，数据类型 robtarget； 其他：同指令 SearchL
	功能说明		以圆弧插补方式搜索监控点，并保存到程序数据 SearchPoint 中
	编程示例		SearchC \Sup, di1\Flanks, sp, cirpoint, p10, v100, probe ;
外部轴 DI 监控点 搜索	SearchExtJ	编程格式	SearchExtJ [\Stop] | [\PStop] | [\SStop] | [\Sup], PersBool | Signal [\Flanks] | [\PosFlank] | [\NegFlank] | [\HighLevel] | [\LowLevel], SearchJointPos, ToJointPos [\ID] [\UseEOffs], Speed [\T] ;
		指令添加项	同指令 SearchL
		程序数据 与添加项	SearchJointPos：监控点位置，数据类型 jointtarget； ToJointPos：外部轴目标点，数据类型 jointtarget； 其他：同指令 SearchL
	功能说明		通过外部轴移动搜索监控点，并将其保存到程序数据 SearchPoint 中
	编程示例		SearchC \Sup, di1\Flanks, sp, cirpoint, p10, v100, probe ;

2. 后续运动控制

机器人或外部轴搜索到指定的 DI 监控点后，其后续运动可以通过指令添加项，选择以下几种方式之一。

不使用添加项：终点停止。仅保存 DI 监控点的位置值，机器人或外部轴继续以指定方式移动到目标位置停止；如轨迹中存在多个监控点，则系统发生 "ERR_WHLSEARCH" 报警、停止机器人或外部轴移动。

\Sup：多监控点允许。仅保存 DI 监控点的位置值，机器人或外部轴继续以指定方式移动到目标位置停止；当轨迹中存在多个监控点时，仅产生系统警示，允许机器人或外部轴继续运动至目标位置。

\Stop：监控点快速停止。用于 TCP 速度低于 100mm/s 的监控点搜索，机器人或外部轴搜索到 DI 监控点后立即快速停止。由于运动轴停止需要一定的时间，因此，实际停止位置将偏离 DI 监控点，例如，对于速度为 50mm/s 的搜索，其定位误差为 1～3mm。

\PStop：监控点轨迹停止。机器人或外部轴搜索到 DI 监控点后，继续沿插补轨迹减速停止；轨迹停止需要较长的时间，对于速度为 50mm/s 的搜索，实际停止位置将偏离 DI 监控点 15～25mm。

\SStop：监控点减速停止。机器人或外部轴搜索到 DI 监控点后，按照正常的速度减速停止；对于速度为 50mm/s 的搜索，实际停止位置将偏离 DI 监控点 4～8mm。

3. DI 信号状态

监控点的 DI 信号状态可通过程序数据 PersBool 或 Signal 指定。PersBool 需要预先定义监控信号的名称及初始状态（TURE 或 FALSE），信号状态改变点即为 DI 监控点。Signal 用来指定 DI 信号名称，其监控状态可通过以下添加项定义。

不使用添加项：状态"1"监控。监控信号状态为"1"的点，为 DI 监控点；如果指令执行前信号为"1"状态，则直接以指令起点为 DI 监控点。

\Flanks：上升/下降沿监控。只要监控信号的状态发生变化，即为 DI 监控点。

\PosFlank：上升沿监控。监控信号由"0"变为"1"的点，即为 DI 监控点。

\NegFlank：下降沿监控。监控信号由"1"变为"0"的点，即为 DI 监控点。

\HighLevel：高电平监控。监控信号状态为"1"的点，为 DI 监控点；如果指令执行前信号为"1"状态，则直接以指令起点为 DI 监控点。

\LowLevel。低电平监控。监控信号状态为"0"的点，为 DI 监控点；如果指令执行前信号为"0"状态，则直接以指令起点为 DI 监控点。

4. 编程示例

DI 监控点搜索指令的编程示例如下。

```
PERS bool mypers:=FALSE ;                        // 监控信号及初始状态定义
……
SearchExJ \Stop, di2, posx, jpos20, vlin50 ; // 外部轴搜索、di2 高电平监控、快速停止
SearchL di1, sp, p10, v100, probe ;     // 直线插补搜索、di1 高电平监控、终点停止
SearchL \Sup, di1 \Flanks, sp, p10, v100, probe ;
                         // 直线插补搜索、di1 上升/下降沿监控、终点停止
……
SearchC \Stop, mypers, sp, cirpoint, p10, v100, probe ;
                 // 圆弧插补搜索、mypers 状态 TURE 监控、快速停止
……
SearchL \Stop, di1, sp, p10, v100, tool1 ; // 直线插补搜索、di1 高电平监控、快速停止
MoveL sp, v100, fine, tool1 ;    // DI 监控点准确定位
……
```

| 第 5 章 |
程序控制指令编程

5.1 程序控制指令及编程

5.1.1 程序等待指令

1. 指令与功能

通常情况下，RAPID 程序的自动运行是一个连续的过程，系统在当前的指令执行完后，将自动执行下一指令。但是，为了协调机器人运动，有时需要暂停程序的执行过程，以等待系统其他条件的满足，这就需要使用程序等待指令。

RAPID 程序等待的方式较多，除了可通过第 4.2 节所述的 I/O 读写等待指令，利用 I/O 信号来控制程序的执行外，还可通过定时、定位完成、永久数据状态等方式来控制程序的执行过程，相关指令的名称、编程格式见表 5.1-1，编程要求和示例如下。

表 5.1-1 程序等待指令及编程格式

名称	编程格式与示例		
定时等待	WaitTime	程序数据	Time
		指令添加项	\InPos
		数据添加项	——
	编程示例	WaitTime \InPos, 0 ;	
移动到位等待	WaitRob	程序数据	——
		指令添加项	\InPos | \ZeroSpeed
		数据添加项	——
	编程示例	WaitRob \ZeroSpeed ;	
逻辑状态等待	WaitUntil	程序数据	Cond
		指令添加项	\InPos
		数据添加项	\MaxTime，\TimeFlag，\PollRate
	编程示例	WaitUntil di4 = 1 \MaxTime:=5.5 ;	

名称	编程格式与示例		
永久数据等待	WaitTestAndSet	程序数据	Object
		指令添加项	——
		数据添加项	——
	编程示例	WaitTestAndSet semPers ;	
程序同步等待	WaitSyncTask	程序数据	SyncID，TaskList
		指令添加项	\InPos
		数据添加项	\TimeOut
	编程示例	WaitSyncTask \InPos, sync1, task_list \TimeOut := 60 ;	
程序加载等待	WaitLoad	程序数据	LoadNo
		指令添加项	\UnloadPath，\UnloadFile
		数据添加项	\CheckRef
	编程示例	WaitLoad load1 ;	
同步监控等待	WaitSensor	程序数据	MechUnit
		指令添加项	——
		数据添加项	\RelDist，\PredTime，\MaxTime，\TimeFlag
	编程示例	WaitSensor Ssync1\RelDist:=500.0 ;	
工件等待	WaitWObj	程序数据	WObj
		指令添加项	——
		数据添加项	\RelDist，\PredTime，\MaxTime，\TimeFlag
	编程示例	WaitWObj wobj_on_cnv1\RelDist:=0.0 ;	

2. 定时等待与移动到位等待

定时等待指令 WaitTime 和移动到位等待指令 WaitRob 是 RAPID 程序最常用和最基本的程序等待指令，指令编程要求分别如下。

① 定时等待。定时等待指令 WaitTime 可直接通过程序暂停时间的设定，来控制程序的执行过程，指令的编程格式及指令添加项、程序数据的要求如下。

```
WaitTime [\InPos, ] Time ;
```

\InPos：移动到位，数据类型为 switch。不使用添加项时，系统执行指令时，将立即开始暂停计时。使用添加项后，需要在机器人、外部轴移动到位，且完全停止后才开始暂停计时；如暂停时间 Time 设定 0，指令功能与下述的到位等待指令 WaitRob \InPos 相同。

Time：暂停时间，数据类型为 num，单位为 s；设定值精度 0.001s，最大值无限制。

定时等待指令 WaitTime 的编程示例如下。

```
MoveJ p1, v1000, z30, tool1 ;
WaitTime \InPos, 0 ;                          // 程序暂停，等待机器人到位
SetDO do1, 1 ;
WaitTime 0.5 ;                                // 程序暂停 0.5s
……
```

② 移动到位等待。移动到位等待指令 WaitRob 可通过对机器人、外部轴的到位区间或移动速度判别，来控制程序的执行过程，指令的编程格式及指令添加项的要求如下。

```
WaitRob [\InPos] | [\ZeroSpeed] ;
```

\InPos 或\ZeroSpeed：到位判别条件，数据类型 switch，两者必须且只能选择其一。选择\InPos，系统以机器人、外部轴到达停止点规定的到位区间，作为暂停结束的条件；选择\ ZeroSpeed，系统以机器人、外部轴移动速度为 0，作为暂停结束的条件。

移动到位等待指令 WaitRob 的编程示例如下。

```
MoveJ p1, v1000, fine\Inpos:=inpos20, tool1 ;
WaitRob \InPos ;                                    // 等待到达到位区间
MoveJ p2, v1000, fine, tool1 ;
WaitRob \ZeroSpeed ;                                // 等待移动速度为 0
......
```

3. 逻辑状态等待

逻辑状态等待指令 WaitUntil 可通过对系统逻辑状态的判别来控制程序的执行过程，指令的编程格式及指令添加项的要求如下。

```
WaitUntil [\InPos,] Cond [\MaxTime] [\TimeFlag] [\PollRate] ;
```

\InPos：移动到位，数据类型 switch。不使用添加项时，系统执行指令时，只需要判断逻辑条件；使用添加项后，需要增加机器人、外部轴移动到位的附加判别条件。

Cond：逻辑判断条件，数据类型 bool，可以使用逻辑表达式。

\MaxTime：最长等待时间，数据类型 num，单位为 s。不使用本添加项时，系统必须等待逻辑条件满足，才能继续执行后续指令；使用本添加项时，如逻辑条件在\MaxTime规定的时间内未满足条件，则进行如下处理：

① 未定义添加项\TimeFlag 时，系统将发出等待超时报警（ERR_WAIT_MAXTIME），并停止；

② 定义添加项\TimeFlag 时，则将\TimeFlag 指定的等待超时标志置为"TURE"状态，系统可继续执行后续指令。

\TimeFlag：等待超时标志，数据类型为 bool。增加本添加项时，如指定的条件在\MaxTime规定的时间内仍未满足，则该程序数据将为"TURE"状态，系统可继续执行后续指令。

\PollRate：检测周期，数据类型为 num，单位为 s，最小设定 0.04s。添加项用来设定逻辑判断条件的状态更新周期，不使用本添加项时，系统默认的检测周期为 0.1s。

逻辑状态等待指令 WaitUntil 的编程示例如下。

```
WaitUntil \Inpos, di4 = 1 ;                 // 等待到位及 di4 信号 ON
WaitUntil di1=1 AND di2=1 \MaxTime:=5 ;     // 等待 di1、di2 信号 ON，5s 后报警
......
VAR bool tmout ;                            // 定义超时标记
WaitUntil di1=1 \MaxTime:= 5 \TimeFlag:= tmout ; // 等待 di1 信号 ON，5s 后继续
IF tmout THEN                                // 检查超时标记
```

```
    SetDO do1, 1 ;
    ELSE
    SetDO do1, 0;
ENDIF
```

4. 永久数据等待

永久数据 PERS（persistent）是可定义初始值并能保存最后结果的数据，它可通过模块的数据声明指令定义，但不能在主程序、子程序中定义，有关内容可参见第 2.3 节。

永久数据等待指令 WaitTestAndSet 可通过逻辑状态型（bool）永久数据的状态，来控制程序的执行过程，指令的编程格式与程序数据要求如下。

```
WaitTestAndSet Object ;
```

Object：永久数据 PERS，数据类型 bool。指令用于不同任务控制时，Object 必须定义为全局永久数据（global data，参见第 2.3 节）。

永久数据等待指令 WaitTestAndSet 具有如下功能。

① 如指令执行时，永久数据的状态为 TRUE，则程序暂停，直至其成为 FALSE；随后，将永久数据的状态设置为 TRUE。

② 如指令执行时，永久数据的状态为 FALSE，则将其设置为 TRUE，并继续后续指令。

永久数据等待指令 WaitTestAndSet 的编程示例如下。

```
MODULE mainmodu (SYSMODULE)                     // 主模块
  PERS bool semPers := FALSE ;                  // 定义永久数据
  ......
ENDMODULE
! ****************************************************
PROC doit()                                     // 程序模块
......
WaitTestAndSet semPers ;                        // 等待 semPers 状态 FALSE
......
```

永久数据等待指令 WaitTestAndSet 的功能，实际上也可通过逻辑状态等待指令 WaitUntil 实现，例如，上述程序的功能与以下程序相同。

```
IF semPers = FALSE THEN
  semPers := TRUE ;
ELSE
  WaitUntil semPers = FALSE ;
  semPers:= TRUE ;
ENDIF
```

5. 其他等待指令

在多任务、协同作业等复杂系统上，RAPID 程序还可使用程序同步等待 WaitSyncTask、程序加载等待 WaitLoad、同步监控等待 WaitSensor、工件等待 WaitWObj 等指令来暂停程序、协调系统动作，这些指令多用于复杂机器人系统，有关内容可参见本书后述或 ABB

相关技术手册。

5.1.2 程序停止指令

1. 指令与功能

程序停止指令用来停止程序的自动运行，RAPID 程序可通过终止（或停止）、退出、移动停止、系统停止 4 种方式，结束程序的自动运行。由于程序一旦停止，系统将无法再进行程序数据的处理，因此，程序停止指令均无程序数据；但部分指令可增加指令添加项，以实现不同的控制目的。

RAPID 程序停止指令的名称及编程格式见表 5.1-2，指令的编程要求和示例如下。

表 5.1-2   程序停止指令及编程格式

类别与名称		编程格式与示例		
停止	程序终止	Break	指令添加项	——
		编程示例	Break ;	
	程序停止	Stop	指令添加项	\NoRegain | \AllMoveTasks
		编程示例	Stop \NoRegain ;	
退出	退出程序	EXIT	指令添加项	——
		编程示例	EXIT ;	
	退出循环	ExitCycle	指令添加项	——
		编程示例	ExitCycle ;	
移动停止	移动暂停	StopMove	指令添加项	\Quick, \AllMotionTasks
		编程示例	StopMove ;	
	恢复移动	StartMove	指令添加项	\AllMotionTasks
		编程示例	StartMove ;	
	移动结束	StopMoveReset	指令添加项	\AllMotionTasks
		编程示例	StopMoveReset ;	
系统停止	系统停止	SystemStopAction	指令添加项	\Stop, \StopBlock, \Halt
		编程示例	SystemStopAction \Stop ;	

2. 程序停止

RAPID 程序可以通过程序终止指令 Break、程序停止指令 STOP 两种方式停止。程序停止时，系统将保留程序的执行状态信息，操作者可通过示教器的程序启动按钮 START 重新启动程序，程序重启后，系统可继续执行停止指令后续的指令。

① 程序终止。利用程序终止指令 Break 停止程序时，系统将立即停止机器人、外部轴移动，并结束程序的自动运行，以便操作者进行所需要的测量检测、作业检查等工作。被终止的程序可通过示教器的程序启动按钮 START 重新启动，以继续执行后续指令。

② 程序停止。利用程序停止指令 STOP 停止程序时，系统将完成当前的移动指令，在机器人、外部轴停止后，结束程序的自动运行。指令可通过添加项 \NoRegain 或 \AllMoveTasks，选择以下停止方式之一。

\NoRegain：停止点检查功能无效，数据类型 switch。使用添加项\NoRegain，程序重启时将不检查机器人、外部轴的当前位置是否为程序停止时的位置，而直接执行后续的指令。不使用添加项时，程序重启时将检查机器人、外部轴的当前位置，如机器人、外部轴已经不在程序停止时的位置，示教器上将显示操作信息，由操作者可选择是否先使机器人、外部轴返回程序停止时的位置。

\AllMoveTasks：所有任务停止，数据类型 switch。使用添加项时，可停止所有任务中的程序运行；不使用添加项时，仅停止指令所在任务的程序运行。

程序终止指令 Break、停止指令 STOP 的编程示例如下。

```
MoveJ p0, v1000, z30, tool1 ;
Break ;                          // 程序终止，机器人立即停止
MoveJ p1, v1000, fine, tool1 ;
Stop ;                           // 程序停止，到达 p1 后停止
……
```

3. 程序退出

程序退出不但可结束程序的自动运行，还将退出程序循环。程序一旦退出，将立即停止机器人及外部轴的移动，并清除运动轨迹及全部未完成的动作，系统无法再通过示教器的程序启动按钮 START，继续执行后续的指令。

RAPID 程序可以通过退出程序指令 Exit、退出循环指令 ExitCycle 两种方式退出。

① 退出程序。利用程序退出指令 Exit 退出程序时，系统将立即结束当前程序的自动运行，并清除全部执行状态数据；程序的重新启动必须重新选择程序，并从主程序的起始位置开始重新运行。

② 退出循环。利用退出循环指令 ExitCycle 退出程序时，系统将立即结束当前程序的自动运行，并返回到主程序的起始位置；但变量或永久数据的当前值、运动设置、打开的文件及路径、中断设定等不受影响。因此，如系统选择了程序连续执行模式，便可直接通过示教器的程序启动按钮 START，重新启动主程序。

程序退出指令 Exit、退出循环指令 ExitCycle 的编程示例如下。

```
……
IF di0 = 0 THEN
  Exit ;                         // 退出程序
ELSE
  ExitCycle ;                    // 退出循环
ENDIF
ENDPROC
```

4. 移动停止

移动停止指令可以暂停或结束当前指令的机器人和外部轴移动，运动停止后，系统可继续执行后续其他指令，机器人和外部轴的移动可通过指令恢复。机器人和外部轴是否处于移动停止状态，可通过 RAPID 函数命令 IsStopMoveAct 检查，如果处于移动停止状态，命令的执行结果将为 TRUE，否则为 FALSE。

移动暂停指令 StopMove、恢复移动指令 StartMove 也经常用于后述的程序中断控制，

以便进行程序轨迹的存储、恢复及重启，有关内容可参见第 5.2 节。

RAPID 程序可以通过移动暂停指令 StopMove、移动结束指令 StopMoveReset 两种方式停止机器人和外部轴运动。

① 移动暂停。移动暂停指令 StopMove 可暂停当前指令的机器人和外部轴移动，运动停止后，系统可继续执行后续其他指令；指令中的剩余行程可通过恢复移动指令 StartMove 恢复。指令可通过以下添加项选择停止方式。

\Quick：快速停止，数据类型 switch。不使用添加项时，机器人、外部轴为正常的减速停止；使用添加项后，机器人、外部轴以动力制动的形式快速停止。

\AllMotionTasks：所有任务停止，数据类型 switch。该添加项仅用于非移动任务，使用添加项时，可停止同步执行所有任务中的机器人、外部轴运动。

② 移动结束。移动结束指令 StopMoveReset 将暂停当前指令的机器人和外部轴的移动，并清除剩余行程；运动恢复后，将启动下一指令的机器人和外部轴移动。指令添加项的含义与移动暂停指令 StopMove 相同。

移动暂停指令 StopMove、移动结束指令 StopMoveReset 的编程示例如下。

```
IF di0 = 1 THEN
  StopMove ;                              // 移动暂停
  WaitDI di1, 1 ;
  StartMove ;                             // 移动恢复
ELSE
  StopMoveReset ;                         // 移动结束
ENDIF
......
```

5. 系统停止

系统停止指令 SystemStopAction 可通过添加项选择控制系统的程序停止方式，添加项的含义如下。

\Stop：正常停止，数据类型 switch。使用该添加项时，系统将结束程序的自动运行和机器人、外部轴移动；程序可以按照正常操作重启。

\StopBlock：程序段结束，数据类型 switch。使用该添加项时，系统将结束程序的自动运行和机器人、外部轴移动；程序重启时，必须重新选定重启的指令（程序段）。

\Halt：伺服关闭，数据类型 switch。使用该添加项时，系统在结束程序的自动运行和机器人、外部轴移动的同时，将关闭伺服；程序重启时，必须重新启动伺服。

移动暂停指令 StopMove、移动结束指令 StopMoveReset 的编程示例如下。

```
IF di0 = 1 THEN
  SystemStopAction \Stop ;                // 正常停止
ELSE
  SystemStopAction \Halt ;                // 伺服关闭
ENDIF
......
```

5.1.3　程序跳转与指针复位指令

程序转移指令可用来实现程序的跳转功能，指令包括程序内部跳转和跨程序跳转（子程序调用）两类。本书第 2 章已对子程序调用、返回的基本指令及编程要求予以介绍，在此不再重复。

1. 程序跳转指令与功能

RAPID 程序内部跳转指令及特殊的子程序变量调用指令的名称、编程格式见表 5.1-3，指令的编程要求和示例如下。

表 5.1-3　　　　　　　　　　　　RAPID 程序转移指令及编程格式

名称	编程格式与示例		
程序跳转	GOTO	程序数据	Label
	编程示例	GOTO ready ;	
条件跳转	IF-GOTO	程序数据	Condition，Label
	编程示例	IF reg1 > 5 GOTO next ;	
子程序的变量调用	CallByVar	程序数据	Name，Number
	编程示例	CallByVar "proc", reg1 ;	

程序跳转指令 GOTO 可中止后续指令的执行、直接转移至跳转目标（Label）位置继续。跳转目标（Label）以字符的形式表示，它需要单独占一指令行，并以 "：" 结束；跳转目标既可位于 GOTO 指令之后（向下跳转），也可位于 GOTO 指令之前（向上跳转）。如果需要，GOTO 指令还可结合 IF、TEST、FOR、WHILE 等条件判断指令一起使用，以实现程序的条件跳转及分支等功能。

利用指令 GOTO 及 IF 实现程序跳转、重复执行、分支转移的编程示例如下。

```
GOTO next1 ;                              // 跳转至 next1 处继续（向下）
……                                       // 被跳过的指令
next1:                                     // 跳转目标
……
! ****************************************
reg1 := 1 ;
next2:                                     // 跳转目标
……                                       // 重复执行 4 次
reg1 := reg1 + 1 ;
IF reg1<5 GOTO next2 ;                      // 条件跳转，至 next2 处重复
! ****************************************
IF reg1>100 THEN
   GOTO next3 ;                            // 如 reg1>100，跳转至 next3 分支
ELSE
   GOTO next4 ;                            // 如 reg1≤100，跳转至 next4 分支
ENDIF
```

```
next3:
  ......                                    // next3 分支，reg1>100 时执行
  GOTO ready ;                              // 分支结束
next4:
  ......                                    // next4 分支，reg1≤100 时执行
ready:                                      // 分支合并
  ......
```

2. 子程序的变量调用

变量调用指令 CallByVar 可用于名称为"字符+数字"的无参数普通子程序（PROC）调用，它可用变量替代数字，已达到调用不同子程序的目的。例如，对于名称为 proc1、proc2、proc3 的普通子程序，程序名由字符"proc"及数字（1~3）组成，此时，可用数值型数据变量（如 reg1）替代数字 1~3，这样，便可通过改变变量值来有选择地调用 proc1、proc2、proc3。

指令 CallByVar 的编程格式及程序数据要求如下。

```
CallByVar Name, Number ;
```

Name：子程序名称的文字部分，数据类型为 string。

Number：子程序名称的数字部分，数据类型为 num，正整数。

例如，利用变量调用指令 CallByVar 选择调用无参数普通子程序 proc1、proc2、proc3 的程序示例如下，程序中的 reg1 值可以为 1、2 或 3。

```
VAR num reg1 ;                              // 变量定义
......
CallByVar "proc", reg1 ;                    // 子程序变量调用
......
```

以上程序也可通过 TEST 指令实现，其程序如下。

```
TEST reg1
  CASE 1:
    proc1 ;
  CASE 2:
    proc2 ;
  CASE 3:
    proc3 ;
  ENDTEST
```

3. 指针复位与检查函数

程序指针就是用来选择程序编辑、程序重新启动位置的光标，它可以通过示教器的操作，改变位置；因此，在程序运行前一般需要将程序指针复位到起始位置。

ABB 机器人控制系统的控制面板上设置有图 5.1-1 所示的操作模式转换开关，利用该开关，可进行自动（程序运行）、手动测试（移动速度不超过 250mm/s）、手动高速（100% 速度）3 种操作模式的切换。系统当前的操作模式可以通过 RAPID 函数命令 OpMode 读取，

自动模式的函数命令执行结果为 OP_AUTO、手动低速模式的命令执行结果为 OP_MAN_TEST、手动高速模式的命令执行结果为 OP_MAN_PROG。

当系统由自动运行模式切换为手动（低速或高速）模式时，程序指针可以自动复位到应用程序的起始位置。但是，如操作者在手动操作模式下调整了程序指针的位置，再切换到程序自动运行时，需要通过指令 ResetPPMoved 复位程序指针，以保证应用程序能够从起始位置开始执行。

图 5.1-1　操作模式转换开关

RAPID 程序指针复位与检查函数命令的功能、编程格式、程序数据与命令参数及添加项的要求见表 5.1-4。

表 5.1-4　　　　　　　　　程序指针检测与复位指令编程格式

名称	编程格式与示例		
程序指针复位	ResetPPMoved	编程格式	ResetPPMoved ;
		程序数据	——
	功能说明	复位程序指针到程序起始位置	
	编程示例	ResetPPMoved ;	
手动指针移动检查	PPMovedInManMode	命令格式	PPMovedInManMode()
		命令参数	——
		执行结果	TRUE：手动移动了指针；FALSE：未移动
	编程示例	IF PPMovedInManMode() THEN	
指针停止状态检查	IsStopStateEvent	命令格式	IsStopStateEvent ([\PPMoved] | [\PPToMain])
		命令参数与添加项	\PPMoved：指针移动检查，数据类型 switch； \PPToMain：指针移动至主程序检查，数据类型 switch
		执行结果	TRUE：指针被移动；FALSE：指针未移动
	编程示例	IF IsStopStateEvent (\PPMoved) = TRUE THEN	

函数命令 PPMovedInManMode 用来检查手动操作模式的程序指针移动状态，如果在手动操作模式移动了程序指针，则执行结果为 TRUE；IsStopStateEvent 命令用来检查当前任务的程序指针停止位置，如果在程序停止后，指针被移动，则执行结果为 TRUE。

RAPID 程序指针复位与检查函数命令的编程示例如下。

```
IF PPMovedInManMode() THEN              // 指针检查
  ResetPPMoved ;                        // 指针复位
  DoJob ;                               // 程序调用
ELSE
  DoJob ;
ENDIF
……
```

5.2 程序中断指令及编程

5.2.1 程序中断监控指令

1. 指令与功能

中断是系统对异常情况的处理，中断功能一旦使能（启用），只要中断条件满足，系统可立即终止现行程序的执行，直接转入中断程序（Trap routines，简称 TRAP），而无需进行其他编程。有关中断程序的结构和格式，可参见本书第 2.2 节。

实现 RAPID 程序中断的方式有两种：一是机器人关节、直线、圆弧插补轨迹的控制点上中断；二是在其他情况下的中断。对于前者，关节、直线、圆弧插补需要使用 I/O 控制插补指令 TriggJ、TriggL、TriggC，并利用控制点中断设定指令 TriggInt、控制点 I/O 检测中断设定指令 TriggCheckIO 的设定，实现无条件中断、I/O 条件中断；有关控制点中断的内容可参见第 4.4 节。

RAPID 中断指令总体可分为中断监控和中断设定（包括插补控制点中断设定、I/O 中断设定、状态中断设定等）两类。中断设定指令用来定义中断条件，控制点中断的设定方法可参见第 4.4 节，I/O 中断设定、状态中断的设定方法见后述。

中断监控指令包括实现中断连接，使能、禁止、删除、启用、停用中断功能的控制指令，以及读入中断数据、出错信息的监视指令两类。中断控制指令是实现中断的前提条件，对任何形式的中断均有效，它们通常在主程序中编程；中断监视指令是用来读取当前中断及系统出错信息的指令，它们只能在中断程序中编程。

RAPID 中断监控指令的名称、编程格式见表 5.2-1，指令均无指令添加项。

表 5.2-1　　　　　　　　　　　中断控制指令及编程格式

名称	编程格式与示例		
中断连接	CONNECT-WITH	程序数据	Interrupt，Trap_routine
	编程示例	CONNECT feeder_low WITH feeder_empty ;	
中断删除	IDelete	程序数据	Interrupt
	编程示例	IDelete feeder_low ;	
中断使能	IEnable	程序数据	——
	编程示例	Ienable ;	
中断禁止	IDisable	程序数据	——
	编程示例	Idisable ;	
中断停用	ISleep	程序数据	Interrupt
	编程示例	ISleep sig1int ;	
中断启用	IWatch	程序数据	Interrupt
	编程示例	IWatch sig1int ;	

名称	编程格式与示例		
中断数据读入	GetTrapData	程序数据	TrapEvent
	编程示例	GetTrapData err_data;	
出错信息读入	ReadErrData	程序数据	TrapEvent，ErrorDomain，ErrorId，ErrorType
		数据添加项	\Title、\Str1、…、\Str5
	编程示例	ReadErrData err_data, err_domain, err_number,err_type \Title:=titlestr \Str1:=string1 \Str2:=string2 ;	

2. 中断的连接与删除

使用 RAPID 中断功能时，首先需要通过中断连接指令 CONNECT-WITH，建立中断名称和中断程序之间的连接；需要改变中断程序时，应先利用中断删除指令 IDelete 删除中断名称和原中断程序间的连接。

中断连接、删除指令 CONNECT-WITH、IDelete 的编程要求如下，每一个中断名称只能连接唯一的中断程序；但是，多个中断名称允许与同一中断程序连接。

```
CONNECT Interrupt WITH Trap_routine ;          // 中断连接
IDelete Interrupt ;                            // 中断删除
```

Interrupt：中断名称，数据类型 intnum。

Trap_routine：中断程序名称。

中断连接、删除指令的编程示例如下。

```
MODULE mainmodu (SYSMODULE)                    // 主模块
  ……
  VAR intnum P_WorkStop ;                      // 定义中断名称
  ……
ENDMODULE
! ***************************************************
PROC main ()                                   // 主程序
  CONNECT P_WorkStop WITH WorkStop ;           // 连接中断
  ISignalDI di0, 0, P_WorkStop ;               // 中断设定
  ……
  IDelete P_WorkStop ;                         // 删除中断
ENDPROC
  !****************************************************
TRAP WorkStop                                  // 中断程序
  ……
ENDTRAP
! ***************************************************
```

3. 中断的禁止与使能

中断连接一旦建立，系统的中断功能将自动生效，此时，只要中断条件满足，系统便立即终止现行程序，而转入中断程序的处理。因此，对于某些不允许中断的程序指令，为

了避免指令被意外中断,就需要通过中断禁止指令 IDisable 来暂时禁止中断功能;被指令 IDisable 禁止的中断功能,可以通过中断使能指令 IEnable 重新使能。

中断禁止、使能指令 IDisable、IEnable 对所有中断均有效,如果只需要禁止特定的中断,则应使用下述的中断停用与启用指令。

中断禁止、使能指令的编程示例如下。

```
……
IDisable ;                                        // 禁止中断
FOR i FROM 1 TO 100 DO                             // 不允许中断的指令
  character[i]:=ReadBin(sensor) ;
ENDFOR
IEnable ;                                          // 使能中断
……
```

4. 中断的停用与启用

中断停用指令 ISleep 用来禁止指定名称的中断,它不影响其他中断;被停用的中断,可以通过中断启用指令 IWatch,重新启用。

指令 ISleep、IWatch 的编程格式如下。

```
ISleep Interrupt ;                                 // 中断停用
IWatch Interrupt ;                                 // 中断启用
```

Interrupt:需要停用、启用的中断名称,数据类型 intnum。

中断停用、启用指令的编程示例如下。

```
……
ISleep sig1int ;                                   // 停用中断 sig1int
weldpart1 ;                      // 调用子程序 weldpart1,中断 sig1int 无效
IWatch sig1int ;                 // 启用中断 sig1int
weldpart2 ;                      // 调用子程序 weldpart2,中断 sig1int 有效
……
```

5. 中断监视指令

中断数据读入指令 GetTrapData 用来获取当前中断的状态信息,状态信息读入后,便可进一步通过出错信息读入指令 ReadErrData,读取导致系统出错的错误类别、错误代码、错误性质等更多信息。中断数据读入、出错信息读入指令只能在中断程序(TRAP 程序)中编程,它一般用于后述的系统出错中断程序。

指令 GetTrapData、ReadErrData 在系统出错中断程序中通常配合使用,指令的编程格式及程序数据、数据添加项含义如下。

```
GetTrapData TrapEvent ;
ReadErrData TrapEvent, ErrorDomain, ErrorId, ErrorType [\Title] [\Str1]…
[\Str5] ;
```

TrapEvent:中断事件,数据类型 trapdata。用来存储引起中断的相关信息。

ErrorDomain：系统错误类别，数据类型 errdomain。错误类别可用数值或字符串的形式表示，其含义见表 5.2-2。

表 5.2-2 　　　　　　　　　　　　　错误类别及含义

错误类别		含　义
数值	字符串	
0	COMMON_ERR	所有出错及状态变更
1	OP_STATE	操作状态变更
2	SYSTEM_ERR	系统出错
3	HARDWARE_ERR	硬件出错
4	PROGRAM_ERR	程序出错
5	MOTION_ERR	运动出错
6	OPERATOR_ERR	运算出错（新版本已撤销）
7	IO_COM_ERR	I/O 和通信出错
8	USER_DEF_ERR	用户定义的出错
9	OPTION_PROD_ERR	选择功能出错（新版本已撤销）
10	PROCESS_ERR	过程出错
11	CFG_ERR	机器人配置出错

ErrorId：错误代码，数据类型 num。IRC5 系统的错误号以"错误类别+错误代码"的形式表示，例如，错误号 10008 的类别为"1（操作状态变更）"、错误代码为"0008（程序重启）"，对于该出错中断，ErrorId 值为 8。

ErrorType：系统错误性质，数据类型 errtype。错误性质可用数值或字符串的形式表示，其含义见表 5.2-3。

表 5.2-3 　　　　　　　　　　　　　错误性质及含义

错误性质		含　义
数值	字符串	
0	TYPE_ALL	任意性质的错误（操作提示、系统警示、系统报警）
1	TYPE_STATE	操作状态变更（操作提示）
2	TYPE_WARN	系统警示
3	TYPE_ERR	系统报警

\Title：文件标题，数据类型 string。保存系统错误信息的 UTF8 格式文件标题。

\Str1… \Str5：错误信息，数据类型 string。存储系统错误信息的内容。

中断数据读入、出错信息读入指令的编程示例如下，指令只能在中断程序中编程。

```
VAR errdomain err_domain ;                          // 定义程序数据
VAR num err_number ;
VAR errtype err_type ;
VAR trapdata err_data ;
VAR string titlestr ;
```

```
    VAR string string1 ;
    VAR string string2 ;
    ......
! ************************************************
    TRAP err_trap                                        // 中断程序
    GetTrapData err_data ;                               // 中断信息读入
    ReadErrData err_data, err_domain, err_number, err_type \Title:=titlestr
\Str1:=string1 \Str2:=string2 ;                          // 出错信息读入
    ENDTRAP
! ************************************************
```

5.2.2 I/O 中断设定指令

1. 指令与功能

I/O 中断是利用系统 DI/DO（开关量输入/输出）、AI/AO（模拟量输入/输出）、GI/GO（开关量输入组/输出组）状态，控制程序中断的功能，它在实际程序中使用最广。

通过控制点 I/O 检测中断设定指令 TriggCheckIO 的设定，I/O 中断也可在 I/O 控制插补指令 TriggJ、TriggL、TriggC 的关节、直线、圆弧插补轨迹特定控制点上实现，有关内容可参见第 4.4 节。

对于其他形式的 I/O 中断，其中断设定指令的名称、编程格式见表 5.2-4，指令添加项、程序数据的编程要求与程序示例如下。

表 5.2-4　　　　　　　　　　I/O 中断设定指令及编程格式

名称	编程格式与示例		
DI/DO 中断	ISignalDI ISignalDO	程序数据	Signal，TriggValue，Interrupt
		指令添加项	\Single, | \SingleSafe
		数据添加项	——
	编程示例	ISignalDI di1, 1, sig1int ; ISignalDO\Single, do1, 1, sig1int ;	
GI/GO 中断	ISignalGI ISignalGO	程序数据	Signal，Interrupt
		指令添加项	\Single, | \SingleSafe
		数据添加项	——
	编程示例	ISignalGI gi1, sig1int ; ISignalGO go1, sig1int ;	
AI/AO 中断	ISignalAI/ ISignalAO	程序数据	Signal, Condition，HighValue，LowValue，DeltaValue，Interrupt
		指令添加项	\Single, | \SingleSafe
		数据添加项	\Dpos | \DNeg
	编程示例	ISignalAI ai1, AIO_OUTSIDE, 1.5, 0.5, 0.1, sig1int ; ISignalAO ao1, AIO_OUTSIDE, 1.5, 0.5, 0.1, sig1int ;	

2. DI/DO 中断

DI/DO 中断可在系统 DI/DO 信号满足指定条件时，立即终止现行程序的执行，直接转入中断程序，指令的编程格式、指令添加项及程序数据含义如下。

```
ISignalDI [ \Single,] | [ \SingleSafe,] Signal, TriggValue, Interrupt ;
ISignalDO [ \Single, ] | [ \SingleSafe, ] Signal, TriggValue, Interrupt ;
```

\Single 或**\SingleSafe**：一次性中断或一次性安全中断选择，数据类型为 switch。指定添加项\Single 为一次性中断，系统仅在 DI 信号第一次满足条件时启动中断；指定添加项\SingleSafe 为一次性安全中断，系统同样仅在 DI 信号第一次满足条件时启动中断，而且，如果系统处于程序停止状态时，中断将进入"列队等候"状态，在程序再次启动时，才执行中断功能。无添加项时，只要 DI 信号满足指定条件，便立即启动中断。

Signal：中断信号名称，数据类型 signaldi（DI 中断）或 signaldo（DO 中断）。

TriggValue：中断条件，数据类型 dionum。设定 0（或 low）为下降沿中断；设定 1（或 high）为上升沿中断；设定 2（或 edge）为边沿中断（上升/下降沿同时有效）。如中断控制指令使能前，指定信号的状态已为 0（或 1），则不会产生下降沿（或上升沿）中断及边沿中断。

Interrupt：中断名称，数据类型为 intnum。

DI/DO 中断设定指令的编程示例如下。

```
MODULE mainmodu (SYSMODULE)                 // 主模块
VAR intnum siglint ;                        // 定义中断名称
......
ENDMODULE
! **************************************************
PROC main ()                                // 主程序
  ......
CONNECT siglint WITH iroutine1 ;            // 中断连接
ISignalDO di1, 0, siglint ;                 // 中断设定
......
IDelete siglint ;                           // 中断删除
......
ENDPROC
! **************************************************
TRAP iroutine1                              // 中断程序
  ......
ENDTRAP
! **************************************************
```

3. GI/GO 中断

GI/GO 中断可在系统 GI/GO 信号组满足指定条件时，立即终止现行程序的执行，直接转入中断程序，指令的编程格式、指令添加项及程序数据含义如下。

```
ISignalGI [ \Single,] | [ \SingleSafe,] Signal, Interrupt ;
ISignalGO [ \Single, ] | [ \SingleSafe, ] Signal, Interrupt ;
```

\Single 或**\SingleSafe**：一次性中断或一次性安全中断选择，数据类型 switch。添加项含义同 DI/DO 中断。

Signal：中断信号组名称，数据类型 signalgi（GI 中断）或 signalgo（GO 中断）。

Interrupt：中断名称，数据类型 intnum。

GI/GO 中断可在 GI/GO 组内任一 DI/DO 信号改变、导致 GI/GO 状态产生变化时启动中断，因此，对于特定 GI/GO 状态中断，需要在程序中读取 GI/GO 组信号状态，并进行相关处理。

GI/GO 中断设定指令只需要以诸如"ISignalGI gi1, siglint ;"或"ISignalGI go1, siglint;"等指令，代替上述 DI/DO 中断程序实例中的"ISignalDO di1, 0, siglint ;"等指令，便可实现 GI/GO 中断。

4. AI/AO 中断

AI/AO 中断可在系统 AI/GO 信号满足指定条件时，立即终止现行程序的执行，直接转入中断程序，指令的编程格式、指令添加项、程序数据及数据添加项的含义如下。

```
ISignalAI [\Single,] | [\SingleSafe,] Signal, Condition, HighValue, LowValue,
DeltaValue [\DPos] | [\DNeg], Interrupt ;
    ISignalAO [\Single,] | [\SingleSafe,] Signal, Condition, HighValue, LowValue,
DeltaValue [\DPos] | [\DNeg], Interrupt ;
```

\Single 或**\SingleSafe**：一次性中断或一次性安全中断选择，数据类型 switch。添加项含义同 DI/DO 中断。

Signal：中断信号名称，数据类型 signalai（AI 中断）或 signalao（AO 中断）。

Condition：中断条件，数据类型 aiotrigg。设定值通常以字符串形式定义，数据可设定的值及含义见表 5.2-5。

表 5.2-5 　　　　　　　　　　aiotrigg 设定值及含义

设定值		含　义
数值	字符串	
1	AIO_ABOVE_HIGH	AI/AO 实际值＞HighValue 时中断
2	AIO_BELOW_HIGH	AI/AO 实际值＜HighValue 时中断
3	AIO_ABOVE_LOW	AI/AO 实际值＞LowValue 时中断
4	AIO_BELOW_LOW	AI/AO 实际值＜LowValue 时中断
5	AIO_BETWEEN	HighValue≥AI/AO 实际值≥LowValue 时中断
6	AIO_OUTSIDE	AI/AO 实际值＜LowValue 及 AI/AO 实际值＞HighValue 时中断
7	AIO_ALWAYS	只要存在 AI/AO 即中断

HighValue、**LowValue**：AI/AO 中断判别阈值（上、下限），数据类型 num。设定值 HighValue 必须大于 LowValue。

DeltaValue：AI/AO 最小变化量，数据类型 num，只能为 0 或正值。AI/AO 变化量必须大于本设定值，才更新测试值、并可能产生新的中断。

\DPos 或**\DNeg**：AI/AO 极性选择，数据类型 switch。指定\DPos 时，仅 AI/AO 值增加时产生中断，指定\DNeg 时，仅 AI/AO 值减少时产生中断；如不指定\DPos 及\DNeg，则无论 AI/AO 值增、减均可以产生中断。

Interrupt：中断名称，数据类型 intnum。

例如，对于图 5.2-1 所示的 ai1 或 ao1 实际值变化，如设定 HighValue=6.1、LowValue=2.2、DeltaValue=1.2，利用不同的 ISignalAI 或 ISignalAO 指令，所产生的中断情况如下。

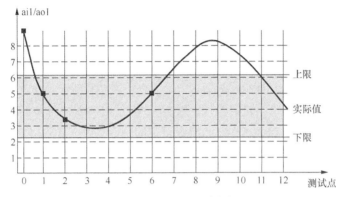

图 5.2-1　ai1/ao1 实际值变化图

① 指令 "ISignalAI ai1, AIO_BETWEEN, 6.1, 2.2, 1.2, siglin t ;" 或 "ISignalAO ao1, AIO_BETWEEN, 6.1, 2.2, 1.2, siglin t ;"，指令设定的中断条件为 "AIO_BETWEEN"，产生的 AI/AO 中断如下。

测试点 1：6.1≥ai1/ao1≥2.2，与测试点 0 的值比较，AI/AO 变化量>1.2，更新测试值、并产生 AI/AO 中断；

测试点 2：6.1≥ai1/ao1≥2.2，与上次发生中断的测试点 1 的值比较，变化量>1.2，更新测试值、并产生 AI/AO 中断；

测试点 3～5：6.1≥ai1/ao1≥2.2，但与上次发生中断的测试点 2 的值比较，其变化量均小于 1.2，故不更新测试值、不产生 AI/AO 中断；

测试点 6：6.1≥ai1/ao1≥2.2，且与上次发生中断的测试点 2 的值比较，变化量>1.2，更新测试值并产生 AI/AO 中断；

测试点 7～10：ai1/ao1≥6.1，不满足指令设定的中断条件（6.1≥ai1/ao1≥2.2），不产生 AI/AO 中断；

测试点 11、12：6.1≥ai1/ao1≥2.2，且与上次发生中断的测试点 6 的值比较，其变化量均小于 1.2，故不更新测试值、不产生 AI/AO 中断。

② 指令 "ISignalAI ai1, AIO_BETWEEN, 6.1, 2.2, 1.2 \DPos, siglin t ;" 或 "ISignalAO ao1, AIO_BETWEEN, 6.1, 2.2, 1.2 \DPos, siglin t ;"，指令所设定的中断条件同样为 "AIO_BETWEEN"，但数据添加项附加了仅 AI/AO 增加时产生中断的附加条件，故实际产生的 AI/AO 中断如下。

测试点 1：6.1≥ai1/ao1≥2.2，与测试点 0 的值比较，AI/AO 变化量>1.2，更新测试值；但 AI/AO 值小于测试点 0、数值减小，故不产生 AI/AO 中断；

测试点 2：6.1≥ai1/ao1≥2.2，与测试点 1 的值比较，AI/AO 变化量>1.2，更新测试值；但 AI/AO 值小于测试点 1、数值减小，故不产生 AI/AO 中断；

测试点 3～5：6.1≥ai1/ao1≥2.2，但与上次更新的测试点 2 的值比较，其变化量均小于 1.2，故既不更新测试值，也不产生 AI/AO 中断；

测试点 6：6.1≥ai1/ao1≥2.2，且与上次更新的测试点 2 的值比较，变化量>1.2、更新测试值；且 AI/AO 值大于测试点 2、数值增加，故可产生 AI/AO 中断；

测试点 7～10：ai1/ao1>6.1，不满足指令设定的中断条件（6.1≥ai1/ao1≥2.2），不更新测试值、不产生 AI/AO 中断；

测试点 11、12：6.1≥ai1/ao1≥2.2，且与上次更新的测试点 6 的值比较，其变化量均小于 1.2，故不更新测试值、不产生 AI/AO 中断。

③ 指令"ISignalAI, ai1, AIO_OUTSIDE, 6.1, 2.2, 1.2 \DPos, sig1int ;"或"ISignalAO, ao1, AIO_OUTSIDE, 6.1, 2.2, 1.2 \DPos, sig1int ;"，指令中断条件设定为 "AIO_OUTSIDE"，并附加了仅 AI/AO 增加时产生中断的条件，实际产生的 AI/AO 中断如下。

测试点 1～6：ai1/ao1≤6.1，不满足指令设定的中断条件（ai1/ao1>6.1 或 ai1/ao1<2.2），不更新测试值、不产生 AI/AO 中断；

测试点 7：ai1/ao1>6.1，满足指令设定的中断条件，且与测试点 0 的值比较，AI/AO 变化量>1.2、更新测试值；但 AI/AO 值小于测试点 0、数值减小，故不产生 AI/AO 中断；

测试点 8：ai1/ao1>6.1，满足指令设定的中断条件，与上次更新的测试点 7 的值比较，AI/AO 变化量>1.2、更新测试值；且 AI/AO 值大于测试点 7、数值增加，故可产生 AI/AO 中断；

测试点 9、10：ai1/ao1>6.1，满足指令设定的中断条件，但与上次更新的测试点 8 的值比较均小于 1.2，故不更新测试值、不产生 AI/AO 中断；

测试点 11、12：ai1/ao1≤6.1，不满足指令设定的中断条件，不更新测试值、不产生 AI/AO 中断。

④ 指令 "ISignalAI ai1, AIO_ALWAYS, 6.1, 2.2, 1.2 \DPos, siglint ;" 或 "ISignalAO ao1, AIO_ALWAYS, 6.1, 2.2, 1.2 \DPos, siglint;"，指令设定的中断条件为 "AIO_ALWAYS"，并附加了仅 AI/AO 增加时产生中断的条件，实际产生的 AI/AO 中断如下。

测试点 1、2：与上一测试点的值比较，AI/AO 变化量>1.2、可更新测试值；但 AI/AO 值小于上一测试点、数值减小，故不产生 AI/AO 中断；

测试点 3～5：与上次更新的测试点 2 的值比较，其变化量均小于 1.2，故既不更新测试值，也不产生 AI/AO 中断；

测试点 6～8：与上次更新的测试点值比较，变化量均大于 1.2，故都可更新测试值；且 AI/AO 值均大于上一测试点，数值增加，故都可产生 AI/AO 中断；

测试点 9、10：与上次更新的测试点 8 的值比较，变化量均小于 1.2，故既不更新测试值，也不产生 AI/AO 中断；

测试点 11、12：与上次更新的测试点值比较，其变化量均大于 1.2，故都可更新测试值，但由于 AI/AO 值均小于上一测试点，数值减小，故不产生 AI/AO 中断。

5.2.3 状态中断设定指令

1. 指令与功能

状态中断是根据系统 I/O 信号外的其他状态，控制程序中断的功能。例如，通过延时、系统出错、外设检测变量或永久数据状态判别等来控制程序中断。状态中断设定指令的名称、编程格式见表 5.2-6，指令添加项、程序数据的编程要求与程序示例如下。

表 5.2-6　　　　　　　　　　　　　　　状态中断设定指令及编程格式

名称	编程格式与示例		
定时中断	ITimer	程序数据	Time，Interrupt
		指令添加项	\Single | \SingleSafe
		数据添加项	——
	编程示例	ITimer \Single, 60, timeint ;	
系统出错中断	IError	程序数据	ErrorDomain，ErrorType，Interrupt
		指令添加项	——
		数据添加项	\ErrorId
	编程示例	IError COMMON_ERR, TYPE_ALL, err_int ;	
永久数据中断	IPers	程序数据	Name，Interrupt
		指令添加项	——
		数据添加项	——
	编程示例	IPers counter, pers1int ;	
探测数据中断	IVarValue	程序数据	Device，VarNo，Value，Interrupt
		指令添加项	——
		数据添加项	\Unit，\DeadBand，\ReportAtTool，\SpeedAdapt，\APTR
	编程示例	IVarValue "sen1:", GAP_VARIABLE_NO, gap_value, IntAdap ;	
消息中断	IRMQMessage	程序数据	InterruptDataType，Interrupt
		指令添加项	——
		数据添加项	——
	编程示例	IRMQMessage dummy, rmqint ;	

2. 定时中断

定时中断可在指定的时间点上启动中断程序，因此，它可来定时启动诸如系统 I/O 信号状态检测等中断程序，以定时监控外部设备的运行状态。定时中断设定指令的编程格式、指令添加项、程序数据含义如下。

```
ITimer [ \Single,] | [ \SingleSafe,] Time, Interrupt ;
```

\Single 或**\SingleSafe**：一次性中断或一次性安全中断选择，数据类型 switch。添加项含义同 DI/DO 中断。

Time：定时值，数据类型 num，单位为 s。指定添加项\Single 或\SingleSafe 时，仅在指定时间后，执行一次中断程序，可设定的最小延时值为 0.01s；未指定添加项\Single 或\SingleSafe 时，系统将以设定的时间间隔，不断重复执行中断程序，可设定的最小延时值为 0.1s。

Interrupt：中断名称，数据类型 intnum。

定时中断设定指令的编程示例如下。

```
MODULE mainmodu (SYSMODULE)                    // 主模块
    VAR intnum timeint ;                       // 定义中断名称
    ……

ENDMODULE
```

```
! **************************************************
 PROC main ()                                // 主程序
   CONNECT timeint WITH iroutine1 ;           // 连接中断
   ITimer \Single, 60, timeint ;             // 60s 后启动中断程序 1 次
   ......
   IDelete timeint ;                         // 删除中断
   CONNECT timeint WITH iroutine1 ;          // 重新连接中断
   ITimer 60, timeint ;                      // 每隔 60s 重复启动中断程序
   ......
   IDelete siglint ;                         // 删除中断
 ENDPROC
! **************************************************
 TRAP iroutine1                              // 中断程序
   ......
 ENDTRAP
! **************************************************
```

3. 系统出错中断

系统出错中断可在系统出现指定的错误时启动中断程序，因此，它可用于系统出错时的程序处理。系统出错中断设定指令的编程格式、指令添加项、程序数据含义如下。

```
IError ErrorDomain [\ErrorId], ErrorType, Interrupt ;
```

ErrorDomain：系统错误类别，数据类型为 errdomain。错误类别以字符串的形式定义，设定值及含义可参见出错信息读入指令 ReadErrData 的说明（见表 5.2-2）。设定 COMMON_ERR，可在系统发生任何错误以及操作状态变更时，启动中断程序。

\ErrorId：错误代码，数据类型为 num。IRC5 系统的错误号以"错误类别+错误代码"的形式表示，例如，错误号 10008 的类别为"1"（操作状态变更）、错误代码为"0008"（程序重启），对于该出错中断，\ErrorId 设定值应为 0008 或 8。

ErrorType：系统错误性质，数据类型为 errtype。错误性质以字符串的形式定义，设定值及含义可参见出错信息读入指令 ReadErrData 的说明（见表 5.2-3）。设定 TYPE_ALL，可在系统发生任何性质的出错时，均启动中断程序。

Interrupt：中断名称，数据类型为 intnum。

例如，利用如下指令设定的中断 err_int，可在系统发生任何类别、任何性质出错时，均启动中断程序 TRAP trap_err。

```
CONNECT err_int WITH err_trap ;
IError COMMON_ERR, TYPE_ALL, err_int ;
......
```

4. 永久数据中断

永久数据中断可在永久数据数值改变时启动中断程序，中断程序执行完成后，可返回被中断的程序继续执行后续指令；但是，如永久数据的数值在程序停止期间发生改变，在程序重新启动后，将不会产生中断。永久数据中断指令的编程格式、指令添加项、程序数据含义如下。

```
IPers Name, Interrupt ;
```

Name：永久数据名称，数据类型任意。如果指定的永久数据为复合数据或数组，只要数据任一部分发生改变，都将会产生中断。

Interrupt：中断名称，数据类型 intnum。

例如，对于以下程序，只要永久数据 counter 发生变化，便可启动中断程序，并通过文本显示指令 TPWrite，在示教器上显示文本 "Current value of counter = **"（**为永久数据 counter 的当前值）；然后，继续执行后续指令。

```
    MODULE mainmodu (SYSMODULE)                              // 主模块
      ……
      VAR intnum perslint ;                                  // 定义中断名称
      PERS num counter := 0 ;                                // 定义永久数据
      ……
    ENDMODULE
!*********************************************************
    PROC main()                                             // 主程序
      CONNECT perslint WITH iroutine1 ;                     // 中断连接
      IPers counter, perslint ;                             // 中断设定
      ……
      IDelete perslint ;
      ……
    ENDPROC
!*********************************************************
      TRAP iroutine1
        TPWrite "Current value of counter = " \Num:=counter ;    // 文本显示
        ……
      ENDTRAP
!*********************************************************
```

5. 其他中断设定

探测数据中断指令 IVarValue 仅用于带串行通信探测传感器的特殊机器人，如带焊缝跟踪器的弧焊机器人等，它可根据传感器的检测值（如焊缝体积或间隙等），启动指定的中断程序。指令所使用的探测传感器，应事先进行通信接口、波特率等配置，并进行串行设备连接。指令需要利用 string 型程序数据 device 定义设备名称、num 型程序数据 VarNo 及 Value 定义监控变量数量及数值，此外，还可利用 num 型数据添加项\Unit、\DeadBand、\SpeedAdapt 设定数值倍率、区域、速度倍率等。

消息中断指令 IRMQMessage 是一种通信中断功能，它可以根据 RAPID 消息队列（RAPID Message Queue）通信数据的类型，启动中断程序，程序数据 InterruptDataType 用来定义启动中断程序的消息数据类型。有关消息队列通信的内容可参见后述的通信指令编程。

探测数据中断、报文中断指令属于复杂机器人系统的高级中断功能，在普通机器人上使用较少，有关内容可参见 ABB 公司手册。

5.3 错误处理指令及编程

5.3.1 错误中断及设定指令

1. 指令与功能

机器人及控制系统工作正常、程序正确是程序自动运行的必要条件。如果程序执行过程中出现错误，系统必须立即中断程序的执行，并进行相应的处理。

在 RAPID 程序中，系统出现错误时，程序可通过两种方式中断：一是通过系统出错中断指令 IErro，直接调用中断处理程序，通过中断处理程序进行相关处理；二是通过系统的错误处理器，调用 RAPID 程序中的错误处理程序，进行相关处理。

系统出错中断属于程序中断的一种，它可根据系统产生的错误类别（ErrorDomain）、错误编号（\ErrorId）及错误性质（ErrorType）等，设定相应的中断条件，然后，通过中断连接指令 CONNECT，调用指定的中断程序，由中断程序进行相应的处理。系统出错中断指令 IErro 的编程方法可参见第 5.2 节。

系统错误处理器实际上是一种简单的软件处理功能，它通常可用来处理程序中的可恢复一般系统出错，如运算表达式、程序数据定义等错误。利用错误处理器处理系统错误时，同样可立即中断现行指令的执行，然后，直接跳转至程序的错误处理程序块 ERROR，执行相应的错误处理指令；处理完成后，可通过后述的故障重试、继续执行、重启移动等方式返回、继续执行后续指令。

RAPID 错误处理器设定指令的功能、编程格式及程序数据要求见表 5.3-1。

表 5.3-1 错误处理器设定指令及编程格式

名称	编程格式与示例		
定义错误编号	BookErrNo	编程格式	BookErrNo ErrorName ;
		程序数据	ErrorName：错误编号名称，数据类型 errnum
	功能说明	定义错误编号名称	
	编程示例	BookErrNo ERR_GLUEFLOW ;	
调用错误处理程序	RAISE	编程格式	RAISE [Error no.] ;
		程序数据	Error no.：错误编号名称，数据类型 errnum
	功能说明	调用指定的错误处理程序	
	编程示例	RAISE ERR_MY_ERR ;	
用户错误处理方式	RaiseToUser	编程格式	RaiseToUser[\Continue]	[\BreakOff] [\ ErrorNumber] ;
		指令添加项	\Continue：程序连续，数据类型 switch； \BreakOff：强制中断，数据类型 switch； \ErrorNumber：错误编号名，数据类型 errnum
	功能说明	用于不能单步执行的模块（NOSTEPIN），进行用户指定的错误处理操作	
	编程示例	RaiseToUser \Continue \ErrorNumber:=ERR_MYDIVZERO ;	

2. 错误编号及定义

系统所发生的不同错误，需要用不同的方式进行处理。因此，在 RAPID 程序中，需要对不同的错误定义不同的错误编号（ERRNO），并通过不同的指令处理错误。在 RAPID 程序中，错误编号 ERRNO 用 errnum 型程序数据表示，errnum 数据通常直接以字符串形式的名称表示，其数值由系统自动分配。例如，"ERR_DIVZERO"代表除法运算表达式中的除数为 0 的错误编号、"ERR_AO_LIM"代表模拟量输出（AO）值超过规定范围的错误编号等。

系统错误的形式众多，为了便于用户编程，系统出厂时已经根据程序指令、函数命令、运算表达式、程序数据的基本要求，预定义了大量的系统通用错误编号（错误名称），如除数为 0 的错误为"ERR_DIVZERO"、模拟量输出值超过错误为"ERR_AO_LIM"等，有关内容可参见相关指令、函数命令、运算表达式及程序数据的说明或 ABB 公司技术资料。

对于用户自定义的特殊系统出错，错误编号名称（字符串）可通过指令 BookErrNo 进行定义，错误处理程序可通过 RAISE 指令调用。为了使系统能够识别并自动分配错误编号的数值，还需要在程序中事先将错误编号所对应的 errnum 数据的值定义为–1。

例如，通过以下程序，可将系统 di1=0 的状态，设定为错误编号为"ERR_GLUEFLOW"的用户自定义系统错误，并通过 RAISE 指令调用对应的错误处理程序。

```
VAR errnum ERR_GLUEFLOW := −1 ;              // errnum 数据定义
BookErrNo ERR_GLUEFLOW ;                      // 错误编号定义
……
IF di1 = 0 THEN
RAISE ERR_GLUEFLOW ;                          // 调用错误处理程序
ENDIF
……
ERROR                                          // 错误处理程序开始
IF ERRNO = ERR_GLUEFLOW THEN
……
ENDIF                                          // 错误处理程序结束
……
```

3. 错误处理程序及调用

RAPID 错误处理程序是以 ERROR 作为起始标记（跳转目标）的程序块。处理程序块 ERROR 实际上属于程序本身的组成部分，当系统在执行程序过程中出现错误时，将立即中断现行指令、跳转至错误处理程序块，执行相应的错误处理指令；处理完成后，可返回断点、继续后续指令。

任何类型的程序（普通程序 PROC、功能程序 FUNC、中断程序 TRAP）都可编制一个错误处理程序块。为了对不同错误编号的错误进行不同的处理，错误处理程序块一般都用 IF 指令进行编程。如果用户程序中没有编制错误处理程序块 ERROR，或者，程序块 ERROR 中无相应的错误处理指令，将自动调用系统的错误中断程序，由系统软件进行错误处理。

用来处理错误的程序指令，既可直接编制在当前程序的错误处理程序块 ERROR 中，也可通过 ERROR 程序块中的 RAISE 指令，引用其他程序（如主程序）ERROR 程序块中的错误处理指令。

在当前程序中直接编制错误"ERR_PATH_STOP"处理程序指令的实例如下。由于"ERR_PATH_STOP"为系统预定义的错误编号，且错误处理程序直接编制在当前程序中，因此，无需进行错误编号定义和使用 RAISE 指令。

```
PROC routine1()
MoveL p1\ID:=50, v1000, z30, tool1 \WObj :=stn1 ;
……
ERROR                                          // 错误处理程序开始
IF ERRNO = ERR_PATH_STOP THEN
StorePath ;
p_err := CRobT(\Tool:= tool1 \WObj:=wobj0) ;
MoveL p_err, v100, fine, tool1 ;
RestoPath ;
StartMoveRetry ;
ENDIF                                          // 错误处理程序结束
ENDPROC
```

在程序中引用主程序 ERROR 程序块中的错误"ERR_DIVZERO"处理指令的实例如下。同样，由于"ERR_DIVZERO"为系统预定义的错误编号，故程序中无需再进行错误编号定义；但是，由于错误处理指令编制在主程序的 ERROR 程序块中，因此，在程序中需要编制错误调用指令 RAISE。

```
PROC main()                                    // 主程序
  routine1 ;
  ……
  ERROR                                        // 错误处理程序开始
  IF ERRNO = ERR_DIVZERO THEN
  value2 := 1;
  RETRY;
  ENDIF                                        // 错误处理程序结束
  ……
ENDPROC
  ! *********************************
PROC routine1()                                // 子程序
  ……
  value1 := 5/value2 ;
  ……
  ERROR
  RAISE ;                                      // 调用主程序错误处理程序
  ……
```

4. 用户错误处理方式

一般而言，系统的错误处理需按规定的步骤执行，但对于属性为"NOSTEPIN"（不能单步执行模块，见第 2 章）的模块，可通过指令 RaiseToUser，进行用户错误处理方式的定义。

　　用户错误处理方式可利用指令 RaiseToUser 的添加项\Continue 或\BreakOff 选择。指定添加项\Continue 时，程序将跳转至错误处理程序块 ERROR 并继续执行；指定添加项\BreakOff 时，系统将强制中断当前程序的执行并返回主程序。如指令不指定添加项，则仍按系统规定的步骤执行错误处理程序。

　　例如，在以下程序中，程序 PROC routine1 所在的模块 MODULE MySysModule 的属性为NOSTEPIN（不能单步），因此，可通过指令 RaiseToUser，进行如下用户定义的错误处理操作。

　　① 当程序 PROC routine1 中的运算表达式 reg1:=reg2/reg3，出现除数 reg3 为 0 的系统预定义错误 "ERR_DIVZERO" 时，系统可继续执行错误处理程序（\Continue），并调用主程序中的错误 "ERR_MYDIVZERO" 处理程序，设定 reg1:=0，然后执行指令 TRYNEXT，继续执行 PROC routine2 的后续指令。

　　② 当 PROC routine1 出现其他错误时，可强制中断程序（\BreakOff），返回主程序。

```
PROC main()                                              // 主程序
 VAR errnum ERR_MYDIVZERO:= -1 ;                         // errnum 数据定义
 BookErrNo ERR_MYDIVZERO ;                               // 错误编号定义
 routine1 ;                                              // 子程序调用
 ......
 ERROR                                                   // 错误处理程序
 IF ERRNO = ERR_MYDIVZERO THEN
 reg1:=0 ;
 TRYNEXT ;
 ENDIF
ENDPROC
! *****************************************
MODULE MySysModule (SYSMODULE, NOSTEPIN)                 // 模块及属性定义
 PROC routine1()                                         // 子程序
 ......
 reg1:=reg2/ reg3 ;
 ......
 ERROR                                                   // 错误处理程序
 IF ERRNO = ERR_DIVZERO THEN                             // 如出现除数为 0 错误
 RaiseToUser \Continue \ErrorNumber:=ERR_MYDIVZERO ;// 继续执行错误处理程序
 ELSE                                                    // 如发生其他错误
 RaiseToUser \BreakOff ;                                 // 强制中断程序
 ENDIF
 ENDPROC
```

5.3.2　故障履历创建指令

1. 指令与功能
系统运行时所发生的错误（系统报警、系统警示或操作提示），可保存在系统的故障履

历文件（亦称事件日志）或用户自定义的 xml 文件中，以便操作者随时查阅。RAPID 故障履历由错误代码和信息文本组成，内容可通过故障履历创建指令定义，指令的功能、编程格式及程序数据说明见表 5.3-2。

表 5.3-2　　　　　　　　　　故障履历创建指令及编程格式

名称			编程格式与示例
创建故障履历信息	ErrLog	编程格式	ErrLog ErrorID [\W,] | [\I,]　Argument1, Argument2, Argument3,　Argument4,　Argument5 ;
		程序数据与添加项	ErrorId：错误代码，数据类型 num； \W：仅保存履历的系统警示，数据类型 switch； \I：仅保存履历的操作提示，数据类型 switch； Argument1～5：1～5 行信息文本，数据类型 errstr
	功能说明		创建故障履历
	编程示例		ErrLog 5300, ERRSTR_TASK, arg, ERRSTR_CONTEXT, ERRSTR_UNUSED, ERRSTR_UNUSED ;
创建并处理系统警示信息	ErrRaise	编程格式	ErrRaise　ErrorName,　ErrorId,　Argument1,　Argument2, Argument3, Argument4, Argument5 ;
		程序数据	ErrorName：错误编号名称，数据类型 errnum； ErrorId：错误代码，数据类型 num； Argument1～5：1～5 行信息文本，数据类型 errstr
	功能说明		创建系统警示信息，并调用错误处理程序
	编程示例		ErrRaise "ERR_BATT", 7055, ERRSTR_TASK, ERRSTR_CONTEXT, ERRSTR_UNUSED, ERRSTR_UNUSED, ERRSTR_UNUSED ;
错误写入	ErrWrite	编程格式	ErrWrite [\W,] | [\ I,] Header, Reason [\RL2] [\RL3] [\RL4] ;
		程序数据与添加项	\W：仅保存履历的系统警示，数据类型 switch； \I：仅保存履历的操作提示，数据类型 switch； Header：信息标题，数据类型 string； Reason：第 1 行信息，数据类型 string； \RL2、\RL3、\RL4：第 2～4 行信息，数据类型 string
	功能说明		创建示教器操作信息显示页，并写入故障履历
	编程示例		ErrWrite "PLC error", "Fatal error in PLC" \RL2:="Call service" ;

2. 故障履历信息的创建

ErrLog 指令可用来创建故障履历表中的错误代码和最大 5 行信息文本，并可根据需要保存到系统 xml 文件或用户自定义 xml 文件中。

使用系统 xml 文件保存故障履历信息时，错误代码 ErrorId 应定义为 4800～4814；使用用户自定义 xml 文件保存时，错误代码 ErrorId 应定义为 5000～9999。对于系统警示信息（Warning）或操作提示信息（Information），还可通过添加项\W 或\I，指定对应的信息仅保存至故障履历表、而不在示教器上显示。

例如，通过以下程序，可将故障履历信息 "T_ROB1；p1；Position_error" 的错误代码定义为 4800，并保存到到系统 xml 文件中，同时在示教器上显示该出错信息。

```
VAR errstr str1 := " T_ROB1" ;
VAR errstr str2 := " p1" ;
```

```
VAR errstr str3 := " Position_error " ;
ErrLog 4800, str1, str2, str3, ERRSTR_UNUSED, ERRSTR_UNUSED ;
……
```

　　如使用指令"ErrLog 5210[\W], str1, str2, str3, ERRSTR_UNUSED, ERRSTR_UNUSED ;",则可将故障履历信息的错误代码定义为 5210,并作为系统警示信息保存到在用户自定义的 xml 文件中,但示教器不显示该系统警示信息。

3. 创建并处理系统警示信息

　　ErrRaise 指令不仅可创建故障履历表中的系统警示信息(最大 5 行),且还可调用错误处理程序进行错误处理。

　　例如,通过以下程序,可将机器人 T_ROB1 后备电池未充满的错误编号定义为"ERR_BATT";故障履历信息的错误代码为 4800、文本为"T_ROB1;Backup battery status;no fully charged",履历信息保存到系统 xml 文件中;同时,可调用系统的错误处理程序 ERROR 处理错误。

```
VAR errnum ERR_BATT:= -1 ;                                // errnum 数据定义
VAR errstr str1 := " T_ROB1" ;
VAR errstr str2 := "Backup battery status" ;
VAR errstr str3 := "no fully charged" ;
……
BookErrNo ERR_BATT ;                                      // 错误编号定义
ErrRaise "ERR_BATT", 4800, str1, str2, str3, ERRSTR_UNUSED, ERRSTR_UNUSED;
                                             // 创建警示信息并调用错误处理程序
……
ERROR                                                     // 错误处理程序
IF ERRNO = ERR_BATT THEN
TRYNEXT ;
ENDIF
ENDPROC
```

4. 错误写入

　　错误写入指令 ErrWrite 实际上属于示教器通信指令的一种,它用来创建示教器的操作信息显示页面,但也能将此信息写入到系统的故障履历中。错误信息显示文本最多可显示 5 行(含标题),总字符数不能超过 195 个字符;信息的类别可为系统错误(Error)、系统警示(Warning)或操作提示(Information),它们在故障履历中的错误代码分别规定为 80001、80002、80003。

　　ErrWrite 指令未指定添加项\W 或\I 时,可将对应的信息作为系统错误(Error)80001,保存到故障履历中,并在示教器的操作信息显示页面显示该信息。指令指定添加项\W 或\I 时,信息仅作为系统警示(Warning)80002 或操作提示(Information)80003,写入到系统的故障履历中,但不在示教器的操作信息显示页显示。

　　有关 ErrWrite 指令的详细说明及编程要求,可参见后述的示教器通信指令说明。

5.3.3 故障重试与重启移动指令

1. 指令与功能

故障重试指令用于系统故障程序执行完成后的返回，重启移动指令可实现移动恢复和故障重试功能。系统的故障重试可进行多次，系统剩余的故障重试次数可以通过 RAPID 函数命令读取；为增加故障重试次数，还可通过故障重试计数器清除指令清除故障重试计数器的计数值，进行重新计数。故障重试指令及函数命令的功能、编程格式及程序数据说明见表 5.3-3。

表 5.3-3 错误处理与恢复指令及编程格式

名称	编程格式与示例		
故障重试	RETRY	编程格式	RETRY ;
		程序数据	——
	功能说明		再次执行发生错误的指令（只能用于错误处理程序）
	编程示例		RETRY ;
重试下一指令	TRYNEXT	编程格式	TRYNEXT ;
		程序数据	——
	功能说明		执行发生错误指令的下一指令（只能用于错误处理程序）
	编程示例		TRYNEXT ;
重启移动	StartMoveRetry	编程格式	StartMoveRetry ;
		程序数据	——
	功能说明		恢复轨迹、重启机器人移动
	编程示例		StartMoveRetry ;
跳过系统警示	SkipWarn	编程格式	SkipWarn ;
		程序数据	——
	功能说明		跳过指定的系统警示，不记录和显示故障信息
	编程示例		SkipWarn ;
故障重试计数器清除	ResetRetryCount	编程格式	ResetRetryCount ;
		程序数据	——
	功能说明		清除故障重试计数器的计数值
	编程示例		ResetRetryCount ;
移动指令错误恢复模式	ProcerrRecovery	编程格式	ProcerrRecovery[\SyncOrgMoveInst] | [\SyncLastMoveInst] [\ProcSignal] ;
		指令添加项	\SyncOrgMoveInst：恢复原轨迹，数据类型 switch； \SyncLastMoveInst：恢复下一轨迹，数据类型 switch； \ProcSignal：状态输出，数据类型 signaldo
		功能说明	设定机器人移动时的错误恢复模式
		编程示例	ProcerrRecovery \SyncOrgMoveInst ;
读取剩余故障重试次数	RemainingRetries	命令格式	RemainingRetries()
		命令参数	——
		执行结果	剩余故障重试次数，数据类型 num
	编程示例		Togo_Retries:=RemainingRetries() ;

2. 故障重试与跳过警示信息

故障重试指令 RETRY、TRYNEXT 用于系统故障程序执行完成后的返回，跳过系统警示指令 SkipWarn，可直接跳过指定的系统警示信息（Warning），不再记录故障履历、显示故障信息，以上指令只能在故障处理程序中编程。

指令 RETRY 和 TRYNEXT 的返回位置有所区别，RETRY 可返回到出现错误的指令并重新执行，TRYNEXT 将跳过出现错误的指令继续下一指令。

例如，利用下述程序，当程序中的 reg3=2、reg4=0 时，将通过错误处理程序，设定 reg4=1，并重新执行指令 reg2 := reg3/reg4，其结果为 reg2=2。

```
reg2 := reg3/reg4 ;
MoveL p1, v50, z30, tool2 ;
……
ERROR
IF ERRNO = ERR_DIVZERO THEN
reg4 :=1 ;
RETRY ;
ENDIF
```

如果利用下述程序，当程序中的 reg3=2、reg4=0 时，将通过错误处理程序，并强制设定 reg2=0，然后，跳过出错指令 reg2 := reg3/reg4，直接执行下一指令 MoveL p1。

```
reg2 := reg3/reg4 ;
MoveL p1, v50, z30, tool2 ;
……
ERROR
IF ERRNO = ERR_DIVZERO THEN
reg2:=0 ;
TRYNEXT ;
ENDIF
```

3. 重启移动

重启移动指令 StartMoveRetry 等于恢复移动指令 StartMove 与故障重试指令 RETRY 的合成，它可以一次性实现移动恢复和故障重试功能。例如，利用下述程序，如果系统在执行 MoveL p1 指令时发生 "ERR_PATH_STOP" 错误，则在执行错误处理程序 ERROR 后，可恢复机器人移动、重新执行指令 MoveL p1。

```
MoveL p1, v1000, z30, tool1 \WObj:=stn1 ;
……
ERROR
IF ERRNO = ERR_PATH_STOP THEN
StorePath ;                              // 存储程序轨迹
……                                      // 错误处理
RestoPath ;                              // 恢复程序轨迹
StartMoveRetry ;                         // 恢复移动并重试
```

```
    ENDIF
  ENDPROC
```

4. 故障重试设定

① 故障重试次数及设置。指令 RETRY、TRYNEXT 的故障重试可进行多次，重试次数可通过系统参数 No Of Retry 事先予以设置，系统已执行的重试次数保存在故障重试计数器中。为了能够在不改变系统参数 No Of Retry 的情况下，增加故障重试次数，可通过故障重试计数器清除指令 ResetRetryCount，清除故障重试计数器的计数值，进行重新计数。系统剩余的故障重试次数可以通过 RAPID 函数命令 RemainingRetries 读取。

例如，通过以下程序，可以在剩余的故障重试次数小于 2 时，清除故障重试计数器，从而不断进行故障重试。

```
VAR num Togo_Retries ;
......
ERROR
......                                      // 故障处理程序
Togo_Retries:=RemainingRetries() ;          // 读取剩余重试次数
IF Togo_Retries < 2 THEN
ResetRetryCount ;                           // 清除重试计数器
ENDIF
RETRY;
ENDPROC
```

② 移动指令错误恢复模式设定。指令 ProcerrRecovery 可针对机器人移动过程中所产生的错误中断，通过添加项\SyncOrgMoveInst 或\SyncLastMoveInst，选择移动指令重启后的程序起始位置。

例如，对于以下程序，如果机器人在向 p1 移动时发生了系统错误，在执行故障处理程序后，利用 StartMove、RETRY 指令的重启，可继续 MoveL p1 移动。

```
MoveL p1, v50, z30, tool2 ;
ProcerrRecovery \SyncOrgMoveInst ;          // 设定错误模式
MoveL p2, v50, z30, tool2 ;
......
ERROR                                       // 错误处理程序
IF ERRNO = ERR_PATH_STOP THEN
......
StartMove ;                                 // 恢复移动
RETRY;                                      // 故障重试
ENDIF
ENDPROC
```

如果上述程序中指令 ProcerrRecovery 的添加项改为\SyncLastMoveInst，同样，若机器人在向 p1 移动时发生系统错误，在故障处理程序执行完成后，利用 StartMove、RETRY 指令的重启，将执行 MoveL p2 移动。

5.4　轨迹存储及记录指令与编程

5.4.1　轨迹存储与恢复指令

1. 指令与功能

RAPID 程序中断、错误中断的优先级高于正常执行指令。系统在执行机器人移动指令时，一旦出现程序中断或发生错误，系统将立即停止机器人运动，转入中断程序 TRAP 或错误处理程序段 ERROR。

为了在系统执行完中断程序或错误处理程序段 ERROR 后，使机器人继续未完成的运动，可使用 RAPID 轨迹存储与恢复指令，来存储被中断的指令轨迹、继续机器人运动。

RAPID 轨迹存储与恢复指令的功能、编程格式、参数要求见表 5.4-1。

表 5.4-1　　　　　　　　　　　轨迹存储与恢复指令及编程格式

名称	编程格式与示例		
指令轨迹 存储	StorePath	编程格式	StorePath [\KeepSync] ;
		指令添加项	\KeepSync：保持协同作业同步，数据类型 switch
		程序数据	——
	功能说明	存储当前移动指令的轨迹，并选择独立或同步运动模式	
	编程示例	StorePath ;	
剩余轨迹 清除	ClearPath	编程格式	ClearPath ;
		程序数据	——
	功能说明	清除当前指令所剩余的轨迹	
	编程示例	ClearPath ;	
指令轨迹 恢复	RestoPath	编程格式	RestoPath ;
		程序数据	——
	功能说明	恢复 StorePath 指令保存的程序轨迹	
	编程示例	RestoPath ;	
恢复移动	StartMove	编程格式	StartMove [\AllMotionTasks] ;
		指令添加项	\AllMotionTasks：全部任务有效，数据类型 switch
	功能说明	重新恢复机器人移动	
	编程示例	StartMove ;	
沿原轨迹 返回	StepBwdPath	编程格式	StepBwdPath StepLength, StepTime ;
		程序数据	StepLength：返回行程（mm），数据类型 num； StepTime：返回时间，数据已作废，固定 1
	功能说明	机器人沿原轨迹返回指定行程	
	编程示例	StepBwdPath 30, 1 ;	

名称	编程格式与示例		
当前轨迹检查	PathLevel	命令格式	PathLevel()
		命令参数	——
		执行结果	（1）原始轨迹；（2）指令轨迹存储
	功能说明	检查机器人当前有效的移动轨迹	
	编程示例	level:= PathLevel() ;	
断电后的轨迹检查	PFRestart	命令格式	PFRestart([\Base] | [\Irpt])
		命令参数与添加项	\Base：基本轨迹检查，数据类型 switch；\Irpt：指令存储轨迹检查，数据类型 switch
		执行结果	要求的轨迹存在 TRUE，否则 FALSE
	功能说明	电源中断重启后的检查轨迹移动	
	编程示例	IF PFRestart(\Irpt) = TRUE THEN	

2. 编程说明

轨迹存储指令 StorePath 可保存当前指令轨迹；剩余轨迹清除指令 ClearPath 可清除指令剩余的移动轨迹；指令 StorePath 所保存的程序轨迹可通过指令 RestoPath 恢复，并利用恢复移动指令 StartMove 重启移动。

程序轨迹存储与恢复指令可以用于诸如焊接机器人的焊钳更换、焊枪清洗等中断作业控制，指令的编程示例如下。

```
VAR intnum int_move_stop ;                          // 定义中断名称
……
CONNECT int_move_stop WITH trap_move_stop ;         // 连接中断
ISignalDI di1, 1, int_move_stop ;                   // 中断设定
……
MoveJ p10, v200, z20, gripper ;                     // 移动指令
MoveL p20, v200, z20, gripper ;
……
! ********************************************
TRAP trap_move_stop                                 // 中断程序
StopMove ;                                          // 移动暂停
ClearPath ;                                          // 剩余轨迹清除
StorePath ;                                         // 程序轨迹保存
……                                                 // 中断处理
StepBwdPath 30, 1 ;                                 // 沿原轨迹返回 30mm
MoveJ p10, v200, z20, gripper ;                     // 重新定位到起点
RestoPath ;                                         // 程序轨迹恢复
StartMove ;                                         // 恢复移动
……
```

执行以上程序时，如机器人在执行移动期间，中断输入信号 di1 称为"1"，系统将立

即执行中断程序 TRAP trap_move_stop。在中断程序中，首先，暂停机器人移动（StopMove）、清除剩余移动轨迹（ClearPath）、保存指令的程序轨迹（StorePath）；其次，进行相关的中断处理，中断处理完成后，可通过 StepBwdPath 使机器人沿原轨迹返回 30mm；然后，利用关节定位 MoveJ 指令，将机器人重新定位到起点 P10；最后，恢复指令轨迹（RestoPath）、重启机器人移动（StartMove）。

5.4.2　轨迹记录指令与函数

　　RAPID 轨迹记录指令用于机器人移动轨迹的记录与恢复，它不但能够保存当前指令的移动轨迹，而且还可以记录多条已执行的指令轨迹；任意轨迹记录指令记录的轨迹，可保存在系统存储器中，以便机器人能够沿记录轨迹前进、返回。

　　RAPID 轨迹记录指令与函数命令的功能、编程格式、程序数据与命令参数及添加项的要求见表 5.4-2。

表 5.4-2　　　　　　　　　　　轨迹记录指令与函数命令及编程格式

名称	编程格式与示例		
开始记录轨迹	PathRecStart	编程格式	PathRecStart ID ;
		程序数据	ID：轨迹名称，数据类型 pathrecid
	功能说明		开始记录机器人移动轨迹
	编程示例		PathRecStart fixture_id ;
停止记录轨迹	PathRecStop	编程格式	PathRecStop [\Clear] ;
		指令添加项	\Clear：轨迹清除，数据类型 switch
	功能说明		停止记录机器人移动轨迹、清除轨迹记录
	编程示例		RestoPath ;
沿记录轨迹回退	PathRecMoveBwd	编程格式	PathRecMoveBwd [\ID] [\ToolOffs] [\Speed] ;
		指令添加项	\ID：轨迹名称，数据类型 pathrecid； \ToolOffs：工具偏移（间隙补偿），数据类型 pos； \Speed：回退速度，数据类型 speeddata
	功能说明		机器人沿记录轨迹回退
	编程示例		PathRecMoveBwd \ID:=fixture_id \ToolOffs:=[0, 0, 10] \Speed:=v500 ;
沿记录轨迹前进	PathRecMoveFwd	编程格式	PathRecMoveFwd [\ID] [\ToolOffs] [\Speed] ;
		指令添加项	\ID：轨迹名称，数据类型 pathrecid； \ToolOffs：工具偏移（间隙补偿），数据类型 pos； \Speed：前进速度，数据类型 speeddata
	功能说明		机器人沿记录轨迹前进
	编程示例		PathRecMoveFwd \ID:=mid_id ;
后退轨迹检查	PathRecValidBwd	命令格式	PathRecValidBwd ([\ID])
		命令参数	\ID：轨迹名称，数据类型 pathrecid
		执行结果	后退轨迹有效 TRUE，后退轨迹无效 FALSE
	编程示例		bwd_path := PathRecValidBwd (\ID := id1) ;

续表

名称	编程格式与示例		
前进轨迹检查	PathRecValidFwd	命令格式	PathRecValidFwd ([\ID])
		命令参数	\ID：轨迹名称，数据类型 pathrecid
		执行结果	前进轨迹有效 TRUE，前进轨迹无效 FALSE
	编程示例		fwd_path := PathRecValidBwd (\ID := id1) ;

RAPID 轨迹记录指令与函数的编程示例如下。

```
VAR pathrecid id1 ;                          // 程序数据定义
VAR pathrecid id2 ;
VAR pathrecid id3 ;
……
MoveJ p0, vmax, fine, tool1 ;
PathRecStart id1 ;                           // 记录轨迹 id1
MoveL p1, v500, z50, tool1 ;
PathRecStart id2 ;                           // 记录轨迹 id2
MoveL p2, v500, z50, tool1 ;
PathRecStart id3 ;                           // 记录轨迹 id3
MoveL p3, 500, z50, tool1;
PathRecStop ;                                // 停止记录轨迹
……
ERROR                                        // 错误处理程序
StorePath ;                                  // 保存程序轨迹
IF PathRecValidBwd(\ID:=id3) THEN            // 检查轨迹 id3
  PathRecMoveBwd \ID:=id3 ;                  // 如 id3 已记录，回退到 p2
ENDIF
IF PathRecValidBwd(\ID:=id2) THEN            // 检查轨迹 id2
  PathRecMoveBwd \ID:=id2 ;                  // 如 id2 已记录，回退到 p1
ENDIF
  PathRecMoveBwd ;                           // 沿 id1 回退到 p0
IF PathRecValidFwd(\ID:=id2) THEN            // 检查轨迹 id2
  PathRecMoveFwd \ID:=id2 ;                  // 如 id2 已记录，前进到 p2
ENDIF
IF PathRecValidFwd(\ID:=id3) THEN            // 检查轨迹 id3
  PathRecMoveFwd \ID:=id3 ;                  // 如 id3 已记录，前进到 p3
ENDIF
  PathRecMoveFwd ;                           // 沿 id1 前进到 p1
  RestoPath ;                                // 恢复程序轨迹
  StartMove ;                                // 恢复程序移动
RETRY ;                                      // 故障重试
……
```

5.4.3　执行时间记录指令与函数

1. 指令与功能

RAPID 程序执行时间记录指令可用来精确记录程序指令的执行时间，系统计时器的计时单位为 ms，最大计时值为 4 294 967s（49 天 17 小时 2 分钟 47 秒）；计时器的时间值可以通过函数命令读入，读入的时间单位可以选择 μs。程序执行时间记录指令及函数命令的功能、编程格式、程序数据、命令参数的要求见表 5.4-3。

表 5.4-3　　　　　　　　执行时间记录指令与函数命令及编程格式

名称	编程格式与示例		
计时器启动	ClkStart	编程格式	ClkStart Clock ;
		程序数据	Clock：计时器名称，数据类型 clock
	功能说明		启动计时器计时
	编程示例		ClkStart clock1;
计时器停止	ClkStop	编程格式	ClkStop Clock ;
		程序数据	Clock：计时器名称，数据类型 clock
	功能说明		停止计时器计时
	编程示例		ClkStop clock1;
计时器复位	ClkReset	编程格式	ClkReset Clock ;
		程序数据	Clock：计时器名称，数据类型 clock
	功能说明		复位计时器计时值
	编程示例		ClkReset clock1 ;
启动执行时间记录	SpyStart	编程格式	SpyStart File ;
		程序数据	File：文件路径与名称，数据类型 string
	功能说明		详细记录每一指令的执行时间，并保存到文件 file 中
	编程示例		SpyStart "HOME:/spy.log" ;
停止执行时间记录	SpyStop	编程格式	SpyStop ;
		程序数据	——
	功能说明		停止记录指令执行时间
	编程示例		SpyStop ;
计时器时间读入	ClkRead	命令格式	ClkRead (Clock \HighRes)
		命令参数	Clock：计时器名称，数据类型 clock； \HighRes：计时单位 μs，数据类型 switch
		执行结果	计时器时间值，数据类型 num，单位 ms（或 μs）
	功能说明		读取计时器时间值
	编程示例		time:=ClkRead(clock1) ;
系统时间读取	GetTime	命令格式	GetTime ([\WDay] | [\Hour] | [\Min] | [\Sec])

名称	编程格式与示例		
系统时间读取	GetTime	命令参数与添加项	\Wday：当前日期，数据类型 switch； \Hour：当前时间（小时），数据类型 switch； \Min：当前时间（分），数据类型 switch； \Sec：当前时间（秒），数据类型 switch
		执行结果	系统当前的时间值，数据类型 num
	功能说明		读取系统当前的时间
	编程示例		hour := GetTime(\Hour) ;

2. 编程示例

RAPID 程序执行时间记录指令的编程示例如下，该程序可以通过计时器 clock1 的计时，将系统 DI 信号 di1 输入为"1"的延时读入到程序数据 time 中。

```
VAR clock clock1 ;                    // 程序数据定义
VAR num time ;
……
ClkReset clock1 ;                     // 计时器复位
ClkStart clock1 ;                     // 计时器启动
WaitUntil di1 = 1 ;                   // 程序暂停，等待 di1 输入
ClkStop clock1 ;                      // 停止计时
time:=ClkRead(clock1);               // 读入计时值
……
```

程序执行时间记录启动/停止指令 SpyStart/SpyStop，可将每一程序指令的执行时间详细记录并保存到指定的文件中，由于时间计算和数据保存需要较长的时间，因此，功能通常用于程序调试，而不用于实际作业。

例如，利用指令 SpyStart/SpyStop 记录子程序 rProduce1 的指令执行时间，并将其保存到 SD 卡（HOME：）文件 spy.log 中的程序如下。

```
……
SpyStart "HOME:/spy.log";            // 启动指令执行时间记录
rProduce1 ;                          // 调用需要记录的程序
SpyStop ;                            // 停止指令执行时间记录
……
! ************************************************************
PROC rProduce1()
  SetDo1,1 ;
  IF di1=0 THEN
  MoveL p1, v200, fine, tool0 ;
  ENDIF
  MoveL p2, v200, fine, tool0 ;
  ……
ENDPROC
! ************************************************************
```

程序执行后，文件 spy.log 中保存的数据见表 5.4-4，表中的各栏的含义如下，时间单位均为 ms。

任务：程序所在的任务名；

指令：系统所执行的指令；

进/出：该指令开始执行/完成的时刻，从 SpyStart 指令执行完成时刻开始计算；

代码：指令执行状态，"就绪"为完成指令的时间，"等待"为指令准备时间。

表 5.4-4　　　　　　　　　　　指令执行时间记录文件格式

任　　务	指　　　　令	进	代码	出
MAIN	SetDo1,1 ;	0	就绪	0
MAIN	IF di1=0 THEN	0	就绪	1
MAIN	MoveL p1, v200, fine, tool0 ;	1	等待	11
MAIN	MoveL p1, v200, fine, tool0 ;	498	就绪	498
MAIN	ENDIF	495	就绪	495
MAIN	MoveL p2, v200, fine, tool0 ;	498	等待	505
MAIN	MoveL p2, v200, fine, tool0 ;	812	就绪	812
MAIN	……	……	……	
MAIN	SpyStop ;	……	就绪	

例如，系统处理移动指令"MoveL p1, v200, fine, tool0 ;"的准备时间为 10ms，机器人实际移动时间为 487ms 等。

5.5　协同作业指令与编程

5.5.1　协同作业指令与功能

协同作业用于多机器人复杂系统的机器人同步运动控制。协同作业需要在各机器人的主模块上定义协同作业任务表（tasks 数据，永久数据 PERS）、同步点（syncident 数据，程序变量 VAR）；然后，在同步点上进行协同作业启动、结束；协同作业时需要同步移动指令，需要用添加项\ID 标记。

RAPID 协同作业指令的功能、编程格式、程序数据及添加项要求见表 5.5-1。

表 5.5-1　　　　　　　　　　　协同作业指令及编程格式

名称	编程格式与示例		
协同作业启动	SyncMoveOn	编程格式	SyncMoveOn SyncID, TaskList [\TimeOut] ;
		程序数据与添加项	SyncID：同步点名称，数据类型 syncident；TaskList：协同作业任务表名称，数据类型 tasks；\TimeOut：同步等待时间（s），数据类型 num
		功能说明	在指定的同步点上，启动协同作业同步运动
		编程示例	SyncMoveOn sync2, task_list ;

名称	编程格式与示例		
协同作业结束	SyncMoveOff	编程格式	SyncMoveOff SyncID [\TimeOut] ;
		程序数据与添加项	SyncID：同步点名称，数据类型 syncident； \TimeOut：同步等待时间（s），数据类型 num
		功能说明	在指定的同步点上，结束协同作业同步运动
		编程示例	SyncMoveOff sync2 ;
协同作业暂停	SyncMoveSuspend	编程格式	SyncMoveSuspend ;
		程序数据	——
		功能说明	暂时停止协同作业同步运动、进入独立控制模式
		编程示例	SyncMoveSuspend ;
协同作业恢复	SyncMoveResume	编程格式	SyncMoveResume ;
		程序数据	——
		功能说明	恢复协同作业同步运动
		编程示例	SyncMoveResume ;
协同作业撤销	SyncMoveUndo	编程格式	SyncMoveUndo ;
		程序数据	——
		功能说明	强制撤销协同作业同步运动，恢复独立控制模式
		编程示例	SyncMoveUndo ;
当前任务名称读取	GetTaskName	命令格式	GetTaskName ([\TaskNo] | [\MecTaskNo])
		命令参数与添加项	\TaskNo：任务编号，数据类型 num； \MecTaskNo：运动任务编号，数据类型 num
		执行结果	当前任务名称、编号，数据类型 string
		功能说明	读取当前任务名称、编号
		编程示例	taskname := GetTaskName(\MecTaskNo:=taskno) ;
同步运动检查	IsSyncMoveOn	命令格式	IsSyncMoveOn()
		命令参数	——
		执行结果	程序处于协同作业同步运动为 TRUE，否则为 FALSE
		功能说明	检查当前程序（任务）是否处于协同作业同步运动模式
		编程示例	Task_state:=IsSyncMoveOn() ;

协同作业的启动、结束需要在同步点上进行，指令添加项\TimeOut 为等待同步对象到达同步点的最长时间，如未选择添加项，程序将永久等待；如在\TimeOut 规定时间内，同步对象未到达同步点，则产生系统错误 ERR_SYNCMOVEOFF、调用错误处理程序；如错误处理程序未编制，机器人将停止运动。

协同作业暂停指令 SyncMoveSuspend 可暂时取消协同作业的同步控制模式，使系统恢复独立控制模式；使用协同作业暂停指令前，必须用轨迹存储指令 StorePath 及添加项\KeepSync，保持同步运动数据。

当前任务名称读取函数命令 GetTaskName 可用来检查系统当前执行任务名称及编号。

同步运动检查函数命令 IsSyncMoveOn 可用来检查系统当前任务是否处于协同作业同步运动模式。

5.5.2　协同作业程序编制

多机器人协同作业的程序示例如下，以下程序用于机器人 ROB1、机器人 ROB1 的任务 T_ROB1、T_ROB2 协同作业控制。用于机器人 ROB1 作业控制的任务 T_ROB1 如下。

```
MODULE mainmodu (SYSMODULE)                          // T_ROB1 主模块
    ......
    PERS tasks task_list{2} := [["T_ROB1"], ["T_ROB2"]] ; // 定义协同作业任务
    VAR syncident sync1 ;                            // 定义同步点
    VAR syncident sync2 ;
    VAR syncident sync3 ;
    ......
! ****************************************************
PROC main()                                          // T_ROB1 主程序
    ......
    MoveL p0, vmax, z50, tool1 ;
    WaitSyncTask sync1, task_list \TimeOut :=60 ;   // 等待 T_ROB2 同步 60s
    MoveL p1, v500, fine, tool1 ;
    syncmove ;                                       // 调用协同作业程序
    ......
    ERROR                                            // 同步超时出错处理
    IF ERRNO = ERR_SYNCMOVEON THEN
    RETRY ;
    ENDIF
ENDPROC
! ****************************************************
PROC syncmove()                                      // T_ROB1 协同作业程序
    SyncMoveOn sync2, task_list ;                    // 协同作业启动
    MoveL * \ID:=10, v100, z10, tool1 \WOBJ:= rob2_obj ;  // 与 T_ROB2 同步运动
    SyncMoveOff sync3 ;                              // 协同作业结束
    UNDO                                             // 任务还原
    SyncMoveUndo ;                                   // 撤销协同作业
    ERROR                                            // 同步出错处理
    StorePath \KeepSync ;                            // 保存程序轨迹
    p10 := CRobT(\Tool:=tool1 \WOBJ:= rob2_obj) ;   // 记录当前位置
    SyncMoveSuspend ;                                // 暂停协同作业
    MoveL p1, v100, fine, tool1 ;                    // 独立运动
    SyncMoveResume ;                                 // 恢复协同作业
    MoveL p10\ID:=111, fine, z10, tool1 \WOBJ:= rob2_obj ;//与 T_ROB2 同步运动
```

```
    RestoPath ;                                    // 恢复轨迹
    StartMove ;                                    // 恢复移动
    RETRY ;
ENDPROC
! ****************************************************

    ......
```

用于机器人 ROB2 作业控制的任务 T_ROB2 如下。

```
MODULE mainmodu (SYSMODULE)                        // T_ROB2 主模块
    ......
    PERS tasks task_list{2} := [["T_ROB1"], ["T_ROB2"]] ;
    VAR syncident sync1 ;
    VAR syncident sync2 ;
    VAR syncident sync3 ;
    ......
! ****************************************************
PROC main()                                        // T_ROB2 主程序
    ......
    MoveL p0, vmax, z50, tool2 ;
    WaitSyncTask sync1, task_list ;                // 无限等待 T_ROB1 同步
    MoveL p1, v500, fine, tool2\WOBJ:= rob2_obj ;
    syncmove ;                                     // 调用协同作业程序
    ......
    ERROR                                          // 同步超时出错处理
    IF ERRNO = ERR_SYNCMOVEON THEN
    RETRY ;
    ENDIF
ENDPROC
! ****************************************************
PROC syncmove()                                    // T_ROB2 协同作业程序
    SyncMoveOn sync2, task_list ;                  // 启动协同作业
    MoveL * \ID:=10, v100, z10, tool2\WOBJ:= rob2_obj ; // 与 T_ROB1 同步运动
    SyncMoveOff sync3 ;                            // 结束协同作业
    UNDO                                           // 任务还原
    SyncMoveUndo ;                                 // 撤销协同作业
    ERROR                                          // 同步出错处理
    StorePath \KeepSync ;                          // 保存程序轨迹
    p10 := CRobT(\Tool:=tool2 \WOBJ:=rob2_obj) ;   // 记录当前位置
    SyncMoveSuspend ;                              // 暂停协同作业
    MoveL p1, v100, fine, tool2 \WOBJ:=rob2_obj ;  // 独立运动
    SyncMoveResume ;                               // 恢复协同作业
```

```
      MoveL p10\ID:=111, fine, z10, tool2 \WOBJ:= rob2_obj ;  // 与 T_ROB1 同步运动
      RestoPath ;                                              // 恢复轨迹
      StartMove ;                                              // 恢复移动
      RETRY ;
ENDPROC
! ****************************************************
```

执行以上协同作业程序，T_ROB1、T_ROB2 的主程序可在同步点 sync1 上完成同步后，先各自独立定位到 p1 点；接着，在程序 PROC syncmove、同步点 sync2 上，再次同步；然后，开始进行指定位置（*）的直线插补同步运动（ID:=10）；同步运动完成后，在同步点 sync3 上结束同步、还原任务、撤销协同作业。如果程序 PROC syncmove 的同步运动出错，错误处理程序可保持程序同步轨迹、记录出错位置（p11）、暂停协同作业，并各自独立返回到 p1 点；随后，恢复协同作业，并同步运动到出错位置 p11（ID:=111）；接着，恢复程序轨迹、重启同步移动（ID:=10）。

| 第 6 章 |

通信指令编程

6.1 示教器通信指令编程

6.1.1 示教器连接及显示指令与函数

1. 指令与功能

机器人控制器和示教器的通信是 RAPID 程序最为常用的通信操作，指令可用于图 6.1-1 所示的 FlexPendant 示教器操作信息显示窗编程。

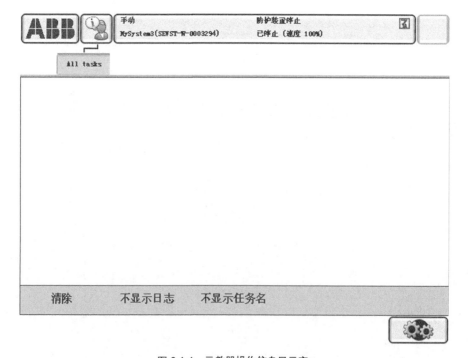

图 6.1-1　示教器操作信息显示窗

示教器操作显示窗可通过示教器顶部、图标 ABB 右侧的操作信息图标来选择，底部的触摸功能键〖清除〗、〖不显示日志〗、〖不显示任务名〗可用来清除显示信息、关闭显示窗、隐藏任务名。

利用 RAPID 示教器通信指令和函数命令，用户不仅可在显示窗中显示信息文本，而且还可对操作信息显示窗的样式、对话操作界面等进行设计。其中，清屏、窗口选择、文本显示指令及连接测试函数命令等，是示教器通信最常用的基本指令，相关指令与函数的名称、编程格式见表 6.1-1。

表 6.1-1　　　　　　　　　示教器基本通信指令、函数及编程格式

名称	编程格式与示例		
清屏	TPErase	程序数据	——
		指令添加项	——
		数据添加项	——
	编程示例	TPErase ;	
文本写入	TPWrite	程序数据	string
		指令添加项	——
		数据添加项	\Num | \Bool | \Pos | \Orient | \Dnum
	编程示例	TPWrite "No of produced parts=" \Num:=reg1 ;	
错误写入	ErrWrite	程序数据	Header，Reason
		指令添加项	\ W, | \ I
		数据添加项	\RL2、RL3、\RL4
	编程示例	ErrWrite "PLC error", "Fatal error in PLC" \RL2:="Call service";	
窗口选择	TPShow	程序数据	Window
		指令添加项	——
		数据添加项	——
	编程示例	TPShow TP_LATEST ;	
用户界面显示	UIShow	程序数据	AssemblyName，TypeName
		指令添加项	——
		数据添加项	\InitCmd、\InstanceId、\Status、\NoCloseBtn
	编程示例	UIShow Name, Type \InstanceID:=myinstance \Status:=mystatus ;	
示教器连接测试函数命令	UIClientExist	命令参数	——
		可选参数	——
		执行结果	逻辑状态数据 bool，已连接时为 TURE，未连接时为 FALSE
	编程示例	IF UIClientExist() THEN	

清屏指令 TPErase 可清除操作信息显示区的全部显示，以便写入新的信息。窗口选择指令 TPShow 可通过 tpnum 型程序数据 Window，选择操作信息显示页面，通常设定为系统默认值 TP_LATEST（数值 2），以恢复最近一次显示窗口。

示教器连接测试函数命令 UIClientExist 用来检查示教器的连接状态,如示教器已连接,命令的执行结果为逻辑状态数据 TURE，如未连接，则为 FALSE。UIClientExist 命令无需

参数，编程时只需要保留参数括号。

以上指令、函数命令的使用简单，不再另行说明。文本、操作信息写入指令的编程格式与要求如下。

2. 文本写入

文本写入指令 TPWrite 可将指定的文本（字符串）写入操作信息显示区，指令的编程格式、程序数据及数据添加项含义如下。

```
TPWrite String [\Num] | [\Bool] | [\Pos] | [\Orient] | [\Dnum] ;
```

String：需要写入的字符串文本，数据类型 string。显示区的每行可显示 TPWrite 指令写入的 40 个字符操作信息，程序数据 string 最大可定义 80 个字符（2 行）。

多个 string 数据可通过运算符"+"连接，也可通过以下添加项之一附加其他程序数据；附加数据作为文本信息显示时，系统可自动将其转换为 string 数据。

\Num：数据类型 num，文本后附加的 num 数据。num 数据转换为 string 数据时，将自动保留 6 个有效数字（符号、小数点除外），多余的小数位可自动进行四舍五入处理；如 num 数据 1.141367 的转换结果为字符"1.14137"。

\Dnum：数据类型 dnum，文本后附加的 dnum 数据。dnum 数据转换为 string 数据时，将自动保留 15 个有效数字（符号、小数点除外），多余的小数位同样可自动进行四舍五入处理。

\Bool：数据类型 bool，文本附加的 bool 数据，bool 数据转换为 string 数据的结果为字符"TRUE"或"FALSE"。

\Pos：数据类型 pos，文本后附加的 pos 数据。pos 数据转换为 string 数据时，将保留括号和逗号，如 pos 数据[817.3, 905.17, 879.1]的转换结果为字符"[817.3, 905.17, 879.1]"。

\Orient：数据类型 orient，文本后附加的 orient 数据。orient 数据转换为 string 数据时，同样可保留括号、逗号，如方位[0.96593, 0, 0.25882, 0]的转换结果为字符"[0.96593, 0, 0.25882, 0]"。

文本写入指令 TPWrite 的编程示例如下。

```
......
TPShow TP_LATEST ;                    // 恢复最近一次窗口
TPErase ;                             // 清屏
TPWrite "Execution started" ;         // 显示操作信息: Execution started
......
VAR string str1:= T_ROB1 ;            // 定义程序数据
TPWrite "This task controls TCP robot with name "+ str1 ;
// 字符串连接，显示操作信息: This task controls TCP robot with name T_ROB1
......
VAR num reg1:= 5 ;                     // 定义程序数据
TPWrite "No of produced parts=" \Num:=reg1 ;
                              // 附加数值，显示操作信息: No of produced parts= 5
......
```

3. 错误写入

错误写入指令 ErrWrite 可在示教器的操作信息显示窗写入程序指定的错误信息文本，并保存到系统的故障履历（亦称事件日志）中。

错误信息文本最多可显示 5 行（含标题），总字符数不能超过 195 个字符。错误的类别可为系统错误（Error）、系统警示（Warning）或操作提示（Information），它们在故障履历中的错误代码分别为 80001、80002、80003。

错误信息写入指令的编程格式、程序数据及添加项含义如下。

```
ErrWrite [ \W, ] | [\ I,] Header, Reason [ \RL2] [ \RL3] [ \RL4]
```

\W 或\I：信息显示选择，数据类型 switch。当添加项\W 或\I 均未指定时，示教器在显示错误信息的同时，将此信息作为系统错误（Error）80001，保存到系统故障履历中；指定添加项\W，示教器不显示错误信息，但可作为系统警示（Warning）80002 写入系统故障履历中；指定添加项\I，示教器不显示操作信息，但作为操作提示（Information）80003 写入系统故障履历中。

Header：错误信息标题，数据类型 string，最大 46 个字符。

Reason：第 1 行信息显示内容，数据类型 string。

\RL2、\RL3、\RL4：第 2～4 行信息显示内容，数据类型 string。

例如，执行如下指令：

```
ErrWrite "PLC error", "Fatal error in PLC" \RL2:="Call service" ;
```

示教器可显示以下错误信息，同时，将以上错误信息作为系统错误 80001，保存到系统故障履历中。

```
PLC error
Fatal error in PLC
Call service
```

再如，执行如下指令：

```
ErrWrite \W, "Search error", "No hit for the first search" ;
```

示教器不显示错误信息，但在系统故障履历中保存如下系统警示信息 80002：

```
Search error
No hit for the first search
```

4. 用户界面显示

用户界面显示指令 UIShow 通常面向机器人生产厂家，指令可在示教器上显示用户图形，图形文件应以扩展名.dll 安装在 "HOME:" 路径下。

用户界面显示指令的编程格式、程序数据及添加项含义如下。

```
UIShow AssemblyName, TypeName [\InitCmd] [\InstanceID] [\Status][\NoCloseBtn] ;
```

AssemblyName：图形文件名称，数据类型 string。

TypeName：图形文件类型，数据类型 string。

\InitCmd：图形初始化数据，数据类型 string。

\InstanceID：用户界面识别标记，数据类型 uishownum。当指定的界面显示后，将保存该界面的识别号，因此，程序数据应定义为永久数据，以便其他 UIShow 调用。

\Status：指令执行状态标记，数据类型 num。指定添加项时，系统将等待、检查指令执行结果，"0"代表执行正确，负值代表指令出错。

\NoCloseBtn：关闭用户界面，数据类型 switch。

用户界面显示指令 UIShow 的编程示例如下。

```
CONST string Name:="TpsViewMyAppl.gtpu.dll" ;
CONST string Type:="ABB.Robotics.SDK.Views.TpsViewMyAppl" ;
CONST string Cmd1:="Init data string passed to the view" ;
CONST string Cmd2:="New init data string passed to the view" ;
PERS uishownum myinstance:=0 ;
VAR num mystatus:=0 ;
......
UIShow Name, Type \InitCmd:=Cmd1 \Status:=mystatus ;
UIShow Name, Type \InitCmd:=Cmd2 \InstanceID:=myinstance \Status:=mystatus;
......
```

6.1.2 示教器基本对话指令

1. 指令与功能

示教器基本对话指令用于简单的对话操作，它可以在示教器显示文本信息的同时，进行对话操作。如操作者未按指令规定要求操作示教器按键，程序将进入等待状态，直至操作者操作指定的应答键。

示教器基本对话操作可以通过 num 或 dnum 数值输入、触摸功能键进行应答，相关的 RAPID 指令名称、编程格式见表 6.1-2。

表 6.1-2   示教器基本对话指令及编程格式

名称	编程格式与示例		
数字键应答对话	TPReadNum TPReadDnum	程序数据	TPAnswer、TPText
		指令添加项	——
		数据添加项	\MaxTime、\DIBreak、\DIPassive、\DOBreak]、\DOPassive、\BreakFlag
	编程示例	TPReadDnum value, "How many units should be produced?" ;	
功能键应答对话	TPReadFK	程序数据	TPAnswer、TPText、TPFK1、… TPFK5
		指令添加项	——
		数据添加项	\MaxTime、\DIBreak、\DIPassive、\DOBreak]、\DOPassive、\BreakFlag
	编程示例	TPReadFK reg1, "More?", stEmpty, stEmpty, stEmpty, "Yes", "No";	

2. 数值应答指令编程

num 或 dnum 数值应答指令 TPReadNum、TPReadDnum 的区别，仅在于示教器输入的数值在 RAPID 程序中保存的数据类型有所不同，指令 TPReadNum 以 num 数据格式保存、指令 TPReadDnum 则以 dnum 格式保存。指令的编程格式及程序数据说明如下。

```
TPReadNum TPAnswer, TPText [\MaxTime] [\DIBreak] [\DIPassive] [\DOBreak]
          [\DOPassive] [\BreakFlag] ;
TPReadDnum TPAnswer, TPText [\MaxTime] [\DIBreak] [\DIPassive] [\DOBreak]
          [\DOPassive] [\BreakFlag] ;
```

TPAnswer：示教器输入数值，数据类型 num 或 dnum。当程序数据用来存储示教器对话操作时，操作者所输入的数值，TPReadNum 为 num 数据，TPReadDnum 为 dnum 数据。

TPText：示教器显示，数据类型 string。用来指定示教器对话操作时写入显示器的文本，文本最大为 2 行、80 个字符，每行最大可显示 40 个字符。

\MaxTime：操作应答等待时间，数据类型 num，单位为 s。不指定添加项时，系统必须等待操作者操作触摸功能键应答后才能结束指令，继续后续程序。指定添加项\MaxTime、但未选择添加项\BreakFlag 时，如操作者未在\MaxTime 规定的时间内，通过触摸功能键应答，系统将自动终止指令、并产生"操作应答超时（ERR_TP_MAXTIME）"错误。如指令同时指定了添加项\MaxTime 和\BreakFlag，则可按添加项\BreakFlag（见下述）的要求处理错误，并继续执行后续程序指令。

\DIBreak：终止指令执行的 DI 信号，数据类型 signaldi。使用添加项时，如果在指定的 DI 信号状态为"1"或"0"（指定\DIPassive）时，操作者尚未进行规定的应答操作，则自动终止指令、产生"操作应答 DI 终止（ERR_TP_DIBREAK）"错误，并根据添加项\BreakFlag 的情况，进行相应的处理。

\DIPassive：终止指令执行的 DI 信号极性选择，数据类型 switch。未指定添加项时，DI 状态为"1"时终止指令；指定添加项时，DI 状态为"0"时终止指令执行。

\DOBreak：终止指令执行的 DO 信号，数据类型 signaldo。使用添加项时，当指定的 DO 信号状态为"1"或"0"（指定\DOPassive）时，操作者尚未通过触摸功能键应答，则终止指令、产生"操作应答 DO 终止（ERR_TP_DOBREAK）" 错误，并根据添加项\BreakFlag 的情况，进行相应的处理。

\DOPassive：终止指令执行的 DO 信号极性选择，数据类型 switch。未指定添加项时，DO 状态为"1"时终止指令；指定添加项时，DO 状态为"0"时终止指令。

\BreakFlag：错误存储，数据类型 errnum。未指定添加项时，当指令出现应答超时、DI 终止、DO 终止等操作出错时，系统停止执行程序、并作为系统错误处理；指定添加项时，如果指令应答超时、DI 终止、DO 终止操作出错，可在指定的程序数据上保存系统出错信息 ERR_TP_MAXTIME、ERR_TP_DIBREAK 或 ERR_TP_DOBREAK，然后终止指令，继续后续程序。

num 数值应答指令 TPReadNum 的编程示例如下，指令 TPReadDnum 仅在于数值保存的数据类型不同，其他一致。

```
VAR num value ;                                        // 程序数据定义
......
TPReadNum value, "How many units should be produced?" ;   // 对话显示与操作
FOR i FROM 1 TO value DO                                // 重复执行
```

```
    produce_part ;                                          // 子程序调用
ENDFOR
......
```

利用以上指令，可在示教器上显示文本"How many units should be produced?"，并无限等待操作者输入数值应答。一旦操作者用数字键进行了应答，系统将以应答值作为子程序的重复执行次数，重复执行子程序 produce_part。

3. 功能键应答指令编程

功能键应答指令 TPReadFK 和数值应答指令的区别在于：它需要用示教器上触摸功能键进行应答，指令的其他功能相同。TPReadFK 指令的编程格式如下，程序数据 TPText 及全部数据添加项的含义均与数值应答指令 TPReadNum、TPReadDnum 相同；指令其他程序数据的说明如下。

```
TPReadFK TPAnswer, TPText, TPFK1, TPFK2, TPFK3, TPFK4, TPFK5 [\MaxTime]
        [\DIBreak] [\DIPassive] [\DOBreak] [\DOPassive] [\BreakFlag] ;
```

TPAnswer：示教器输入的触摸功能键编号（1～5），数据类型 num。触摸功能键所显示的名称可通过程序数据 TPFK1～TPFK5 定义；触摸功能键位置、编号与名称的对应关系如图 6.1-2 所示。

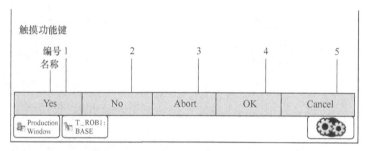

图 6.1-2　触摸功能键的编号与名称

TPFK1～TPFK5：触摸功能键 1～5 的名称显示，数据类型 string。触摸功能键名称最大允许 45 字符，无名称显示的空白功能键，应指定系统预定义的空白字符 stEmpty 或空字符标记（" "）。

功能键应答指令 TPReadFK 的编程示例如下。

```
VAR errnum errvar ;
......
TPReadFK reg1, "Go to service position?", stEmpty, stEmpty, stEmpty, "Yes",
"No" \MaxTime:= 600 \DIBreak:= di5 \BreakFlag:= errvar ;
IF reg1 = 4 OR errvar = ERR_TP_DIBREAK THEN
MoveL service, v500, fine, tool1 ;
Stop ;
ENDIF
IF errvar = ERR_TP_MAXTIME EXIT ;
......
```

以上程序中，指令 TPReadFK 定义了触摸功能键 4 为 Yes、5 为 NO；并定义了操作应答等待时间（10min）、终止指令执行的 DI 信号（di5 =1）、出错信息保存程序数据 errvar。执行指令时，示教器将显示信息 "Go to service position？" 和触摸功能键 Yes、NO；如操作者操作触摸功能键 Yes（reg1 = 4）或 di5 =1，则可将机器人定位到 service 位置并执行 STOP 指令，程序停止执行；否则，10min 后系统将发生 ERR_TP_MAXTIME 错误，执行 EXIT 指令，退出程序。

6.1.3 用户对话框设定指令与函数

1. 指令与功能

RAPID 示教器用户对话框设定指令用于 FlexPendant 示教器操作信息显示页的操作界面样式定义和操作对话编程。

利用示教器用户对话框设定指令与函数所创建的 FlexPendant 操作信息显示窗,可通过指定的应答操作关闭，操作对话的形式可为触摸功能键应答、文本输入框应答、数字键盘应答、数值增减键应答等；应答操作的状态可保存在指定的程序数据中。

RAPID 示教器用户对话框设定指令与函数命令的名称、编程格式及程序数据、添加项含义见表 6.1-3。

表 6.1-3 用户对话操作指令、函数及编程格式

名称		编程格式与示例	
键应答对话设定指令	UIMsgBox	程序数据	MsgLine1
		指令添加项	\Header
		数据添加项	\MsgLine2、…、\MsgLine5、\Wrap、\Buttons、\Icon、\Image、\Result、\MaxTime、\DIBreak、\DIPassive、\DOBreak]、\DOPassive、\BreakFlag
	编程示例		UIMsgBox "Continue the program ?" ;
键应答对话设定函数	UIMessageBox	命令参数	——
		可选参数	\Header、\Message | \MsgArray、\Wrap、\Buttons| \BtnArray、\DefaultBtn、\Icon、\Image、\MaxTime、\DIBreak、\DIPassive、\DOBreak、\DOPassive、\BreakFlag
		执行结果	触摸功能键状态，数据类型 btnres
	编程示例		answer := UIMessageBox (\Header:= "Cycle step 3" \Message:="Continue with the calibration ?" \Buttons:=btnOKCancel \DefaultBtn:=resCancel \Icon:=iconInfo \MaxTime:=60 \DIBreak:=di5 \BreakFlag:=err_var) ;
菜单对话设定函数	UIListView	命令参数	ListItems
		可选参数	\Result、\Header、\Buttons | \BtnArray、\Icon、\DefaultIndex、\MaxTime、\DIBreak、\DIPassive、\DOBreak、\DOPassive、\BreakFlag
		执行结果	所选的菜单序号，数据类型 num
	编程示例		list_item := UIListView (\Result :=button_answer \Header :="UIListView Header", list\Buttons:=btnOKCancel \Icon:=iconInfo \DefaultIndex:=1) ;
输入框对话设定函数	UIAlphaEntry	命令参数	——
		可选参数	\Header、\Message | \MsgArray、\Wrap、\Icon、\InitString、\MaxTime、\DIBreak、\DIPassive、\DOBreak、\DOPassive、\BreakFlag

续表

名称	编程格式与示例		
输入框对话设定函数	UIAlphaEntry	执行结果	输入框所输入的文本，数据类型 string
	编程示例		answer := UIAlphaEntry(\Header:= "UIAlphaEntry Header",\Message:= "Which procedure do You want to run?"\Icon:=iconInfo \InitString:= "default_proc") ;
数字键盘对话设定函数	UINumEntry UIDnumEntry	命令参数	——
		可选参数	\Header、\Message | \MsgArray、\Wrap、\Icon、\InitValue、\MinValue、\MaxValue、\AsInteger、\MaxTime、\DIBreak、\DIPassive、\DOBreak、\DOPassive、\BreakFlag
		执行结果	键盘输入的数值，数据类型 num、dnum
	编程示例		answer := UIDnumEntry (\Header:= "BWD move on path" \Message := "Enter the path overlap?" \Icon:=iconInfo \InitValue:=5 \MinValue:=0 \MaxValue:=10 \MaxTime:=60 \DIBreak:=di5 \BreakFlag:=err_var) ;
数值增减对话设定函数	UINumTune UIDnumTune	命令参数	InitValue、Increment
		可选参数	\Header、\Message | \MsgArray、\Wrap、\Icon、\MinValue、\MaxValue、\MaxTime、\DIBreak、\DIPassive、\DOBreak、\DOPassive、\BreakFlag
		执行结果	调节后的数值，数据类型 num、dnum
	编程示例		tune_answer := UIDnumTune (\Header:=" BWD move on path" \Message := "Enter the path overlap?" \Icon:=iconInfo, 5, 1 \MinValue:=0 \MaxValue:=10 \MaxTime:=60 \DIBreak:=di5 \BreakFlag:=err_var) ;

2. 键应答对话设定指令

键应答对话设定指令 UIMsgBox 用来创建示教器的触摸键应答操作对话页面。利用该指令，示教器可显示图 6.1-3 所示的操作对话显示页。

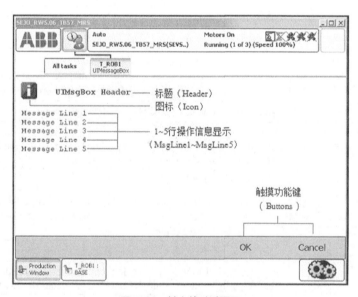

图 6.1-3　键应答对话页面

键应答对话设定指令一旦执行，系统需要等待操作者通过操作对应的触摸功能键应答后，才能结束指令、关闭对话显示页，并继续执行后续指令；如需要，也可通过程序数据添加项，选择以操作超时出错、DI/DO 信号终止等方式，结束指令、关闭对话显示，并进行相应的操作出错处理。

键应答对话设定指令 UIMsgBox 的编程格式如下，程序数据添加项\MaxTime、\DIBreak、\DIPassive、\DOBreak]、\DOPassive、\BreakFlag 的含义均与数值应答指令 TPReadNum、TPReadDnum 相同；指令其他程序数据的说明如下。

```
UIMsgBox [\Header,] MsgLine1 [\MsgLine2]… [\MsgLine5] [\Wrap] [\Buttons] [\Icon]
        [\Image] [\Result] [\MaxTime] [\DIBreak] [\DIPassive] [\DOBreak]
        [\DOPassive] [\BreakFlag] ;
```

\Header：操作信息标题，数据类型 string，最大允许 40 个字符。

MsgLine1：第 1 行操作信息显示，数据类型 string，最大允许 55 个字符。

\MsgLine2～\MsgLine5：第 2～5 行操作信息显示，数据类型 string，最大允许 55 个字符。

\Wrap：字符串连接选择，数据类型 switch。未指定添加项时，MsgLine1…MsgLine5 信息为独立行显示；指定添加项时，MsgLine1…MsgLine5 间插入一空格后合并显示。

\Buttons：操作应答触摸功能键定义，数据类型 buttondata。操作应答触摸功能键显示在窗口右下方，设定值一般以字符串文本的形式指定，且只能定义其中的一组。系统预定义的功能键及含义见表 6.1-4，系统默认设定\Buttons:=btn OK，即使用触摸功能键〖OK（确认）〗应答。

表 6.1-4　　　　　　　　　　　　　系统预定义的触摸功能键

buttondata 设定值		触摸功能键
数值	字符串文本	
−1	btnNone	不使用（无）
0	btnOK	〖OK（确认）〗键
1	btnAbrtRtryIgn	〖Abort（中止）〗、〖Retry（重试）〗、〖Ignore（忽略）〗键
2	btnOKCancel	〖OK（确认）〗、〖Cancel（取消）〗键
3	btnRetryCancel	〖Rtry（重试）〗、〖Cancel（取消）〗键
4	btnYesNo	〖Yes（是）〗、〖No（否）〗键
5	btnYesNoCancel	〖Yes（是）〗、〖No（否）〗、〖Cancel（取消）〗键

\Icon：图标定义，数据类型 icondata。图标显示在标题栏前，设定值一般以字符串文本的形式指定，系统预定义值见表 6.1-5，默认设定为 0（无图标）。

表 6.1-5　　　　　　　　　　　　　系统预定义的触摸功能键

icondata 设定值		图　　标
数值	字符串文本	
0	iconNone	不使用（无）
1	iconInfo	操作提示图标
2	iconWarning	操作警示图标
3	iconError	操作出错图标

\Image：用户图形文件名称，数据类型 string。如需要，操作信息窗也可显示用户图形，

图形文件应事先存储在系统的"HOME:"路径下,像素规定为 185×300;若像素超过时,信息窗中只能显示图形左上方的 185×300 像素图像。

\Result:应答状态存储数据名,数据类型 btnres。添加项用来指定保存触摸功能键应答操作状态的程序数据;程序数据的值一般为字符串,系统预定义的值见表 6.1-6;当指令被\MaxTime、\DIBreak 或\DOBreak 终止时,数据值为 resUnkwn(数值 0)。

表 6.1-6　　　　　　　　　　系统预定义的触摸功能键状态

btnres 数据值		触摸功能键状态
数值	字符串文本	
0	resUnkwn	未知
1	resOK	〖OK(确认)〗键应答
2	resAbort	〖Abort(中止)〗键应答
3	resRetry	〖Retry(重试)〗键应答
4	resIgnore	〖Ignore(忽略)〗键应答
5	resCancel	〖Cancel(取消)〗键应答
6	resYes	〖Yes(是)〗应答
7	resNo	〖No(否)〗应答

键应答对话设定指令 UIMsgBox 的编程示例如下。

```
......
UIMsgBox "Continue the program ?" ;
            // 第1行显示:Continue the program ?,应答键为默认〖OK(确认)〗键
......
! *********************************************
VAR btnres answer ;
UIMsgBox \Header := "UIMsgBox Header",
"Message Line 1"
\MsgLine2 := "Message Line2"
\MsgLine3 := "Message Line3"
\MsgLine4 := "Message Line4"
\MsgLine5 := "Message Line 5"
\Buttons:= btnOKCancel
\Icon := iconInfo
\Result:=answer ;
            // 操作对话框如图 6.1-3 所示,应答键为〖OK(确认)〗、〖Cancel(取消)〗键
IF answer = resOK my_proc ;
......
! *********************************************
VAR errnum err_var ;
UIMsgBox "Waiting for a break condition"
\Buttons:=btnNone \Icon:=iconInfo \MaxTime:=60 \DIBreak:=di5 \BreakFlag:=
```

err_var ;

　　// 第 1 行显示：Waiting for a break condition；未指定应答键，利用 60s 超时、di5=1 关闭

　　......

3. 键应答对话设定函数

　　键应答对话设定函数命令 UIMessageBox 的功能与 RAPID 键应答对话设定指令 UIMsgBox 基本相同，它同样可用来创建示教器的触摸功能键应答操作对话显示页面，但所显示的操作信息可扩展到 11 行，且还能自定义最大 5 个触摸功能键。

　　键应答对话函数命令 UIMessageBox 的执行结果为触摸功能键的应答状态，数据类型 btnres。命令的执行结果与可选参数\Buttons（或\BtnArray）有关，使用可选参数\Buttons 时，执行结果为前述表 6.1-3 所示的系统预定义值；使用可选参数\BtnArray 时，执行结果为用户定义的触摸功能键的数组序号。

　　键应答对话设定函数命令 UIMessageBox 的编程格式、命令参数含义如下。

```
UIMessageBox ( [\Header] [\Message] | [\MsgArray] [\Wrap] [\Buttons] | [\BtnArray]
               [\DefaultBtn] [\Icon] [\Image] [\MaxTime] [\DIBreak] [\DIPassive]
               [\DOBreak] [\DOPassive] [\BreakFlag]) ;
```

　　命令参数\Header、\Wrap、\Icon、\Image、\MaxTime、\DIBreak、\DIPassive、\DOBreak]、\DOPassive、\BreakFlag 的含义、编程要求均与键应答对话设定指令 UIMsgBox 的同名添加项相同，其他参数说明如下。

　　\Message 或\MsgArray：可选参数\Message 用来写入第 1 行操作信息显示的内容，其含义与 UIMsgBox 指令程序数据 MsgLine1 相同；如使用参数\MsgArray，则可用数组的形式定义操作信息显示的内容，最大可显示 11 行、每行 55 个字符。

　　\Buttons 或\BtnArray：可选参数\Buttons 用来选择系统预定义的触摸功能键，其含义与 UIMsgBox 指令添加项\Buttons 相同；如使用参数\BtnArray，则可用数组的形式自行定义触摸功能键，自定义触摸功能键最大为 5 个、每一功能键名称不能超过 42 个字符。

　　\DefaultBtn：默认的执行结果，数据类型 btnres。定义命令出现应答超时、DI 终止、DO 终止操作出错时，系统执行默认结果；系统预定义的 btnres 值及含义见 UIMsgBox 指令添加项\Buttons。

　　键应答对话设定函数命令 UIMessageBox 的编程示例如下，命令所显示的操作对话页面的基本显示同前述的图 6.1-3，但操作应答的触摸功能键为程序数据 my_buttons{2} 自定义的〖OK〗、〖Skip〗键。

```
......
VAR btnres answer ;                                    // 定义程序数据
CONST string my_message{5} := ["Message Line 1", "Message Line 2",
"Message Line 3", "Message Line 4", "Message Line 5"] ;
CONST string my_buttons{2} := ["OK","Skip"] ;
......
answer:= UIMessageBox (\Header:="UIMessageBox Header" \MsgArray:=my_message
\BtnArray:=my_buttons \Icon:=iconInfo) ;                // 显示操作对话框
......
```

```
IF answer = 1 THEN                          // 执行结果判断：操作〖OK〗键
  ! Operator selection OK
  ······
  ELSEIF answer = 2 THEN                     // 执行结果判断：操作〖Skip〗键
  ! Operator selection Skip
  ······
ELSE
  ! No such case defined
  ······
ENDIF
  ······
```

4. 菜单对话设定函数

菜单对话设定函数命令 UIListView 可创建图 6.1-4 所示的操作信息显示页面，它需要操作者操作相应的菜单键，用触摸功能键〖OK（确认）〗应答；或者直接用菜单键应答（未指定应答功能键时）。

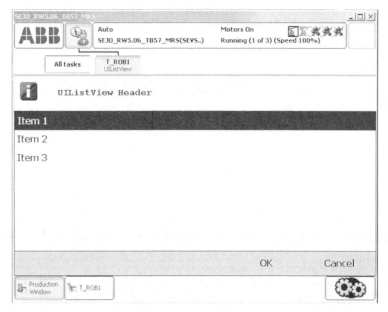

图 6.1-4　菜单对话页面

菜单对话设定函数命令被正常执行（应答）时，其执行结果为操作者选择的菜单序号（num 型数值）；当命令出现应答超时、DI 终止、DO 终止操作出错时，如指定\BreakFlag，则执行结果为参数\DefaultIndex 所定义的默认值或 0（参数\DefaultIndex 未定义）；如未指定\BreakFlag，则系统作为操作出错处理，无执行结果。

命令 UIListView 的编程格式及参数含义如下。

```
UIListView ( [\Result] [\Header] ListItems [\Buttons] | [\BtnArray] [\Icon]
[\DefaultIndex ] [\MaxTime] [\DIBreak] [\DIPassive] [\DOBreak] [\DOPassive]
[\BreakFlag]);
```

命令参数\Header、\Buttons 或\BtnArray、\Icon、\MaxTime、\DIBreak、\DIPassive、\DOBreak]、\DOPassive、\BreakFlag 的基本含义、编程要求均与键应答对话命令 UIMessage Box 的同名添加项相同。命令其他参数的含义如下。

\Result：触摸功能键的应答状态存储数据，数据类型 btnres。当指定参数\Buttons 选择系统预定义的触摸功能键时，执行结果可使用表 6.1-5 所示的字符串；如指定参数\BtnArray，用数组的形式自行定义触摸功能键时，执行结果为应答键对应的数组序号；如参数\Buttons、\BtnArray 均未指定，或定义参数\Buttons := btnNone，或指定参数\BreakFlag 时，\Result 值为 resUnkwn（数值 0）。

ListItems：菜单表名称，数据类型 listitem。Listitem 数据用来定义操作菜单，因此，它是命令必需的基本参数。Listitem 数据可定义多个菜单，它是一组由复合数据[image, text]组成的数组数据。

复合数据的数据项 image 为 string 型菜单图标文件名称，图形文件应事先存储在系统的 "HOME：" 路径下，像素规定为 28×28；如不使用图标，数据项应设定为空字符串（" "）或 stEmpty。数据项 text 为 string 型菜单文本，最大为 75 个字符。

\DefaultIndex：默认的菜单序号，数据类型 num。当命令出现应答超时、DI 终止、DO 终止操作出错时，如指定\BreakFlag，则命令执行结果为本参数定义的默认值。

菜单对话设定函数命令 UIListView 的编程实例如下，命令定义了 3 个不使用图标的菜单，所显示的操作对话页面如图 6.1-4 所示，操作应答的触摸功能键为〖OK〗、〖Cancel〗键。

```
……
CONST listitem list{3} := [ ["", "Item 1"], ["", "Item 2"], ["", "Item3"] ] ;
VAR num list_item ;
VAR btnres button_answer ;
……
list_item := UIListView ( \Result:=button_answer \Header:="UIListView Header",
list, \Buttons:=btnOKCancel \Icon:=iconInfo \DefaultIndex:=1) ;
……
```

5. 输入框对话设定函数

输入框对话设定函数命令 UIAlphaEntry 可创建图 6.1-5 所示的操作信息显示页面，它需要通过操作者在显示的文本输入框内输入文本（字符串）后，用触摸功能键〖OK（确认）〗应答。

UIAlphaEntry 命令被正常执行（应答）时，其执行结果为文本输入框内所输入的 string 型字符；当命令出现应答超时、DI 终止、DO 终止操作出错时，如指定\BreakFlag，则执行结果为\InitString 定义的初始文本或空白（未定义\InitString 时）；如未指定\BreakFlag，则系统作为操作出错处理，无执行结果。

输入框对话设定函数命令 UIAlphaEntry 的编程格式、命令参数含义如下。

```
UIAlphaEntry ([\Header] [\Message] | [\MsgArray][\Wrap][\Icon] [\InitString]
[\MaxTime] [\DIBreak] [\DIPassive] [\DOBreak] [\DOPassive] [\BreakFlag]) ;
```

命令参数\Header、\Message 或\MsgArray、\Wrap、\Icon、\MaxTime、\DIBreak、\DIPassive、\DOBreak]、\DOPassive、\BreakFlag 的基本含义、编程要求均与键应答对话命令 UIMessageBox 的同名添加项相同，但是，因文本输入框需要占用 2 行显示，因此，利用\MsgArray 所定义的操作信息最大只能是 9 行、信息行长度最大为 55 个字符。命令特殊的可选参数\InitString 含义如下。

图 6.1-5　输入框对话页面

\InitString：初始文本，数据类型 string，该文本可作为输入初始值自动在文本输入框显示，供操作者编辑或修改。

输入框对话设定函数命令 UIAlphaEntry 的编程示例如下，命令执行时可显示图 6.1-4 所示的操作信息显示页面；输入框的初始文本为"default_proc"；命令需要等待操作者输入或修改文本后，用触摸功能键〖OK（确认）〗应答结束。

```
……
answer := UIAlphaEntry( \Header:= "UIAlphaEntry Header" \Message:= "Which
procedure do You want to run?" \Icon:=iconInfo \InitString:= "default_proc");
……
```

6. 数字键盘对话设定函数

数字键盘对话设定函数命令 UINumEntry、UIDnumEntry 可创建图 6.1-6 所示的操作信息显示页面，它需要操作者在显示的输入框内输入数值后，用触摸功能键〖OK（确认）〗应答。

命令 UINumEntry、UIDnumEntry 只是输入数据形式（num 或 dnum）的不同，其他无

区别。命令被正常执行（应答）时，其执行结果为输入框内所输入的 num（或 dnum）型数值；当命令出现应答超时、DI 终止、DO 终止操作出错时，如指定\BreakFlag，则执行结果为\InitValue 定义的初始值或 0（未定义\InitValue 时）；如未指定\BreakFlag，则系统作为操作出错处理，无执行结果。

命令 UINumEntry、UIDnumEntry 的编程格式及参数含义如下。

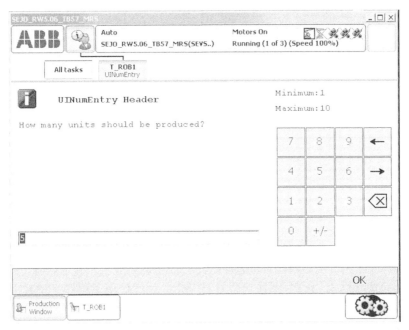

图 6.1-6　数字键盘对话页面

num 数值输入型：

```
UINumEntry ( [\Header] [\Message] | [\MsgArray] [\Wrap] [\Icon] [\InitValue]
        [\MinValue] [\MaxValue] [\AsInteger] [\MaxTime] [\DIBreak] [\DIPassive]
        [\DOBreak] [\DOPassive] [\BreakFlag]) ;
```

dnum 数值输入型：

```
UIDnumEntry ( [\Header] [\Message] | [\MsgArray] [\Wrap] [\Icon] [\InitValue]
        [\MinValue] [\MaxValue] [\AsInteger] [\MaxTime] [\DIBreak]
        [\DIPassive] [\DOBreak] [\DOPassive] [\BreakFlag]) ;
```

命令参数\Header、\Message 或\MsgArray、\Wrap、\Icon、\MaxTime、\DIBreak、\DIPassive、\DOBreak]、\DOPassive、\BreakFlag 的基本含义、编程要求均与键应答对话命令 UIMessageBox 的同名添加项相同，但因输入框需要占用 2 行显示、键盘需要占用显示区，因此，利用\MsgArray 数组定义的操作信息最大只能为 9 行，参数\Message 或\MsgArray 定义的每行字符数只能在 40 个以下。命令其他可选参数的含义如下。

\InitValue：初始数值，数据类型 num（或 dnum）。该数值可作为输入初始值自动在输入框显示，供操作者编辑或修改。

\MinValue：最小输入值，数据类型 num（或 dnum）。最小值显示在数字键盘上方。

\MaxValue：最大输入值，数据类型 num（或 dnum）。最大值显示在数字键盘上方。

\AsInteger：不显示小数点，数据类型 switch。指定该添加项时，数字键盘将不显示小数点键，输入数值只能为整数。

如参数\MinValue 设定大于参数\MaxValue，系统将产生操作出错 ERR_UI_MAXMIN。如参数\InitValue 的设定值不在参数\MinValue～\MaxValue 规定范围内，系统将产生操作出错 ERR_UI_INITVALUE；如参数\AsInteger 指定时，初始值参数\InitValue 定义为小数，系统将产生操作出错 ERR_UI_NOTINT。

利用数字键盘对话设定函数命令 UINumEntry 来设定子程序"PROC produce_part"调用（执行）次数 answer 的程序示例如下。

```
......
answer := UINumEntry(\Header:="UINumEntry Header"
\Message:="How many units should be produced?" \Icon:=iconInfo \InitValue:=5
\MinValue:=1 \MaxValue:=10 \AsInteger) ;
FOR i FROM 1 TO answer DO
produce_part ;
......
```

执行命令 UINumEntry 所显示的操作信息显示页面如图 6.1-6 所示，输入框的初始值为"5"，允许输入的值为 1～10。UINumEntry 命令需要等待操作者输入数值、并用触摸功能键〖OK（确认）〗应答结束，接着，系统可执行 IF 指令，连续调用子程序"PROC produce_part"操作者所输入的次数。

7. 数值增减对话设定函数

数值增减对话设定函数命令 UINumTure、UIDnumTure 可创建图 6.1-7 所示的操作信息显示页面，它需要操作者在利用数值增减键调节数值后，用触摸功能键〖OK（确认）〗应答。

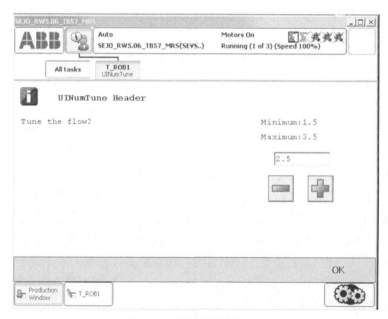

图 6.1-7　数值增减对话页面

命令 UINumTure、UIDnumTure 只是输入数据形式（num 或 dnum）的不同，其他无区别。命令被正常执行（应答）时，其执行结果为"＋"或"－"键调节后的 num（或 dnum）型数值；当命令出现应答超时、DI 终止、DO 终止操作出错时，如指定\BreakFlag，则执行结果为\InitValue 定义的初始值或 0（未定义\InitValue 时）；如未指定\BreakFlag，则系统作为操作出错处理，无执行结果。

命令 UINumTure、UIDnumTure 的编程格式及参数含义如下。

num 数值调节型：

```
UINumTune ( [\Header] [\Message] | [\MsgArray] [\Wrap] [\Icon] InitValue,
            Increment [\MinValue] [\MaxValue] [\MaxTime] [\DIBreak] [\DIPassive]
            [\DOBreak] [\DOPassive] [\BreakFlag] ) ;
```

dnum 数值调节型：

```
UIDnumTune ( [\Header] [\Message] | [\MsgArray] [\Wrap] [\Icon] InitValue,
             Increment [\MinValue] [\MaxValue] [\MaxTime][\DIBreak] [\DIPassive]
             [\DOBreak] [\DOPassive] [\BreakFlag] ) ;
```

命令参数\Header、\Message 或\MsgArray、\Wrap、Icon、\MaxTime、\DIBreak、\DIPassive、\DOBreak]、\DOPassive、\BreakFlag 的基本含义、编程要求均与键应答对话命令 UIMessageBox 的同名添加项相同。\MsgArray 数组定义的操作信息最大仍可为 11 行，但是，因为数值调节图标占用显示区，因此，参数\Message 或\MsgArray 设定的每行字符数只能在 40 个以下。命令其他参数的含义如下。

InitValue：初始数值，数据类型 num（或 dnum）。该数值可作为输入初始值自动在输入框显示，供操作者编辑或修改。数值调节对话操作必须定义初始值，因此，参数 InitValue 为命令必需的基本参数。

Increment：增减增量，数据类型 num（或 dnum）。该数值为每次操作"＋"或"－"键的增量值。数值调节对话操作必须定义增量值，因此，参数 Increment 同样为命令必需的基本参数。

\MinValue：最小输入值，数据类型 num（或 dnum）。最小值显示在数字键盘上方。

\MaxValue：最大输入值，数据类型 num（或 dnum）。最大值显示在数字键盘上方。

如参数\MinValue 设定大于参数\MaxValue，系统将产生操作出错 ERR_UI_MAXMIN。如参数 InitValue 的设定值不在参数\MinValue～\MaxValue 规定范围内，系统将产生操作出错 ERR_UI_INITVALUE。

利用数值增减对话设定函数命令 UINumTure 来调节程序数据 flow 的程序示例如下。

……

```
flow := UINumTune( \Header:="UINumTune Header" \Message:="Tune the flow?"
\Icon:=iconInfo, 2.5, 0.1 \MinValue:=1.5 \MaxValue:=3.5) ;
```

……

执行命令 UINumTure 所显示的操作信息显示页面如图 6.1-7 所示，输入框的初始值为"2.5"；"＋""－"键的调节增量为 0.1；允许的数值调节范围为 1.5～3.5。命令需要等待操作者调节数值，并用触摸功能键〖OK（确认）〗结束应答。

6.2 串行通信指令及编程

6.2.1 串行接口控制指令

1. 指令与功能

RAPID 串行通信包括简单串行通信设备（如 SD 卡、U 盘、打印机等）的数据读/写操作，以及 DeviceNet 现场总线通信、Internet 互联网通信等；其通信方式主要有串行接口控制与数据读/写操作、DeviceNet 现场总线的原始数据包（RawData）发送/接收、Internet 互联网的套接字（Socket）通信与消息队列通信等，其指令功能与编程要求有所不同。

DeviceNet 现场总线通信、Internet 互联网通信是用来实现机器人控制器与外部网络设备数据交换的高级应用功能，通常用于机器人生产厂家的设计与调试，在机器人用户的作业程序中一般较少使用，有关内容可参见后述。

机器人实际使用时，RAPID 通信接口控制指令多用于简单串行设备（SD 卡、U 盘、打印机等）的文件、接口打开、关闭、缓存数据清除等控制，指令的编程格式、功能及程序数据、添加项的要求与含义等简要说明见表 6.2-1。

表 6.2-1 通信接口控制指令简要说明表

名称	编程格式与示例		
接口打开	Open	编程格式	Open Object [\File], IODevice [\Read] | [\Write] | [\Append] [\Bin] ;
		程序数据及添加项	Object：通信对象，数据类型 string； \File：文件名，数据类型 string； IODevice：IO 设备名，数据类型 iodev； \Read：文件读入，数据类型 switch； \Write：文件写出（覆盖），数据类型 switch； \Append：文件写出（接续），数据类型 switch； \Bin：二进制格式文件，数据类型 switch
	功能说明		打开指定的串行通信接口或文件、定义 RAPID 程序的 IO 设备名称，指针定位于文件结束位置
	编程示例		Open "HOME:" \File:= "LOGFILE1.DOC", logfile \Write ;
文件指针复位	Rewind	编程格式	Rewind IODevice ;
		程序数据	IODevice：IO 设备名，数据类型 iodev
	功能说明		指针定位到文件开始位置
	编程示例		Rewind iodev1 ;
接口关闭	Close	编程格式	Close IODevice ;
		程序数据	IODevice：IO 设备名，数据类型 iodev

续表

名称	编程格式与示例		
接口关闭	功能说明	关闭指定的串行通信接口或文件	
	编程示例	Close channel2 ;	
缓冲器清除	ClearIOBuff	编程格式	ClearIOBuff IODevice ;
		程序数据	IODevice：IO 设备名，数据类型 iodev
	功能说明	清除串行接口输入缓冲器数据	
	编程示例	ClearIOBuff channel1 ;	

2. 编程说明

RAPID 通信接口打开/关闭指令 Open/Close 用来打开/关闭 SD 卡（Secure Digital Memory Card）、U 盘（USB Flash Disk）、打印机等标准 I/O 设备的文件或接口。其中，Open 指令还可用来定义通信对象（Object）、IO 设备名称，定义操作方式（数据读或写）以及规定文件的格式等。

文件指针复位指令 Rewind 可将文件指针定位到文件的起始位置，以便通过数据读入函数命令 ReadBin 等，从头读入文件的全部内容；或者，利用输出数据覆盖原文件。缓冲器清除指令 ClearIOBuff 可用来清除串行接口缓冲器的全部数据，以结束诸如打印等操作。

RAPID 通信控制指令的编程示例如下。

```
VAR iodev logfile ;                    // 程序数据定义（IO 设备名）
Open "HOME:" \File:= "LOGFILE1.DOC", logfile \Bin ;
          // 打开 SD 卡（HOME）的文件 LOGFILE1.DOC，并定义为二进制文件 logfile
Rewind logfile ;                       // 指针定位文件开始位置
bindata := ReadBin(dev) ;              // 读入数据
……
Close logfile ;                        // 关闭 SD 卡（HOME）文件 LOGFILE1.DOC
! *************************************************************
VAR iodev printer ;                    // 程序数据定义（IO 设备名）
Open "com1:", printer \Bin ;
          // 打开串行接口 com1，并定义为二进制格式的打印机文件 printer
……
ClearIOBuff printer ;                  // 清除缓存数据
Close printer ;                        // 关闭打印机
……
```

6.2.2 串行数据输出指令

1. 指令与功能

RAPID 串行数据输出指令用于简单串行设备的数据输出（写）操作，指令的编程格式与功能，程序数据与添加项的简要说明见表 6.2-2，指令的编程要求如下。

表 6.2-2　　　　　　　　　　　　　　数据输出指令简要说明表

名称	编程格式与示例		
文本输出	Write	编程格式	Write IODevice, String [\Num] | [\Bool] | [\Pos] | [\Orient] | [\Dnum] [\NoNewLine] ;
		程序数据及添加项	IODevice：IO 设备名，数据类型 iodev； String：需要输出的文本，数据类型 string； \Num：文本后附加的数值，数据类型 num； \Bool：文本后附加的逻辑状态，数据类型 bool； \Pos：文本后附加的 XYZ 位置，数据类型 pos； \Orient：文本后附加的方位，数据类型 orient； \Dnum：文本后附加的双精度数值，数据类型 dnum； \NoNewLine：文本结束，数据类型 switch
		功能说明	将文本输出到 Open…\Write 指令打开的文件或串行接口
		编程示例	Write printer, "Produced part="\Num:=reg1\NoNewLine ;
ASCII 输出	WriteBin	编程格式	WriteBin IODevice，Buffer，NChar;
		程序数据	IODevice：IO 设备名，数据类型 iodev； Buffer：输出的 ASCII 编码数组，数据类型 array of num； Nchar：ASCII 编码数据数量，数据类型 num
		功能说明	将 ASCII 编码（数组）输出到 Open…\Bin 指令打开的文件或串行接口
		编程示例	WriteBin channel2, text_buffer, 10 ;
混合数据输出	WriteStrBin	编程格式	WriteStrBin IODevice，Str ;
		程序数据	IODevice：IO 设备名，数据类型 iodev； Str：需要输出的混合数据，数据类型 string
		功能说明	将字符、ASCII 编码混合数据输出到 Open…\Bin 指令打开的文件或接口
		编程示例	WriteStrBin channel2, "Hello World\0A" ;
任意数据输出	WriteAnyBin	编程格式	WriteAnyBin IODevice，Data ;
		程序数据	IODevice：IO 设备名，数据类型 iodev； Data：需要输出的数据名称，数据类型任意
		功能说明	将任意类型的程序数据输出到 Open…\Bin 指令打开的文件或串行接口
		编程示例	WriteAnyBin channel1, quat1 ;
原始数据输出	WriteRawBytes	编程格式	WriteRawBytes IODevice, RawData [\NoOfBytes] ;
		程序数据及添加项	IODevice：IO 设备名称，数据类型 iodev； RawData：数据包名称，数据类型 rawbytes； \NoOfBytes：数据长度，数据类型 num
		功能说明	向 Open\Bin 打开的 I/O 设备输出 rawbytes 型数据
		编程示例	WriteRawBytes io_device, raw_data_out ;

2. 文本输出指令

文本输出指令 Write 可将指令所定义的文本，直接输出到 Open…\Write 指令打开的串行设备上。文本可为纯字符串或添加有数值、逻辑状态、位置数据、方位数据的字符串；添加数据可自动转换为字符串输出，其转换方式与示教器文本写入指令 TPWrite 相同。

文本输出指令指定添加项\NoNewLine 时，可删除文本结束处的换行符 LF，以接续随后输出的文本。例如，在 reg1=5、系统时间（CTime）为 09:45:15 的时刻，通过执行以下指令，可在 COM1 接口的打印机上打印出一行文本 "Produced part=5 09:45:15"。

```
VAR iodev printer ;
……
Open "com1:", printer\Write ;
Write printer, "Produced part="\Num:=reg1\NoNewLine ;    // 文本输出，不换行
Write printer, " "\NoNewLine ;                            // 空格输出，不换行
Write printer, CTime() ;                                  // 系统时间输出，换行
……
```

3. ASCII 输出指令

ASCII 输出指令 WriteBin 可将数组形式的 ASCII 编码数据转换为 ASCII 字符，并输出到 Open…\Bin 指令打开的文件或串行接口上，数据的数量可通过程序数据 Nchar 指定。

例如，英文词 "Hello" 各字母的 ASCII 编码（见表 2.4-6）依次为 48H（72）、65H（101）、6CH（108）、6CH（108）、6FH（111），通过以下指令，便可在 COM1 接口的打印机上打印出一行文本 "Hello"。

```
VAR iodev printer ;
VAR num Text {5} :=[72, 101, 108, 108, 111] ;
……
Open "com1:", printer \Bin ;
WriteBin printer, Text, 5 ;                               // 打印字符 "Hello"
……
```

4. 混合数据输出

混合数据输出指令 WriteStrBin 可将字符与 ASCII 编码混合（或单独）的数据输出到 Open…\Bin 指令打开的文件或串行接口上，ASCII 编码前需要加 "\" 标记。

例如，通过输出 ASCII 控制字符 ENQ（\05H，通信请求）、读入 ASCII 控制字符 ACK（\06H，通信确认），建立 COM1 接口的打印机通信；然后，在英文词 "Hello" 前、后附加 ASCII 控制字符 STX（\02H，正文开始）、ETX（\03H，正文结束），在打印机上输出的程序如下。

```
VAR iodev printer ;
VAR num input ;
……
Open "com1:", printer \Bin ;
WriteStrBin printer, "\05";                               // 输出通信请求信号
input := ReadBin (printer \Time:= 0.1) ;                  // 读入应答数据
IF input = 6 THEN                                         // 检查通信确认信号
WriteStrBin printer, "\02Hello\03" ;                      // 混合数据输出
ENDIF
……
```

5. 任意数据输出

任意数据输出指令 WriteAnyBin 可将 RAPID 程序中有确定值的任意类型 RAPID 程序数据，如 num 数据、bool 数据、pos 数据、robtarget 数据等，转换为对应的 ASCII 字符，并输出到 Open…\Bin 指令打开的文件或串行接口上。

例如，将机器人当前的 TCP 位置数据 cur_robt 转换为 ASCII 字符，并在 COM1 接口的打印机上输出如下程序。

```
......
VAR iodev printer ;
VAR robtarget cur_robt ;
......
cur_robt := CRobT(\Tool:= tool1\WObj:= wobj1) ;
Open "com1:", printer \Bin ;
WriteAnyBin printer, cur_robt;
......
```

原始数据（RawData）输出指令 WriteRawBytes 用于使用 DeviceNet 网络通信协议的串行设备的数据输出，DeviceNet 通信一般以原始数据（RawData）或数据包（Packet）的形式发送/接收，有关内容可参见后述。

6.2.3 数据读入指令与函数

1. 指令、函数与功能

RAPID 数据读入指令与函数命令可用于简单串行设备的数据读入操作，指令、函数命令的编程格式、功能及程序数据、参数、添加项的要求与含义等简要说明见表 6.2-3。

表 6.2-3　　　　　　　　　　数据读入指令与函数简要说明表

名称	编程格式与示例		
任意数据读入	ReadAnyBin	编程格式	ReadAnyBin IODevice, Data [\Time] ;
		程序数据	IODevice：IO 设备名，数据类型 iodev； Data：存储数据的程序数据名，数据类型任意； \Time：读入等待时间，数据类型 num，单位为 s
	功能说明		从 Open…\Bin 指令打开的文件或串行接口上读入数据，并保存到 Data 中；如数据在\Time 时间内未读入，系统产生操作出错
	编程示例		ReadAnyBin channel1, next_target ;
原始数据读入	ReadRawBytes	编程格式	ReadRawBytes IODevice RawData [\Time] ;
		程序数据及添加项	IODevice：IO 设备名称，数据类型 iodev； RawData：数据包名称，数据类型 rawbytes； \Time：最大读取时间（s），数据类型 num
	功能说明		从通过 Open\Bin 打开的设备中，读取原始数据包 rawbytes 数据
	编程示例		ReadRawBytes io_device, raw_data_in \Time:=1 ;
字符串读入	ReadStr	命令格式	ReadStr(IODevice[\Delim][\RemoveCR][\DiscardHeaders][\Time])
		基本参数	IODevice：IO 设备名，数据类型 iodev

名称	编程格式与示例		
字符串读入	ReadStr	可选参数	\Delim：需删除的分隔符，数据类型 string； \RemoveCR：删除回车符，数据类型 switch； \DiscardHeaders：删除换行符，数据类型 switch； \Time：读入等待时间，数据类型 num，单位 s
		执行结果	读入、变换后的 RAPID 程序数据 string
	功能说明	从 Open…\Read 指令打开的文件或串行接口上读入字符串	
	编程示例	text := ReadStr(infile)；	
数值读入	ReadNum	命令格式	ReadNum (IODevice [\Delim] [\Time])
		基本参数	IODevice：IO 设备名，数据类型 iodev
		可选参数	\Delim：数据分隔符，数据类型 string； \Time：读入等待时间，数据类型 num，单位为 s
		执行结果	读入、变换后的 RAPID 程序数据 num
	功能说明	从 Open…\Read 指令打开的文件或串行接口上读入数据并转换为数值	
	编程示例	reg1 := ReadNum(infile)；	
ASCII 编码读入	ReadBin	命令格式	ReadBin (IODevice [\Time])
		基本参数	IODevice：IO 设备名，数据类型 iodev
		可选参数	\Time：读入等待时间，数据类型 num，单位为 s
		执行结果	读入的 ASCII 编码（1 字节正整数），数据类型 num
	功能说明	从 Open…\Bin 指令打开的文件或串行接口上读入 ASCII 编码	
	编程示例	character := ReadBin(inchannel)；	
混合数据读入	ReadStrBin	命令格式	ReadStrBin (IODevice, NoOfChars [\Time])
		基本参数	IODevice：IO 设备名，数据类型 iodev； NoOfChars：混合数据字符数，数据类型 num
		可选参数	\Time：读入等待时间，数据类型 num，单位为 s
		执行结果	读入的混合数据，数据类型 string
	功能说明	从 Open…\Bin 指令打开的文件或串行接口上读入字符、ASCII 编码混合的数据	
	编程示例	text := ReadStrBin(infile,20)；	

表 6.2-3 中的指令添加项、函数命令可选参数\Time 的含义相同，它用来定义数据读入的等待时间；不使用添加项、可选参数\Time 时，系统默认的读入等待时间为 60s；如需要无限时等待，则应指定"\Time :=WAIT_MAX"。指令及函数命令的编程要求如下。

2. 任意数据与原始数据包读入

任意数据读入指令 ReadAnyBin 可从 Open…\Bin 指令打开的文件或串行接口上读入数据，并将其转换为指定类型的 RAPID 程序数据。

例如，通过以下指令，控制系统可从串行接口 COM1 所连接的 IO 设备 channel 上读入数据，并将其转换为 RAPID 程序中的 TCP 位置型（robtarget）数据 cur_robt。

```
VAR robtarget cur_robt ;
......
Open "com1:", channel\Bin ;
ReadAnyBin channel, cur_robt ;
......
```

原始数据（RawData）读入指令 ReadRawBytes 用于使用 DeviceNet 网络通信协议的串行设备的数据输入，DeviceNet 通信一般以原始数据（RawData）或数据包（Packet）的形式发送/接收，有关内容可参见后述。

3. 字符串读入

字符串读入函数命令 ReadStrBin 可从 Open…\Read 指令打开的文件或串行接口上读入数据，并将其转换为 RAPID 程序中的字符串型（string）数据。

命令可读入从文件起始位置开始到分隔符结束的最大 80 个字符数据；数据读入时需要删除的分隔符可通过选择参数\Delim、\RemoveCR、\DiscardHeaders 指定；不使用可选参数时，系统默认换行符 LF（0AH）为数据读入结束分隔符。选择\DiscardHeaders 参数时，可删除换行符 LF（0AH）；选择\RemoveCR 参数时，可删除回车符 CR（0DH）；选择\Delim 参数时，可删除第 1 字符串中\Delim 分隔符（ASCII 编码），但不能读入后续的字符串。

例如，通过以下程序，可从 IO 设备 infile（SD 卡文件 HOME: file.doc）中读入从起始位置开始到换行符 LF（0AH）结束的数据，并将其转换为 RAPID 程序的字符串型（string）数据保存到 text 中。

```
VAR string text ;
VAR iodev infile ;
......
Open "HOME:/file.doc", infile\Read ;
text := ReadStr(infile) ;
......
```

因此，如文件 HOME: file.doc 的内容为包含换行符 LF（0AH）、空格 SP（20H）、水平制表符 HT（09H）、回车符 CR（0DH）及英文词 "Hello" "World" 的如下文本：

```
<LF><SP><HT>Hello<SP><SP>World<CR><LF>
```

由于系统默认以换行符 LF 为数据读入结束分隔符，执行指令 "text := ReadStr(infile)"，将无法读入第 1 个换行符 LF 后的其他数据，程序数据 text 的内容为空字符串；但是，如果使用不同的可选参数，则可获得如下执行结果。

```
text := ReadStr(infile\DiscardHeaders) ;
删除换行符 LF, text 内容为：<SP><HT>Hello<SP><SP>World<CR>;
text := ReadStr(infile\RemoveCR\DiscardHeaders) ;
删除换行符 LF 和回车符 CR, text 内容为：<SP><HT>Hello<SP><SP>World;
text := ReadStr(infile\Delim:=" \09"\RemoveCR\DiscardHeaders) ;
```

删除换行符 LF、回车符 CR，以及第 1 字符串中的水平制表符 HT 和前空格 SP，但不能读入第 2 字符串 World，text 内容为：Hello。

4. 数值读入

数值读入函数命令 ReadNum 可从 Open…\Read 指令打开的文件或串行接口上读入数

据，并将其转换为 RAPID 程序中的数值型（num）数据。

命令可读入从文件起始位置到分隔符结束的最大 80 字符数据，系统默认的 ASCII 换行符 LF（0AH）结束。选择参数\Delim 可用来增加结束数据读入操作的分隔符（ASCII 编码）；指定\Delim 后，系统将以 ASCII 换行符 LF（0AH）、回车符 CR（0DH）及\Delim 指定的字符，作为数据读入结束标记。

例如，通过以下程序，可从 SD 卡文件 HOME: file.doc 中读入从起始位置到换行符 LF、回车符 CR 或水平制表符 HT（09H）的数据，并将其转换为 RAPID 程序的数值型（num）数据保存到 reg1 中。

```
VAR iodev infile;
……
Open "HOME:/file.doc", infile\Read ;
reg1 := ReadNum(infile\Delim:="\09") ;
……
```

5. ASCII 编码及混合数据读入

ASCII 编码读入函数命令 ReadBin 可从 Open…\Bin 指令打开的文件或串行接口上读入 ASCII 字符编码，并将其转换为 RAPID 程序中的数值型（num）数据（正整数）；如文件为空或文件指针位于文件末尾，其执行结果为 EOF_BIN（−1）。

混合数据读入函数命令 ReadStrBin 可从 Open…\Bin 指令打开的文件或串行接口上读入指定数量的字符、ASCII 编码混合数据；如文件为空或文件指针位于文件末尾，其执行结果为空文本"EOF"。

ASCII 编码读入、混合数据读入命令编程示例如下，通过以下程序，可从 SD 卡文件 HOME: myfile.bin 中读入文本的 ASCII 编码，并以数值型（num）数据的形式，保存在 RAPID 程序数据 bindata 中；此外，还可在字符串型（string）程序数据 text 中，保存前 20 个字的 ASCII 编码及混合数据。

```
VAR iodev file ;
VAR num bindata ;
VAR string text ;
……
Open "HOME:/myfile.bin", file \Read \Bin ;
bindata := ReadBin(file) ;
text := ReadStrBin(file,20) ;
```

6.3　网络通信指令及编程

6.3.1　DeviceNet 通信指令与函数

1. 指令与功能

RAPID 现场总线通信指令与函数属于机器人控制系统的高级应用功能，通常用于机器人生产厂家的软件开发。

ABB 工业机器人控制系统的各控制部件通过串行总线进行现场连接,其通信协议采用 DeviceNet,故又称为 DeviceNet 现场总线系统。DeviceNet 现场总线在 20 世纪 90 年代中期,由美国 Rockwell 公司在 CAN(Controller Area Network)基础上研发,目前已经成为 IEC 62026-3、GB/T18858.3 标准总线。

DeviceNet 是用于 OSI 参考模型(Open System Interconnection reference model)应用层(Application Layer)的用户程序和数据链路层(DataLink Layer)数据通信的协议,其 OSI 数据链路层(DataLink Layer)和物理层(Physical Layer)间的数据交换采用 CAN 协议。

OSI 应用层和数据链路层的通信数据一般以原始数据(RawData)数据包(Packet)的形式发送/接收;数据包的数据容量可为 0~1024 个字节,数据内容可为 RAPID 程序的 num、dnum、byte、string 型程序数据,但不能使用数组;数据包还可添加标题(Header)。RAPID 程序可使用的 DeviceNet 现场总线通信指令及函数命令的简要说明见表 6.3-1。

表 6.3-1　　　　　　　　　　DeviceNet 总线通信指令与函数简要说明表

名称	编程格式与示例		
标题写入	PackDNHeader	编程格式	PackDNHeader Service, Path, RawData ;
		程序数据及添加项	Service:服务模式,数据类型 string; Path:EDS 文件途径,数据类型 string; RawData:数据包名称,数据类型 rawbytes
		功能说明	定义服务模式、路径,将 DeviceNet 标题写入指定的 raw_data 中
		编程示例	PackDNHeader "10", "20 1D 24 01 30 64", raw_data ;
数据写入	PackRawBytes	编程格式	PackRawBytes Value, RawData [\Network], StartIndex [\Hex1] | [\IntX] | [\Float4] | [\ASCII] ;
		程序数据及添加项	Value:待写入的数据,数据类型 num、dnum, byte 或 string(不能为数组); RawData:数据包名称,数据类型 rawbytes; \Network:数据存储形式选择,数据类型 switch;增加本项为大端(Big-endian)法,否则为小端(Little-endian)法; StartIndex:起始地址,数据类型 num; \Hex1:数据格式为 byte,数据类型 switch; \IntX:num、dnum 数据长度及格式,数据类型 inttypes; \Float4:num 数据格式为 Float4,数据类型 switch; \ASCII:byte 数据为 ASCII 编码,数据类型 switch
		功能说明	将指定格式的数据写入数据包指定位置
		编程示例	PackRawBytes intr, raw_dt, (RawBytesLen(raw_dt)+1) \IntX := DINT ;
数据读出	UnpackRaw Bytes	编程格式	UnpackRawBytes RawData [\Network], StartIndex, Value [\Hex1] | [\IntX] | [\Float4] | [\ASCII] ;
		程序数据及添加项	Value:读取的数据,数据类型 num、dnum, byte 或 string; 其他:同指令 PackRawBytes
		功能说明	将指定位置、指定格式的数据从数据包中读出
		编程示例	UnpackRawBytes raw_data_in, 1, integer \IntX := DINT ;

续表

名称	编程格式与示例		
数据复制	CopyRawBytes	编程格式	CopyRawBytes FromRawData, FromIndex, ToRawData, ToIndex[\NoOfBytes] ;
		程序数据及添加项	FromRawData：源数据包，数据类型 rawbytes； FromIndex：源数据起始地址，数据类型 num； ToRawData：目标数据包，数据类型 rawbytes； ToIndex：目标数据起始地址，数据类型 num； \NoOfBytes：数据长度（字节），数据类型 num
	功能说明		将源数据包中指定区域、指定长度的数据复制至目标数据包的指定区域
	编程示例		CopyRawBytes from_raw_data, 1, to_raw_data, 3, 16 ;
数据清除	ClearRawBytes	编程格式	ClearRawBytes RawData [\FromIndex] ;
		程序数据及添加项	RawData：数据包名称，数据类型 rawbytes； \FromIndex：清除范围（起始地址），数据类型 num
	功能说明		清除数据包中全部数据（不指定 FromIndex）或自起始地址起的全部数据
	编程示例		ClearRawBytes raw_data \FromIndex := 5 ;
数据包长度读取	RawBytesLen	命令参数	RawData：数据包名称，数据类型 rawbytes
		执行结果	数据包长度，数据类型 num
	编程示例		reg1 := RawBytesLen(raw_data) ;

2. 基本说明

DeviceNet 现场总线通信属于高级应用功能，编制 RAPID 通信程序需要对总线连接设备的硬件、软件、功能以及网络通信协议等专业知识有全面的了解，因此，它通常只用于机器人生产厂家的软件开发，在普通工业机器人用户中使用较少，本书不再对此进行详细说明。为了便于阅读，对指令所涉及的一些最基本网络专业名词说明如下。

① 大端法与小端法。大端（Big-endian）法、小端（Little-endian）法是计算机存储多字节数据的 2 种方法。在存储器中，数据的存储以字节（byte）为单位分配地址，因此，多字节数据的存储需要占用多个地址（字节）；如果存储器的低字节地址用来存储数据的高字节内容，称为大端（Big-endian）法；反之，如果存储器的低字节地址用来存储数据的低字节内容，则称为小端（Little-endian）法。

例如，将 4 字节、32 位数据 0A 0B 0C 0D 存储到存储器地址 0000～0003 中，采用大端法存储时，存储器地址 0000 的内容为 0A、0001 的内容为 0B、0002 的内容为 0C、0003 的内容为 0D；而采用小端法存储时，存储器地址 0000 的内容为 0D、0001 的内容为 0C、0002 的内容为 0B、0003 的内容为 0A 等。

大端法与小端法存储决定于控制系统计算机本身的操作系统设计，在常用的现场总线系统中，ProfiBus、InterBus 总线采用的是大端法，DeviceNet 总线采用的是小端法；此外，个人电脑的大多数操作系统采用小端法。

② 数据格式。DeviceNet 现场总线通信时，数据包中的数据类型可以为 RAPID 程序中的 num、dnum、byte 或 string 型程序数据，不同程序数据可以使用的数据格式选项见表 6.3-2，当 num、dnum 数据为整数（\IntX）时，还需要按照表 6.3-3，进一步指定数据的

类别及取值范围。

表 6.3-2 数据包的数据格式要求

数据类型	格式选项	允许设定
num	\IntX、\Float4	\IntX :=USINT 或 UINT、UDINT、SINT、INT、DINT，或\Float4
dnum	IntX	\IntX :=USINT 或 UINT、UDINT、SINT、INT、DINT、LINT
string	\ASCII	1～80 个 ASCII 字符
byte	\Hex1、\ASCII	ASCII 编码或 ASCII 字符

表 6.3-3 num、dnum 整数的类别及数值范围

数据类别	数据长度与性质	数值范围
USINT	1 字节正整数	0～255
UINT	2 字节正整数	0～65 535
UDINT	4 字节正整数	0～8 388 608（num），0～4 294 967 295（dnum）
ULINT	8 字节正整数	0～4 503 599 627 370 496（仅 dnum）
SINT	带符号 1 字节整数	−128～127
INT	带符号 2 字节整数	−32 768～32 767
DINT	带符号 4 字节整数	−8 388 607～8 388 608 （num），−2 147 483 648～2 147 483 647（dnum）
LINT	带符号 8 字节整数	−4 503 599 627 370 496～4 503 599 627 370 496（仅 dnum）
Float4	4 字节浮点数	符号位 1、小数位 23、指数位 8

3. 编程示例

网络通信程序的示例及说明如下。

```
VAR rawbytes raw_data1 ;
VAR rawbytes raw_data2 ;
VAR num integer := 8 ;
VAR num float := 13.4 ;
……
ClearRawBytes raw_data1 ;
PackDNHeader "10", "20 1D 24 01 30 64", raw_data1 ;
reg1:= RawBytesLen(raw_data1)+1 ;
PackRawBytes integer, raw_data1, reg1 \IntX := INT ;
PackRawBytes float, raw_data1, (RawBytesLen(raw_data1)+1)\Float4 ;
CopyRawBytes raw_data1, reg1, raw_data2, 1 ;
……
```

VAR rawbytes 为原始数据包 raw_data1、raw_data2 的变量申明指令，利用变量申明指令定义的数据包的数据初始值为 0。VAR num 用来定义 2 个需要写入数据包的数值型数据 [integer（8）、float（13.4）]。

数据清除指令 ClearRawBytes 用来清除数据包 raw_data1 的所有数据；PackDNHeader

指令可对数据包 raw_data1 添加标题。由于标题长度不详，因此，写入标题后的数据包 raw_data1 中用来存储数据的起始地址 reg1，需要通过函数命令 RawBytesLen 所读入的数据包当前长度加 1 计算后得到。

数据写入指令 PackRawBytes，可将 2 字节带符号整数（INT）integer（8）、4 字节浮点数 float（13.4），依次写入数据包 raw_data1 中；指令中存储数据 float 的起始地址也可直接设定为 reg1+2。

数据复制指令 CopyRawBytes，可将数据包 raw_data1 去除标题后的 6 字节数据 integer（8）、float（13.4），复制到数据包 raw_data2 的起始位置。

6.3.2　套接字通信指令与函数

1. Internet 通信方式

ABB 工业机器人控制器与远程计算机等的互联网通信同样属于高级应用功能，通常用于机器人或控制器生产厂家的软件开发、系统调试。

ABB 工业机器人控制器可作为服务器或客户机，与远程计算机的进行互联网（Internet）通信。通信指令有套接字（Socket）通信和 RAPID 消息队列（RAPID Message Queue，RMQ）通信两类。为了便于读者了解 RAPID 指令，现将 Internet 通信的一些基本概念简要介绍如下。

① 服务器、客户机和 IP 地址。服务器（Server）、客户机（Client）是一种网络数据访问的实现方式。当机器人控制器为网络中的其他通信设备（如远程计算机）提供共享文件、资源等服务时，其称为服务器（Server）；当控制器用来访问网络服务器（如远程计算机）上的共享文件、资源时，其称为客户机（Client）。在进行互联网通信时，需要明确双方的通信地址，如设备的通信地址以网际协议（Internet Protocol）的形式表示，这样的地址称为 IP 地址。

② 套接字通信。IP 地址和端口号的组合称为套接字（Socket），套接字通信是通过套接字来表示客户机通信请求以及服务器通信响应的通信方式。利用套接字进行 Internet 通信时，至少需要一对套接字，其中，一个运行于客户机，称为 ClientSocket；另一个运行于服务器，称为 ServerSocket。

套接字通信一般用于实时通信，其通信连接过程分服务器监听、客户机请求、连接确认 3 步进行，连接建立后便可进行数据发送、接收通信。服务器监听是指网络中的服务器处于等待客户机连接的状态，实时监控网络运行；客户机请求是客户机向服务器提出套接字连接请求；连接确认是当服务器监听、接收到客户机连接请求时，响应客户机的连接请求、并发送响应信息，待客户机确认后，连接即建立。随后，服务器继续处于监听状态，以接收其他客户机的连接请求。

③ 消息队列通信。消息队列（Message Queue）通信是通过网络设备之间相互发送、接收消息（Message），进行数据交换的一种通信方式，它既可用于已联网设备间的实时通信，也可用于未联网设备间的非实时通信。

2. 套接字通信指令

RAPID 套接字通信采用的是 TCP/IP、UDP/IP 通信协议，在 RAPID 程序中，发送/接收的数据内容可为 RAPID 文本（程序数据 string）、原始数据包（程序数据 rawbytes）以及字节型数组（程序数据 array of byte）。

TCP（Transmission Control Protocol，传输控制协议）、UDP（User Datagram Protocol，用户数据报协议）都是用于 OSI 参考模型应用层（Application Layer）的用户程序和网络传输层（Transport Layer）之间数据交换的通信协议，其传输层（Transport Layer）和数据链路层（Data Link Layer）之间的数据交换均采用 IP（Internet Protocol，网际协议）。TCP/IP、UDP/IP 协议的作用类似；但 UDP 可用于无连接通信，且不能进行未完成传送数据的再次发送，数据传输的可靠性较差。

RAPID 套接字通信指令及函数命令的简要说明见表 6.3-4。

表 6.3-4 　　　　　　　　RAPID 套接字通信指令、函数及编程格式

名称	编程格式与示例		
创建套接字	SocketCreate	编程格式	SocketCreate Socket [\UDP] ;
		程序数据及添加项	Socket：需要创建的套接字，数据类型 socketdev； \UDP：通信协议选择，数据类型 switch。未指定时为 TCP/IP；指定\UDP 时为 UDP/IP
	功能说明		创建套接字、选择通信协议
	编程示例		SocketCreate udp_sock1 \UDP ;
关闭套接字	SocketClose	编程格式	SocketClose Socket ;
		程序数据	Socket：需要关闭的套接字，数据类型 socketdev
	功能说明		关闭套接字
	编程示例		SocketClose socket1 ;
连接套接字	SocketConnect	编程格式	SocketConnect Socket, Address, Port [\Time] ;
		程序数据及添加项	Socket：套接字，数据类型 socketdev； Address：IP 地址，数据类型 string； Port：服务器端口号，数据类型 num，一般为 1025～4999； \Time：连接等待时间，数据类型 num，单位为 s；未指定为 60s
	功能说明		客户机应用，套接字连接远程计算机（服务器）
	编程示例		SocketConnect socket1, "192.168.0.1", 1025 ;
数据发送	SocketSend	编程格式	SocketSend Socket [\Str] | [\RawData] | [\Data][\NoOfBytes]
		程序数据及添加项	Socket：套接字，数据类型 socketdev； \Str：文本发送，数据类型 string； \RawData：数据包发送，数据类型 rawbytes； \Data：字节数组发送，数据类型 array of byte； \NoOfBytes：指定发送的字节数，数据类型 num
	功能说明		TCP/IP 通信，向远程计算机发送数据
	编程示例		SocketSend socket1 \Str := "Hello world" ;
	SocketSendTo	编程格式	SocketSendTo Socket, RemoteAddress, RemotePort [\Str] | [\RawData] | [\Data] [\NoOfBytes] ;

名称	编程格式与示例		
数据发送	SocketSendTo	程序数据及添加项	Socket：套接字，数据类型 socketdev； RemoteAddress：远程计算机 IP 地址，数据类型 string； RemotePort：远程计算机通信端口，数据类型 string； [\Str] | [\RawData] | [\Data]、[\NoOfBytes]：同 SocketSend
	功能说明		UDP/IP 通信，向远程计算机发送数据
	编程示例		SocketSendTo client_socket, "192.168.0.2", 1025 \Str := "Hello server" ;
数据接收	SocketReceive	编程格式	SocketReceive Socket [\Str] | [\RawData] | [\Data] [\ReadNoOfBytes] [\NoRecBytes] [\Time] ;
		程序数据及添加项	Socket：套接字，数据类型 socketdev； \Str：文本接收，数据类型 string； \RawData：数据包接收，数据类型 rawbytes； \Data：字节数组接收，数据类型 array of byte； \ReadNoOfBytes：指定接收的字节数，数据类型 num； \NoRecBytes：接收数据长度（字节），数据类型 num； \Time：数据接收等待时间，数据类型 num
	功能说明		TCP/IP 通信，接收远程计算机数据
	编程示例		SocketReceive client_socket \Str := receive_string ;
	SocketReceive From	编程格式	SocketReceiveFrom Socket [\Str] | [\RawData] | [\Data] [\NoRecBytes], RemoteAddress, RemotePort [\Time] ;
		程序数据及添加项	Socket：套接字，数据类型 socketdev； RemoteAddress：远程计算机 IP 地址，数据类型 string； RemotePort：远程计算机通信端口，数据类型 string； [\Str] | [\RawData] | [\Data]、[\NoOfBytes]、[\Time]：同 SocketReceive
	功能说明		UDP/IP 通信，接收远程计算机数据
	编程示例		SocketReceiveFrom udp_socket \Str := receive_string, client_ip, client_port ;
端口绑定	SocketBind	编程格式	SocketBind Socket, LocalAddress, LocalPort ;
		程序数据及添加项	Socket：套接字，数据类型 socketdev； LocalAddress：端口地址，数据类型 string； Port：服务器端口号，数据类型 num，一般为 1025～4999
	功能说明		绑定套接字和服务器端口
	编程示例		SocketBind server_socket, "192.168.0.1", 1025 ;
输入监听	SocketListen	编程格式	SocketListen Socket
		程序数据	Socket：套接字，数据类型 socketdev
	功能说明		服务器应用，监听输入连接
	编程示例		SocketListen server_socket ;
接受连接	SocketAccept	编程格式	SocketAccept Socket, ClientSocket [\ClientAddress] [\Time] ;

续表

名称	编程格式与示例		
接受连接	SocketAccept	程序数据及添加项	Socket：输入连接套接字，数据类型 socketdev； ClientSocket：客户机套接字，数据类型 socketdev； \ClientAddress：客户机 IP 地址，数据类型 string； \Time：连接等待时间，数据类型 num，单位为 s；未指定为 60s
		功能说明	服务器应用，接受客户机连接、保存客户机 IP 地址
		编程示例	SocketAccept server_socket, client_socket ;
永久数据发送	SCWrite	编程格式	SCWrite [\ToNode,] Variable ;
		程序数据及添加项	\ToNode：需要忽略的客户机 IP 地址，数据类型 string； Variable：永久数据名称，数据类型 string
		功能说明	服务器应用，将指定的永久数据发送到客户机
		编程示例	SCWrite \ToNode := "138.221.228.4", numarr ;
套接字读入函数	SocketGetStatus	命令参数	Socket：套接字，数据类型 socketdev
		执行结果	套接字状态，数据类型 socketstatus
		编程示例	VAR socketstatus state := SocketGetStatus(socket1) ;
数据长度读入函数	SocketPeek	命令参数	Socket：套接字，数据类型 socketdev
		执行结果	接收的数据长度（字节），数据类型 num
		编程示例	VAR num peek_value := SocketPeek(client_socket) ;

3. 套接字通信编程

机器人控制器作为客户机与远程计算机（服务器）进行 TCP/IP 套接字通信的程序示例如下。

```
VAR socketdev client_socket ;                        // 定义程序数据
VAR string receive_string ;
VAR socketstatus status ;
......
SocketCreate client_socket ;                         // 创建客户机套接字 client_socket
SocketConnect client_socket, "192.168.0.2", 1025 ;   // 连接服务器
......
status := SocketGetStatus(client_socket ) ;          // 读取套接字
IF status = SOCKET_CONNECTED THEN
SocketSend client_socket \Str := "Hello server" ;    // 发送文本
SocketReceive client_socket \Str := receive_string ; // 接收文本
......
ENDIF
SocketClose client_socket ;                          // 关闭套接字
......
```

机器人控制器作为客户机与远程计算机（服务器）进行 UDP/IP 套接字通信的程序示

例如下。

```
VAR socketdev client_socket ;                          // 定义程序数据
VAR string receive_string ;
VAR string RemoteAddress ;
VAR num RemotePort ;
......
SocketCreate client_socket \UDP ;
                              // 创建 UDP/IP 通信的客户机套接字 client_socket
SocketBind client_socket, "192.168.0.2", 1025 ;
                       // client_socket 绑定服务器地址 192.168.0.2 的端口 1025
......
SocketSendTo client_socket, "192.168.0.2", 1025 \Str := "Hello server" ;
                                                        // 向服务器发送文本
SocketReceiveFrom client_socket \Str := receive_string, RemoteAddress,
RemotePort ;
                                                        // 接收服务器文本
......
SocketClose client_socket ;                            // 关闭套接字
......
```

机器人控制器作为服务器与远程计算机（客户机）套接字通信的程序示例如下。

```
VAR socketdev server_socket ;                          // 定义程序数据
VAR socketdev client_socket ;
VAR string receive_string ;
VAR string client_ip ;
......
SocketCreate server_socket ;
                                          // 创建服务器套接字 server_socket
SocketBind server_socket, "192.168.0.1", 1025;
                       // server_socket 绑定控制器地址 192.168.0.1 的端口 1025
SocketListen server_socket;
                       // 监听 server_socket 输入连接
......
WHILE TRUE DO
SocketAccept server_socket, client_socket\ClientAddress:=client_ip ;
                       // 接受客户机输入连接，客户机 IP 地址保存到程序数据 client_ip 中
SocketReceive client_socket \Str := receive_string;
                       // 接收来自客户机的数据输入（文本），并保存在程序数据 receive_string 中
SocketSend client_socket \Str := client_ip;
                       // 向客户机发送客户机地址（文本）
SocketClose client_socket ;                            // 关闭套接字
```

```
......
! *************************************
PERS num cycle_done ;                              // 定义永久数据
PERS num numarr{2}:=[1,2];
......
SCWrite cycle_done ;                               // 永久数据发送至所有客户机
SCWrite \ToNode := "138.221.228.4", numarr ;
                      // 忽略 IP 地址 138.221.228.4，永久数据发送至其他所有客户机
......
```

6.3.3 消息队列通信指令与函数

1. 指令与功能

消息队列（Message Queue）通信通过发送、接收消息，进行数据交换，它既可用于已联网设备间的实时通信，也可用于未联网设备间的非实时通信。RAPID 消息队列通信指令及函数命令用于消息的发送、接收和处理，指令及函数命令的简要说明见表 6.3-5。

表 6.3-5　　　　　　　　RAPID 消息队列通信指令、函数及编程格式

名称	编程格式与示例		
清空消息队列	RMQEmpty Queue	编程格式	RMQEmptyQueue ;
		程序数据	无程序数据及添加项
	功能说明	清空当前执行 RAPID 任务中的所有消息队列	
	编程示例	RMQEmptyQueue ;	
定义消息队列	RMQFindSlot	编程格式	RMQFindSlot Slot, Name ;
		程序数据	Slot：消息队列名称，数据类型 rmqslot； Name：客户机名称，数据类型 string
	功能说明	定义指定客户机的消息队列名称	
	编程示例	RMQFindSlot myrmqslot, "RMQ_T_ROB2" ;	
消息读入	RMQGet Message	编程格式	RMQGetMessage Message ;
		程序数据	Message：消息名称，数据类型 rmqmessage；消息最大长度 3KB
	功能说明	读入消息队列中的第一条消息，并保存到程序数据 Message	
	编程示例	RMQGetMessage myrmqmsg ;	
数据读入	RMQGetMsg Data	编程格式	RMQGetMsgData Message, Data ;
		程序数据	Message：消息名称，数据类型 rmqmessage； Data：数据名称，类型任意
	功能说明	读入消息中的数据，并保存到程序数据 Data 中	
	编程示例	RMQGetMsgData myrmqmsg, data ;	
标题读入	RMQGetMsg Header	编程格式	RMQGetMsgHeader, Message [\Header] [\SenderId] [\UserDef] ;

名称	编程格式与示例		
标题读入	RMQGetMsg Header	程序数据及添加项	Message：消息，数据类型 rmqmessage； \Header：标题，数据类型 rmqheader； \SenderId：发送方消息队列，数据类型 rmqslot； \UserDef：用户数据，数据类型 num
	功能说明		读入消息的标题信息，并保存到指定的程序数据中
	编程示例		RMQGetMsgHeader message \Header:=header ;
读入等待	RMQRead Wait	编程格式	RMQReadWait Message [\TimeOut] ;
		程序数据及添加项	Message：消息名称，数据类型 rmqmessage； \TimeOut：最大等待时间，数据类型 num，单位为 s
	功能说明		用于消息队列实时通信，按照 FIFO（先入先出）次序等待消息读入
	编程示例		RMQReadWait myrmqmsg ;
消息发送	RMQSend Message	编程格式	RMQSendMessage Slot, SendData [\UserDef] ;
		程序数据及添加项	Slot：消息队列名称，数据类型 rmqslot； SendData：需要发送的数据，类型任意； \UserDef：用户数据，数据类型 num
	功能说明		将数据以消息队列的形式，发送到指定的客户机
	编程示例		RMQSendMessage destination_slot, p5 \UserDef:=my_id ;
发送等待	RMQSend Wait	编程格式	RMQSendWait Slot, SendData [\UserDef], Message, ReceiveDataType[\TimeOut] ;
		程序数据及添加项	Slot：消息队列名称，数据类型 rmqslot； SendData：需要发送的数据，类型任意； \UserDef：用户数据，数据类型 num； Message：消息名称，数据类型 rmqmessage； ReceiveDataType：响应数据类型，数据类型任意； \TimeOut：最大等待时间，数据类型 num，单位为 s
	功能说明		用于消息队列实时通信，向指定的客户机发送消息，并等待回复
	编程示例		RMQSendWait rmqslot1, mysendstr \UserDef:=mysendid, rmqmessage1, receivestr \TimeOut:=20 ;
客户机名称读入函数	RMQGetSlot Name	命令参数	Slot：消息队列名称，数据类型 rmqslot
		执行结果	客户机名称，数据类型 string
	编程示例		client_name := RMQGetSlotName(slot) ;

2. 编程示例

机器人控制器与客户机进行非实时消息队列通信的程序示例如下。

```
VAR rmqmessage message ;
VAR rmqheader header ;
VAR num data ;
……
RMQGetMessage message ;                                    // 消息读入
RMQGetMsgHeader message \Header:=header ;                  // 标题读入
```

```
RMQGetMsgData message, data ;                      // 数据读入
......

! **********************************************************
VAR rmqslot destination_slot ;
VAR string data:="Hello world" ;
CONST robtarget p5:=[ [0, 50, 25], [1, 0, 0, 0], [1, 1, 0,0], [ 0, 45, 9E9,
9E9, 9E9, 9E9] ];
VAR num my_id:=1 ;
......

RMQFindSlot destination_slot,"RMQ_Task2" ;
RMQSendMessage destination_slot,data ;             // 发送文本"Hello world"
my_id:=my_id + 1 ;
RMQSendMessage destination_slot, p5 \UserDef:=my_id ;   // 发送 TCP 位置 p5
my_id:=my_id + 1 ;
......
```

机器人控制器与客户机进行实时消息队列通信的程序示例如下。

```
VAR rmqmessage myrmqmsg ;
......

RMQReadWait myrmqmsg \TimeOut:=30 ;                // 读入第 1 条消息，等待 30s
......

! **********************************************************
VAR rmqslot destination_slot ;
VAR string sendstr:="This string is from T_ROB1";
VAR rmqmessage receivemsg ;
VAR num mynum ;
......

RMQFindSlot destination_slot, "RMQ_T_ROB2";        // 定义消息队列
RMQSendWait destination_slot, sendstr, receivemsg, mynum ;
                                                   // 发生消息，等待响应
RMQGetMsgData receivemsg, mynum ;                  // 读入响应数据
......
```

6.4　文件管理指令与编程

6.4.1　文件管理指令与函数

1. 指令与功能

文件管理指令与函数命令通常用于 SD 卡、U 盘、打印机等简单串行设备的文件管理

与检查，以便通过 5.5 节的串行接口通信指令，进行文件输入/输出等操作。

RAPID 文件管理指令与函数命令的功能、编程格式及程序数据、命令参数的简要说明见表 6.4-1。

表 6.4-1　　　　　　　　　　文件管理指令与函数及编程格式

名称		编程格式与示例	
创建目录	MakeDir	编程格式	MakeDir Path ;
		程序数据	Path：路径，数据类型 string
	功能说明		创建程序执行、编辑的文件目录
	编程示例		MakeDir "HOME:/newdir" ;
删除目录	RemoveDir	编程格式	RemoveDir Path ;
		程序数据	Path：路径，数据类型 string
	功能说明		删除无文件的空目录
	编程示例		RemoveDir "HOME:/newdir" ;
打开目录	OpenDir	编程格式	OpenDir Dev, Path ;
		程序数据	Dev：目录名，数据类型 dir Path：路径，数据类型 string
	功能说明		打开指定的文件目录
	编程示例		OpenDir directory, dirname ;
关闭目录	CloseDir	编程格式	CloseDir Dev ;
		程序数据	Dev：目录名，数据类型 dir
	功能说明		关闭指定的文件目录
	编程示例		CloseDir directory ;
删除文件	RemoveFile	编程格式	RemoveFile Path ;
		程序数据	Path：路径，数据类型 string
	功能说明		删除指定的文件
	编程示例		RemoveFile "HOME:/mydir/myfile.log" ;
重新命名文件	RenameFile	编程格式	RenameFile OldPath, NewPath ;
		程序数据	OldPath：文件原路径、名称，数据类型 string； NewPath：文件新路径、名称，数据类型 string
	功能说明		更改文件名、路径
	编程示例		RenameFile "HOME:/myfile", "HOME:/yourfile" ;
复制文件	CopyFile	编程格式	CopyFile OldPath NewPath ;
		程序数据	OldPath：源文件路径、名称，数据类型 string； NewPath：复制目标路径、名称，数据类型 string
	功能说明		将文件复制到指定位置
	编程示例		CopyFile "HOME:/myfile", "HOME:/mydir/yourfile" ;
文件类型检查	IsFile	命令格式	IsFile (Path [\Directory] [\Fifo] [\RegFile] [\BlockSpec] [\CharSpec])

名称	编程格式与示例		
文件类型检查	IsFile	命令参数与添加项	Path：路径，数据类型 string； \Directory：目录文件，数据类型 switch； \Fifo：先进先出（FIFO）文件，数据类型 switch； \RegFile：标准二进制或 ASCII 文件，数据类型 switch； \BlockSpec：特殊块文件，数据类型 switch； \CharSpec：特殊字符串文件，数据类型 switch
		执行结果	bool 数据，类型相符时为 TURE，不符则为 FALSE
	功能说明		检查文件类型是否与要求相符
	编程示例		Myfiletype := IsFile(filename \RegFile) ;
存储容量检查	FSSize	命令格式	FSSize (Name [\Total] | [\Free] [\Kbyte] [\Mbyte])
		命令参数与添加项	Name：文件名，数据类型 string； \Total：文件总长，数据类型 switch； \Free：空余区，数据类型 switch； \Kbyte：单位 KB，数据类型 switch； \Mbyte：单位 MB，数据类型 switch
		执行结果	存储容量，数据类型 num，单位为 Byte 或 KB、MB
	功能说明		检测文件存储器的总容量或剩余容量
	编程示例		totalfsyssize := FSSize("HOME:/spy.log" \Total) ;
文件长度检查	FileSize	命令格式	FileSize (Path)
		命令参数	Path：路径，数据类型 string
		执行结果	文件长度，数据类型 num，单位为 Byte（字节）
	功能说明		检测指定文件的长度
	编程示例		size := FileSize(filename) ;
读入目录文件	ReadDir	命令格式	ReadDir (Dev, FileName)
		命令参数	Dev：目录名，数据类型 dir； FileName：目录文件名，数据类型 string
		执行结果	bool 数据，正确读入 TURE，读入出错 FALSE
	功能说明		将指定的目录读入到文件中
	编程示例		WHILE ReadDir(directory, filename) DO
读入文件最后操作时间信息	FileTime	命令格式	FileTime (Path [\ModifyTime] | [\AccessTime] | [\StatCTime] [\StrDig])
		命令参数与添加项	Path：路径，数据类型 string； \ModifyTime：最后修改时间，数据类型 switch； \AccessTime：最后访问时间，数据类型 switch； \StatCTime：最后状态变更时间，数据类型 switch； \StrDig：stringdig 格式的文件时间，数据类型 stringdig
		执行结果	指定的文件时间数据，数据类型 num
	功能说明		读入文件最后操作时间信息
	编程示例		FileTime ("HOME:/mymod.mod" \ModifyTime)

2. 编程说明

RAPID 文件管理指令可用于文件目录的创建、删除、打开、关闭，以及文件的删除、重新命名、复制等操作；RAPID 文件检查函数命令可用于文件系统存储容量、文件长度和类型的检查，或进行目录文件的读入操作；指令及函数命令的编程较为简单。例如，通过以下程序，可将路径"HOME:/myfile"（SD 卡）的文件目录 directory 读入 filename 文件中，并在示教器上显示该目录文件。

```
......
VAR dir directory ;                        // 程序数据定义
VAR string filename ;
......
OpenDir directory, "HOME:/myfile" ;        // 打开目录
WHILE ReadDir(directory, filename) DO       // 读入目录
TPWrite filename ;                          // 显示目录文件
ENDWHILE
CloseDir directory ;                        // 关闭目录
......
```

6.4.2 程序文件加载及保存指令

1. 指令与功能

RAPID 程序文件加载及保存指令一般用于 SD 卡、U 盘等外部存储设备的程序模块调用（加载）、删除（卸载）及保存。指令功能、编程格式及程序数据、命令参数的简要说明见表 6.4-2。

表 6.4-2 　　　　　　　　　　程序加载及保存指令及编程格式

名称	编程格式与示例		
程序文件加载	Load	编程格式	Load [\Dynamic,]　FilePath [\File] [\CheckRef] ;
		程序数据与添加项	\Dynamic：动态加载选择，数据类型 switch； FilePath：文件路径，数据类型 string； \File：文件名，数据类型 string； \CheckRef：检查引用，数据类型 switch
	功能说明		将外部存储器中的普通程序（PROC）文件加载到程序存储器中
	编程示例		Load \Dynamic, "HOME:/DOORDIR/DOOR1.MOD" ;
启动文件加载	StartLoad	编程格式	StartLoad [\Dynamic,] FilePath [\File] , LoadNo ;
		程序数据与添加项	\Dynamic：动态加载选择，数据类型 switch； FilePath：文件路径，数据类型 string； \File：文件名，数据类型 string； LoadNo：加载会话名，数据类型 loadsession
	功能说明		启动普通程序（PROC）文件的加载操作，并继续执行后续程序
	编程示例		StartLoad \Dynamic, "HOME:/DOORDIR/DOOR1.MOD", load1 ;

名称	编程格式与示例		
等待文件加载	WaitLoad	编程格式	WaitLoad [\UnloadPath,] [\UnloadFile,] LoadNo [\CheckRef] ;
		程序数据与添加项	\UnloadPath：需要卸载的程序文件路径，数据类型 string； \UnloadFile：需要卸载的程序文件名，数据类型 string； LoadNo：加载会话名，数据类型 loadsession； \CheckRef：检查引用，数据类型 switch
		功能说明	等待 StartLoad 指令的程序文件加载完成
		编程示例	WaitLoad \UnloadPath:="HOME:/DOORDIR/DOOR1.MOD", load1 ;
删除文件加载	CancelLoad	编程格式	CancelLoad LoadNo ;
		程序数据	LoadNo：加载会话名，数据类型 loadsession
		功能说明	删除 StartLoad 指令未完成的程序文件加载
		编程示例	CancelLoad load1 ;
程序文件卸载	UnLoad	编程格式	UnLoad [\ErrIfChanged,]	[\Save,] FilePath [\File] ;
		程序数据与添加项	\ErrIfChanged：输出错误恢复代码，数据类型 switch； \Save：保存加载的程序模块，数据类型 switch； FilePath：文件路径，数据类型 string； \File：文件名，数据类型 string
		功能说明	卸载 Load 或 StartLoad 指令加载的程序文件
		编程示例	UnLoad "HOME:/DOORDIR/DOOR1.MOD" ;
清除程序模块	EraseModule	编程格式	EraseModule ModuleName
		程序数据	ModuleName：模块名称，数据类型 string
		功能说明	将指定的模块从程序存储器中清除
		编程示例	EraseModule "PART_A" ;
引用检查	CheckProgRef	编程格式	CheckProgRef ;
		程序数据	——
		功能说明	检查程序引用，作用同 Load、WaitLoad 指令添加项\CheckRef
		编程示例	CheckProgRef ;
程序文件保存	Save	编程格式	Save [\TaskRef,]	[\TaskName,] ModuleName [\FilePath] [\File] ;
		程序数据与添加项	\TaskRef：任务名，数据类型 taskid； \TaskName：任务名，数据类型 string； ModuleName：模块名，数据类型 string； \FilePath：文件路径，数据类型 string； \File：文件名，数据类型 string
		功能说明	将指定的普通程序（PROC）文件保存到指定的外部存储器中
		编程示例	Save "PART_A" \FilePath:="HOME:/DOORDIR/PART_A.MOD" ;

程序加载指令 Load、StartLoad 均可将外部存储器中以文件的形式保存的普通程序模块（PROC）调入系统的程序存储器，并予以执行。

利用 Load 指令加载 RAPID 程序模块时，系统将停止执行后续指令，直至程序加载完成。利用 StartLoad 指令启动加载时，需要以"会话型"程序数据（loadsession）保存程序加载操作，系统在执行程序加载的同时，可继续执行后续的其他指令；如果需要，还可通过删除加载指令 CancelLoad，删除未完成程序加载操作。

指令 Load、StartLoad 加载的程序执行完成后，可通过程序卸载指令 Unload，将其从程序存储器中删除；或者，直接利用模块清除指令 EraseModule 清除程序存储器中以任何形式保存的模块。

程序保存指令 Save 可将系统程序存储器中的普通程序模块（PROC），以文件的形式保存到外部存储器中。

2. 编程说明

RAPID 程序加载指令 Load、StartLoad 可通过添加项\Dynamic 选择动态加载，未使用\Dynamic 时则为静态加载。动态加载的程序模块在示教器执行返回主程序操作时，将被自动卸载；而静态加载的程序模块则不受此操作的影响。

加载、卸载的程序模块既可以直接用完整的文件路径（FilePath）指定，也可通过文件路径（FilePath）加文件名的形式指定，两者只是编程形式上的区别，其作用相同。例如，加载或卸载 SD 卡（HOME:）上的程序文件 DOORDIR/DOOR1.MOD 时，既可直接用完整的文件路径"HOME:/DOORDIR/DOOR1.MOD"指定，也可用"HOME:"指定路径，用添加项\File:="DOORDIR/DOOR1.MOD"选择文件。

引用检查指令 CheckProgRef 和 Load、WaitLoad 指令中的添加项\CheckRef 功能完全相同，它可用来检查程序是否存在未完成的程序加载操作，如存在，则系统产生ERR_LINKREF 出错；但这一检查并不影响程序的执行。

RAPID 程序模块加载、卸载及保存指令的编程示例如下。

```
VAR loadsession load1 ;                          // 程序数据定义
......
Load\Dynamic, "HOME:/DOORDIR/DOOR1.MOD" ;        // 加载程序模块 DOOR1.MOD
%"routine_door1"% ;                              // 执行 DOOR1.MOD 模块中的程序
Save "DOOR.MOD" \FilePath:="HOME:" \File:="DOORDIR/DOOR2.MOD ";
// 将程序模块保存为 HOME:/DOORDIR/DOOR2.MOD
UnLoad "HOME:/DOORDIR/DOOR1.MOD";                 // 卸载程序模块
......
StartLoad "HOME:/PART_A.MOD", load1;             // 启动程序模块 PART_A.MOD 加载
MoveL p10, v1000, z50, tool1 \WObj:=wobj1;       // 加载同时执行的指令
......
IF di0:=1 THEN
CancelLoad load1 ;                               // 删除 PART_A.MOD 加载
EraseModule "PART_A.MOD" ;                       // 清除模块 PART_A.MOD
StartLoad "HOME:"\File:="PART_B.MOD",load1 ;     // 启动程序模块 PART_B.MOD 加载
ENDIF
MoveL p20, v1000, z50, tool1 \WObj:=wobj1;       // 加载同时执行的指令
......
WaitLoad load1;                                  // 等待程序模块加载完成
```

```
%"routine_part1"%;                                    // 执行模块中的程序
CheckProgRef ;                                        // 检查程序引用
......
```

6.4.3 文本表格安装与读写

1. 指令与功能

文本表格是由多行字符串文本组成的表格，它可用来一次性定义多个文本信息。表格中的文本可通过 RAPID 函数命令读入程序数据中，并作为示教器显示文本、系统操作履历信息文本等使用。文本表格可实现 RAPID 程序文本的统一输入、编辑和管理，并能以文件的形式一次性加载到系统中，从而方便程序编制。

RAPID 文本表格读写指令与函数命令的功能、编程格式、程序数据与命令参数要求见表 6.4-3。

表 6.4-3   文本表格读写指令与函数及编程格式

名称	编程格式与示例		
安装文本表格	TextTabInstall	编程格式	TextTabInstall File ;
		程序数据	File：文件名，数据类型 string
	功能说明		将指定的文本表格加载到系统中
	编程示例		TextTabInstall "HOME:/text_file.eng" ;
读取文本表格编号	TextTabGet	命令格式	TextTabGet (TableName)
		命令参数	TableName：表格名称，数据类型 string
		执行结果	文本表格编号，数据类型 num
	编程示例		text_res_no := TextTabGet("deburr_part1") ;
文本读入	TextGet	命令格式	TextGet (Table, Index)
		命令参数	Table：文本表格编号，数据类型 num； Index：文本表格行号，数据类型 num
		执行结果	指定行文本，数据类型 string
	编程示例		text1 := TextGet(14, 5) ;
文本表格安装检查	TextTabFreeToUse	命令格式	TextTabFreeToUse (TableName)
		命令参数	TableName：表格名称，数据类型 string
		执行结果	表格未安装时为 TRUE，表格已安装则为 FALSE
	编程示例		text_table_Free:=TextTabFreeToUse("text_table_name") ;

2. 编程说明

文本表格安装指令 TextTabInstall，可将文本表格以文件的形式，一次性加载到机器人控制器中，但是，在同一机器人控制系统中，文本表格不能同名，因此，加载前一般需要利用文本表格安装检查函数命令 TextTabFreeToUse 来检查表格状态。文本表格一旦加载，只能通过控制系统重启删除，而不能以文件卸载指令删除文本表格。

文本表格安装后，系统将分配表格编号，这一编号可通过函数命令 TextTabGet 读取；在此基础上，便可利用文本读入函数 TextGet，将指定表格编号、指定行的字符串文本读入程序数据中。

　　假设 RAPID 文本表格的文件名为 deburr.eng、表格名为 deburr_part1，表格中的文本行信息如下。

```
# deburr.eng - USERS deburr_part1 english text description file
#
# DESCRIPTION:
# Users text file for RAPID development
#
deburr_part1::
0: RAPID S4: Users text table deburring part1
1: Part 1 is not in pos
2: Identity of worked part: XYZ
3: Part error in line 1
#
# End of file
```

文本表格读写指令与函数命令的编程示例如下。

```
VAR num text_res_no ;                               // 程序数据定义
VAR bool text_table_Free ;
……
text_table_Free:=TextTabFreeToUse("deburr_part1") ;   // 检查表格安装
IF text_table_Free THEN
TextTabInstall "HOME:/ deburr_part1" ;              // 安装文本表格
ENDIF
text_res_no := TextTabGet("deburr_part1") ;         // 读取表格编号
TPWrite TextGet(text_res_no, 1), TextGet(text_res_no, 2) ; // 读取并显示文本
……
```

　　此时，示教器可显示如下文本表格 deburr_part1 的第 1、2 行文本信息：

```
Part 1 is not in pos
Identity of worked part: XYZ
```

第 7 章

其他指令编程

7.1 运动保护指令与编程

7.1.1 运动保护的基本形式

为了防止工业机器人运动时可能产生的关节运动超程、干涉、碰撞等安全性问题，机器人的运动轴一般需要有行程保护、运动干涉和碰撞检测等功能。

1. 软件限位与作业空间

机器人的行程保护通常有硬件和软件两方面。硬件保护是通过各运动轴所安装的行程开关信号及相关的电气控制线路，利用停止轴运动、关闭伺服或紧急分断驱动器主回路等措施来防止运动轴超程；硬件保护功能一般不能通过作业程序来改变，且不能用于 360°连续回转轴。机器人的软件行程保护通常有软件限位和作业禁区两种保护方式，当机器人的实际位置或定位目标点位于软件限位、作业禁区时，控制系统将产生报警并停止轴运动；软件行程保护的功能可通过应用程序指令编程、系统参数设定等方式实现。

软件限位又称软极限，这是利用机器人控制系统软件对机器人位置的监控，规定机器人的运动范围（即作业空间）、防止运动轴超程的保护功能。

机器人软件限位的定义方式有多种，图 7.1-1 所示的关节坐标系限位和直角坐标系限位是两种常用的定义方式。

图 7.1-1（a）所示的关节坐标系限位直接通过各关节轴的运动位置（转角或行程）来规定机器人的运动范围，各关节轴可独立设定。关节坐标系限位通常不考虑工具、工件安装时的极限工作范围，机器人样本中的工作范围（Working Range）参数实际上就是由关节轴运动范围所构成的作业空间。

图 7.1-1（b）所示的直角坐标系限位是建立在笛卡尔直角坐标系上的附加软件限位功能，其运动范围为三维空间的立方体，故又称为"立方体软极限""箱型软极限"等。使用直角坐标系限位可使机器人的操作、编程更简单和直观，但其限位区间只能在关节坐标系的工作范围内截取、不能超越；因此，它不能全面反映机器人的作业空间，通常只作为机

器人的附加保护措施使用。

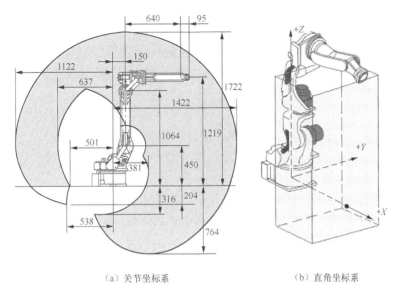

（a）关节坐标系　　　　　　　　（b）直角坐标系

图 7.1-1　机器人的软件限位

机器人的工作范围与结构形态有关。例如，垂直串联关节型机器人的作业空间为不规则球体，并联型结构机器人的作业空间为锥底圆柱体，圆柱坐标型机器人的作业空间为部分圆柱体等（见第 1.5 节），因此，在 ABB 机器人上，还可利用 RAPID 禁区形状定义指令，将机器人的运动范围定义为圆柱形或球形等。

2. 作业禁区

硬件保护开关、软件限位所规定的运动保护区通常都是以机器人手腕的工具安装法兰中心为基准定义的本体结构保护参数，而没有考虑实际作业时的工具、工件可能对机器人运动所产生的干涉，故只能用于机器人自身的保护。当机器人手腕安装了作业工具、作业区间上存在工件时，机器人作业空间的某些区域将成为实际上不能运动的干涉区，为此，需要通过控制系统的"作业禁区"设定来限制机器人运动，避免碰撞。

机器人的作业禁区（运动干涉区）同样可通过图 7.1-2 所示的两种方法进行定义。

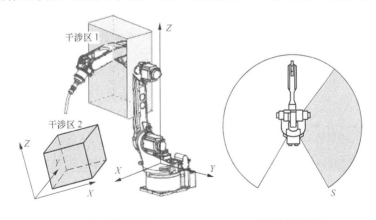

（a）直角坐标系　　　　　　　　（b）关节坐标系

图 7.1-2　机器人的作业禁区

图 7.1-2（a）是在大地坐标系、用户坐标系或基座坐标系上定义的运动禁区，它是一个边界与坐标轴平行的三维立方体，故又称为"箱体形禁区""立方体禁区"等。箱体形禁区多用于工具、夹具、工件等外部装置的保护。

图 7.1-2（b）是以机器人、外部轴关节轴位置所设定的运动禁区，又称为"轴禁区""关节禁区"等。轴禁区多用于行程及机器人本体的运动干涉或碰撞保护。

3. 碰撞检测

多关节机器人的自由度多、运动复杂，轨迹可预测性差；加上位置控制采用的是逆运动学，使得工作范围内的某些 TCP 位置存在多种实现的可能（即奇点），从而引起机器人不可预测的运动，其干涉、碰撞保护功能显得特别重要。机器人的干涉、碰撞保护同样有硬件和软件两种保护方式。

硬件保护可通过运动干涉区安装检测开关、位置传感器等检测装置，直接利用电气控制线路或系统逻辑控制程序来防止机器人出现干涉和碰撞。硬件保护属于预防性保护，其可靠性高，但通常只能用于固定区域的保护。

软件保护通常通过碰撞检测功能来实现。碰撞检测是通过控制系统对运动轴伺服电机的输出转矩（电流）监控来判断机器人是否发生干涉和碰撞的功能；一旦系统检测到运动轴的伺服电机输出转矩超过了规定的值，表明机器人或外部轴的运动可能出现了机械碰撞、干涉等故障，系统将立即停止机器人运动，以免损坏机器人或外部设备。碰撞检测实际上并不具备预防性保护功能，但它可防止事故的扩大。

7.1.2 运动监控区设定指令

1. 指令与功能

RAPID 运动监控区设定指令可用来定义机器人的软件限位区、原点判别区，以及不同形状的作业禁区、位置监控区等，指令的编程格式、功能以及程序数据、添加项的含义见表 7.1-1。

表 7.1-1　　　　　　运动监控区设定指令及编程格式

名称	编程格式与示例		
软件限位区设定	WZLimJointDef	编程格式	WZLimJointDef [\Inside,] | [\Outside,] Shape, LowJointVal, HighJointVal;
		指令添加项	\Inside：内侧，数据类型 switch； \Outside：外侧，数据类型 switch
		程序数据	Shape：区间名，数据类型 shapedata； LowJointVal：负极限位置，数据类型 jointtarget； HighJointVal：正极限位置，数据类型 jointtarget
	功能说明		通过关节坐标系的绝对位置，设定机器人各轴的软件限位位置
	编程示例		WZLimJointDef \Outside, joint_space, low_pos, high_pos ;
原点判别区设定	WZHomeJointDef	编程格式	WZHomeJointDef [\Inside] | [\Outside,] Shape, MiddleJointVal, DeltaJointVal ;
		指令添加项	\Inside：内侧，数据类型 switch； \Outside：外侧，数据类型 switch

名称	编程格式与示例		
原点判别区设定	WZHomeJoint Def	程序数据	Shape：区间名，数据类型 shapedata； MiddleJointVal：中心点，数据类型 jointtarget； DeltaJointVal：允差，数据类型 jointtarget
		功能说明	以关节坐标系中心点、允差，定义原点判别区间
		编程示例	WZHomeJointDef \Inside, joint_space, home_pos, delta_pos ;
箱体形监控区设定	WZBoxDef	编程格式	WZBoxDef [\Inside,] | [\Outside,] Shape, LowPoint, HighPoint ;
		指令添加项	\Inside：内侧，数据类型 switch； \Outside：外侧，数据类型 switch
		程序数据	Shape：区间名，数据类型 shapedata； LowPoint：边界点 1，数据类型 pos； HighPoint：边界点 2，数据类型 pos
		功能说明	以大地坐标系为基准，通过对角线上的两点定义立方体的监控区间
		编程示例	WZBoxDef \Inside, volume, corner1, corner2 ;
圆柱形监控区设定	WZCylDef	编程格式	WZCylDef [\Inside,] | [\Outside,] Shape, CentrePoint, Radius, Height ;
		指令添加项	\Inside：内侧，数据类型 switch； \Outside：外侧，数据类型 switch
		程序数据	Shape：区间名，数据类型 shapedata； CentrePoint：底圆中心，数据类型 pos； Radius：圆柱半径，数据类型 num； Height：圆柱高度，数据类型 num
		功能说明	以大地坐标系为基准，定义圆柱形的监控区间
		编程示例	WZCylDef \Inside, volume, C2, R2, H2 ;
球形区间设定	WZSphDef	编程格式	WZSphDef [\Inside] | [\Outside,] Shape, CentrePoint, Radius;
		指令添加项	\Inside：内侧，数据类型 switch； \Outside：外侧，数据类型 switch
		程序数据	Shape：区间名，数据类型 shapedata； CentrePoint：球心，数据类型 pos； Radius：球半径，数据类型 num
		功能说明	以大地坐标系为基准，定义球形的监控区间
		编程示例	WZSphDef \Inside, volume, C1, R1 ;
中空手腕复位	HollowWrist Reset	编程格式	HollowWristReset ;
		指令添加项	——
		程序数据	——
		功能说明	复位可无限回转的回转轴位置值
		编程示例	HollowWristReset ;

表 7.1-1 中的中空手腕复位指令 HollowWristReset 是用于无限回转轴实际位置（绝对位置）复位的特殊指令。机器人的关节轴采用中空结构的减速器，可提高作业的灵活性、避

免管线缠绕，从而使手腕的无限回转成为可能，但是，它也可能导致控制系统的实际位置计数器溢出，例如，对于 ABB 机器人，其最大计数范围为 ±114×360° 等。因此，对于使用中空结构的无限回转轴，当实际位置接近计数极限时，需要利用 HollowWristReset 指令，复位实际位置计数器，以避免发生实际位置计数溢出错误。HollowWristReset 指令必须在机器人的所有运动轴都处于准确停止（fine）的情况下执行，并以无限回转轴处于 $n×360°$ 的位置时复位为宜。

2. 软件限位区与原点判别区设定

机器人的软件限位区、原点判别区均以关节绝对位置（jointtarget 数据）的形式指定，回转摆动轴的单位为°、直线轴的单位为 mm。软件限位、原点判别区间可通过程序数据 Shape 所指定的区间名保存在系统中，以便通过后述的监控指令 WZLimSup、WZEnable、WZDisable 等进行生效、撤销。

原点判别区指令 WZLimJointDef、WZHomeJointDef 所定义的软件限位、原点判别区间如图 7.1-3 所示。

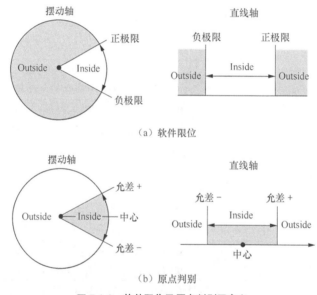

（a）软件限位

（b）原点判别

图 7.1-3 软件限位及原点判别区定义

软件限位区设定指令 WZLimJointDef 所定义的软件限位区间如图 7.1-3（a）所示，它可用于机器人的运动超程保护。运动轴的正、负极限位置可分别通过程序数据 LowJointVal、HighJointVal 进行定义，不使用软件限位功能的轴可设定为 9E9；软件限位区的运动禁止区通常取外侧（Outside）。

原点判别区设定指令 WZHomeJointDef 所定义的原点判别区间如图 7.1-3（b）所示，它可用于机器人零位判别。原点判别区的中心位置（目标点）、位置允差可分别通过程序数据 MiddleJointVal、DeltaJointVal 进行定义，判别区间通常取内侧（Inside）。

例如，将机器人的工作范围设定为 j1= −170°～170°、j2= −90°～155°、j3= −175°～250°、j4= −180°～180°、j5= −45°～155°、j6= −360°～360°、e1= −1000～1000mm；原点判别区设定为 j1～j6 轴 0±2°、e1 轴设定为 0 ±10mm 的编程示例如下。

```
VAR shapedata joint_ limit ;                              // 定义区间名
CONST jointtarget low_pos:= [ [-170, -90, -175, -180, -45, -360], [-1000, 9E9,
9E9, 9E9, 9E9, 9E9]] ;                                    // 负向限位位置
CONST jointtarget high_pos := [ [ 170, 155, 250, 180,225, 360], [ 1000, 9E9,
9E9, 9E9, 9E9, 9E9] ] ;                                   // 正向限位位置
WZLimJointDef \Outside, joint_ limit, low_pos, high_pos ;  // 软件限位区间
……
! *****************************************
VAR shapedata joint_home ;                                // 定义区间名
CONST jointtarget home_pos := [ [ 0, 0, 0, 0, 0, 0], [ 0,9E9,9E9,9E9,9E9,9E9] ] ;
                                                          // 中心
CONST jointtarget delta_pos := [ [2, 2, 2, 2, 2, 2], [ 10,9E9,9E9,9E9,9E9,
9E9] ] ;                                                  // 允差
WZHomeJointDef \Inside, joint_ home, home_pos, delta_pos ; // 原点判别区间
……
```

3. 监控区形状设定

机器人的作业禁区、位置监控区可以定义为箱体形、圆柱形、球形等不同的形状。监控区设定指令均以大地坐标系为基准，指令所设定的区间可通过程序数据 Shape 所指定的区间名保存在系统中，以便通过后述的监控指令 WZLimSup、WZEnable、WZDisable 等进行生效、撤销。监控区设定指令所定义的监控区形状如图 7.1-4 所示。

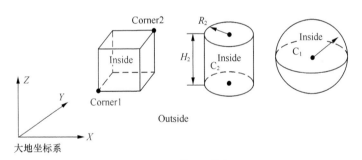

图 7.1-4　监控区形状定义

箱体形监控区设定指令 WZBoxDef 可通过立方体上的两个边界点 LowPoin、HighPoint 定义区间，边界点为大地坐标系的 *XYZ* 位置型（pos）数据，所定义的立方体（区间）每边长度至少为 10mm。

圆柱形监控区设定指令 WZCylDef 可通过底面圆心位置 CentrePoint、圆柱半径 Radius、圆柱高度 Height 定义区间，圆心位置 C_2 为大地坐标系的 *XYZ* 位置型（pos）数据；圆柱半径 R_2、高度 H_2 为数值形（num）数据，单位为 mm；其中，半径 R_2 至少为 5mm，高度 H_2 至少为 10mm，可以使用负值。

球形监控区设定指令 WZSphDef 可通过球心位置 CentrePoint、球半径 Radius 定义区间，球心位置 C_1 为大地坐标系的 *XYZ* 位置型（pos）数据；球半径 R_1 为数值形（num）数据，单位为 mm，设定值至少为 5mm。

例如，通过监控区设定指令，设定箱体形外侧监控区 volume1、圆柱形内侧监控区 volume2、球形外侧监控区 volume3 的编程示例如下。

```
VAR shapedata volume1 ;
CONST pos corner1:=[200,200,100] ;
CONST pos corner2:=[600,600,800] ;
WZBoxDef \Outside, volume1, corner1, corner2 ;
......
! ****************************************
VAR shapedata volume2 ;
CONST pos C2:=[0, 0, 0] ;
CONST num R2:=400 ;
CONST num H2:=800 ;
WZCylDef \Inside, volume2, C2, R2, H2 ;
......
! ****************************************
VAR shapedata volume3 ;
CONST pos C1:=[0, 0, 0] ;
CONST num R1:=800 ;
WZSphDef \Outside, volume3, C1, R1 ;
......
```

7.1.3 运动监控功能设定指令

1. 指令与功能

RAPID 运动监控功能设定指令用来定义监控区的性质及运动监控方式，监控区可以是软件限位区、原点判别区或监控区设定指令所定义的形状。

监控区的性质可定义为临时监控区或固定监控区。临时监控区以 wztemporary 数据的形式保存在系统中，并可通过 PAPID 程序指令予以生效、撤销或清除；固定监控区以 wzstationary 数据的形式保存在系统中，它在系统启动时将自动生效，且不能通过 PAPID 程序指令予以生效、撤销或清除。

监控区的运动监控方式可以是禁止机器人运动（禁区监控）或输出指定的 DO 信号（DO 输出监控）。禁区监控可禁止机器人在禁区内的运动，并产生系统报警，因此，多用于软件限位、作业禁区的设定；DO 输出监控可在机器人进入监控区时自动输出指定的 DO 信号，但不禁止机器人运动，故而可用于机器人原点等特殊位置的检测。

RAPID 运动监控功能设定指令的编程格式、功能，以及程序数据及添加项含义见表 7.1-2。

2. 禁区监控

禁区监控指令 WZLimSup 用来生效监控区的运动保护功能，指令一经执行，无论机器人处于程序自动运行或点动工作状态，只要机器人 TCP 到达禁区，控制系统将自动停止机器人运动，并产生相应的报警。

表 7.1-2　　　　　　　　　　　运动监控功能设定指令及编程格式

名称		编程格式与示例	
禁区监控	WZLimSup	编程格式	WZLimSup [\Temp] | [\Stat,] WorldZone, Shape ;
		指令添加项	\Temp：临时监控，数据类型 switch； \Stat：固定监控，数据类型 switch
		程序数据	WorldZone：禁区名，数据类型 wztemporary 或 wzstationary； Shape：区间名，数据类型 shapedata
	功能说明		定义作业禁区
	编程示例		WZLimSup \Stat, max_workarea, volume ;
DO 输出监控	WZDOSet	编程格式	WZDOSet [\Temp] | [\Stat,] WorldZone [\Inside] | [\Before], Shape, Signal, SetValue ;
		指令添加项	\Temp：临时监控，数据类型 switch； \Stat：固定监控，数据类型 switch
		程序数据与添加项	WorldZone：DO 输出区名，数据类型 wztemporary 或 wzstationary； \Inside：监控区内侧输出 DO 信号，数据类型 switch； \Before：监控区边界前输出 DO 信号，数据类型 switch； Shape：区间名，数据类型 shapedata； Signal：DO 信号名称，数据类型 signaldo； SetValue：DO 信号输出值，数据类型 dionum
	功能说明		设定监控区 DO 信号的输出方式、信号名称、输出值
	编程示例		WZDOSet \Temp, service \Inside, volume, do_service, 1 ;
临时监控生效	WZEnable	编程格式	WZEnable WorldZone ;
		程序数据	WorldZone：临时区间名，数据类型 wztemporary
	功能说明		生效临时监控区
	编程示例		WZEnable wzone ;
临时监控撤销	WZDisable	编程格式	WZDisable WorldZone ;
		程序数据	WorldZone：临时区间名，数据类型 wztemporary
	功能说明		撤销临时监控区
	编程示例		WZDisable wzone ;
临时监控清除	WZFree	编程格式	WZFree WorldZone ;
		程序数据	WorldZone：临时区间名，数据类型 wztemporary
	功能说明		清除临时监控区的全部设定
	编程示例		WZFree wzone ;

WZLimSup 指令中的监控区间，既可以是指令 WZLimJointDef 所设定的软件限位区间，也可为其他监控区形状设定指令所定义的作业区间；指令必须通过添加项\Temp 或\Stat 之一，定义为临时或固定禁区。

例如，通过以下程序，可将机器人的软件限位固定为 j1= −170°～170°、j2= −90°～155°、j3= −175°～250°、j4= −180°～180°、j5= −45°～155°、j6= −360°～360°；并且，临时将 TCP 点的作业范围限制在 X= 400～1200mm、Y= 400～1200mm；Z= 0～1500mm 的

区域内。

```
VAR wzstationary work_limit ;                        // 定义固定禁区名
VAR wztemporary work _temp ;                          // 定义临时禁区名
……
! ********************************************************
VAR shapedata joint_ limit ;                          // 定义区间名
CONST jointtarget low_pos:= [ [-170, -90, -175, -180, -45, -360], [-1000, 9E9,
9E9, 9E9, 9E9, 9E9]] ;                                // 负向限位位置
CONST jointtarget high_pos := [ [ 170, 155, 250, 180,225, 360], [ 1000, 9E9,
9E9, 9E9, 9E9, 9E9] ] ;                               // 正向限位位置
……
WZLimJointDef \Outside, joint_ limit, low_pos, high_pos ;// 设定软件限位区
WZLimSup \Stat, work_limit, joint_ limit ;            // 定义固定禁区
……
! ********************************************************
……
VAR shapedata box_space ;                             // 定义区间名
CONST pos box_c1:=[ 400,400,0 ] ;                     // 边界点1
CONST pos box_c2:=[1200,1200,1500] ;                  // 边界点2
……
WZBoxDef \Outside, box_space, box_c1, box_c2 ;        // 区间设定
WZLimSup \Temp, work _temp, box_space ;               // 定义临时禁区
……
```

3. DO 输出监控

DO 输出监控指令 WZDOSet 可在机器人 TCP 进入监控区时，自动输出 DO 信号。指令同样可通过添加项\Temp 或\Stat 之一，定义为临时或固定监控区。DO 输出监控并不禁止机器人在监控区的运动，因此需要通过对 DO 输出信号的处理进行相关控制。

DO 输出信号的地址、输出值以及输出位置可通过指令定义。指令必须利用添加项\Before 或\Inside，确定在机器人 TCP 到达监控区边界前或进入监控区后输出 DO 信号；如果监控区以关节绝对位置（jointtarget 数据）的形式规定，如 WZHomeJointDef 原点判别区、WZLimJointDef 软件限位区等，则需要当所有轴均到达监控区时，才能输出 DO 信号。

例如，当机器人的原点位于（800，0，800）点、允差为 10mm 时，可以通过以下程序设定以原点为球心、半径为 10mm 的球形监控区，然后利用 WZDOSet 指令的设定，使机器人到达原点时，自动输出原点到达信号 do_home = 1。

```
VAR wzstationary home ;                               // 定义固定监控区名
……
VAR shapedata volume ;                                // 定义区间名
CONST pos p_home:=[800,0,800] ;                       // 定义球形监控区
WZSphDef \Inside, volume, p_home, 10 ;
```

```
WZDOSet \Stat, home \Inside, volume, do_home, 1 ;   // DO 输出监控
……
```

4. 临时禁区的生效、撤销与清除

临时禁区的生效、撤销与清除指令可用来撤销、生效与清除以 wztemporary 数据的形式保存的临时禁区，指令可在 PAPID 程序中直接使用，以便对机器人 TCP 点的运动范围施加临时性的限制。但是，以 wzstationary 数据形式保存在系统中的固定监控区，不能通过 RAPID 程序指令予以撤销、清除。

例如，为了防止作业干涉，在机器人 TCP 向作业点 p_work1、p_work2……运动时，需要临时生效 X= 400～1200mm、Y= 400～1200mm；Z= 0～1500mm 外侧禁区，将机器人移动限制在区间内；而在机器人回原点 p_home 时，则需要撤销临时禁区；在作业完成后，需要清除临时禁区的程序如下。

```
    VAR wztemporary work _temp ;                           // 定义临时禁区名
    ……
    ! *************************************************
PROC WORK_temp
    VAR shapedata box_space ;                              // 定义区间名
    CONST pos box_c1:=[ 400,400,0 ] ;                      // 边界点 1
    CONST pos box_c2:=[1200,1200,1500] ;                   // 边界点 2
    ……
    WZBoxDef \Outside, box_space, box_c1, box_c2 ;         // 区间设定
    WZLimSup \Temp, work _temp, box_space ;                // 定义临时禁区
    MoveL p_work1, v500, z40, tool1 ;                      // 禁区监控有效
    ……
    WZDisable work _temp ;                                 // 撤销临时禁区
    MoveL p_home, v200, z30, tool1 ;                       // 禁区监控无效
    ……
    WZEnable work _temp ;                                  // 禁区监控重新生效
    MoveL p_work2, v200, z30, tool1 ;                      // 禁区监控有效
    ……
    WZDisable work _temp ;                                 // 撤销临时禁区
    MoveL p_home, v200, z30, tool1 ;                       // 禁区监控无效
    WZFree wzone ;                                         // 清除临时禁区
    ……
ENDPROC
```

7.1.4　负载设定和碰撞检测指令

1. 指令与功能

机器人的碰撞检测是根据运动轴伺服电机的输出转矩（电流），监控机器人运行的功能；如伺服电机的输出转矩超过了规定的值，表明机器人可能出现了机械碰撞、干涉等故障，

系统将立即停止机器人运动，以免损坏机器人或外部设备。

伺服电机的输出转矩取决于负载。机器人系统的负载通常包括机器人本体运动负载、外部轴负载、工具负载、作业负载等。机器人本体运动负载通常由机器人生产厂设定；工具负载可通过工具数据 tooldata 中的负载特性项 tload 定义（见第 3.2 节）；它们无需在程序中另行编程。

作业负载是机器人作业时产生的附加负载，如搬运机器人的物品质量等。作业负载是随机器人作业任务改变的参数，因此，在 RAPID 程序中，需要根据实际作业要求，利用作业负载设定指令 GripLoad 进行准确的设定。

外部轴运动负载与机器人使用厂家所选配的变位器、工件质量等因素有关，它同样随机器人作业任务的改变而变化，因此也需要根据实际作业要求，利用 RAPID 程序中的外部轴负载设定指令 MechUnitLoad 进行准确的设定。

在 RAPID 程序中，外部轴负载、工具负载、作业负载通过格式统一的负载型（loaddata）程序数据予以描述，loaddata 数据由负载质量 mass（num 型数据）、X/Y/Z 轴转动惯量 ix/iy/iz（num 型数据）、负载重心位置 cog（pos 型数据）、负载重心方位 aom（orient 型数据）等数据项复合而成；有关内容可参见第 3.2 节的工具数据说明。

由于机器人的负载计算复杂、繁琐，为了便于操作者使用，先进的控制系统一般都具有负载自动测定功能。在 RAPID 程序中，机器人的工具负载、作业负载、外部轴负载均可通过负载测定指令，由控制系统自动进行负载测试和数据设定。

RAPID 负载和碰撞检测设定指令的编程格式、程序数据及添加项含义见表 7.1-3。

表 7.1-3 负载和碰撞检测设定指令及编程格式

名称	编程格式与示例		
作业负载设定	GripLoad	编程格式	GripLoad Load ;
		程序数据	Load：作业负载，数据类型 loaddata
	功能说明		定义机器人作业时的附加负载
	编程示例		GripLoad load1 ;
外部轴负载设定	MechUnitLoad	编程格式	MechUnitLoad MechUnit, AxisNo, Load ;
		程序数据	MechUnit：外部机械单元名称，数据类型 mecunit；AxisNo：外部轴序号，数据类型 num；Load：外部轴负载，数据类型 loaddata
	功能说明		定义外部机械单元运动轴的额定负载
	编程示例		ActUnit SNT1; MechUnitLoad STN1, 1, load1 ;
碰撞检测设定	MotionSup	编程格式	MotionSup[\On] | [\Off] [\TuneValue] ;
		指令添加项	\On：负载监控生效，数据类型 switch；\Off：负载监控撤销，数据类型 switch；\TuneValue：碰撞检测等级，数据类型 num
		程序数据	——
	功能说明		生效或撤销碰撞检测功能，并设定碰撞检测等级
	编程示例		MotionSup \On \TuneValue:= 200 ;

2. 负载设定

机器人作业时，需要在 RAPID 程序中设定的负载包括作业负载和外部轴负载两类。

指令 GripLoad 用于机器人作业负载设定，如搬运机器人的物品质量等。作业负载一旦设定，控制系统便可自动调整机器人各轴的负载特性，重新设定控制模型，实现最佳控制；同时，也能够通过碰撞检测功能有效监控机器人。作业负载在系统 DI 信号 SimMode（程序模拟）为 1、进行程序试运行时操作无效；此外，当 PAPID 程序重新加载、重启或重新执行时，系统将默认作业负载为 load0（负载为 0）。

例如，在搬运机器人上，如 DO 输出信号 gripper =1 时，机器人将抓取物品；物品的负载数据利用 loaddata 型程序数据 piece 定义，其作业负载设定指令如下：

```
Set gripper ;                        // 抓取物品
WaitTime 0.3 ;                       // 程序暂停
GripLoad piece ;                     // 作业负载设定
......
```

MechUnitLoad 指令用于外部轴（如变位器等）负载设定。MechUnitLoad 指令应在外部机械单元生效指令 ActUnit 后立即予以编程，以便伺服驱动系统建立动态模型，实现最佳控制；同时，也能够通过碰撞检测功能有效监控外部轴。

例如，在使用双轴工件回转变位器（机械单元 STN1）的系统上，如果第 1、第 2 轴的负载数据分别利用 loaddata 型程序数据 fixTRUE、workpiece 定义，则外部回转轴 1、2 的负载设定指令如下：

```
ActUnit STN1 ;                       // 启用机械单元 STN1
MechUnitLoad STN1, 1, fixTRUE ;      // 设定外部轴 1 负载
MechUnitLoad STN1, 2, workpiece ;    // 设定外部轴 2 负载
......
```

3. 碰撞检测

机器人的负载一旦正确设定，系统便可通过对运动轴伺服电机的输出转矩（电流）的监控，确定机器人是否产生了机械干涉和碰撞。

在 RAPID 程序中，碰撞监控功能可通过碰撞检测指令 MotionSup 生效或撤销；在碰撞监控生效指令 MotionSup\On 中，还可通过添加项 TuneValue 指定碰撞检测等级。所谓检测等级，就是系统允许的过载倍数，其设定范围为 1%～300%；当 PAPID 程序重新加载、重启或重新执行时，系统将默认检测等级为 100%（额定负载）。碰撞监控功能一旦生效，只要负载超过碰撞检测等级，系统将立即停止机器人运动并适当后退消除碰撞，同时发生碰撞报警。

碰撞检测生效、撤销指令的编程示例如下。

```
MotionSup \On \TuneValue:= 200 ;                  // 生效碰撞检测功能
MoveAbsJ p1, v2000, fine \Inpos := inpos50, grip1 ;
......
MotionSup \Off ;                                  // 撤销碰撞检测功能
```

7.2 程序数据及系统参数设定

7.2.1 负载自动测定指令与函数

程序数据自动测定是由机器人控制系统自动测试、计算、设定复杂程序数据的一种功能，这一功能既可通过示教器的对话操作来实现，也可以通过程序指令来实现。在 RAPID 程序中，程序数据自动测定指令包括工具负载、作业负载、外部轴负载的负载测定，工具 TCP 位置、方位的测定，用户坐标系测定等。负载自动测定指令的编程方法如下，工具及用户坐标系自动测定指令的编程要求见后述。

1. 指令、函数与功能

为了保证控制系统能准确判别机械干涉和碰撞，同时，使伺服驱动系统获得最佳控制性能，机器人的作业负载、外部轴负载等需要在 RAPID 程序中准确设定。

机器人负载计算是一个复杂、繁琐的过程，为了获得准确的负载数据，在 RAPID 程序中，可通过执行 RAPID 系统程序 LoadIdentify 或利用 RAPID 负载测定（又称负载识别）指令，由系统自动测试、设定负载数据。系统程序 LoadIdentify 可从目录 ProgramEditor/Debug/CallRoutine.../LoadIdentify 下选定并启动；RAPID 负载测定指令及相关函数命令的编程格式、程序数据及添加项、命令参数等的要求见表 7.2-1。

表 7.2-1　　　　　　　　　　负载测定指令与函数及编程格式

名称			编程格式与示例
工具及作业负载测定	LoadId	编程格式	LoadId ParIdType, LoadIdType, Tool [\PayLoad] [\WObj] [\ConfAngle] [\SlowTest] [\Accuracy] ;
		指令添加项	——
		程序数据与添加项	ParIdType：负载类别，数据类型 paridnum；LoadIdType：测定条件，数据类型 loadidnum；Tool：工具名称，数据类型 tooldata；\PayLoad：作业负载名称，数据类型 loaddata；\WObj：工件名称，数据类型 wobjdata；\ConfAngle：j6 轴位置，数据类型 num；\SlowTest：慢速测定，数据类型 switch；\Accuracy：测量精度，数据类型 num
		功能说明	自动测定负载，并将工具负载、作业负载保存在指定的程序数据中
		编程示例	%"LoadId"% TOOL_LOAD_ID, MASS_WITH_AX3, grip3 \SlowTest ;
外部轴负载测定	ManLoadId Proc	编程格式	ManLoadIdProc [ParIdType] [\MechUnit] | [\MechUnitName] [AxisNumber] [\PayLoad] [\ConfigAngle] [\DeactAll] | [\AlreadyActive] [\DefinedFlag] [\DoExit] ;

续表

名称	编程格式与示例		
外部轴负载测定	ManLoadId Proc	指令添加项	\ParIdType：负载类别，数据类型 paridnum； \MechUnit：机械单元名称，数据类型 mecunit； \MechUnitName：机械单元名称，数据类型 string； \AxisNumbe：外部轴序号，数据类型 num； \PayLoad：外部轴负载名称，数据类型 loaddata； \ConfAngle：测定位置，数据类型 num； \DeactAll：机械单元停用，数据类型 switch； \AlreadyActive：机械单元生效，数据类型 switch； \DefinedFlag：测定完成标记名称，数据类型 bool； \DoExit：测定完成用 Exit 指令结束，数据类型 bool
		程序数据	——
	功能说明		测定机械单元外部轴负载，并将负载保存在指定的程序数据中
	编程示例		ManLoadIdProc \ParIdType := IRBP_L\MechUnit := STN1 \PayLoad := myload \ConfigAngle := 60 \AlreadyActive \DefinedFlag := defined ;
测定对象检查	ParIdRob Valid	命令格式	ParIdRobValid(ParIdType [\MechUnit] [\AxisNo])
		命令参数与添加项	ParIdType：负载类别，数据类型 paridnum； \MechUnit：机械单元名称，数据类型 mecunit； \AxisNo：轴序号，数据类型 num
		执行结果	机器人负载测定功能有效或无效，Paridvalidnum 型数据
	功能说明		检查当前的测定对象是否符合负载测定条件
	编程示例		TEST ParIdRobValid (TOOL_LOAD_ID)
测定位置检查	ParIdPos Valid	命令格式	ParIdPosValid (ParIdType, Pos, AxValid [\ConfAngle])
		命令参数与添加项	ParIdType：负载类别，数据类型 paridnum； Pos：当前位置，数据类型 jointtarget； AxValid：测定结果，bool 型数组； \ConfAngle：j6 轴位置，数据类型 num
		执行结果	数据类型 Bool，测定点适合则为 TRUE，否则为 FALSE
	功能说明		检查当前测定点是否适合负载测定
	编程示例		IF ParIdPosValid (TOOL_LOAD_ID, joints, valid_joints) = TRUE THEN
转矩补偿系统参数读取	GetModalPay LoadMode	命令格式	GetModalPayLoadMode()
		命令参数	——
		执行结果	系统参数 ModalPayLoadMode 设定值，数据类型 num
	功能说明		读取转矩补偿系统参数 ModalPayLoadMode 的设定值
	编程示例		reg1:=GetModalPayloadMode() ;

作业负载测定指令 LoadId 可用于作业负载、工具负载的自动测定。在执行负载测定指令前，机器人应满足以下条件。

① 确认所有负载均已正确地加载在机器人上；

② 通过测定检查函数命令 ParIdRobValid，确认测定对象为有效；

③ 通过测定检查函数命令 ParIdPosValid，确认测定位置为有效；

④ 确认机器人的 j3、j5 和 j6 轴有足够的自由运动空间；

⑤ 确认机器人的 j4 轴处于原位（0 度位置），手腕为水平状态；

⑥ 在 LoadId 指令前，通过以下指令，加载系统程序模块：

```
Load \Dynamic, "RELEASE:/system/mockit.sys" ;
Load \Dynamic, "RELEASE:/system/mockit1.sys" ;
```

⑦ 测定完成后，再利用下述指令，卸载系统程序模块：

```
UnLoad "RELEASE:/system/mockit.sys" ;
UnLoad "RELEASE:/system/mockit1.sys" ;
```

2. 负载测定检查函数命令编程

负载测定检查函数命令可用来检查当前测定对象、测定位置是否符合测定条件，命令需要通过 paridnum 型命令参数 ParIdType，定义需要测定的负载类别，ParIdType 参数一般以字符串的形式设定，允许的设定值及含义见表 7.2-2。

表 7.2-2　　　　　　　　　　　　paridnum 数据设定值及含义

设定值		含　义
数值	字符串	
1	TOOL_LOAD_ID	工具负载测定
2	PAY_LOAD_ID	作业负载测定
3	IRBP_K	外部轴负载测定（IRBP K 型变位器）
4	IRBP_L 或 IRBP_C、IRBP_C_INDEX、IRBP_T	外部轴负载测定（IRBP L/C/T 型变位器）
5	IRBP_R 或 IRBP_A、IRBP_B、IRBP_D	外部轴负载测定（IRBP R/A/B/D 型变位器）

测定对象检查函数命令 ParIdRobValid 可用来检查当前测定对象是否符合测定条件，它需要明确测定的负载类别（参数 ParIdType）；对于外部轴负载测定，还需要利用添加项 \MechUnit、\AxisNo 指定外部机械单元名称及外部轴序号。ParIdRobValid 命令的执行结果为 paridvalidnum 型数据，数据的含义见表 7.2-3。

表 7.2-3　　　　　　　　　　　　paridvalidnum 数据及含义

执行结果		含　义
数值	字符串	
10	ROB_LOAD_VAL	有效的测定对象
11	ROB_NOT_LOAD_VAL	无效的测定对象
12	ROB_LM1_LOAD_VAL	负载＜200kg 时，测定对象有效（IRB 6400FHD 机器人）

测定位置检查函数命令 ParIdPosValid 可用来检查机器人当前的位置（pos）是否适合进行负载测定，如适合，命令的执行结果为逻辑状态 TRUE，否则为 FALSE。命令同样需要明确测定的负载类别（参数 ParIdType）；此外，还需要指定保存机器人轴 j1～j6、外部轴 e1～e6 的测定位置检查结果（TRUE 或 FALSE）的 12 维 bool 型数组；如需要，还可通过添加项\ConfAngle 指定 j6 轴位置（未指定时默认 90°）。

负载测定检查函数命令的编程示例如下。

```
VAR jointtarget joints ;                      // 程序数据定义
VAR bool valid_joints{12} ;
......
IF ParIdRobValid(TOOL_LOAD_ID) <> ROB_LOAD_VAL THEN
EXIT ;                                         // 检查测定对象，无效时直接结束程序
ENDIF
joints := CJointT() ;                          // 读取当前位置
IF ParIdPosValid (TOOL_LOAD_ID, joints, valid_joints) = FALSE THEN
EXIT ;                                         // 检查测定位置，不合适时直接结束程序
ENDIF
......
```

3. 工具及作业负载测定指令编程

负载测定指令 LoadId 可用于工具负载、作业负载的测定，指令通常一般以混合数据 %"LoadId"%的形式编程，指令的程序数据编程要求如下。

ParIdType：负载类别，数据类型 paridnum。使用混合数据编程时，一般直接以表 7.2-2 中的字符串作为设定值，例如，工具负载测定设定为 "TOOL_LOAD_ID"、作业负载测定设定为 "PAY_LOAD_ID" 等。

LoadIdType：测定条件，数据类型 loadidnum。使用混合数据编程时，一般直接以字符串的形式设定，设定 "MASS_KNOWN" 为负载质量已知，设定 "MASS_WITH_AX3" 为负载质量未知，需要通过 j3 轴的运动，自动测定负载质量。

Tool：工具名称，数据类型 tooldata。如指令用于工具负载的测定，则需要在测定指令前，利用永久数据 PERS，事先完成安装形式 robhold、工具坐标系 tframe 等其他数据项的定义，同时，将负载特性项 tload 中的未知参数设定为 0 或初始值，有关工具数据的组成与格式可参见第 3.2 节中的说明。

\PayLoad：作业负载名称，数据类型 loaddata。添加项仅用于作业负载测定指令，测定前同样需要通过永久数据 PERS 事先定义程序数据。

\WObj：工件名称，数据类型 loaddata。添加项仅用于作业负载测定指令，测定前同样需要通过永久数据 PERS 事先定义程序数据。

\ConfAngle：j6 轴位置设定，数据类型 num；未指定时默认 90°。

\SlowTest：慢速测定有效，数据类型 switch。指定该添加项，系统仅进行慢速测定，测定结果不保存。

\Accuracy：测定精度，数据类型 num。以百分率形式表示的测定精度。

在 LoadId 指令编程前，需要事先利用前述的负载测定检查函数命令，检查当前测定对象、测定位置是否符合测定条件；然后，利用程序装载指令加载系统程序模块 mockit.sys、mockit1.sys；测定完成后卸载系统程序模块。指令执行后，测定得到的工具负载、作业负载数据，可分别保存至程序数据 Tool 或\PayLoad 中。

利用 LoadId 指令测定质量为 5kg 的作业负载数据 piece5 的编程示例如下。

```
PERS tooldata grip3 := [ FALSE, [[97.4, 0, 223.1], [0.924, 0, 0.383,0]], [6,
[10, 10, 100], [0.5, 0.5, 0.5, 0.5], 1.2, 2.7,0.5]] ;    // 已知工具数据定义
```

```
    PERS wobjdata wobj2 := [ TRUE, TRUE, "", [ [34, 0, -45], [0.5, -0.5, 0.5 ,
-0.5] ], [ [0.56, 10, 68], [0.5, 0.5, 0.5 ,0.5] ]] ;    // 已知工件数据定义
    PERS loaddata piece5 := [ 5, [0, 0, 0], [1, 0, 0, 0], 0, 0, 0] ;
                                                     // 预定义作业负载数据
    VAR num load_accuracy ;                          // 定义测定精度数据
    ......
    Load \Dynamic, "RELEASE:/system/mockit.sys" ;    // 装载系统程序模块
    Load \Dynamic, "RELEASE:/system/mockit1.sys" ;
    %"LoadId"% PAY_LOAD_ID, MASS_KNOWN, grip3 \PayLoad:=piece5\WObj:=wobj2\
Accuracy:=load_accuracy ;                            // 测定作业负载并保存
    UnLoad "RELEASE:/system/mockit.sys" ;            // 卸载系统程序模块
    UnLoad "RELEASE:/system/mockit1.sys" ;
    ......
```

利用 LoadId 指令测定质量未知的工具 grip3 负载数据（tooldata 的负载特性项 tload）的编程示例如下。

```
    PERS tooldata grip3 := [ TRUE, [[97.4, 0, 223.1], [0.924, 0, 0.383,0]], [0,
[0, 0, 0], [1, 0, 0, 0], 0, 0, 0]] ;                 // 预定义工具数据
    Load \Dynamic, "RELEASE:/system/mockit.sys" ;    // 装载系统程序模块
    Load \Dynamic, "RELEASE:/system/mockit1.sys" ;
    %"LoadId"% TOOL_LOAD_ID, MASS_WITH_AX3, grip3 \SlowTest ;   // 慢速测定
    %"LoadID"% TOOL_LOAD_ID, MASS_WITH_AX3, grip3 ;  // 测定工具负载并保存
    UnLoad "RELEASE:/system/mockit.sys" ;            // 卸载系统程序模块
    UnLoad "RELEASE:/system/mockit1.sys" ;
    ......
```

4. 外部轴负载测定指令编程

外部轴负载测定指令 ManLoadIdProc 可用于机器人变位器、工件变位器等外部轴的负载测定，指令的程序数据编程要求如下。

\ParIdType：负载类别，数据类型 paridnum。指定变位器类别，一般以表 7.2-2 中的字符串作为设定值，例如，设定 IRBP_K、IRBP_L、IRBP_R，分别代表 ABB 公司的 K、L、R 型变位器等。

\MechUnit 或**\MechUnitName**：机械单元名称，数据类型 mecunit 或 string。指定变位器所在的机械单元名称或字符串型机械单元名称。

\AxisNumbe：外部轴序号，数据类型 num。指定外部轴的序号。

\PayLoad：外部轴负载名称，数据类型 loaddata。该程序数据为需要测定的外部轴负载名称，在测定指令前，需要利用永久数据 PERS 事先定义负载质量，并将其他未知参数设定为 0 或初始值。

\ConfAngle：测定位置，数据类型 num。指定负载测定时的外部轴位置。

\DeactAll 或**\AlreadyActive**：测定时的机械单元工作状态选择（被停用或已生效），数据类型 switch。

\DefinedFlag：测定完成标记名称，数据类型 bool。该程序数据用来保存指令执行完成状态，测定完成后，其状态为 TRUE，否则为 FALSE。

\DoExit：测定完成用 Exit 指令结束，数据类型 bool。如设定为 TRUE，系统将自动执行 EXIT 命令来结束负载测定，并返回到主程序；如不指定或设定为 FALSE，则不能自动执行 EXIT 操作。

外部轴负载测定指令 ManLoadIdProc 的编程示例如下。

```
PERS loaddata myload := [60, [0,0,0], [1,0,0,0], 0, 0, 0] ;  // 预定义外部轴负载
VAR bool defined ;                                           // 定义测定完成标记
……
ActUnit STN1 ;                                               // 生效机械单元
ManLoadIdProc \ParIdType := IRBP_L \MechUnit := STN1 \PayLoad := myload \
ConfigAngle := 60 \AlreadyActive \DefinedFlag := defined ;  // 负载测定
……
```

7.2.2 工具坐标系测定指令

1. 指令与功能

由第 3 章中的工具数据说明可知，程序数据 tooldata 需要由工具安装形式 robhold（bool 数据）、工具坐标系 tframe（pose 数据）、负载特性 tload（loaddata 数据）复合而成，其中，工具安装形式只需要设定 TRUE 或 FALSE，确定移动工具或固定工具；负载特性数据可通过上述的负载测定指令自动设定；而工具坐标系数据 tframe 则可通过 RAPID 工具 TCP 及方位自动测定指令，由控制系统自动计算、设定工具坐标系原点（TCP）及方位四元数。

RAPID 工具坐标系自动测定指令的功能、编程格式、程序数据及添加项要求见表 7.2-4。

表 7.2-4　　　　　　　　　　**工具坐标系自动测定指令及编程格式**

名称	编程格式与示例		
移动工具 TCP 位置测定	MToolTCPCalib	编程格式	MToolTCPCalib Pos1, Pos2, Pos3, Pos4, Tool, MaxErr, MeanErr ;
		程序数据与添加项	Pos1, Pos2, Pos3, Pos4：测试点 1～4，数据类型 jointtarget； Tool：工具名称，数据类型 tooldata； MaxErr：最大误差，数据类型 num； MeanErr：平均误差，数据类型 num
	功能说明		利用 4 点定位，计算移动工具的坐标原点（TCP 位置）
	编程示例		MToolTCPCalib p1, p2, p3, p4, tool1, max_err, mean_err ;
移动工具方位四元数测定	MToolRotCalib	编程格式	MToolRotCalib RefTip, ZPos [\XPos],Tool ;
		程序数据与添加项	RefTip：TCP 点位置，数据类型 jointtarget； Zpos：工具坐标系+Z 轴点，数据类型 jointtarget； \Xpos：工具坐标系+X 轴点，数据类型 jointtarget； Tool：工具名称，数据类型 tooldata
	功能说明		利用 2～3 点定位，计算移动工具的坐标方位四元数
	编程示例		MToolRotCalib pos_tip, pos_z \XPos:=pos_x, tool1 ;

续表

名称	编程格式与示例		
固定工具 TCP 位置测定	SToolTCPCalib	编程格式	SToolTCPCalib Pos1, Pos2, Pos3, Pos4, Tool, MaxErr, MeanErr ;
		程序数据与添加项	Pos1, Pos2, Pos3, Pos4：测试点 1～4，数据类型 robtarget; Tool：工具名称，数据类型 tooldata; MaxErr：最大误差，数据类型 num; MeanErr：平均误差，数据类型 num
	功能说明		利用 4 点定位，计算固定工具控制点 TCP
	编程示例		SToolTCPCalib p1, p2, p3, p4, tool1, max_err, mean_err ;
固定工具方位四元数测定	SToolRotCalib	编程格式	SToolRotCalib RefTip ZPos XPos Tool;
		程序数据与添加项	RefTip：TCP 点位置，数据类型 robtarget; Zpos：工具坐标系+Z 轴上的一点，数据类型 robtarget; Xpos：工具坐标系+X 轴上的一点，数据类型 robtarget; Tool：工具名称，数据类型 tooldata
	功能说明		利用 3 点定位，计算固定工具方位四元数
	编程示例		SToolRotCalib pos_tip, pos_z, pos_x, tool1 ;

2. 移动工具测定

对于安装在机器人手腕上的移动工具，为了自动测试、设定工具坐标系数据 tframe，需要利用移动工具 TCP 测定指令 MToolTCPCalib，测试、设定工具坐标系的原点（TCP 点）位置数据项 tframe.trans；以及利用移动工具方位测定指令 MtoolRotCalib，测试、设定工具坐标系的工具方位数据项 tframe.rot。

执行移动工具 TCP、方位测定指令前，必须利用永久数据 PERS 事先完成安装形式 robhold、负载特性项 tload 等其他数据项的定义。其中，工具安装形式数据项 robhold 必须定义为 TRUE（移动工具）；工具坐标系数据 tframe 应设定为 tool0 的初始值（见第 3.2 节）。此外，工件数据 Wobj 必须指定为初始值 Wobj0；如程序中存在机器人偏移，也必须通过 PdispOff 指令予以撤销。

移动工具 TCP 位置测定指令的测试要求如图 7.2-1（a）所示。测定时首先需要在大地坐标系上建立一个测试基准位置，然后给定 4 个工具姿态不同、但 TCP 点均位于测试基准位置上的关节位置型（jointtarget）测试点 Pos1、Pos2、Pos3、Pos4，这样，便可通过机器人在 4 个测试点的绝对定位运动（MoveAbsJ），由控制系统自动测试、计算 TCP 点在机器人手腕基准坐标系上的位置值，完成工具坐标系原点数据项 tframe.Trans 的设定。与此同时，系统还可计算出原点的最大测量误差和平均测量误差；4 个测试点的关节位置变化量越大，测定结果就越准确。

移动工具方位测定指令的测试要求如图 7.2-1（b）所示。测定时需要给定工具姿态保持不变 2 或 3 个关节位置：如工具坐标系的 X、Y 轴方向与机器人手腕基准坐标系相同，则测定时只需要给定工具坐标系原点 RefTip、工具坐标系+Z 轴上的任意一点 Zpos；如工具坐标系的 X、Y 轴方向与机器人手腕基准坐标系不同，则需要给定工具坐标系原点 RefTip、工具坐标系+Z 轴上的任意一点 ZPos、工具坐标系+X 轴上的任意一点\Xpos。这样，便可通过机器人在测试点的绝对定位运动（MoveAbsJ），由控制系统自动测试、计算工具坐标系的方位四元数，完成工具坐标系方位数据项 tframe.rot 的设定。

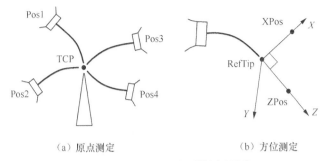

（a）原点测定　　　　　　　　　（b）方位测定

图 7.2-1　移动工具坐标系的测试要求

移动工具测定指令的编程示例如下。

```
CONST jointtarget p1 := [...] ;                        // 定义测试点
CONST jointtarget p2 := [...] ;
CONST jointtarget p3 := [...] ;
CONST jointtarget p4 := [...] ;
PERS tooldata tool1:= [TRUE, [ [0, 0, 0], [1, 0, 0 ,0] ], [0.001, [0, 0, 0.001],
[1, 0, 0, 0], 0, 0, 0] ] ;                             // 预定义工具数据
VAR num max_err ;                                       // 定义测量误差数据
VAR num mean_err ;
……
MoveAbsJ p1, v10, fine, tool0 ;                         // 测试点定位
MoveAbsJ p2, v10, fine, tool0 ;
MoveAbsJ p3, v10, fine, tool0 ;
MoveAbsJ p4, v10, fine, tool0 ;
MToolTCPCalib p1, p2, p3, p4, tool1, max_err, mean_err ; // 工具坐标原点测定
……
! *****************************************************
CONST jointtarget pos_tip := [...] ;                   // 定义测试点
CONST jointtarget pos_z := [...] ;
CONST jointtarget pos_x := [...] ;
PERS tooldata tool1:= [ TRUE, [ [20, 30, 100], [1, 0, 0 ,0] ], [0.001,[0,
0, 0.001], [1, 0, 0, 0], 0, 0, 0 ] ] ;                 // 预定义工具方位
MoveAbsJ pos_tip, v10, fine, tool0 ;                   // 测试点定位
MoveAbsJ pos_z, v10, fine, tool0 ;
MoveAbsJ pos_x, v10, fine, tool0 ;
MToolRotCalib pos_tip, pos_z\XPos:=pos_x, tool1 ;   // 工具坐标系方位测定
……
```

3. 固定工具测定

对于工具固定安装、机器人移动工件的作业，为了自动测试、设定工具坐标系数据

tframe，需要利用固定工件 TCP 测定指令 SToolTCPCalib，测试、设定工具坐标系的原点
（TCP 点）位置数据项 tframe.trans；以及利用固定工具方位测定指令 SToolRotCalib，测试、
设定工具坐标系的工具方位数据项 tframe.rot。

执行固定工具 TCP、方位测定指令前，同样必须利用永久数据 PERS 事先完成安装形
式 robhold、负载特性项 tload 等其他数据项的定义。其中，工具安装形式数据项 robhold
必须定义为 FALSE（固定工具）；工具坐标系数据 tframe 应设定为 tool0 的初始值（见第
3.2 节）。此外，工件数据 Wobj 必须指定为初始值 Wobj0；如程序中存在机器人偏移，也
必须通过 PdispOff 指令予以撤销。

移动工具 TCP 位置、方位测定指令的测试要求与移动工具测定类似，但其测试点必须
以 TCP 位置型（robtarget）数据的形式给定，定位需要使用关节插补指令 MoveJ，而且，
方位测定指令 StoolRotCalib 必须使用 3 点定位。

移动工具测定指令的编程示例如下。

```
CONST robtarget p1 := [...] ;                          // 定义测试点
CONST robtarget p2 := [...] ;
CONST robtarget p3 := [...] ;
CONST robtarget p4 := [...] ;
PERS tooldata point_tool:= [ FALSE, [[0, 0, 0], [1, 0, 0 ,0] ], [0,001,[0,
0, 0.001], [1, 0, 0, 0], 0, 0, 0] ] ;                  // 定义初始工具
PERS tooldata tool1:= [ FALSE, [ [0, 0, 0], [1, 0, 0 ,0] ], [0,001, [0, 0,
0.001], [1, 0, 0, 0], 0, 0, 0] ];                      // 预定义工具数据
VAR num max_err ;
VAR num mean_err ;
......
MoveJ p1, v10, fine, point_tool ;                      // 测试点定位
MoveJ p2, v10, fine, point_tool ;
MoveJ p3, v10, fine, point_tool ;
MoveJ p4, v10, fine, point_tool ;
SToolTCPCalib p1, p2, p3, p4, tool1, max_err, mean_err ;   // 工具坐标原点测定
......
! *************************************************************
CONST robtarget pos_tip := [...] ;                     // 定义测试点
CONST robtarget pos_z := [...] ;
CONST robtarget pos_x := [...] ;
PERS tooldata tool1:= [ FALSE, [[20, 30, 100], [1, 0, 0 ,0] ], [0,001, [0,
0, 0.001], [1, 0, 0, 0], 0, 0, 0] ];                   // 预定义工具方位
MoveJ pos_tip, v10, fine, point_tool ;                 // 测试点定位
MoveJ pos_z, v10, fine, point_tool ;
MoveJ pos_x, v10, fine, point_tool ;
SToolRotCalib pos_tip, pos_z, pos_x, tool1 ;           // 工具坐标系方位测定
......
```

7.2.3 回转轴用户坐标系测算函数

1. 指令与功能

RAPID 回转轴用户坐标系测算函数命令可用来测试及计算图 7.2-2 所示的、使用回转轴的用户坐标系原点和方位（pose 数据），其基准为大地坐标系（World cooordinates）。

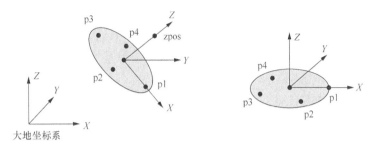

图 7.2-2　用户坐标系的测定

RAPID 回转轴用户坐标系测算函数命令的功能、编程格式及参数要求见表 7.2-5。

表 7.2-5　　　　　　　　　　　　　用户坐标系测算函数及编程格式

名称			编程格式与示例
用户坐标系测算	CalcRotAx FrameZ	命令格式	CalcRotAxFrameZ (TargetList, TargetsInList, PositiveZPoint, MaxErr, MeanErr)
		命令参数与添加项	TargetList：测试点位置，robtarget 型数组； TargetsInList：测试点数量，数据类型 num； PositiveZPoint：+Z 轴上的点，数据类型 robtarget； MaxErr：最大误差，数据类型 num； MeanErr：平均误差，数据类型 num
		执行结果	用户坐标系数据（原点、方位）
	编程示例		resFr:=CalcRotAxFrameZ(targetlist, 4, zpos, max_err, mean_err) ;
外部轴用户坐标系测算	CalcRotAxis Frame	命令格式	CalcRotAxisFrame (MechUnit [\AxisNo], TargetList, TargetsInList, MaxErr, MeanErr)
		命令参数与添加项	MechUnit：机械单元名称，数据类型 mecunit； \AxisNo：轴序号（默认 1），数据类型 num； TargetList：测试点位置，robtarget 型数组； TargetsInList：测试点数量，数据类型 num； MaxErr：最大误差，数据类型 num； MeanErr：平均误差，数据类型 num
		执行结果	外部轴用户坐标系数据（原点、方位）
	编程示例		resFr:=CalcRotAxisFrame(STN1 , targetlist, 4, max_err, mean_err) ;

用户坐标系测算函数命令 CalcRotAxFrameZ 可用于 Z 轴方向未知的回转轴用户坐标系测试、计算，命令可通过机器人在 +X 轴上的 p1 点、+Z 轴上的 zpos 点及 XY 平面上的任意 3 点 p2、p3、p4 的关节插补定位（MoveJ），由控制系统自动测算用户坐标系原点和方位。

外部轴用户坐标系测算函数命令 CalcRotAxisFrame 可用于 Z 轴方向已知的外部回转轴用户坐标系测试、计算，命令只需要通过 +X 轴上的 p1 点及 XY 平面上的任意 3 点 p2、p3、 p4 的关节插补定位（MoveJ），便可由控制系统自动测算用户坐标系原点和方位。

2. 编程说明

在用户坐标系测算函数命令中，*XY* 平面上的测试点需要以数组的形式定义，数组可以由 4～10 个 TCP 位置型（robtarget）数据组成；增加测试点，可提高用户坐标系的测算精度。

用户坐标系测算函数命令的编程示例如下。

```
VAR robtarget targetlist{4} ;                    // 程序数据定义
VAR num max_err := 0 ;
VAR num mean_err := 0 ;
VAR pose resFr1:=[...] ;
VAR pose resFr2:=[...] ;
……
CONST robtarget pos11 := [...] ;                 // 测试点定义
CONST robtarget pos12 := [...] ;
CONST robtarget pos13 := [...] ;
CONST robtarget pos14 := [...] ;
CONST robtarget zpos ;
MoveJ pos11, v10, fine, Tool1 ;                  // 测试点定位
MoveJ pos12, v10, fine, Tool1 ;
MoveJ pos13, v10, fine, Tool1 ;
MoveJ pos14, v10, fine, Tool1 ;
MoveJ zpos, v10, fine, Tool1 ;
targetlist{1}:= pos11 ;                          // 数组定义
targetlist{2}:= pos12 ;
targetlist{3}:= pos13 ;
targetlist{4}:= pos14 ;
resFr1:=CalcRotAxFrameZ(targetlist, 4, zpos, max_err, mean_err) ;
                                                 // 用户坐标系测算
……
! ***********************************************8
CONST robtarget pos21 := [...] ;                 // 测试点定义
CONST robtarget pos22 := [...] ;
CONST robtarget pos23 := [...] ;
CONST robtarget pos24 := [...] ;
MoveJ pos21, v10, fine, Tool1 ;                  // 测试点定位
MoveJ pos22, v10, fine, Tool1 ;
MoveJ pos23, v10, fine, Tool1 ;
MoveJ pos24, v10, fine, Tool1 ;
targetlist{1}:= pos21 ;                          // 数组定义
targetlist{2}:= pos22 ;
targetlist{3}:= pos23 ;
```

```
targetlist{4}:= pos24 ;
resFr2:=CalcRotAxisFrame(STN_1 , targetlist, 4, max_err, mean_err) ;
……                                          // 外部回转轴用户坐标系测算
```

7.2.4 系统参数设定及数据检索指令

1. 系统参数读写

系统参数是直接影响到系统结构和功能的重要数据，它通常需要由机器人生产厂家设置，原则上用户不应对其进行修改。系统参数一般通过相应的操作进行设定，但如果需要，部分参数也可通过 RAPID 程序进行读写。RAPID 系统参数读写指令的功能、编程格式、程序数据及添加项的要求见表 7.2-6。

表 7.2-6　　　　　　　　　　　　配置参数读取指令编程格式

名称	编程格式与示例		
配置参数读取	ReadCfgData	编程格式	ReadCfgData InstancePath, Attribute, CfgData [\ListNo] ;
		程序数据与添加项	InstancePath：参数访问路径，数据类型 string； Attribute：参数名，数据类型 string； CfgData：读取的参数值，数据类型取决于参数； \ListNo：参数值序号，数据类型 num
	功能说明		将系统配置参数值读入程序数据 CfgData 上
	编程示例		ReadCfgData "/EIO/EIO_SIGNAL/process_error", "Device", io_device;
配置参数写入	WriteCfgData	编程格式	ReadCfgData InstancePath, Attribute, CfgData [\ListNo] ;
		程序数据与添加项	InstancePath：参数访问路径，数据类型 string； Attribute：参数名，数据类型 string； CfgData：写入的参数值，数据类型取决于参数； \ListNo：参数值序号，数据类型 num
	功能说明		将程序数据 CfgData 的值写入系统配置参数值中
	编程示例		WriteCfgData "/MOC/MOTOR_CALIB/rob1_1", "cal_offset", offset1 ;
配置参数保存	SaveCfgData	编程格式	SaveCfgData FilePath [\File], Domain ;
		程序数据与添加项	FilePath：文件路径，数据类型 string； \File：文件名，数据类型 string； Domain：配置参数类别，数据类型 cfgdomain
	功能说明		将指定类系统配置参数保存到指定的路径或文件中
	编程示例		SaveCfgData "SYSPAR" \File:="MYEIO.cfg", EIO_DOMAIN ;
系统重启	WarmStart	编程格式	WarmStart ;
		程序数据	——
	功能说明		系统重启，生效配置参数
	编程示例		WarmStart ;
系统数据设置	SetSysData	编程格式	SetSysData SourceObject [\ObjectName] ;
		程序数据与添加项	SourceObject：系统数据，数据类型 tooldata 或 wobjdata、loaddata； \ObjectName：系统数据名称设置，数据类型 string

名称	编程格式与示例		
系统数据设置	功能说明	将 SourceObject 指定的工具或工件、负载数据设置为系统当前有效数据	
	编程示例	SetSysData tool0 \ObjectName := "tool6" ;	
系统数据读入	GetSysData	编程格式	GetSysData [\TaskRef] | [\TaskName] DestObject [\ObjectName] ;
		程序数据与添加项	\TaskRef：当前任务号读取，数据类型 taskid； \TaskName：当前任务名读取，数据类型 string； DestObject：系统数据，数据类型 tooldata 或 wobjdata、loaddata； \ObjectName：系统数据名称读取，数据类型 string
	功能说明	将系统当前有效的工具或工件、负载数据读入 SourceObject 上	
	编程示例	GetSysData curtoolvalue \ObjectName := curtoolname ;	
机器人名称读入	RobName	命令格式	RobName()
		命令参数	——
		执行结果	当前任务的机器人名称，未控制机器人的任务为空字符串
	编程示例	my_robot := RobName() ;	
系统基本信息读取	GetSysInfo	命令格式	GetSysInfo ([\SerialNo] | [\SWVersion] | [\RobotType] | [\CtrlId] | [\LanIp] | [\CtrlLang] | [\SystemName])
		命令参数	\SerialNo：系列号，数据类型 switch； \SWVersion：软件版本，数据类型 switch； \RobotType：机器人型号，数据类型 switch； \CtrlId：控制系统 ID 号，数据类型 switch； \LanIp：系统的 IP 地址，数据类型 switch； \CtrlLang：控制系统使用的语言，数据类型 switch； \SystemName：控制系统名称，数据类型 switch
		执行结果	命令要求的系统基本信息
	功能说明	读取控制系统的基本信息	
	编程示例	version := GetSysInfo(\SWVersion) ;	
控制系统序列号确认	IsSysId	命令格式	IsSysId (SystemId)
		命令参数	SystemId：系列号，数据类型 string
		执行结果	系列号与实际系统一致时为 TRUE，否则为 FALSE
	功能说明	控制系统序列号检查	
	编程示例	IF NOT IsSysId("6400-1234") THEN	

系统参数种类繁多，其中，系统配置参数是用于软硬件设置的基本参数，它直接影响系统结构和功能。系统配置参数可以通过 RAPID 指令，以文件的形式读取、写入及保存，指令需要使用字符串形式的文件名，指定配置参数的类别。ABB 机器人控制系统配置参数的文件名（类别）定义如下。

EIO_DOMAIN：I/O 配置参数 EIO.cfg；

MOC_DOMAIN：运动配置参数 MOC.cfg；

SIO_DOMAIN：通信配置参数 SIO.cfg；

PROC_DOMAIN：程序配置参数 PROC.cfg；

SYS_DOMAIN：系统配置参数 SYS.cfg；

MMC_DOMAIN：人机界面配置参数 MMC.cfg；

ALL_DOMAINS：以上所有配置参数。

例如，利用以下程序，可将系统配置参数"/MOC/MOTOR_CALIB/rob1_1（运动配置/伺服电机/机器人 1_第 1 轴）"的偏移量校准参数 cal_offset，增加 1.2 后重新写入；然后，将系统现有的所有配置参数保存至路径 SYSPAR（文件夹）中；接着，再将系统 I/O 配置参数 EIO.cfg 单独保存到 SYSPAR 的文件 MYEIO.cfg 中。执行程序后，文件夹 SYSPAR 中将包括 EIO.cfg、MOC.cfg、SIO.cfg、PROC.cfg、SYS.cfg、MMC.cfg 文件及 MYEIO.cfg 文件。

```
VAR num offset1 ;                                      // 程序数据定义
……
ReadCfgData "/MOC/MOTOR_CALIB/rob1_1","cal_offset",offset1 ;   // 参数读入
offset1 := offset1+1.2 ;                               // 数值处理
WriteCfgData "/MOC/MOTOR_CALIB/rob1_1","cal_offset",offset1 ;  // 参数写入
WarmStart ;                                            // 系统重启，生效配置参数
……
SaveCfgData "SYSPAR", ALL_DOMAINS ;                    // 保存全部配置文件
SaveCfgData "SYSPAR" \File:="MYEIO.cfg", EIO_DOMAIN ;  // 单独保存 EIO.cfg 文件
……
```

系统数据及机器人名称读入、修改指令，可以用于当前程序数据的读入与修改。例如，利用以下程序，可进行当前工具数据的读写操作。

```
PERS tooldata curTvalu := [TRUE, [[0, 0, 0], [1, 0, 0, 0]],[2, [0, 0, 2],
[1, 0, 0, 0], 0, 0, 0]] ;
VAR string curTname ;
……
GetSysData curTvalu ;                        // 当前工具数据读入 curTvalu
GetSysData curTname \ObjectName := curTname ; // 当前工具名称读入 curTname
……
SetSysData tool5 ;                           // 设定 tool5 为当前工具数据
SetSysData tool0 \ObjectName := "tool5" ;    // 设定"tool5"为当前工具名称
……
```

利用以下程序，则可读取现行任务中的机器人名称，如果任务中未指定机器人运动（名称为空字符），则示教器显示"This task does not control any TCP robot"；如任务中指定了机器人，则示教器显示机器人名称，如"This task controls TCP robot with name ROB_1"等。

```
VAR string my_robot ;
……
```

```
my_robot := RobName() ;
IF my_robot="" THEN
   TPWrite "This task does not control any TCP robot";
ELSE
   TPWrite "This task controls TCP robot with name "+ my_robot ;
ENDIF
```

控制系统的序列号、软件版本、机器人型号、IP 地址、使用的语言等基本信息，可以通过函数命令 GetSysInfo 读取。例如，利用如下程序：

```
VAR string serial ;
VAR string version ;
VAR string rtype ;
VAR string cid ;
VAR string lanip ;
VAR string clang ;
VAR string sysname ;
serial := GetSysInfo(\SerialNo) ;
version := GetSysInfo(\SWVersion) ;
rtype := GetSysInfo(\RobotType) ;
cid := GetSysInfo(\CtrlId) ;
lanip := GetSysInfo(\LanIp) ;
clang := GetSysInfo(\CtrlLang) ;
sysname := GetSysInfo(\SystemName) ;
```

可在相应的程序数据上获得如下格式的字符串文本信息。

序列号（serial）：14～21 858；

软件版本（version）：ROBOTWARE_5.08.134；

机器人型号（rtype）：2400/16 Type A；

控制器 ID（cid）：44～1267；

系统 IP 地址（lanip）：192.168.8.103；

语言（clang）：en；

系统名称（sysname）：MYSYSTEM。

2. 程序数据检索与设定指令及函数

RAPD 程序数据检索指令可在指定的应用程序区域（任务、模块、程序）或指定性质的数据（CONST、PERS、VAR）中，检索指定的程序数据，并对其进行数值读取、数值设定等操作。

RAPID 数据检索、设定指令与函数命令的功能、编程格式、程序数据、命令参数及添加项的编程要求见表 7.2-7。

表 7.2-7　　　　　　　　　　　数据检索、设定指令与函数命令的编程格式

名称	编程格式与示例		
数据检索设定	SetDataSearch	编程格式	SetDataSearch Type [\TypeMod] [\Object] [\PersSym] [\VarSym] [\ConstSym] [\InTask] | [\InMod] [\InRout] [\GlobalSym] | [\LocalSym] ;
		程序数据与添加项	Type：检索数据类型名，数据类型 string； \TypeMod：用户定义的数据类型名，数据类型 string； \Object：检索对象，数据类型 string； \PersSym：永久数据 PERS 检索，数据类型 switch； \VarSym：程序变量 VAR 检索，数据类型 switch； \ConstSym：常量 CONST 检索，数据类型 switch； \InTask：指定任务检索，数据类型 switch； \InMod：指定模块检索，数据类型 string； \InRout：指定程序检索，数据类型 string； \GlobalSym：仅检索全局模块，数据类型 switch； \LocalSym：仅检索局部模块，数据类型 switch
		功能说明	定义数据检索对象、检索范围等
		编程示例	SetDataSearch "robtarget"\InTask ;
数值数据读取	GetDataVal	编程格式	GetDataVal Object [\Block] | [\TaskRef] | [\TaskName] Value ;
		程序数据与添加项	Object：检索对象，数据类型 string； \Block：程序块信息，数据类型 datapos； \TaskRef：任务代号，数据类型 taskid； \TaskName：任务名称，数据类型 string； Value：数值，数据类型任意
		功能说明	检索指定的程序块，读取指定的数据值并保存到 Value 指定的程序数据中
		编程示例	GetDataVal name\Block:=block,valuevar ;
数值数据设定	SetDataVal	编程格式	SetDataVal Object [\Block] | [\TaskRef] | [\TaskName] Value ;
		程序数据与添加项	Object：检索对象，数据类型 string； \Block：程序块信息，数据类型 datapos； \TaskRef：任务代号，数据类型 taskid； \TaskName：任务名称，数据类型 string； Value：设定值，数据类型任意
		功能说明	将指定检索区的检索对象设定为程序数据 Value 定义的值
		编程示例	SetDataVal name\Block:=block,truevar ;
全部数值数据设定	SetAllDataVal	编程格式	SetAllDataVal Type [\TypeMod] [\Object] [\Hidden] Value ;
		程序数据与添加项	Type：检索数据类型名，数据类型 string； \TypeMod：定义用户数据的模块名，数据类型 string； \Object：检索对象，数据类型 string； \Hidden：隐藏数据有效，数据类型 switch； Value：设定值，数据类型任意
		功能说明	将 Type 所指定的程序数据类型，一次性设定为程序数据 Value 定义的值
		编程示例	SetAllDataVal "mydata"\TypeMod:="mytypes"\Hidden, mydata0 ;

续表

名称	编程格式与示例		
数据检索	GetNextSym	命令格式	GetNextSym (Object, Block [\Recursive])
		命令参数	Object：检索对象，数据类型 string； Block：程序块信息，数据类型 datapos； \Recursive：可循环程序块，数据类型 switch
		执行结果	存在检索对象时为 TRUE，不存在时则为 FALSE
	命令功能		确定检索对象是否存在，并将对象所在的程序块信息保存至参数 Block 中
	编程示例		WHILE GetNextSym(name,block) DO

数据检索指令及函数命令的编程实例如下。该程序可在 mymod 程序模块中，检索名称前缀为 "my." 的 num 型程序数据，如数据存在，可将数值读取到程序数据 valuevar 中，并在示教器上显示数值；接着，检索名称前缀为 "my." 的 bool 型程序数据，如数据存在，则将其值设定为 TRUE；然后，将用户在 "mytypes" 模块中定义的、数据类型为 "mydata" 的程序数据的数值，全部设定为 0。

```
VAR datapos block ;                                      // 程序数据定义
VAR num valuevar ;
VAR string name:= "my.* " ;
VAR bool truevar:=TRUE ;
VAR mydata mydata0:=0 ;
……
SetDataSearch "num" \Object:="my.* " \InMod:="mymod";    // num 数据检索设定
WHILE GetNextSym(name,block) DO                          // num 数据检索
GetDataVal name\Block:=block,valuevar ;                  // num 数据读取
TPWrite name+" " \Num:=valuevar ;                        // num 数据显示
ENDWHILE
……
SetDataSearch "bool" \Object:="my.*" \InMod:="mymod" ;   // bool 数据检索设定
WHILE GetNextSym(name,block) DO                          // bool 数据检索
SetDataVal name\Block:=block, truevar ;                  // bool 数据设定
ENDWHILE
……
SetAllDataVal "mydata"\TypeMod:="mytypes"\Hidden,mydata0 ; // 用户数据设定
……
```

7.3 伺服设定调整指令与编程

7.3.1 伺服设定指令

1. 指令与功能

一般情况下，机器人系统的伺服驱动轴均处于闭环位置控制模式，伺服轴可实时跟随

系统指令脉冲运动（伺服跟随控制）。从自动控制理论的角度看，伺服驱动系统的位置控制闭环实际上采用的是转矩、速度、位置内外三闭环控制；驱动器可根据需要，选择转矩控制、速度控制、位置跟随、伺服锁定等多种控制模式。例如，对于系统中无需经常运动的伺服轴，如机器人变位器等，为了提高系统处理其他命令的速度，可以选择驱动器的伺服锁定模式，使对应的伺服驱动电机保持在指定的位置上等。

RAPID 伺服设定指令包括机械单元启用/停用、软伺服控制两类。利用机械单元启用/停用指令，可成组生效/撤销指定机械单元的所有运动轴，进行伺服跟随/伺服锁定模式的切换；软伺服控制可对指定轴进行位置控制/转矩控制的切换；指令的功能、编程格式、程序数据要求见表 7.3-1。

表 7.3-1　　　　　　　　　　伺服设定指令及编程格式

名称	编程格式与示例		
启用机械单元	ActUnit	编程格式	ActUnit MechUnit ;
		程序数据	MechUnit：机械单元名称，数据类型 mecunit
	功能说明		指定机械单元的伺服驱动器使能，进入伺服跟随控制模式
	编程示例		ActUnit track_motion ;
停用机械单元	DeactUnit	编程格式	DeactUnit MechUnit ;
		程序数据	MechUnit：机械单元名称，数据类型 mecunit
	功能说明		指定机械单元的伺服驱动器关闭，进入伺服锁定控制模式
	编程示例		DeactUnit track_motion ;
启用软伺服	SoftAct	编程格式	SoftAct [\MechUnit] Axis, Softness [\Ramp] ;
		指令添加项	\MechUnit：机械单元名称，数据类型 mecunit
		程序数据与添加项	Axis：轴序号，数据类型 num；Softness：柔性度，数据类型 num \Ramp：加减速倍率，数据类型 num
	功能说明		使能指定轴的转矩控制（软伺服）功能
	编程示例		SoftAct \MechUnit:=orbit1, 1, 40 \Ramp:=120 ;
停用软伺服	SoftDeact	编程格式	SoftDeact [\Ramp] ;
		指令添加项	\Ramp：加减速倍率，数据类型 num
	功能说明		撤销全部轴的转矩控制（软伺服）功能
	编程示例		SoftDeact \Ramp:=150 ;
启动软伺服抖动	DitherAct	编程格式	DitherAct [\MechUnit] Axis [\Level] ;
		指令添加项	\MechUnit：机械单元名称，数据类型 mecunit
		程序数据与添加项	Axis：轴序号，数据类型 num；\Level：幅值倍率，数据类型 num
	功能说明		使指定的转矩控制（软伺服）轴产生抖动，消除间隙
	编程示例		DitherAct \MechUnit:=ROB_1, 2 ;
撤销软伺服抖动	DitherDeact	编程格式	DitherDeact ;
		程序数据	——

名称	编程格式与示例		
撤销软伺服抖动	功能说明	撤销所有转矩控制（软伺服）轴的抖动	
	编程示例	DitherDeact ;	
机械单元名称读入	GetMecUnitName	命令格式	GetMecUnitName (MechUnit)
		命令参数	MechUnit：机械单元名称，数据类型 mecunit
		执行结果	字符型机械单元名称 UnitName，数据类型 string
	功能说明	读取字符型机械单元名称 UnitName，数据类型 string	
	编程示例	mecname:= GetMecUnitName(ROB1)	
机械单元启用检查	IsMechUnitActive	命令格式	IsMechUnitActive (MechUnit)
		命令参数	MechUnit：机械单元名称，数据类型 mecunit
		执行结果	机械单元启用时为 TRUE，停用则为 FALSE
	功能说明	检查机械单元是否启用	
	编程示例	Curr_MechUnit:=IsMechUnitActive(SpotWeldGun) ;	
机械单元状态检测	GetNextMechUnit	命令格式	GetNextMechUnit(ListNumber, UnitName [\MecRef] [\TCPRob] [\NoOfAxes][\MecTaskNo] [\MotPlanNo] [\Active] [\DriveModule] [\OKToDeact])
		命令参数与添加项	ListNumber：机械单元列表序号，数据类型 num；UnitName：字符型机械单元名称，数据类型 string；\MecRef：机械单元名称，数据类型 mecunit；\TCPRob：机械单元为机器人，数据类型 bool；\NoOfAxes：机械单元轴数量，数据类型 num；\MotPlanNo：使用的驱动器号，数据类型 num；\Active：机械单元状态，数据类型 bool；\DriveModule：驱动器模块号，数据类型 num；\OKToDeact：可停用机械单元，数据类型 bool
		执行结果	指定的机械单元状态信息
	功能说明	检测指定机械单元的状态	
	编程示例	found := GetNextMechUnit (listno, name) ;	
机械单元服务信息读入	GetServiceInfo	命令格式	GetServiceInfo (MechUnit [\DutyTimeCnt])
		命令参数与添加项	MechUnit：机械单元名称，数据类型 mecunit；\DutyTimeCnt：机械单元运行时间，数据类型 switch
		执行结果	读取机械单元运行时间
	功能说明	读取机械单元运行时间等服务信息	
	编程示例	mystring:=GetServiceInfo(ROB_ID \DutyTimeCnt) ;	

2. 机械单元启用/停用

机械单元又称控制轴组，是由若干伺服轴组成的、具有独立功能的基本运动单元，如机器人本体、机器人变位器、工件变位器等。机械单元的名称及所属的控制轴，必须利用系统参数进行定义，而不能用 RAPID 指令在程序中指定；机械单元的状态可通过机械单元状态检测函数命令 GetNextMechUnit 检查；运行时间等服务信息可通过函数命令 GetServiceInfo

读取。

　　RAPID 机械单元启用/停用指令 ActUnit/DeactUnit 可用来使能/关闭指定机械单元全部运动轴的伺服驱动器；启用机械单元，控制系统将对该单元的全部运动轴实施闭环位置控制，驱动器进入伺服跟随控制模式；停用机械单元，该单元的全部运动轴将处于伺服锁定状态，运动轴位置保持不变。执行机械单元启用/停用指令 ActUnit/DeactUnit 前，运动轴必须已完成到位区间为 fine 的准确定位。

　　例如，如机械单元 track_motion 为机器人变位器控制轴组，则通过以下程序，可通过变位器的运动，将机器人整体移动到位置 p0；然后，使变位器成为伺服锁定状态，进行机器人的移动。

```
ActUnit track_motion ;                          // 启用机械单元
MoveExtJ  p0, vrot10, fine;                     // 外部轴定位
DeactUnit track_motion ;                        // 停用机械单元
MoveL p10, v100, z10, tool1 ;
MoveL p20, v100, fine, tool1 ;
......
```

3. 软伺服控制

　　ABB 机器人所谓的软伺服（Soft Servo）实际上是伺服驱动系统的转矩控制功能，它通常用于机器人与工件存在刚性接触的作业场合。软伺服（转矩控制）功能一旦生效，伺服电机的输出转矩将保持不变，因此，运动轴受到的作用力（负载转矩）越大，定位点的位置误差也就越大。

　　软伺服启用指令 SoftAct 可将指定轴切换到转矩控制模式，电机输出转矩的可通过指令的程序数据 Softness（柔性度），以百分率的形式定义；柔性度 0 代表额定转矩输出（接触刚度最大），柔性度 100%代表最低转矩输出（接触刚度最小）。电机在转矩控制方式下的启/制动加速度，可通过 SoftAct 指令的添加项\Ramp，以百分率的形式设定与调整。

　　当运动轴进入转矩控制方式后，如需要，还可以通过伺服抖动指令 DitherAct，使运动轴产生短时间的抖动，以消除摩擦力等因素的影响。抖动的频率、转矩、幅值（位移）等参数由控制系统自动调整，但抖动幅值可通过指令 DitherAct 的\Level，以百分率的形式，在 50%～150%范围内调整。

```
MoveJ p0, v100, fine, tool1 ;
SoftAct \MechUnit:=ROB_1, 2, 120 ;              // 启用软伺服
WaitTime 2 ;
DitherAct \MechUnit:=ROB_1, 2 ;                 // 软伺服抖动
WaitTime 1 ;
DitherDeact ;                                   // 软伺服撤销
SoftDeact ;                                     // 停用软伺服
MoveL p10, v100, z10, tool1 ;
......
```

7.3.2 伺服调整指令

1. 指令与功能

伺服调整指令是用于伺服驱动系统参数自动测试或设定、调整的高级应用功能，包括阻尼自动测试与设定指令、伺服驱动系统参数设定与输出等，指令的功能、编程格式、程序数据及添加项的要求见表 7.3-2。

表 7.3-2 　　　　　　　　　　　伺服调整指令及编程格式

名称	编程格式与示例		
位置采样周期调整	PathResol	编程格式	PathResol PathSampleTime ;
		程序数据	PathSampleTime：位置采样周期倍率（%），数据类型 num
	功能说明		在 25%～400% 范围内，调整系统的位置采样周期
	编程示例		PathResol 150 ;
启用事件缓冲	ActEventBuffer	编程格式	ActEventBuffer ;
		程序数据	——
	功能说明		启用事件缓冲功能
	编程示例		ActEventBuffer ;
停用事件缓冲	DeactEventBuffer	编程格式	DeactEventBuffer ;
		程序数据	——
	功能说明		停用事件缓冲功能
	编程示例		DeactEventBuffer ;
启动阻尼测试	FricIdInit	编程格式	FricIdInit ;
		程序数据	——
	功能说明		启动机器人运动轴的阻尼自动测试功能
	编程示例		FricIdInit ;
阻尼测试参数设定	FricIdEvaluate	编程格式	FricIdEvaluate FricLevels [\MechUnit] [\BwdSpeed] [\NoPrint] [\FricLevelMax] [\FricLevelMin] [\OptTolerance] ;
		程序数据与添加项	FricLevels：阻尼系数名称，数据类型 array of num（数值型数组，按轴序排列）； \MechUnit：机械单元名称，数据类型 mecunit； \BwdSpeed：机器人回退速度，数据类型 speeddata； \NoPrint：示教器不显示测试过程，数据类型 switch； \FricLevelMax：阻尼系数最大值（%），数据类型 num，设定范围 101%～500%，默认 500%； \FricLevelMin：阻尼系数最小值（%），数据类型 num，设定范围 1%～100%，默认 100%； \OptTolerance：公差优化系数，数据类型 num，设定范围 1～10，默认 1
	功能说明		设定阻尼测试参数
	编程示例		FricIdEvaluate friction_levels ;

名称	编程格式与示例		
生效阻尼系数	FricIdSetFricLevels	编程格式	FricIdSetFricLevels FricLevels [\MechUnit] ;
		程序数据与添加项	FricLevels：阻尼系数名称，数据类型 array of num（数值型数组，按轴序排列）； \MechUnit：机械单元名称，数据类型 mecunit
	功能说明		生效阻尼系数
	编程示例		FricIdSetFricLevels friction_levels ;
伺服调节模式选择	MotionProcessModeSet	编程格式	MotionProcessModeSet Mode ;
		程序数据	Mode：调节模式，数据类型 motionprocessmode
	功能说明		定义伺服驱动系统的位置调节模式
	编程示例		MotionProcessModeSet LOW_SPEED_ACCURACY_MODE ;
伺服参数调整	TuneServo	编程格式	TuneServo MecUnit, Axis, TuneValue [\Type] ;
		程序数据与添加项	MechUnit：机械单元名称，数据类型 mecunit； Axis：轴序号，数据类型 num； TuneValue：参数调整值（%），数据类型 num； \Type：调节器参数选择，数据类型 tunetype
	功能说明		对指定轴进行独立的伺服调节器参数设定
	编程示例		TuneServo ROB_1,1, DF\Type:=TUNE_DF ;
伺服参数初始化	TuneReset	编程格式	TuneReset ;
		程序数据	——
	功能说明		清除 TuneServo 指令设定的参数，恢复出厂设定
	编程示例		TuneReset ;
当前事件读入	EventType	命令格式	EventType ()
		命令参数	——
		执行结果	当前执行的事件类型（0~7），数据类型 event_type
	功能说明		读取系统当前执行的事件类型，无事件时执行结果为 0
	编程示例		Curr_EventType EventType() ;

2. 位置采样周期调整

位置采样周期是闭环位置控制的重要参数，位置采样周期越短，系统检测实际位置的间隔时间就越短，轨迹精度就越高，但对系统 CPU 的速度要求也越高。ABB 机器人控制系统的位置采样周期通过系统参数 PathSampleTime 进行设定，并利用位置采样周期调整指令 PathResol 及启用/停用事件缓冲指令进行调整。

位置采样周期调整指令 PathResol 可对系统参数 PathSampleTime 的设定值进行倍率调整，指令允许调整的范围为 25%~400%。通常而言，对于低速、高精度插补运动，可适当降低位置采样周期，提高轨迹控制精度；而对于高速定位运动，则可适当加大位置采样周期，以加快指令的处理速度。

启用/停用事件缓冲指令 ActEventBuffer/DeactEventBuffer 可以间接改变轨迹控制精度。事件缓冲功能停用后，机器人在执行插补移动时，系统将不再对普通事件（如通信命令、一般系统出错等）进行预处理，从而可提高轨迹控制精度。系统正在执行的当前事件可利用函数命令 EventType 读取。

3. 阻尼测试与设定指令

阻尼是伺服驱动系统闭环位置控制的基本参数，确定阻尼是系统最优控制的前提条件。运动系统的阻尼与机械传动系统的结构部件、安装调整、润滑等诸多因素密切相关，理论计算相当困难，为此，实际调试时一般需要使用 RAPID 阻尼测试指令，利用控制系统的阻尼自动测试功能，自动计算、设定系统阻尼。

阻尼自动测试功能只能用于控制机器人 TCP 定位运动的伺服轴，且需要设定系统参数 Friction FFW On 为 TRUE。测试阻尼时，机器人需要通过插补轨迹（通常为圆弧）的前进和回退，对比正反向运动的数据，计算阻尼值；为保证测试数据的准确性，插补指令的到位区间必须定义为 z0（fine）。

利用 RAPID 阻尼测试指令，进行系统阻尼自动测试，设定的程序示例如下。

```
FricIdInit ;                             // 阻尼测试开始
MoveC p10, p20, Speed, z0, Tool ;        // 测试运动
MoveC p30, p40, Speed, z0, Tool ;
FricIdEvaluate friction_levels ;         // 测试参数设定
FricIdSetFricLevels friction_levels ;    // 阻尼设定
......
```

指令 MotionProcessModeSet 可用来定义伺服驱动系统的位置调节模式，程序数据 Mode 一般以字符串的形式设定，设定"OPTIMAL_CYCLE_TIME_MODE"（数值 1）为时间最短的最佳位置调节模式；设定"LOW_SPEED_ACCURACY_MODE"（数值 2）为低速高精度位置调节模式；设定"LOW_SPEED_STIFF_MODE"（数值 3）为低速高刚度调节模式。

4. 伺服调整指令

伺服调整指令 TuneServo 可对伺服轴的位置和速度调节器参数进行设定，使用该指令将直接影响机器人的位置控制精度和动态特性，故一般多用于机器人生产厂家的调试，不推荐用户使用。

伺服系统的调节器参数可通过指令 TuneServo 的添加项\Type 指定，参数值以系统默认值百分率的形式设定，允许调整范围为 1%～500%。

调节器参数\Type 一般以字符串的形式设定，设定值含义如下。

TUNE_DF：伺服系统的谐振频率；

TUNE_DH：伺服系统的频带宽度；

TUNE_KP：伺服驱动器的位置调节器增益；

TUNE_KV：伺服驱动器的速度调节器增益；

TUNE_TI：伺服驱动器的速度调节器积分时间；

TUNE_FRIC_LEV、TUNE_FRIC_RAMP：伺服系统的摩擦与间隙补偿参数。

改变调节器参数将直接影响系统的静、动态性能，若参数调整不当，将导致系统超调量增加、刚性下降、定位不准等，严重时甚至会引起系统振荡，因此，用户原则上不应使用该指令。如使用指令后出现问题，可利用指令 TuneReset 恢复出厂参数。

7.3.3　伺服参数测试指令与函数

1. 指令与功能

伺服参数测试指令与函数用于伺服轴参数的检查，伺服参数可以通过系统的数据采集通道记录与保存，如果需要，还可以利用系统的模拟量输出信号 AO 输出到系统外部，作为仪表显示或外部设备控制信号。

RAPID 伺服参数输出指令与函数命令的功能、编程格式、程序数据及命令参数要求见表 7.3-3。

表 7.3-3　　　　　　　　　伺服参数测试指令与函数命令及编程格式

名称	编程格式与示例		
测试信号定义	TestSignDefine	编程格式	TestSignDefine　Channel,　SignalId,　MechUnit,　Axis, SampleTime ;
		程序数据	Channel：测试通道号，数据类型 num； SignalId：信号名称，数据类型 testsignal； MechUnit：机械单元名称，数据类型 mecunit； Axis：轴序号，数据类型 num； SampleTime：采样周期（s），数据类型 num
	功能说明		定义测试信号，并按指定的采样周期更新数据
	编程示例		TestSignDefine 1, resolver_angle, Orbit, 2, 0.1 ;
测试信号清除	TestSignReset	编程格式	TestSignReset ;
		程序数据	——
	功能说明		测试停止，清除全部测试信号
	编程示例		TestSignReset ;
信号测试值读取	TestSignRead	命令格式	TestSignRead (Channel)
		命令参数	Channel：测试通道号，数据类型 num
		执行结果	指定测试通道的测试值
	功能说明		读取指定测试通道的测试值
	编程示例		speed_value := TestSignRead(speed_channel) ;
电机输出转矩读取	GetMotorTorque	命令格式	GetMotorTorque([\MecUnit] AxisNo)
		命令参数与添加项	\MechUnit：机械单元名称，数据类型 mecunit； Axis：轴序号，数据类型 num
		执行结果	指定伺服电机的当前输出转矩（Nm），数据类型 num
	功能说明		读取指定伺服电机的当前输出转矩
	编程示例		motor_torque2 := GetMotorTorque(2) ;

2. 编程说明

ABB 机器人的控制系统最多可检测 12 个伺服信号，不同信号需要使用不同的数据采集通道，并通过指令中的程序数据 Channel，区分数据采集（测试）通道号。利用 TestSignDefine 指令定义测试信号或利用 TestSignRead 函数命令读取信号值时,均需要通过程序数据 Channel 来指定数据采集的通道号。

需要测试的伺服参数可通过程序数据 SignalId，以信号名称（字符串文本）的形式定义，系统出厂时，已经预定义了部分常用的测试信号，其名称见表 7.3-4。

表 7.3-4 系统预定义的测试信号名称

信号名称		单位	含 义
字符串文本	数值		
resolver_angle	1	rad	实际位置反馈（编码器角度）
speed_ref	4	rad/s	转速给定值
speed	6	rad/s	电机实际转速值
torque_ref	9	Nm	转矩给定值
dig_input1	102	——	驱动器 DI 信号 di1 状态
dig_input2	103	——	驱动器 DI 信号 di2 状态

系统对测试信号的数据采样周期可通过 TestSignDefine 指令中的程序数据 SampleTime 定义；采样周期不同，函数命令 TestSignRead 所读取的测试值也有所区别，具体如下。

SampleTime=0：TestSignRead 结果为最近 0.5ms、8 次采样的数据平均值；

SampleTime=0.001：TestSignRead 结果为最近 1ms、4 次采样的数据平均值；

SampleTime=0.002：TestSignRead 结果为最近 2ms、2 次采样的数据平均值；

SampleTime≥0.004：TestSignRead 结果为最近 1 次采样的瞬时值。

伺服参数测试指令与函数命令的编程示例如下，该程序可测试机器人 ROB_1 的 j1 轴转矩给定值，如最近 1ms 内的 4 次采样数据平均值大于 6N，示教器将显示 "Motor of j1 axis are overloaded" 报警。

```
CONST num torque_channel:=2 ;                    // 程序数据定义
VAR num curr_torque ;
VAR num max_torque:=6 ;
……
motor_torque2 := GetMotorTorque(2) ;             // j2 轴电机输出转矩读取
IF (motor_torque2 > max_torque) THEN
   TPWrite "Motor of J2 axis are overloaded " ;
Stop ;
……
TestSignDefine torque_channel, torque_ref, ROB_1, 1, 0.001 ; // 测试信号定义
……
curr_torque := TestSignRead(torque_channel) ;    // 读取测试值
IF (curr_torque > max_torque) THEN
   TPWrite "Motor of J1 axis are overloaded " ;
Stop ;
TestSignReset ;                                  // 清除测试信号
……
```

7.4　特殊轴控制指令与编程

7.4.1　独立轴控制指令

1. 指令与功能

利用独立轴（Independent Axis）控制指令，可将指定机械单元的指定轴定义为独立位置控制模式，独立轴可在位置或速度控制模式下单独运动，但不能参与机器人 TCP 的关节、直线、圆弧插补。独立轴的位置控制方式有绝对位置定位、相对位置定位和增量移动 3 种，采用速度控制模式时，伺服电机将连续回转。独立运动结束后，可通过独立轴控制撤销指令撤销独立轴控制，并重新设定轴的参考点。

RAPID 独立轴控制指令与函数命令的功能、编程格式、程序数据、命令参数及添加项的要求见表 7.4-1。

表 7.4-1　　　　　　　　　　独立轴控制指令与函数命令及编程格式

名称			编程格式与示例
独立轴绝对定位	IndAMove	编程格式	IndAMove MecUnit, Axis [\ToAbsPos] | [\ToAbsNum] , Speed [\Ramp] ;
		程序数据与添加项	\MechUnit：机械单元名称，数据类型 mecunit； Axis：轴序号，数据类型 num； \ToAbsPos：TCP 型绝对目标位置，数据类型 robtarget； \ToAbsNum：数值型绝对目标位置，数据类型 num； Speed：移动速度（°/s 或 mm/s），数据类型 num； \Ramp：加速度倍率（%），数据类型 num
		功能说明	生效独立轴控制功能，并进行绝对位置定位
		编程示例	IndAMove Station_A, 2\ToAbsPos:=p4, 20 ;
独立轴相对定位	IndRMove	编程格式	IndRMove MecUnit, Axis [\ToRelPos] | [\ToRelNum] [\Short] | [\Fwd] | [\Bwd], Speed [\Ramp] ;
		程序数据与添加项	\ToRelPos：TCP 型相对目标位置，数据类型 robtarget； \ToRelNum：数值型相对目标位置，数据类型 robtarget； \Short：捷径定位，数据类型 switch； \Fwd：正向回转，数据类型 switch； \Bwd：反向回转，数据类型 switch； 其他：同指令 IndAMove
		功能说明	生效回转轴独立控制功能，并进行相对位置定位
		编程示例	IndRMove Station_A,2\ToRelPos:=p5 \Short,20 ;
独立轴增量移动	IndDMove	编程格式	IndDMove MecUnit, Axis, Delta, Speed [\Ramp] ;
		程序数据与添加项	Delta：增量距离（°或 mm）及方向，数据类型 num；正值为正向回转，负值为反向回转； 其他：同指令 IndAMove

名称	编程格式与示例		
独立轴增量 移动	功能说明	生效独立轴控制功能，并按指定的速度和方向移动指定的距离	
	编程示例	IndDMove Station_A, 2, –30, 20 ;	
独立轴连续 回转	IndCMove	编程格式	IndCMove MecUnit, Axis, Speed [\Ramp] ;
		程序数据 与添加项	Speed：回转速度（°/s 或 mm/s）及方向，数据类型 num； 正值为正向回转，负值为反向回转； 其他：同指令 IndAMove
	功能说明	生效回转轴独立控制功能，并按指定的速度和方向连续回转	
	编程示例	IndCMove Station_A, 2, –30 ;	
独立轴控制 撤销	IndReset	编程格式	IndReset MecUnit, Axis [\RefPos] | [\RefNum] [\Short] | [\Fwd] | [\Bwd] | \Old] ;
		程序数据 与添加项	\RefPos：TCP 型参考点位置，数据类型 robtarget； \RefNum：数值型参考点位置，数据类型 num； \Short：捷径参考点位置，数据类型 switch； \Fwd：参考点位于正向，数据类型 switch； \Bwd：参考点位于负向，数据类型 switch； \Old：参考点不变（默认），数据类型 switch； 其他：同指令 IndAMove
	功能说明	撤销独立轴控制，重新设定轴的参考点位置	
	编程示例	IndReset Station_A,1 \RefNum:=300 \Short ;	
独立轴到位 检查	IndInpos	命令格式	IndInpos (MecUnit , Axis)
		命令参数	MechUnit：机械单元名称，数据类型 mecunit； Axis：轴序号，数据类型 num
		执行结果	独立轴到位为 TRUE，否则为 FALSE
	功能说明	检测独立轴是否完成定位	
	编程示例	WaitUntil IndInpos(Station_A,1) = TRUE ;	
独立轴速度 检查	IndSpeed	命令格式	IndSpeed (MecUnit , Axis [\InSpeed] | [\ZeroSpeed])
		命令参数 与添加项	MechUnit：机械单元名称，数据类型 mecunit； Axis：轴序号，数据类型 num； \InSpeed：到位速度检查，数据类型 switch； \ZeroSpeed：零速检查，数据类型 switch
		执行结果	速度符合检查条件为 TRUE，否则为 FALSE
	功能说明	检测独立轴速度是否到达规定值	
	编程示例	WaitUntil IndSpeed(Station_A,2 \InSpeed) = TRUE ;	

2. 编程说明

① 位置控制。独立轴的位置控制可根据实际需要，选择绝对位置定位、相对位置定位和增量移动 3 种方式。

绝对位置定位指令 IndAMove 可用于直线轴与回转轴，它可将指定的伺服轴独立移动到指定的绝对位置，对于回转轴，伺服电机的回转角度可以超过 360°；其运动方向可根据当前位置和目标位置自动确定。

相对位置定位指令 IndRMove 只能用于回转轴，其运动距离被限定在 360° 以内；轴的运动方向可通过添加项\Fwd 或\Bwd 选择，或者利用添加项\Short 选择捷径定位；采用捷径定位时，轴的运动距离将被限制在 180° 以内。

绝对、相对位置定位的目标位置均可为 TCP 型位置或数值型位置。以 TCP 型位置指定时，系统需要通过对 TCP 位置的计算，得到指定轴的目标位置；由于 TCP 位置与 EOffsSet、PDispOn 等程序偏移指令有关，因此，目标位置将受程序偏移的影响。以数值型位置指定时，目标位置是以 mm（直线轴）或°（回转轴）为单位的位置值，它不受 EOffsSet、PDispOn 等程序偏移指令的影响。

增量移动指令 IndDMove 可控制独立轴在指定的方向移动指定的距离，运动方向通过移动距离的符号表示。

独立轴的定位完成后，可通过函数命令 IndInpos、IndSpeed 进行到位检查与确认。

② 速度控制。连续回转指令 IndCMove 可将伺服轴从位置控制模式切换为速度控制模式，此时，系统仅控制伺服电机的转速，其运动部件将连续回转，因此，它只能用于回转轴控制。连续回转指令 IndCMove 指定的伺服轴，将按指定的速度连续回转，速度的符号用来表示运动方向。

③ 独立轴控制撤销。独立轴控制功能可通过指令 IndReset 撤销，撤销功能时需要对运动轴参考点的位置进行重新设定，重新设定参考点只是改变系统实际位置存储器的数据，而不会产生轴的运动。

参考点位置可通过添加项选择多种设定方式：选择\RefPos 可按 TCP 位置重新定义轴参考点，选择\RefNum 可按绝对位置重新定义轴参考点，选择\Old 可保持参考点位置不变；参考点的方向可由\Fwd（正向）或\Bwd（反向）指定，如选择捷径\Short，则可保证参考点在\RefPos 或\RefNum 位置的±180° 范围内。

RAPID 独立轴控制指令的编程示例如下，程序可用于变位器 Station_B、Station_A 的独立运动控制。

```
ActUnit Station_B ;                      // 启用机械单元 Station_B
IndAMove Station_B,1\ToAbsNum:=90, 20 ; // Station_B 第 1 轴 90° 绝对位置定位
DeactUnit Station_B ;                    // 停用机械单元 Station_B
……
ActUnit Station_A ;                      // 启用机械单元 Station_A
IndCMove Station_A, 2, 20 ;              // Station_A 第 2 轴正向连续回转
WaitUntil IndSpeed(Station_A, 2 \InSpeed) = TRUE ; // 等待速度到达
WaitTime 0.2 ;                           // 暂停 0.2s
MoveL p10, v1000, fine, tool1 ;          // 机器人运动
……
IndCMove Station_A, 2, -10 ;             // Station_A 第 2 轴反向连续回转
MoveL p20, v1000, z50, tool1 ;           // 机器人运动
……
IndRMove Station_A,2 \ToRelPos:=p1 \Short,10 ;
```

```
                                                    // Station_A 第 2 轴相对位置捷径定位
MoveL p30, v1000, fine, tool1 ;                    // 机器人运动
WaitUntil IndInpos(Station_A, 2 ) = TRUE ;         // 等待位置到达
WaitTime 0.2 ;                                      // 暂停 0.2s
IndReset Station_A, 2 \RefPos:=p40\Short ;          // 撤销独立轴控制，设定参考点
MoveL p40, v1000, fine, tool1 ;                     // TCP 定位
......
```

7.4.2 伺服焊钳设定指令

1. 指令与功能

伺服焊钳是一种利用伺服电机驱动的点焊工具，它用于点焊机器人。伺服焊钳的开合、电极加压均可利用伺服电机进行控制；为了方便使用，焊钳的伺服运动轴通常作为外部轴，直接由机器人控制系统进行控制。

伺服焊钳有单行程和双行程之分。常用的单行程焊钳如图 7.4-1 所示，这种焊钳的一侧电极固定、一侧电极移动；双行程焊钳则为两侧电极同时移动。

点焊作业一般分为焊钳闭合（接触工件）、电极加压（可进行多次）、焊接启动（电极通电）、焊钳打开 4 步进行。焊钳闭合时，电极将与工件接触，此后，伺服驱动器将由位置控制模式切换为转矩控制模式，并由电极压力推算出伺服电机转矩，然后，在转矩控制模式下移动电极，直至电机转矩（电极压力）到达固定值。

单行程焊钳的作业参数主要有图 7.4-1 所示的电极接触行程、工件厚度及电极压力等，系统控制参数则包括焊钳开合的转矩变化率、开合速度、开合延时及伺服驱动器速度环增益、速度极限、转矩极限等。

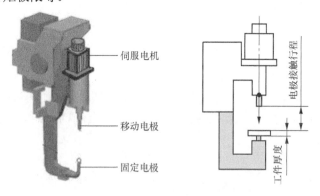

图 7.4-1　单行程伺服焊钳及主要参数

伺服焊钳参数设定指令的功能、编程格式、程序数据及添加项的要求见表 7.4-2。

表 7.4-2　　　　　　　　伺服焊钳设定指令与编程格式

名称	编程格式与示例		
伺服焊钳参数调整	STTune	编程格式	STTune MecUnit, TuneValue, Type ;
		程序数据	MecUnit：机械单元名称，数据类型 mecunit； TuneValue：参数调整值，数据类型 num； Type：调节器参数选择，数据类型 tunegtype

名称	编程格式与示例		
伺服焊钳参数调整	功能说明	调整程序数据 type 指定的伺服焊钳参数	
	编程示例	STTune SEOLO_RG, 0.050, CloseTimeAdjust ;	
伺服焊钳参数清除	STTuneReset	编程格式	STTuneReset MecUnit ;
		程序数据	MecUnit：机械单元名称，数据类型 mecunit
	功能说明	清除用户设定的伺服焊钳参数，恢复出厂设定值	
	编程示例	STTuneReset SEOLO_RG ;	
伺服焊钳校准	STCalib	编程格式	STCalib ToolName [\ToolChg] | [\TipChg] | [\TipWear] [\RetTipWear] [\RetPosAdj] [\PrePos] [\Conc] ;
		程序数据与添加项	ToolName：伺服焊钳名称，数据类型 string； \ToolChg：更换焊钳校准，数据类型 switch； \TipChg：更换电极校准，数据类型 switch； \TipWear：电极磨损校准，数据类型 switch； \RetTipWear：电极磨损量（mm），数据类型 num； \RetPosAdj：电极位置调整量（mm），数据类型 num； \PrePos：快速行程（mm），数据类型 num； \Conc：连续执行后续指令，数据类型 switch
	功能说明	在更换焊钳、电极或电极磨损时，重新设置、保存伺服焊钳参数	
	编程示例	STCalib gun1 \TipWear \RetTipWear := curr_tip_wear ;	

2. 编程说明

焊钳参数可通过 RAPID 焊钳参数调整指令 STTune，在程序中设定与调整；当参数调整不当时，可利用伺服焊钳参数清除指令 STTuneReset，恢复出厂设定值。

伺服焊钳参数也可在系统参数上设定，指令 STTune 可以通过程序数据 type，以字符串文本参数名称的方式指定，参数名称与系统参数的对应关系及含义见表 7.4-3。

表 7.4-3　　　　　　　　　伺服焊钳调整参数名称与含义

参数名称（type）	对应的系统参数	参数含义	单位	推荐值
RampTorqRefOpen	ramp_torque_ref_opening	焊钳打开时的转矩变化率	Nm/s	200
RampTorqRefClose	ramp_torque_ref_closing	焊钳闭合时的转矩变化率	Nm/s	80
KV	Kv	速度环增益	Nm·s/rad	1
SpeedLimit	speed_limit	速度限制值	rad/s	60
CollAlarmTorq	alarm_torque	转矩极限值	%	1
CollContactPos	distance_to_contact_position	电极接触行程	m	0.002
CollisionSpeed	col_speed	焊钳开合速度	m/s	0.02
CloseTimeAdjust	min_close_time_adjust	焊钳最小闭合时间	s	——
ForceReadyDelayT	pre_sync_delay_time	焊钳闭合延时	s	——
PostSyncTime	post_sync_time	焊钳打开延时	s	——
CalibTime	calib_time	电极校准等待时间	s	——
CalibForceLow	calib_force_low	电极校准最低压力	N	——
CalibForceHigh	calib_force_high	电极校准最高压力	N	——

焊钳参数调整指令的编程示例如下。

```
STTuneReset SEOLO_RG ;                          // 恢复出厂设置
STTune SEOLO_RG, 0.05, CloseTimeAdjust ;        // 设定最小闭合时间为 0.05s
STTune SEOLO_RG, 0.1, ForceReadyDelayT ;        // 设定焊钳闭合延时为 0.1s
……
```

伺服焊钳校准指令 STCalib 用于电极、焊钳更换后的校准，以便重新设定焊钳参数，焊钳校准可通过添加项\ToolChg 或\TipChg、\TipWear 选择以下方式之一。

\ToolChg：焊钳更换校准。焊钳低速闭合，直至电极接触工件，并产生较低的电极压力，然后，设定电极接触行程、打开焊钳，电极磨损量保持不变。

\TipChg：电极更换校准。焊钳低速闭合，直至电极接触工件，并产生较低的电极压力，然后，重新设定电极磨损量、打开焊钳。

\TipWear：电极磨损校准。焊钳快速闭合，直至电极接触工件，并产生较低的电极压力，然后，设定电极磨损量、打开焊钳。

添加项\RetTipWear、\RetPosAdj 用来保存校准得到的电极磨损、电极位置调整量；\PrePos 用来预设电极快速移动行程，加快电极校准速度。

伺服焊钳校准指令的编程示例如下。

```
VAR num curr_tip_wear ;                          // 程序数据定义
VAR num curr_ adjustmen ;
CONST num max_adjustment := 20 ;                 // 定义电极允许的最大调整量
CONST num max_ tip_wear := 1 ;                   // 定义电极允许的最大磨损量
……
STCalib gun1 \ToolChg \PrePos:=10 ;             // 焊钳校准，快速行程 10mm
……
STCalib gun1 \TipChg \RetPosAdj:=curr_adjustmen l ;// 电极校准，保存电极调整值
IF curr_ adjustmen > max_adjustment THEN
TPWrite "The tips are lost ! ";                 // 电极失效
……
STCalib gun1 \TipWear \RetTipWear := curr_tip_wear ;// 磨损校准，保存磨损量
IF curr_tip_wear > max_ tip_wear THEN
TPWrite "The tips are lost ! ";                 // 电极失效
……
```

7.4.3 伺服焊钳监控指令与函数

1. 伺服焊钳监控指令

伺服焊钳的动作有闭合（包括电极加压）、打开、电极校准等，它们均可由 RAPID 指令进行控制，伺服焊钳也可使用独立轴控制模式，单独控制运动。伺服焊钳控制指令的功能、编程格式、程序数据及添加项的要求见表 7.4-4。

表 7.4-4　　　　　　　　　　　伺服焊钳监控指令及编程格式

名称	编程格式与示例		
伺服焊钳独立移动	STIndGun	编程格式	STIndGun ToolName GunPos ;
		程序数据	ToolName：伺服焊钳名称，数据类型 string； GunPos：电极移动行程（mm），数据类型 num
	功能说明		以独立轴控制的方式移动电极
	编程示例		STIndGun gun1, 30 ;
撤销焊钳独立控制	STIndGunReset	编程格式	STIndGunReset ToolName ;
		程序数据	ToolName：伺服焊钳名称，数据类型 string
	功能说明		撤销伺服焊钳独立轴控制功能，并将电极定位到当前 TCP 规定的位置
	编程示例		STIndGunReset gun1 ;
伺服焊钳闭合	STClose	编程格式	STClose ToolName, TipForce, Thickness [\RetThickness] [\Conc] ;
		程序数据与添加项	ToolName：伺服焊钳名称，数据类型 string； TipForce：电极压力（N），数据类型 num； Thickness：电极接触行程（mm），数据类型 num； \RetThickness：工件厚度（mm），数据类型 num； \Conc：连续执行后续指令，数据类型 switch
	功能说明		闭合焊钳、电极加压，将工件厚度保存在程序数据 RetThickness 中
	编程示例		STClose gun1, 2000, 3\RetThickness:=curr_thickness \Conc ;
伺服焊钳打开	STOpen	编程格式	STOpen ToolName [\WaitZeroSpeed] [\Conc] ;
		程序数据与添加项	ToolName：伺服焊钳名称，数据类型 string； \WaitZeroSpeed：等待机器人停止，数据类型 switch； \Conc：连续执行后续指令，数据类型 switch
	功能说明		打开伺服焊钳
	编程示例		STOpen gun1 ;

　　伺服焊钳独立移动、伺服焊钳闭合、伺服焊钳打开指令用于点焊作业控制。指令 STIndGun 可用独立轴控制模式移动电极；指令 STClose 可闭合焊钳、加压电极；指令 STOpen 用来打开焊钳。

　　STClose 指令可通过添加项\RetThickness，将焊钳闭合时实际检测到的工件厚度数据保存到\RetThickness 指定的程序数据中。但是，如使用添加项\Conc，则系统将在闭合焊钳的同时，继续执行后续指令，故无法得到正确的工件厚度数据，工件厚度需要通过后述的焊钳检测函数命令 STIsClosed 读取。

　　伺服焊钳独立移动、伺服焊钳闭合、伺服焊钳打开指令的编程示例如下。

```
VAR num curr_thickness1 ;                                  // 程序数据定义
……
STOpen gun1 ;                                              // 焊钳打开
MoveL p1, v200, z50, gun1 ;                               // 机器人定位
STClose gun1, 2000, 5\RetThickness:=curr_thickness1 ;    // 闭合焊钳
……
```

```
    STIndGun gun1, 30 ;                                    // 独立移动焊钳
    STClose gun1, 1000, 5 ;                                // 闭合焊钳
    WaitTime 10 ;                                          // 程序暂停
    STOpen gun1 ;                                          // 打开焊钳
    STIndGunReset gun1 ;                                   // 撤销独立控制
    MoveL p2, v200, z50, gun1 ;                            // 机器人定位
    ……
```

2. 焊钳参数计算与检测函数

RAPID 伺服焊钳参数计算与检测函数命令可用于伺服电机输出转矩与电极压力之间的互换计算、焊钳初始化及位置同步检查、伺服控制模式检查，以及工件厚度、电极磨损量、电极位置调整量数据的读取。函数命令的格式、命令参数与添加项要求、执行结果状态见表 7.4-5。

表 7.4-5   伺服焊钳检测函数命令与编程格式

名称	编程格式与示例		
伺服焊钳 压力计算	STCalcForce	命令格式	STCalcForce(ToolName, MotorTorque)
		命令参数	ToolName：伺服焊钳名称，数据类型 string； GunPos：伺服电机转矩（Nm），数据类型 num
		执行结果	伺服电机转矩所对应的电极压力（N）
	编程示例		tip_force := STCalcForce(gun1, 7) ;
伺服焊钳 转矩计算	STCalcTorque	命令格式	STCalcForce(ToolName, TipForce)
		命令参数	ToolName：伺服焊钳名称，数据类型 string； TipForce：电极压力（N），数据类型 num
		执行结果	电极压力所对应的伺服电机转矩（Nm）
	编程示例		curr_motortorque := STCalcTorque(gun1, 1000) ;
伺服焊钳 状态检查	STIsCalib	命令格式	STIsCalib(ToolName [\sguninit] | [\sgunsynch])
		命令参数 与添加项	ToolName：伺服焊钳名称，数据类型 string； \sguninit：焊钳初始化检查，数据类型 switch； \sgunsynch：位置同步检查，数据类型 switch
		执行结果	状态正确时为 TRUE；否则为 FALSE
	编程示例		curr_ gunSynchronize := STIsCalib(gun1\sgunsynch) ;
伺服焊钳 闭合检查	STIsClosed	命令格式	STIsClosed(ToolName [\RetThickness])
		命令参数 与添加项	ToolName：伺服焊钳名称，数据类型 string； \RetThickness：工件厚度（mm），数据类型 num
		执行结果	焊钳已闭合、电极压力正确时为 TRUE，否则为 FALSE；工件厚度保存在\RetThickness 指定的程序数据中
	编程示例		curr_ gunClosed :=STIsClosed(gun1 \RetThickness:=thickness2) ;
伺服焊钳 打开检查	STIsOpen	命令格式	STIsOpen (ToolName [\RetTipWear] [\RetPosAdj])
		命令参数 与添加项	ToolName：伺服焊钳名称，数据类型 string； \RetTipWear：电极磨损量（mm），数据类型 num； \RetPosAdj：电极位置调整量（mm），数据类型 num

续表

名称	编程格式与示例		
伺服焊钳 打开检查	STIsOpen	执行结果	焊钳已打开时为 TRUE，否则为 FALSE；电极磨损、位置调整量分别保存在\RetTipWear、\RetPosAdj 指定的程序数据中
	编程示例		curr_ gunOpen := STIsOpen(gun1 \RetTipWear:=tipwear_2) ;
焊钳独立 控制检查	STIsIndGun	命令格式	STIsIndGun (ToolName)
		命令参数	ToolName：伺服焊钳名称，数据类型 string
		执行结果	伺服焊钳为独立轴控制时为 TRUE，否则为 FALSE
	编程示例		curr_ gunIndmode := STIsIndGun(gun1) ;

RAPID 伺服焊钳参数计算与检测函数命令的编程示例如下。

```
VAR num curr_tip_wear ;                          // 程序数据定义
VAR num curr_ adjustmen ;
VAR bool curr_ gunOpen ;
CONST num max_adjustment := 20 ;                 // 定义电极允许的最大调整量
CONST num max_ tip_wear := 1 ;                   // 定义电极允许的最大磨损量
……
curr_ gunOpen := STIsOpen(gun1 \RetTipWear:= curr_tip_wear \RetPosAdj:=
curr_ adjustmen) ;                               // 焊钳状态检查
IF curr_ gunOpen THEN
MoveL p0, v200, z50, gun1 ;                       // 机器人定位
ENDIF
IF curr_ adjustmen > max_adjustment THEN
TPWrite "The tips are lost ! ";                   // 电极失效
ENDIF
IF curr_tip_wear > max_ tip_wear THEN
TPWrite "The tips are lost ! ";                   // 电极失效
ENDIF
……
```

7.5　智能机器人控制指令与编程

7.5.1　智能传感器通信指令

1. 串行传感器 RTP 通信指令

串行传感器通信指令多用于具有同步跟踪、轨迹校准等特殊功能的机器人。串行传感器通常可与机器人控制器的串行接口 COM1 等连接，两者可使用 RTP（Real-time Transport Protocol，实时传输协议）通信；RTP 通信数据以 RTP 信息包的形式发送和接收，信息包

的内容包括数据块、变量、RTP 标题等。

RAPID 串行传感器 RTP 通信指令可用于串行传感器的通信连接、数据块读写、变量读写等控制，相关指令的功能、编程格式及程序数据与添加项要求见表 7.5-1。

表 7.5-1　　　　　　　　　　　串行传感器 RTP 通信指令及编程格式

名称	编程格式与示例		
串行传感器连接	SenDevice	编程格式	SenDevice device ;
		程序数据	device：I/O 设备名，数据类型 string
	功能说明		定义连接串行传感器的 I/O 设备名
	编程示例		SenDevice "sen1:" ;
数据块写入	WriteBlock	编程格式	WriteBlock device, BlockNo, FileName [\TaskName] ;
		程序数据与添加项	device：I/O 设备名称，数据类型 string； BlockNo：数据块编号，数据类型 num； FileName：通信文件名，数据类型 string； \TaskName：任务名，数据类型 string
	功能说明		将指定通信文件中的数据块写入串行传感器中
	编程示例		ReadBlock "sen1:", ParBlock, SensorPar ;
数据块读取	ReadBlock	编程格式	ReadBlock device, BlockNo, FileName [\TaskName] ;
		程序数据与添加项	device：I/O 设备名称，数据类型 string； BlockNo：数据块编号，数据类型 num； FileName：通信文件名，数据类型 string； \TaskName：任务名，数据类型 string
	功能说明		读取串行传感器数据块到指定通信文件中
	编程示例		ReadBlock "sen1:", ParBlock, SensorPar ;
通信变量写入	WriteVar	编程格式	WriteVar device, VarNo, VarData [\TaskName] ;
		程序数据与添加项	device：I/O 设备名称，数据类型 string； VarNo：通信变量编号，数据类型 num； VarNo：通信变量值，数据类型 num； \TaskName：任务名，数据类型 string
	功能说明		写入串行传感器的通信变量值
	编程示例		WriteVar "sen1:", SensorOn, 1 ;
通信变量读取	ReadVar	命令格式	ReadVar (device, VarNo, [\TaskName])
		命令参数	device：I/O 设备名称，数据类型 string； VarNo：通信变量编号，数据类型 num； \TaskName：任务名，数据类型 string
		执行结果	指定通信变量的值，数据类型与通信变量编号有关
	编程示例		SensorPos.x := ReadVar ("sen1:", XCoord) ;

RAPID 串行传感器 RTP 通信指令编程示例如下。程序可用于串行传感器 "sen1:" 的连接、串行传感器与通信文件"flp1:senpar.cfg"间的数据块传输，以及传感器启动（SensorOn）等通信变量的读写操作。

```
CONST num SensorOn := 6 ;                              // 变量编号定义
CONST num XCoord := 8 ;
CONST num YCoord := 9 ;
CONST num ZCoord := 10 ;
CONST string SensorPar := "flp1:senpar.cfg" ;
CONST num ParBlock:= 1 ;
VAR pos SensorPos ;
......
SenDevice "sen1:" ;                                    // 串行传感器连接
WriteVar "sen1:", SensorOn, 1 ;                        // 写入变量
WriteBlock "sen1:", ParBlock, SensorPar ;             // 数据块写入
......
SensorPos.x := ReadVar ("sen1:", XCoord) ;            // 读取变量
SensorPos.y := ReadVar ("sen1:", YCoord) ;
SensorPos.z := ReadVar ("sen1:", ZCoord) ;
ReadBlock "sen1:", ParBlock, SensorPar ;              // 读取数据块
......
WriteVar "sen1:", SensorOn, 0 ;                        // 写入变量
......
```

串行传感器 RTP 通信需要定义机器人控制器的串行接口 RTP 通信配置参数。例如，当接口 COM1 用于串行传感器 "sen1:" 的 RTP 通信时，应定义如下通信配置参数。

```
COM_PHY_CHANNEL :
• Name "COM1:"
• Connector "COM1"
• Baudrate 19200
COM_TRP :
• Name "sen1:"
• Type "RTP1"
• PhyChannel "COM1"
```

当串行传感器 RTP 通信出错时，系统将输出错误代码（ERROR），错误代码通常以如下字符串的形式表示。

SEN_NO_MEAS：测量系统出错；

SEN_NOREADY：串行传感器未准备好；

SEN_GENERRO：一般通信出错；

SEN_BUSY：串行总线忙；

SEN_UNKNOWN：使用了未知的传感器；

SEN_EXALARM：外部错误；

SEN_CAALARM：内部错误；

SEN_TEMP：温度错误；

SEN_VALUE：数据值出错；

SEN_CAMCHECK：通信校验出错；

SEN_TIMEOUT：通信超时。

2. 传感器 TCP/UDP 通信指令

当机器人控制器与传感器采用网络连接时，其数据交换可采用 TCP/UDP 通信协议进行。RAPID 传感器 TCP/UDP 通信指令的功能、编程格式及程序数据与添加项要求见表 7.5-2。

表 7.5-2　　　　　　　　　　　传感器 TCP/UDP 通信指令及编程格式

名称	编程格式与示例		
传感器连接	SiConnect	编程格式	SiConnect Sensor [\NoStop] ;
		程序数据与添加项	Sensor：传感器名称，数据类型 sensor； \NoStop：连接出错不停止机器人运动，数据类型 switch
	功能说明		建立控制器和智能传感器间的通信连接
	编程示例		SiConnect AnyDevice ;
传感器关闭	SiClose	编程格式	SiClose Sensor ;
		程序数据	Sensor：传感器名称，数据类型 sensor
	功能说明		关闭控制器和智能传感器间的通信连接
	编程示例		SiConnect AnyDevice ;
数据发送周期	SiSetCyclic	编程格式	SiSetCyclic Sensor, Data, Rate ;
		程序数据	Sensor：传感器名称，数据类型 sensor； Data：数据名，数据类型任意； Rate：发送周期（ms），数据类型 num
	功能说明		设定智能传感器的数据发送周期
	编程示例		SiSetCyclic AnyDevice, DataOut, 40 ;
数据接收周期	SiGetCyclic	编程格式	SiGetCyclic Sensor Data Rate ;
		程序数据	Sensor：传感器名称，数据类型 sensor； Data：数据名，数据类型任意； Rate：接收周期（ms），数据类型 num
	功能说明		设定智能传感器的数据接收周期
	编程示例		SiGetCyclic AnyDevice, DataIn, 64 ;

智能传感器的名称 Sensor 必须与系统安装文件 Settings.xml 中客户端所定义的名称相同；机器人控制器的发送数据必须为文件 Configuration.xml 中的 Writable 数据；接收数据必须为文件 Configuration.xml 中的 Readable 数据；数据发送/接收周期应定义为 4ms 的倍数。

传感器连接指令 SiConnect 使用添加项\NoStop 时，即使传感器通信出错，机器人仍可继续移动，但控制器与传感器间的通信将中断；此时，可使用指令 IError 或 Ipers，利用中断程序 TRAP 处理通信错误。

```
PERS sensor AnyDevice ;                              // 程序数据定义
PERS robdata DataOut := [[0,0,0,0,0,0,0,0,0,0,0,0,0,0,0,0,0,0,0,0]] ;
PERS sensdata DataIn :=["No",[0,0,0,0,0,0,0,0,0,0,0,0,0,0,0,0,0,0,0,0]] ;
```

```
VAR num SampleRate:=64 ;
......
SiConnect AnyDevice ;                            // 智能传感器连接
SiSetCyclic AnyDevice, DataOut, SampleRate ;     // 设置数据发送周期
SiGetCyclic AnyDevice, DataIn, SampleRate ;      // 设置数据读入周期
......
```

7.5.2　机器人同步跟踪指令

1. 同步跟踪控制指令

同步跟踪（Synchronized supervised）通常用于分拣、搬运机器人控制，它可通过位置检测传感器对跟踪对象的检测，使机器人在一定的范围内能同步跟踪工件的运动，以便完成抓取、分拣等动作。同步跟踪的对象可为指定机械单元上安装传感器的运动物体或传送带上的移动工件。

RAPID 机器人同步跟踪控制指令的功能、编程格式、程序数据及添加项要求见表 7.5-3。

表 7.5-3　　　　　　　　　　　　　同步跟踪控制指令及编程格式

名称	编程格式与示例		
传感器启用	SupSync SensorOn	编程格式	SupSyncSensorOn MechUnit, MaxSyncSup, SafetyDist, MinSyncSup [\SafetyDelay] ;
		程序数据与添加项	MechUnit：同步机械单元名称，数据类型 mecunit； MaxSyncSup：最大监控距离（mm），数据类型 num； SafetyDist：安全距离（mm），数据类型 num； MinSyncSup：最小监控距离（mm），数据类型 num； \SafetyDelay：安全延时（s），数据类型 num
		功能说明	启用同步检测传感器，设定监控参数
		编程示例	SupSyncSensorOn SSYNC1, 150, 100, 50 ;
传感器停用	SupSyncSensor Off	编程格式	SupSyncSensorOff MechUnit ;
		程序数据	MechUnit：同步机械单元名称，数据类型 mecunit
		功能说明	停用同步监控传感器
		编程示例	SupSyncSensorOff SSYNC1 ;
同步报警设定	PrxSet Syncalarm	编程格式	PrxSetSyncalarm MechUnit [\Time]	[\NoPulse] ;
		程序数据与添加项	MechUnit：同步机械单元名称，数据类型 mecunit； \Time：脉冲宽度（s），数据类型 num； \NoPulse：电平信号输出，数据类型 switch
		功能说明	设定同步报警信号的类别与脉冲宽度
		编程示例	PrxSetSyncalarm SSYNC1 \time:=2 ;
传感器信号等待	WaitSensor	编程格式	WaitSensor MechUnit [\RelDist] [\PredTime] [\MaxTime] [\TimeFlag] ;
		程序数据与添加项	MechUnit：同步机械单元名称，数据类型 mecunit； \RelDist：等待距离（mm），数据类型 num； \PredTime：等待时间（s），数据类型 num； \MaxTime：最大等待时间（s），数据类型 num； \TimeFlag：等待超时标记，数据类型 bool

名称	编程格式与示例		
传感器信号 等待	功能说明	等待检测传感器信号	
	编程示例	WaitSensor SSYNC1\RelDist:=120\MaxTime:=0.1\TimeFlag:=flag1;	
同步跟踪启/ 停控制	SyncToSensor	编程格式	SyncToSensor MechUnit [\MaxSync] [\On] | [\Off] ;
		程序数据 与添加项	MechUnit：同步机械单元名称，数据类型 mecunit； \MaxSync：最大同步距离（mm），数据类型 num； \On：启动同步，数据类型 switch； \Off：停止同步，数据类型 switch
	功能说明	启动/停止机器人的同步跟踪运动	
	编程示例	SyncToSensor SSYNC1\On ;	
结束同步 跟踪	DropSensor	编程格式	DropSensor MechUnit ;
		程序数据	MechUnit：同步机械单元名称，数据类型 mecunit
	功能说明	结束当前对象的同步跟踪运动	
	编程示例	DropSensor SSYNC1 ;	
工件跟踪 等待	WaitWObj	编程格式	WaitWObj WObj [\RelDist][\MaxTime][\TimeFlag] ;
		程序数据 与添加项	WObj：同步工件名，数据类型 wobjdata； \RelDist：等待距离（mm），数据类型 num； \PredTime：等待时间（s），数据类型 num； \MaxTime：最大等待时间（s），数据类型 num； \TimeFlag：等待超时标记，数据类型 bool
	功能说明	等待工件进入同步跟踪位置	
	编程示例	WaitWObj wobj_on_cnv1\RelDist:=500.0 ;	
工件跟踪 结束	DropWObj	编程格式	DropWObj WObj ;
		程序数据	WObj：同步工件名，数据类型 wobjdata
	功能说明	结束当前的工件跟踪运动	
	编程示例	DropWObj wobj_on_cnv1 ;	
最大跟踪距 离读入	PrxGetMax Recordpos	命令格式	PrxGetMaxRecordpos(MechUnit)
		命令参数	MechUnit：同步机械单元名称，数据类型 mecunit
		执行结果	最大同步跟踪距离（mm），数据类型 num
	功能说明	读入最大同步跟踪距离	
	编程示例	maxpos:=PrxGetMaxRecordpos(Ssync1) ;	

　　传感器启用/停用指令 SupSyncSensorOn/SupSyncSensorOff 用来生效/撤销同步检测传感器。启用传感器时，还需要进行传感器的最大/最小检测距离、安全距离、安全延时设定，当检测距离在最大、最小距离范围内时，允许机器人跟踪对象运动；当检测距离小于安全距离时，系统将产生同步报警，安全距离的设定值通常为负，以使机器人滞后于对象运动；安全延时用来设定机器人跟踪运动的滞后时间。

　　同步报警设定指令 PrxSetSyncalarm 用来设定系统同步报警信号 sync_alarm_signal 的输出形式，它可以是宽度\Time = 0.1～60s 的脉冲输出或状态为"1"的电平信号（\NoPulse）

输出；电平型报警信号需要通过传感器停用指令 SupSyncSensorOff 复位。

传感器信号等待指令 WaitSensor 可使机器人处于跟踪等待状态，当跟踪对象（传感器）进入监控范围时，机器人将启动同步跟踪运动。等待时间可用对象移动距离、等待时间的方式定义，如等待时间超过最大等待时间时，系统将产生等待超时报警。

同步跟踪启/停控制指令 SyncToSensor 用来启动、停止机器人的同步跟踪运动，如需要，还可指定最大同步跟踪距离。结束同步跟踪指令 DropSensor 用来结束机器人对当前对象的同步跟踪，等待下一对象的同步跟踪。

机械单元运动物体的同步跟踪程序示例如下。

```
SupSyncSensorOn SSYNC1, 150, 100, 50 ;          // 启用传感器
WaitSensor SSYNC1 ;                              // 等待传感器信号
......
SyncToSensor SSYNC1\On ;                         // 启动同步跟踪
MoveL *, v1000, z20, tool, \WObj:=wobj0 ;        // 同步跟踪运动
MoveL *, v1000, z20, tool, \WObj:=wobj0 ;
SyncToSensor SSYNC1\Off ;                         // 停止同步跟踪
DropSensor SSYNC1 ;                               // 结束同步跟踪
......
```

当机器人同步跟踪的对象为传送带上的工件时，同步跟踪指令只需要指定对应的移动工件坐标系（工件数据），并通过工件跟踪等待指令 WaitWObj 等待工件进入，启动同步跟踪运动；跟踪结束后，通过工件跟踪结束指令 WaitWObj，结束当前工件的同步跟踪操作，进入下一工件的同步跟踪。

工件同步跟踪的程序示例如下。

```
WaitWObj wobj_on_cnv1 ;                           // 等待工件同步
......
MoveL *, v1000, z10, tool, \WObj:=wobj_on_cnv1 ;  // 工件跟踪运动
MoveL *, v1000, fine, tool, \WObj:=wobj0 ;
DropWObj wobj_on_cnv1 ;                            // 工件跟踪结束
......
```

2. 同步轨迹记录指令

同步轨迹记录功能可用于机器人同步跟踪的运动轨迹，这一轨迹可用文件的形式保存在系统中，并重新启用。

RAPID 同步轨迹记录指令的功能、编程格式、程序数据及添加项要求见表 7.5-4。

表 7.5-4　　　　　　　　同步轨迹记录指令及编程格式

名称	编程格式与示例		
传感器位置清除	PrxResetPos	编程格式	PrxResetPos MechUnit ;
		程序数据	MechUnit：同步机械单元名称，数据类型 mecunit
	功能说明		清除检测传感器的位置偏移，设定传感器零点
	编程示例		PrxResetPos SSYNC1 ;

名称	编程格式与示例		
传感器偏移设定	PrxSetPosOffset	编程格式	PrxSetPosOffset MechUnit, Reference ;
		程序数据	MechUnit：同步机械单元名称，数据类型 mecunit； Reference：参考值（mm），数据类型 num
	功能说明		设定同步跟踪的传感器位置偏移量
	编程示例		PrxSetPosOffset SSYNC1, reference ;
位置采样周期设定	PrxSetRecordSampleTime	编程格式	PrxSetRecordSampleTime MechUnit, SampleTime ;
		程序数据	MechUnit：同步机械单元名称，数据类型 mecunit； SampleTime：采样周期（s），数据类型 num
	功能说明		设定同步轨迹的位置采样周期
	编程示例		PrxSetRecordSampleTime SSYNC1, 0.04 ;
开始记录同步轨迹	PrxStartRecord	编程格式	PrxStartRecord MechUnit, Record_duration, Profile_type ;
		程序数据与添加项	MechUnit：同步机械单元名称，数据类型 mechunit； Record_duration：轨迹记录时间（s），数据类型 num； Profile_type：轨迹记录启/停控制方式，数据类型 num
	功能说明		开始记录同步轨迹
	编程示例		PrxStartRecord SSYNC1, 1, PRX_PROFILE_T1 ;
停止记录同步轨迹	PrxStopRecord	编程格式	PrxStopRecord MechUnit ;
		程序数据	MechUnit：同步机械单元名称，数据类型 mechunit
	功能说明		停止记录同步轨迹
	编程示例		PrxStopRecord SSYNC1 ;
生效同步轨迹	PrxActivRecord	编程格式	PrxActivRecord MechUnit Delay ;
		程序数据	MechUnit：同步机械单元名称，数据类型 mechunit； Delay：启动延时（s），数据类型 num
	功能说明		生效程序所记录的同步轨迹
	编程示例		PrxActivRecord SSYNC1, 0 ;
保存同步轨迹	PrxStoreRecord	编程格式	PrxStoreRecord MechUnit, Delay, Filename ;
		程序数据	MechUnit：同步机械单元名称，数据类型 mechunit； Delay：记录延时（s），数据类型 num； Filename：存储文件名，数据类型 string
	功能说明		以可启用文件的形式保存同步轨迹记录
	编程示例		PrxStoreRecord SSYNC1, 0, "profile.log" ;
生效并保存同步轨迹	PrxActivAndStoreRecord	编程格式	PrxActivAndStoreRecord MechUnit Delay Filename ;
		程序数据	MechUnit：同步机械单元名称，数据类型 mechunit； Delay：启动延时（s），数据类型 num； Filename：存储文件名，数据类型 string
	功能说明		启用程序所记录的同步轨迹，并保存为系统文件
	编程示例		PrxActivAndStoreRecord SSYNC1, 1, "profile.log" ;

名称	编程格式与示例		
保存同步轨迹调试文件	PrxDbgStoreRecord	编程格式	PrxDbgStoreRecord MechUnit Filename ;
		程序数据	MechUnit：同步机械单元名称，数据类型 mechunit； Filename：存储文件名，数据类型 string
	功能说明		以调试文件的形式保存同步轨迹记录
	编程示例		PrxDbgStoreRecord SSYNC1, "debug_profile.log" ;
撤销同步轨迹	PrxDeactRecord	编程格式	PrxDeactRecord MechUnit ;
		程序数据	MechUnit：同步机械单元名称，数据类型 mechunit
	功能说明		撤销程序记录的同步轨迹
	编程示例		PrxDeactRecord SSYNC1 ;
清除同步轨迹	PrxResetRecords	编程格式	PrxResetRecords MechUnit ;
		程序数据	MechUnit：同步机械单元名称，数据类型 mechunit
	功能说明		撤销并清除全部同步轨迹
	编程示例		PrxResetRecords SSYNC1 ;
启用同步轨迹文件	PrxUseFileRecord	编程格式	PrxUseFileRecord MechUnit Delay Filename ;
		程序数据	MechUnit：同步机械单元名称，数据类型 mechunit； Delay：启动延时（s），数据类型 num； Filename：存储文件名，数据类型 string
	功能说明		加载并启用系统保存的同步轨迹文件
	编程示例		PrxUseFileRecord SSYNC1, 0, "profile.log" ;

指令 PrxResetPos、PrxSetPosOffset 用于同步跟踪的位置传感器设定，传感器零点可用来替代轨迹记录控制信号，启动或停止系统的轨迹记录功能。执行 PrxResetPos 指令，可清除传感器位置数据，将当前位置设定为传感器零点；执行 PrxSetPosOffset 指令，则可设定传感器的当前位置值，以位置偏移的方式间接指定传感器零点。启动执行传感器位置设定指令时，对应的机械单元必须已处于停止状态。

指令 PrxSetRecordSampleTime 用于同步轨迹的位置采样周期设定，以规定系统采集同步跟踪位置的间隔时间，系统默认的采样周期可通过系统参数 Pos Update time 设定。RAPID 同步轨迹记录文件可保存的 300 个位置数据，如同步跟踪运动的时间大于 300×（Pos Update time），需要用指令 PrxSetRecordSampleTime 重新设定采样周期。例如，当同步运动时间为 12s 时，位置采样周期应设定为 12/300=0.04s 等；指令允许设定的采样周期为 0.01～0.1s。

指令 PrxStartRecord（启动）、PrxStopRecord（停止）用来启动或停止同步轨迹记录。启动同步轨迹记录前，必须利用传感器连接等待指令 WaitSensor，使机器人处于跟踪等待状态，接着，可通过轨迹记录时间（Record_duration）及程序数据 Profile_type 指定的控制方式来启动/停止轨迹记录。Profile_type 的控制方式一般以字符串文本的形式指定，系统预定义的控制方式如下。

PRX_INDEX_PROF：利用系统信号 sensor_start_signal 启动。

PRX_STOP_M_PROF：利用系统信号 sensor_stop_signal 启动。

PRX_START_ST_PR：利用系统信号 sensor_start_signal 启动、sensor_stop_signal 停止。

PRX_STOP_ST_PROF：利用系统信号 sensor_stop_signal 启动、sensor_start_signal 停止。

PRX_HPRESS_PROF：利用传感器零点启动。

PRX_PROFILE_T1：利用传感器零点停止。

执行轨迹记录启动指令后，至少应等待 0.2s，才能启动传感器机械单元运动。

指令 PrxStartRecord/PrxStopRecord 记录的同步轨迹，可进行生效、保存、撤销、清除等处理。已生效的轨迹记录，可利用指令 PrxStoreRecord，以文件的形式保存在系统中；未生效的轨迹记录，则可通过 PrxDbgStoreRecord 指令，以调试文件的形式保存在系统中；调试文件只能用于数据比较、检索等操作。保存在系统中的同步轨迹记录文件，可通过启用指令重新加载到程序中。

同步轨迹记录指令的编程示例如下。

```
......
ActUnit SSYNC1 ;                            // 启用机械单元
WaitSensor SSYNC1 ;                         // 等待传感器信号
PrxStartRecord SSYNC1, 0, PRX_PROFILE_T1 ;  // 开始记录同步轨迹
WaitTime 0.2 ;                              // 程序暂停
SetDo do_startstop_machine, 1 ;            // 输出传感器启动信号
WaitTime 2 ;                                // 程序暂停
PrxStopRecord SSYNC1 ;                      // 停止轨迹记录
PrxActivRecord SSYNC1 ;                     // 启用轨迹记录
SetDo do_startstop_machine, 0 ;            // 撤销传感器启动信号
PrxStoreRecord SSYNC1, 0, "profile.log" ;  // 保持轨迹记录
......
```

7.5.3　机器人 EGM 运动控制指令

EGM 是外部引导运动 Externally Guided Motion 的英文简称，这是一种利用位置检测传感器实时引导机器人完成定位或直线、圆弧插补移动的特殊运动方式，功能一般用于高端、智能工业机器人，如探测机器人等。

在 RAPID 程序中，EGM 运动需要进行位置检测传感器的通信接口、输入/输出信号（AI/AO 及 GI）、通信协议等基本参数的定义，并设定 EGM 定位或轨迹校准的参数，然后，利用 EGM 定位、插补指令完成相应的 EGM 运动。

EGM 运动控制指令与函数命令的功能、编程格式、程序数据、命令参数及添加项要求见表 7.5-5。

表 7.5-5　　　　　　EGM 运动控制指令与函数命令及编程格式

名称	编程格式与示例		
EGM 定义	EGMGetId	编程格式	EGMGetId EGMid ;
		程序数据	EGMid：EGM 名称，数据类型 egmident
	功能说明		生效 EGM 操作，定义 EGM 名称
	编程示例		EGMActJoint egmID1 \J1:=egm_minmax1 \J3:=egm_minmax1 ;

续表

名称	编程格式与示例		
EGM 清除	EGMReset	编程格式	EGMReset EGMid ;
		程序数据	EGMid：EGM 名称，数据类型 egmident
	功能说明		撤销 EGM 操作，清除 EGM 数据
	编程示例		EGMReset egmID1 ;
EGM 传感器 AI 定义	EGMSetupAI	编程格式	EGMSetupAI MecUnit, EGMid, ExtConfigName [\Joint] | [\Pose] | [\PathCorr] [\APTR] | [\LATR] [\aiR1x] [\aiR2y] [\aiR3z] [\aiR4rx] [\aiR5ry] [\aiR6rz] [\aiE1] [\aiE2] [\aiE3] [\aiE4] [\aiE5] [\aiE6] ;
		程序数据与添加项	MecUnit：机械单元名称，数据类型 mecunit； EGMid：EGM 名称，数据类型 egmident； ExtConfigName：接口名称，数据类型 string； \Joint：关节位置检测，数据类型 switch； \Pose：姿态位置检测，数据类型 switch； \PathCorr：轨迹校准检测，数据类型 switch； \APTR：传感器用途，数据类型 switch； \LATR：传感器类别，数据类型 switch； \aiR1x/R2y/R3z：AI 信号 1～3 名称，数据类型 signalai； \aiR4rx/R5ry/R6rz：AI 信号 4～6 名称，数据类型 signalai； \aiE1～E6：外部轴 AI 信号 1～6 名称，数据类型 signalai
	功能说明		定义用于 EMG 传感器的 AI 信号及参数
	编程示例		EGMSetupAI ROB_1, egmID1, "default" \Pose \aiR1x:=ai_01 \aiR2y:=ai_02 \aiR3z:=ai_03 \aiR4rx:=ai_04 \aiR5ry:=ai_05 \aiR6rz:=ai_06 ;
EGM 传感器 AO 定义	EGMSetupAO	编程格式	EGMSetupAO MecUnit, EGMid, ExtConfigName [\Joint] | [\Pose] | [\PathCorr] [\APTR] | [\LATR] [\aoR1x] [\aoR2y] [\aoR3Z] [\aoR4rx] [\aoR5ry] [\aoR6rz] [\aoE1] [\aoE2] [\aoE3] [\aoE4] [\aoE5] [\aoE6] ;
		程序数据与添加项	\aoR1x/R2y/R3z：AO 信号 1～3 名称，数据类型 signalao； \aoR4rx/R5ry/R6rz：AO 信号 4～6 名称，数据类型 signalao； \aoE1～E6：外部轴 AO 信号 1～6 名称，数据类型 signalao； 其他：同指令 EGMSetupAI
	功能说明		定义用于 EMG 传感器的 AO 信号及参数
	编程示例		EGMSetupAO ROB_1, egmID1, "default" \Pose \aoR1x:=ao_01 \aoR2y:=ao_02 \aoR3z:=ao_03 \aoR4rx:=ao_04 \aoR5ry:=ao_05 \aoR6rz:=ao_06 ;
EGM 传感器 GI 组定义	EGMSetupGI	编程格式	EGMSetupGI MecUnit, EGMid, ExtConfigName [\Joint] | [\Pose] | [\PathCorr] [\APTR] | [\LATR] [\giR1x] [\giR2y] [\giR3Z] [\giR4rx] [\giR5ry] [\giR6rz] [\giE1] [\giE2] [\giE3] [\giE4] [\giE5] [\giE6] ;
		程序数据与添加项	\giR1x/R2y/R3z：GI 组信号 1～3 名称，数据类型 signalgi； \giR4rx/R5ry/R6rz：GI 组信号 4～6 名称，数据类型 signalgi； \giE1～E6：外部轴 GI 组信号 1～6 名称，数据类型 signalgi； 其他：同指令 EGMSetupAI
	功能说明		定义用于 EMG 传感器的 GI 组信号及参数
	编程示例		EGMSetupGI ROB_1, egmID1, "default" \Pose \giR1x:=gi_01 \giR2y:=gi_02 \giR3z:=gi_03 \giR4rx:=gi_04 \giR5ry:=gi_05 \giR6rz:=gi_06 ;

名称	编程格式与示例		
传感器 LTAPP 通 信定义	EGMSetupLTAPP	编程格式	EGMActMove MecUnit, EGMid, ExtConfigName, Device, JointType [\APTR] | [\LATR] ;
		程序数据 与添加项	Device: LTAPP 通信设备名称，数据类型 string； JointType: 关节类型，数据类型 num； 其他：同指令 EGMSetupAI
	功能说明		定义用于 EMG 轨迹校准传感器的 LTAPP 通信参数
	编程示例		EGMSetupLTAPP ROB_1, EGMid1, "pathCorr", "OptSim", 1\LATR ;
传感器 UC 通信定义	EGMSetupUC	编程格式	EGMSetupUC MecUnit, EGMid, ExtConfigName, UCDevice [\Joint] | [\Pose] | [\PathCorr] [\APTR] | [\LATR] [\CommTimeout] ;
		程序数据 与添加项	UCDevice: UC 通信设备名称，数据类型 string； \CommTimeout: UC 通信超时（s），数据类型 num； 其他：同指令 EGMSetupAI
	功能说明		定义用于 EMG 传感器的 UC 通信参数
	编程示例		EGMSetupUC ROB_1, EGMid1, "default", egmSensor\Pose ;
EGM 关节 位置设定	EGMActJoint	编程格式	EGMActJoint EGMid [\Tool] [\WObj] [\TLoad] [\J1] [\J2] [\J3] [\J4] [\J5] [\J6] [\LpFilter] [\SampleRate] [\MaxPosDeviation] [\MaxSpeedDeviation] ;
		程序数据 与添加项	EGMid: EGM 名称，数据类型 egmident； \Tool: 工具数据，数据类型 tooldata； \Wobj: 工件数据，数据类型 wobjdata； \TLoad: 负载数据，数据类型 loaddata； \J1~\J6: J1~J6 轴定位允差（°），数据类型 egm_minmax； \LpFilter: 输入滤波频率（Hz），数据类型 num； \SampleRate: 输入采样周期（ms），数据类型 num； \MaxPosDeviation: 最大位置偏差（°），数据类型 num； \MaxSpeedDeviation: 最大速度偏差（°/s），数据类型 num
	功能说明		设定 EGM 操作的关节型位置参数
	编程示例		EGMActJoint egmID1 \J1:=egm_minmax1 \J3:=egm_minmax1 ;
EGM 姿态 位置设定	EGMActPose	编程格式	EGMActPose EGMid [\Tool] [\WObj] [\TLoad], CorrFrame, CorrFrType, SensorFrame, SensorFrType [\x] [\y] [\z] [\rx] [\ry] [\rz] [\LpFilter] [\SampleRate] [\MaxPosDeviation] [\MaxSpeedDeviation]
		程序数据 与添加项	CorrFrame: 基准坐标系，数据类型 pose； CorrFrType: 基准坐标系类别，数据类型 egmframetype； SensorFrame: 传感器坐标系，数据类型 pose； SensFrType: 传感器坐标系类别，数据类型 egmframetype； \x、\y、\z: 直线轴定位允差（mm），数据类型 egm_minmax； \rx、\ry、\rz: 回转轴定位允差（°），数据类型 egm_minmax； 其他：同指令 EGMActJoint
	功能说明		设定 EGM 操作的姿态型位置参数
	编程示例		EGMActPose egmID1 \Tool:=tool0 \WObj:=wobj0, posecor, EGM_FRAME_WOBJ, posesens, EGM_FRAME_TOOL ;

续表

名称	编程格式与示例		
EGM 移动设定	EGMActMove	编程格式	EGMActMove EGMid, SensorFrame [\SampleRate] ;
		程序数据与添加项	EGMid：EGM 名称，数据类型 egmident； SensorFrame：传感器坐标系，数据类型 pose； \SampleRate：输入采样周期（ms），数据类型 num
	功能说明		设定 EGM 操作的移动轨迹校准参数
	编程示例		EGMActMove EGMid1, tLaser.tframe\SampleRate:=48 ;
EGM 关节定位	EGMRunJoint	编程格式	EGMRunJoint EGMid, Mode [\J1] [\J2] [\J3] [\J4] [\J5] [\J6]　[\CondTime]　[\RampInTime]　[\RampOutTime] [\Offset] [\PosCorrGain] ;
		程序数据与添加项	EGMid：EGM 名称，数据类型 egmident； Mode：运动停止方式，数据类型 egmstopmode； \J1～\J6：关节运动轴选择，数据类型 switch； \CondTime：程序暂停时间（s），数据类型 num； \RampInTime：加速时间（s），数据类型 num； \RampOutTime：减速时间（s），数据类型 num； \Offset：位置偏移，数据类型 pose； \PosCorrGain：位置调节器增益，数据类型 num
	功能说明		在传感器的引导下，将指定关节轴定位到 EGMActJoint 指令位置
	编程示例		EGMRunJoint egmID1, EGM_STOP_HOLD \J1 \J3 \RampInTime:=0.2 ;
EGM 姿态定位	EGMRunPose	编程格式	EGMRunPose EGMid, Mode [\x] [\y] [\z] [\rx] [\ry] [\rz] [\CondTime] [\RampInTime] [\RampOutTime] [\Offset] [\PosCorrGain] ;
		程序数据与添加项	\x、\y、\z：直线运动轴选择，数据类型 switch； \rx、\ry、\rz：回转运动轴选择，数据类型 switch； 其他：同指令 EGMRunJoint
	功能说明		在传感器的引导下，将指定轴定位到 EGMActPose 指令位置
	编程示例		EGMRunPose egmID1, EGM_STOP_HOLD \x \y \z \rx \ry \rz \RampInTime:=0.2 ;
EGM 直线插补	EGMMoveL	编程格式	EGMMoveL EGMid, ToPoint, Speed, Zone, Tool, [\Wobj] [\TLoad] [\NoCorr] ;
		程序数据与添加项	EGMid：EGM 名称，数据类型 egmident； ToPoint：目标位置，数据类型 robtarget； Speed：移动速度，数据类型 speeddata； Zone：定位区间，数据类型 zonedata； Tool：工具数据，数据类型 tooldata； \Wobj：工件数据，数据类型 wobjdata； \TLoad：负载数据，数据类型 loaddata； \NoCorr：关闭轨迹校准功能，数据类型 switch
	功能说明		按 EGMActMove 指令设定，进行利用传感器校准轨迹的直线插补运动
	编程示例		EGMMoveL EGMid1, p12, v10, z5, tReg\WObj:=wobj0 ;

名称	编程格式与示例		
EGM 圆弧插补	EGMMoveC	编程格式	EGMMoveC EGMid, CirPoint, ToPoint, Speed, Zone, Tool, [\Wobj] [\TLoad] [\NoCorr] ;
		程序数据与添加项	CirPoint ：圆弧插补中间点，数据类型 robtarget； ToPoint：目标位置，数据类型 robtarget； 其他：同指令 EGMMoveL
	功能说明		按 EGMActMove 指令设定，进行利用传感器校准轨迹的圆弧插补运动
	编程示例		EGMMoveC EGMid1, p13, p14, v10, z5, tReg\WObj:=wobj0 ;
EGM 移动停止	EGMStop	编程格式	EGMStop EGMid, Mode [\RampOutTime] ;
		程序数据与添加项	EGMid：EGM 名称，数据类型 egmident； Mode：运动停止方式，数据类型 egmstopmode； \RampOutTime：减速时间（s），数据类型 num
	功能说明		停止 EGM 移动（通常用于中断程序）
	编程示例		EGMStop egmID1, EGM_STOP_HOLD ;
EGM 状态读入	EGMGetState	命令格式	EGMGetState (EGMid) ;
		命令参数	EGMid：EGM 名称，数据类型 egmident
		执行结果	当前的 EMG 状态，数据类型 egmstate
	功能说明		读入当前的 EMG 状态
	编程示例		egmState1 := EGMGetState(egmID1) ;

实现 EGM 定位运动的程序示例如下。

```
VAR egmident egmID1 ;                                  // 程序数据定义
PERS pose pose1:=[[0,0,0], [1,0,0,0]] ;
CONST egm_minmax egm_lin:=[-0.1, 0.1] ;
CONST egm_minmax egm_rot:=[-0.1, 0.2] ;
CONST pose posecor:=[[1200,400,900], [0,0,1,0]] ;
CONST pose posesens:=[ [12.3,-0.1,416.1],[0.904,-0.0032,0.427666,0.00766]] ;
......
EGMGetId egmID1 ;                                      // EGM 运动定义
EGMSetupAI ROB_1, egmID1, "default" \Pose \aiR1x:=ai_01 \aiR2y:=ai_02
\aiR3z:=ai_03 \aiR4rx:=ai_04 \aiR5ry:=ai_05 \aiR6rz:=ai_06 ;  // EGM 传感器设定
EGMActPose egmID1 \Tool:=tool0 \WObj:=wobj0, posecor, EGM_FRAME_WOBJ,
posesens, EGM_FRAME_TOOL \x:=egm_lin \y:=egm_lin \z:=egm_lin \rx:=egm_rot
\ry:=egm_ rot \rz:=egm_rot \LpFilter:=20 ;            // EGM 定位点设定
EGMRunPose egmID1, EGM_STOP_HOLD \x \y \z \rx \ry \rz \RampInTime:=0.2 ;
                                                       // EGM 定位
EGMReset egmID1 ;                                      // EGM 清除
......
```

实现 EGM 插补轨迹校准的程序示例如下。

```
VAR egmident EGMid1 ;                                    // 程序数据定义
PERS tooldata tReg := [TRUE, [[148,0,326],[0.834,0,0.552,0]], [1,[0,0,100],
[1,0,0,0], 0,0,0]] ;
PERS tooldata tLaser := [TRUE,[[148,50,326],[0.39,-0.59, -0.59,0.39]],[1,
[ -0.92,0, -0.39], [1,0,0,0], 0,0,0]] ;
......
EGMGetId EGMid1 ;                                        // EGM 运动定义
EGMSetupLTAPP ROB_1, EGMid1, "pathCorr", "OptSim", 1\LATR ;  // 传感器通信定义
EGMActMove EGMid1, tLaser.tframe\SampleRate:=50 ;        // EGM 移动设定
MoveL p6, v10, fine, tReg\WObj:=wobj0 ;                  // 非 EGM 移动
EGMMoveL EGMid1, p12, v10, z5, tReg\WObj:=wobj0 ;        // EGM 插补
EGMMoveL EGMid1, p7, v10, z5, tReg\WObj:=wobj0 ;
EGMMoveC EGMid1, p13, p14, v10, z5, tReg\WObj:=wobj0 ;
EGMMoveL EGMid1, p15, v10, fine, tReg\WObj:=wobj0 ;
MoveL p8, v1000, z10, tReg\WObj:=wobj0 ;                 // 非 EGM 移动
EGMReset EGMid1 ;                                        // EGM 清除
......
```

7.5.4　其他智能机器人控制指令

1. 轨迹校准指令与函数

轨迹校准器（correction generators）是一种用于物体间距离检测的位置传感器，在机器人系统上，它可用于定位点、运动轨迹的检测与自动调整。

例如，对于图 7.5-1 所示的弧焊作业，可通过校准器对焊枪与工件的间距检测，调整焊枪姿态，以保证焊枪始终位于工件的中间，从而提高焊接质量。

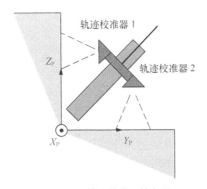

图 7.5-1　轨迹校准器的应用

轨迹校准功能可用于机器人的直线、圆弧插补移动。当 RAPID 程序通过轨迹校准器的连接、设定指令正确编程后，只要在直线、圆弧插补指令 MoveL、MoveC 中指定添加项\Corr，系统便可利用校准器测量的偏移量，自动调整移动轨迹。

轨迹校准器的连接与设定指令及相关函数命令的功能、编程格式、程序数据、参数及添加项要求见表 7.5-6，简要说明如下。

表 7.5-6 　　　　　　　　　　　　　轨迹校准器控制指令与函数命令及编程格式

名称	编程格式与示例		
连接轨迹校准器	CorrCon	编程格式	CorrCon Descr ;
		程序数据	Descr：轨迹校准器名称，数据类型 corrdescr
	功能说明		连接指定的轨迹校准器
	编程示例		CorrCon hori_id ;
断开轨迹校准器	CorrDiscon	编程格式	CorrDiscon Descr ;
		程序数据	Descr：轨迹校准器名称，数据类型 corrdescr
	功能说明		断开指定的轨迹校准器
	编程示例		CorrDiscon hori_id ;
删除轨迹校准器	CorrClear	编程格式	CorrClea ;
		程序数据	——
	功能说明		删除所有轨迹校准器，清除校准值
	编程示例		CorrClear ;
校准值设定	CorrWrite	编程格式	CorrWrite Descr, Data ;
		程序数据	Descr：轨迹校准器名称，数据类型 corrdescr；Data：偏移量名称，数据类型 pos
	功能说明		设定轨迹校准器的偏移量
	编程示例		CorrWrite hori_id, offset ;
校准值读取	CorrRead	命令格式	CorrRead()
		命令参数	——
		执行结果	轨迹校准器的总偏移量（绝对值），数据类型 pos
	编程示例		offset := CorrRead() ;

例如，利用测量输入为 vert_sig 的垂直轨迹校准器，修整直线插补轨迹的编程示例如下。

```
VAR corrdescr vert_id ;                                  // 程序数据定义
VAR pos vert_offset ;
……
write_offset.x := 0 ;                                    // 校准值设定
write_offset.y := 0 ;
write_offset.z := vert_sig ;
CorrWrite vert_id, vert_offset ;                         // 校准值设定
CorrCon vert_id ;                                        // 连接校准器
MoveL p20, v100, z10, tool1 \Corr;                       // 功能启用
……
vert_offset := CorrRead() ;                              // 读入校准值
TPWrite "The vertical correction is:" \Num:= vert_offset.z ; // 校准值显示
CorrDiscon vert_id ;                                     // 断开校准器
CorrClear ;                                              // 清除校准数据
……
```

2. 摄像机器人控制指令与函数

RAPID 摄像设备控制指令与函数命令可以用于摄像机器人控制和数据读入，其使用相对较少，指令及函数命令的功能、编程格式、程序数据、参数及添加项要求见表 7.5-7，简要说明如下。

表 7.5-7　　　　　　　　　　摄像设备控制指令及编程格式

名称	编程格式与示例		
摄像编程模式	CamSetProgram Mode	编程格式	CamSetProgramMode Camera ;
		程序数据	Camera：摄像设备名称，数据类型 cameradev
	功能说明		启动摄像设备编程模式
	编程示例		CamSetProgramMode mycamera ;
摄像任务加载	CamLoadJob	编程格式	CamLoadJob Camera, JobName [\KeepTargets] [\MaxTime] ;
		程序数据与添加项	Camera：摄像设备名称，数据类型 cameradev； Name：任务名，数据类型：string； \KeepTargets：保留图像数据，数据类型 switch； \MaxTime：最长等待时间（s），数据类型 num
	功能说明		加载摄像任务
	编程示例		CamLoadJob mycamera, "myjob.job" ;
开始摄像任务加载	CamStart LoadJob	编程格式	CamStartLoadJob Camera Name [\KeepTargets]
		程序数据与添加项	Camera：摄像设备名称，数据类型 cameradev； Name：任务名，数据类型 string； \KeepTargets：保留图像数据，数据类型 switch
	功能说明		开始加载摄像任务，并继续执行下一指令
	编程示例		CamStartLoadJob mycamera, "myjob.job" ;
等待任务加载完成	CamWait LoadJob	编程格式	CamWaitLoadJob Camera ;
		程序数据	Camera：摄像设备名称，数据类型 cameradev
	功能说明		等待摄像任务加载完成
	编程示例		CamWaitLoadJob mycamera ;
摄影参数设定	CamSet Exposure	编程格式	CamSetExposure Camera [\ExposureTime] [\Brightness] [\Contrast] ;
		程序数据与添加项	Camera：摄像设备名称，数据类型 cameradev； \ExposureTime：曝光时间，数据类型 num； \Brightness：亮度，数据类型 num； \Contrast：对比度，数据类型 num
	功能说明		设定摄像设备的曝光时间、亮度、对比度
	编程示例		CamSetExposure mycamera \ExposureTime:=10 ;
设备参数设定	CamSet Parameter	编程格式	CamSetParameter Camera ParName [\NumVal] | [\BoolVal] | [\StrVal] ;

名称		编程格式与示例	
设备参数设定	CamSet Parameter	程序数据与添加项	Camera：摄像设备名称，数据类型 cameradev； ParName：参数名称，数据类型 string； \NumVal：num 参数值，数据类型 num； \BoolVal：bool 参数值，数据类型 bool； \StrVal：string 参数值，数据类型：string
		功能说明	设定摄影设备的参数
		编程示例	CamSetParameter mycamera, "Pattern_1.Tool_Enabled" \BoolVal:=FALSE ;
摄像运行模式	CamSetRun Mode	编程格式	CamSetRunMode Camera ;
		程序数据	Camera：摄像设备名称，数据类型 cameradev
		功能说明	启动摄像设备运行
		编程示例	CamSetRunMode mycamera ;
启动图像采集	CamReq Image	编程格式	CamReqImage Camera [\SceneId] [\KeepTargets] [\Await Complete] ;
		程序数据与添加项	Camera：摄像设备名称，数据类型 cameradev； \SceneId：图像编号，数据类型 num； \KeepTargets：保留图像数据，数据类型 switch； \AwaitComplete：执行等待，数据类型 switch
		功能说明	启动摄像设备图像采集
		编程示例	CamReqImage mycamera ;
图像数据读入	CamGet Result	编程格式	CamGetResult Camera, CamTarget [\SceneId] [\MaxTime] ;
		程序数据与添加项	Camera：摄像设备名称，数据类型 cameradev； CamTarget：数据存储变量名，数据类型 cameratarget； \SceneId：图像编号，数据类型 num； \MaxTime：最长等待时间（s），数据类型 num
		功能说明	读入图像数据 cameratarget
		编程示例	CamGetResult mycamera, mycamtarget \SceneId:= mysceneid ;
设备参数读入	CamGet Parameter	编程格式	CamGetParameter Camera, ParName [\Num] | [\Bool] | [\Str] ;
		程序数据与添加项	Camera：摄像设备名称，数据类型 cameradev； ParName：参数名称，数据类型 string； \NumVar：num 参数存储变量名，数据类型 num； \BoolVar：bool 参数存储变量名，数据类型 bool； \StrVar：string 参数存储变量名，数据类型 string
		功能说明	读入摄像设备的参数，并保存到指定的 VAR 变量中
		编程示例	CamGetParameter mycamera, "Pattern_1.Tool_Enabled_Status" \BoolVar:=mybool ;
图像数据删除	CamFlush	编程格式	CamFlush Camera ;
		程序数据	Camera：摄像设备名称，数据类型 cameradev
		功能说明	删除指定摄像设备的全部图像数据 cameratarget
		编程示例	CamFlush mycamera ;

续表

名称		编程格式与示例	
当前摄像 设备名称 读入	CamGetName	命令格式	CamGetName(Camera)
		命令参数	Camera：摄像设备名称，数据类型 cameradev
		执行结果	当前摄像设备的配置名，数据类型 string
	编程示例		currentdev:=CamGetName(camdev)
当前摄像 任务名称 读入	CamGet LoadedJob	命令格式	CamGetLoadedJob (Camera)
		命令参数	Camera：摄像设备名称，数据类型 cameradev
		执行结果	当前加载的摄像任务名称，数据类型 string
	编程示例		currentjob:=CamGetLoadedJob(mycamera) ;
当前摄影 参数读入	CamGet Exposure	命令格式	CamGetExposure (Camera [\ExposureTime] | [\Brightness] | [\Contrast])
		命令参数 与添加项	Camera：摄像设备名称，数据类型 cameradev； \ExposureTime：曝光时间，数据类型 num； \Brightness：亮度，数据类型 num； \Contrast：对比度，数据类型 num
		执行结果	命令所指定的摄影参数值，数据类型 num
	编程示例		exposuretime:=CamGetExposure(mycamera \ExposureTime) ;
当前图像 数据的输 入读入	CamNumber OfResults	命令格式	CamNumberOfResults (Camera [\SceneId])
		命令参数 与添加项	Camera：摄像设备名称，数据类型 cameradev； \SceneId：图像编号，数据类型 num
		执行结果	图像数据的数量，数据类型 num
	编程示例		FoundParts := CamNumberOfResults(mycamera) ;

摄像设备的任务加载、参数设定等操作需要在摄像编程模式下进行；任务加载、参数设定完成后，可启动摄像运行模式，并启动图像采集；当前所使用的摄像设备、摄像任务及摄影数据以及所采集的图像数据可通过相关指令读入到 RAPID 程序中，或予以删除。

RAPID 摄像程序的示例如下。

```
CamSetProgramMode mycamera ;                              // 选择编程模式
CamStartLoadJob mycamera, "myjob.job" ;                  // 开始加载任务
MoveL p1, v1000, fine, tool2 ;                           // 其他指令
……
CamWaitLoadJob mycamera ;                                // 等待加载完成
CamSetParameter mycamera, "Pattern_1.Tool_Enabled" \BoolVal:=FALSE ;
CamSetExposure mycamera \ExposureTime:=10 ;              // 参数设定
CamSetRunMode mycamera ;                                 // 启动运行
CamReqImage mycamera \SceneId:= mysceneid ;              // 图像采集
……
WaitTime 1 ;
CamGetResult mycamera, mycamtarget \SceneId:= mysceneid ;  // 数据读入
exposuretime:=CamGetExposure(mycamera \ExposureTime) ;
```

```
FoundParts := CamNumberOfResults(mycamera) ;
TPWrite "Now using camera:"+CamGetName(mycamera) ;                    //设备显示
TPWrite "Job"+CurrentJob+"is loaded in camera"+CamGetName(mycamera) ;
                                                                     //任务显示
......
```

| 第 8 章 |
工业机器人应用程序实例

8.1 搬运机器人程序实例

8.1.1 机器人搬运系统

1. 搬运机器人

搬运机器人（Transfer Robot）是从事物体移载作业的工业机器人的总称，主要用于物体的输送和装卸。从产品功能来看，装配机器人（Assembly Robot）中的部件装配机器人，包装机器人（Packaging Robot）中的物品分拣、物料码垛、成品包装机器人，实际上也属于物体移载的范畴，故也可将其归至搬运工业机器人大类。

搬运机器人主要有输送和装卸两大类。前者通常用于物品的长距离、大范围、批量移动作业，无人搬运车简称 AGV（Automated Guided Vehicle），是其代表性产品；后者主要用于单件物品的小范围、定点移动和装卸作业，其代表性产品主要有上下料机器人（Loading and Unloading Robot）、码垛机器人（Stacking Robot）和分拣机器人（Picking Robot）等。

装卸、分拣、码垛机器人的作业性质类似，操作和控制要求相近，在实际应用时往往难以严格分类。因此，在自动化仓储系统、自动生产线上，通常将机器人与自动化仓库、物料输送线相结合，组成具有装卸、分拣、码垛功能的机器人综合搬运系统，部分机器人可能需要同时承担多种功能。例如，用于自动化仓库、自动生产线、自动化加工设备零件提取、移动、安放作业的装卸机器人，实际上也需要有码垛机器人同样的定点堆放功能；同样，对于分拣、码垛作业的机器人来说，物品的提取、移动、安放也是机器人所必备的功能。因此，所谓的搬运、装卸、装配、分拣、码垛、包装机器人，只是搬运机器人的特殊应用，其控制要求类似，编程、操作方法相同。

2. 机器人搬运系统

从事物体移载作业的搬运类工业机器人系统的基本组成如图 8.1-1 所示，它通常由机器人基本部件、夹持器（工具）和控制装置等部件组成。必要时，还需要增设防护网、警示灯等安全保护装置，以构成自动、安全运行的搬运工作站系统。

① 机器人。机器人的基本部件包括机器人本体、控制柜、示教器等，它们是用于机器人本体运动控制、对机器人进行操作编程的基本部件，与其他机器人系统并无区别。

承载能力在 15kg 以下、作业空间在 2m 以内的小型搬运系统，可采用垂直串联、并联、SCARA 等多种结构的机器人；承载能力大于 15kg、作业空间超过 2m 的搬运系统，通常以垂直串联机器人为主。

② 夹持器。夹持器是用来抓取物品的作业工具，它与作业对象的外形、体积、质量等因素密切相关，其形式多样，常用的有如图 8.1-2 所示的电磁吸盘、真空吸盘和手爪 3 类。

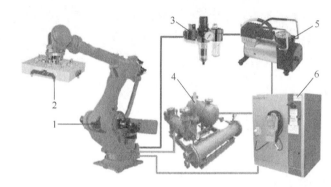

1—机器人本体　2—夹持器　3—气动部件　4—真空泵　5—气泵　6—控制柜
图 8.1-1　机器人搬运系统

（a）电磁吸盘　　　　　　　　　　　　（b）真空吸盘

（c）手爪
图 8.1-2　搬运机器人常用工具

电磁吸盘通过电磁吸力抓取金属零件，其结构简单、控制方便，夹持力大、对夹持面的要求不高，夹持时也不会损伤工件，且可制成各种形状，但它只能用于导磁材料的抓取，并容易留下剩磁，故多用于原材料、集装箱类物品的搬运作业。

真空吸盘利用吸盘内部和大气压力间的压力差来吸持物品，它对物品材料无要求，但要求吸持面光滑、平整、不透气，且吸持力受大气压力的限制，故多用于玻璃、金属、塑料或木材等轻量板类物品或小型密封包装的袋状物品夹持。

　　手爪可利用机械锁紧或摩擦力来夹持物品，它可根据作业对象的外形、重量和夹持要求，设计成各种各样的形状，夹持力可根据要求设计和调整，其适用范围广、夹持可靠、使用灵活方便、定位精度高，是搬运机器人广泛使用的夹持器。

　　③ 控制装置。控制装置通常有气泵、真空泵、气动阀、气缸和传感器等，它是为夹持器提供动力、控制夹持器松/夹动作的部件。例如，使用电磁吸盘的机器人，需要配套相应的电源及通断控制装置；使用真空吸盘的机器人，需要配套真空泵、电磁阀等部件；使用手爪夹持器的机器人，则需要配套相关的气泵、气动阀、气缸或液压泵、液压阀、油缸等部件；在分拣、仓储、码垛的机器人系统中，有时还需要配备相应的物品识别、检视等传感系统，以及重量复检、不合格品剔除、堆垛整形、输送带等附加设备。

8.1.2　应用程序设计要求

1. 搬运动作

　　作为最简单的实例，以下将介绍利用 ABB IRB120 工业机器人完成图 8.1-3 所示搬运作业的 RAPID 应用程序设计实例。

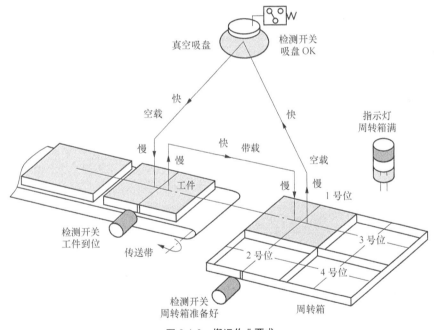

图 8.1-3　搬运作业要求

　　图 8.1-3 所示的搬运系统由搬运机器人、真空吸盘及控制装置、传送带、周转箱等主要部件组成。系统要求利用安装在机器人上的真空吸盘，抓取由传送带输送而来的工件；然后，再将工件逐一、依次放置到周转箱的 1～4 号位置中。一旦周转箱放满 4 个工件，系统输出"周转箱满"指示灯信号，提示操作者更换周转箱；周转箱更换后，继续进行搬运作业。

　　搬运系统对机器人及辅助部件的动作要求见表 8.1-1。

表 8.1-1   搬运作业动作表

工步	名称	动作要求	运动速度	DI/DO 信号
0	作业初始状态	机器人位于作业原点	——	
		周转箱准备好	——	周转箱准备信号为"1"
		传送带工件到位	——	工件到位信号为"1"
		吸盘真空关闭	——	吸盘 ON 信号为"0"
1	抓取预定位	机器人运动到抓取点上方	空载高速	保持原状态
2	到达抓取位	机器人运动到抓取点	空载低速	保持原状态
3	抓取工件	吸盘 ON	——	吸盘 ON 为"1"、吸盘 OK 为"1"
4	工件提升	机器人运动到抓取点上方	带载低速	保持原状态
5	工件转移	机器人运动到放置点上方	带载高速	保持原状态
6	工件入箱	机器人运动到放置点	带载低速	保持原状态
7	放置工件	吸盘 OFF	——	吸盘 ON 为"0"、吸盘 OK 为"0"
8	机器人退出	机器人运动到放置点上方	空载低速	保持原状态
9	返回作业原点	机器人运动到作业原点	空载高速	保持原状态
10	检查周转箱	周转箱满：取走、继续下步；周转箱未满：重复1~9	——	周转箱准备信号为"0"
		周转箱已满指示	——	周转箱已满信号为"1"
		重新放置周转箱、重复1~9	——	周转箱准备信号为"1"

2. DI/DO 信号

假设图 8.1-3 所示搬运作业的机器人系统，其作业所需的 DI/DO 信号连接及通过系统连接配置所定义的 DI/DO 信号名称（RAPID 程序数据名称）见表 8.1-2，表中不包括系统急停、伺服启动、程序启动/暂停等基本控制信号。

表 8.1-2   DI/DO 信号及名称

DI/DO 信号	信号名称	作用功能
传送带工件到位检测开关	di01_InPickPos	1：传送带工件到位；0：传送带无工件
吸盘 OK 检测开关	di02_VacuumOK	1：吸盘 ON；0：吸盘 OFF
周转箱准备好检测开关	di03_BufferReady	1：周转箱到位（未满）；0：无周转箱
吸盘 ON 阀	do32_VacuumON	1：开真空、吸盘 ON；0：关真空、吸盘 OFF
周转箱满指示灯	do34_BufferFull	1：周转箱满指示；0：周转箱可用

8.1.3 程序设计思路

1. 程序数据定义

RAPID 程序设计前，首先需要根据控制要求，将机器人工具的形状、姿态、载荷，以及工件位置、机器人定位点、运动速度等全部控制参数，定义成 RAPID 程序设计所需要的程序数据。

根据上述搬运作业要求，所定义的基本程序数据如图 8.1-4 和表 8.1-3 所示，不同程序数据的设定要求和方法可参见前述的相关章节。

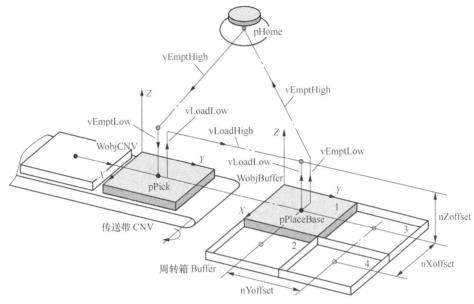

图 8.1-4　程序数据定义图

表 8.1-3　　　　　　　　　　　　　　基本程序数据定义表

程序数据			含　义	设定方法
性　质	类　型	名　称		
CONST	robtarget	pHome	机器人作业原点	指令定义或示教设定
CONST	robtarget	pPick	工件抓取位置	指令定义或示教设定
CONST	robtarget	pPlaceBase	周转箱 1 号位置	指令定义或示教设定
CONST	speeddata	vEmptyHigh	空载高速	指令定义
CONST	speeddata	vEmptyLow	空载低速	指令定义
CONST	speeddata	vLoadHigh	带载高速	指令定义
CONST	speeddata	vLoadLow	带载低速	指令定义
CONST	num	nXoffset	周转箱 X 向位置间距	指令定义
CONST	num	nYoffset	周转箱 Y 向位置间距	指令定义
CONST	num	nZoffset	Z 向低速接近距离	指令定义
PERS	tooldata	tGripper	作业工具数据	指令定义或自动测定
PERS	loaddata	LoadFull	工件负载数据	指令定义或自动测定
PERS	wobjdata	wobjCNV	传送带坐标系	指令定义或自动测定
PERS	wobjdata	wobjBuffe	周转箱坐标系	指令定义或自动测定
PERS	robtarget	pPlace	周转箱放置点	程序自动计算
PERS	num	nCount	工件计数器	程序自动计算
VAR	bool	bPickOK	工件抓取状态	程序自动计算

以上程序数据为搬运作业基本数据，且多为常量 CONST、永久数据 PERS，故需要在主模块上进行定义。对于子程序数据运算、状态判断所需要的其他程序变量 VAR，可在相应的子程序中，根据需要进行个别定义；具体参见后述的程序实例。

2. 应用程序结构设计

由于实现以上动作的 RAPID 程序非常简单，可不考虑中断、错误处理等特殊要求，直接编制 RAPID 机器人作业程序。

为了规划子程序，根据控制要求，可将以上搬运作业分解为机器人作业初始化、传送带工件抓取、工件放置到周转箱、周转箱检查 4 个相对独立的动作。

① 作业初始化。作业初始化用来设置机器人循环搬运作业的初始状态，防止首次搬运时可能出现的运动干涉和碰撞。作业初始化只需要在首次搬运时进行，机器人循环搬运开始后，其状态可通过 RAPID 程序保证。因此，作业初始化可用一次性执行子程序的形式，由主程序进行调用。

作业初始化包括机器人作业原点检查与定位、程序中间变量的初始状态设置等。

作业原点 pHome 是机器人搬运动作的起始点和结束点，进行第一次搬运时，必须保证机器人能够从作业原点附近向传送带工件的上方移动，以防止运动干涉和碰撞；机器人完成搬运后，可直接将该点定义为动作结束点，以便实现循环搬运动作。如作业开始时机器人不在作业原点，出于安全上的考虑，一般应先进行 Z 轴提升运动，然后再进行 XY 轴定位。

作业原点是 TCP 位置数据（robtarget），它需要同时保证 XYZ 位置和工具姿态正确，因此，程序需要进行 TCP 的 (x, y, z) 坐标和工具姿态四元数（q_1、q_2、q_3、q_4）的比较与判别，由于其运算指令较多，故可用单独的功能程序形式进行编制。只要能够保证机器人在首次运动时不产生碰撞，机器人的作业开始位置和作业原点实际上允许有一定的偏差，因此，在判别程序中，可将 XYZ 位置和工具姿态四元数 $q_1 \sim q_4$ 偏差不超过某一值（如±20mm、±0.05）的点，视作作业原点。

作为参考，本例的作业初始化程序的功能可设计为：进行程序中间变量的初始状态设置；调用作业原点检查与定位子程序，检查作业起始位置、完成作业原点定位。其中，作业原点的检查和判别，通过调用功能程序完成；作业原点的定位运动在子程序中实现。

② 传送带工件抓取。通过机器人完成从作业原点→传送带工件抓取位置上方→工件抓取位置→工件抓取位置上方的运动；在抓取位置，需要输出吸盘 ON 信号抓取工件；工件抓取后，需要改变机器人的负载及运动速度。

③ 工件放置到周转箱。通过机器人完成从传送带工件抓取位置上方→周转箱放置位置上方→放置位置→放置位置上方→作业原点的运动；在放置位置，需要输出吸盘 OFF 信号放置工件；工件放置后，需要恢复机器人空载及运动速度。

周转箱的工件放置位置有 4 个，它可通过工件计数来选择不同的位置。放置位置的计算可通过对工件计数器的计数值测试，利用周转箱 X、Y 向位置间距的偏移实现，并可以使用独立的子程序完成。

④ 周转箱检查。用来检查周转箱是否已放满工件，如工件已放满，则需要输出周转箱已满信号，等待操作者取走周转箱。周转箱是否已满，可通过工件计数器的计数值进行判断；一旦操作者取走周转箱，便可将工件计数器复位为初始值。

根据以上设计思路，应用程序的主模块及主、子程序结构，以及程序实现的功能可规划为如表 8.1-4 所示。

表 8.1-4　　　　　　　　　　　　　RAPID 应用程序结构与功能

名　　称	类　型	程序功能
mainmodu	MODULE	主模块，定义表 8.1-3 中的基本程序数据
mainprg	PROC	主程序，进行如下子程序调用与管理： 1. 一次性调用初始化子程序 rInitialize，完成机器人作业原点检查与定位，进行程序中间变量的初始状态设置； 2. 循环调用子程序 rPickPanel、rPlaceInBuffer、rCheckBuffer，完成搬运动作
rInitialize	PROC	一次性调用 1 级子程序，完成以下动作： 1. 调用 2 级子程序 rCheckHomePos，进行机器人作业原点检查与定位； 2. 工件计数器设置为初始值 1； 3. 关闭吸盘 ON 信号
rCheckHomePos	PROC	rInitialize 一次性调用的 2 级子程序，完成以下动作： 1. 调用功能程序 InHomePos，判别机器人是否处于作业原点；机器人不在原点时进行如下处理： 2. Z 轴直线提升至原点位置； 3. XY 轴移动到原点定位
InHomePos	FUNC	rCheckHomePos 一次性调用的 3 级功能子程序，完成机器人原点判别： 1. X/Y/Z 位置误差不超过±20mm； 2. 工具姿态四元数 $q_1 \sim q_4$ 误差不超过±0.05
rPickPanel	PROC	循环调用 1 级子程序，完成以下动作： 1. 确认机器人吸盘为空，否则，停止程序，示教器显示出错信息； 2. 机器人空载，快速定位到传送带工件抓取位置的上方； 3. 机器人空载，慢速下降到抓取位置； 4. 输出吸盘 ON 信号，抓取工件； 5. 设置机器人作业负载； 6. 机器人带载，慢速提升到传送带工件抓取位置的上方
rPlaceInBuffer	PROC	循环调用 1 级子程序，完成以下动作： 1. 调用放置点计算子程序 rCalculatePos，计算周转箱放置位置； 2. 机器人带载，高速定位到周转箱放置位置的上方； 3. 机器人带载，低速下降到放置位置； 4. 输出吸盘 OFF 信号，放置工件； 5. 撤销机器人作业负载； 6. 机器人空载，慢速提升到放置位置的上方； 7. 机器人空载，高速返回作业原点
rCalculatePos	PROC	rPlaceInBuffer 循环调用的 2 级子程序，完成以下动作： 工件计数器为 1：放置到 1 号基准位置； 工件计数器为 2：X 位置偏移，放置到 2 号位； 工件计数器为 3：Y 位置偏移，放置到 3 号位； 工件计数器为 4：X/Y 位置同时偏移，放置到 4 号位； 计数器错误，示教器显示出错信息，程序停止

名　称	类　型	程序功能
rCheckBuffer	PROC	循环调用 1 级子程序，完成以下动作： 1. 如周转箱已满，输出周转箱已满信号，继续以下动作； 2. 等待操作者取走周转箱； 3. 工件计数器复位为初始值 1

8.1.4　应用程序示例

根据以上设计要求与思路，设计的 RAPID 应用程序如下。

```
!*********************************************************
MODULE mainmodu (SYSMODULE)              // 主模块 mainmodu 及属性
  ! Module name : Mainmodule for Transfer  // 注释
  ! Robot type : IRB 120
  ! Software : RobotWare 6.01
  ! Created : 2017-06-06
!***********************************           // 定义程序数据（根据实际情况设定）
  CONST robtarget pHome:=[……] ;           // 作业原点
  CONST robtarget pPick:=[……] ;           // 抓取点
  CONST robtarget pPlaceBase:=[……] ;      // 放置基准点
  CONST speeddata vEmptyHigh:=[……] ;      // 空载高速
  CONST speeddata vEmptyLow:=[……] ;       // 空载低速
  CONST speeddata vLoadHigh:=[……] ;       // 带载高速
  CONST speeddata vLoadLow:=[……] ;        // 带载低速
  CONST num nXoffset:=…… ;                // 周转箱 X 向间距
  CONST num nYoffset:=…… ;                // 周转箱 Y 向间距
  CONST num nZoffset:=…… ;                // Z 向低速接近距离
  PERS tooldata tGripper:= [……] ;         // 作业工具
  PERS loaddata LoadFull:= [……] ;         // 作业负载
  PERS wobjdata wobjCNV:= [……] ;          // 传送带坐标系
  PERS wobjdata wobjBuffer:= [……] ;       // 周转箱坐标系
  PERS robtarget pPlace:=[……] ;           // 当前放置点
  PERS num nCount ;                        // 工件计数器
  VAR bool bPickOK ;                       // 工件抓取状态
!*************************************************************
PROC mainprg ()                            // 主程序
   rInitialize ;                           // 调用初始化程序
  WHILE TRUE DO                            // 无限循环
   rPickPanel ;                            // 调用工件抓取程序
   rPlaceInBuffer ;                        // 调用工件放置程序
   rCheckBuffer ;                          // 调用周转箱检查程序
```

```
      Waittime 0.5                        // 暂停 0.5s
   ENDWHILE                               // 循环结束
ENDPROC                                   // 主程序结束
!************************************************************
PROC rInitialize ()                       // 初始化程序
   rCheckHomePos ;                        // 调用作业原点检查程序
   nCount:=1                              // 工件计数器预置
   bPickOK:=FALSE ;                       // 撤销抓取状态
   Reset do32_VacuumON                    // 关闭吸盘
ENDPROC                                   // 初始化程序结束
!************************************************************
PROC rPickPanel ()                        // 工件抓取程序
  IF bPickOK:=FALSE THEN
    MoveJ Offs(pPick, 0, 0, nZoffset), vEmptyHigh, z20, tGripper\ wobj :=wobjCNV ;
                                          // 移动到 pPick 上方减速点
    WaitDI di01_InPickPos, 1 ;            // 等待传送带到位 di01=1
    MoveL pPick, vEmptyLow, fine, tGripper\ wobj :=wobjCNV ; // pPick 点定位
    Set do32_VacuumON ;                   // 吸盘 ON（do32=1）
    WaitDI di02_ VacuumOK, 1 ;            // 等待抓取完成 di02=1
    bPickOK:=TRUE ;                       // 设定抓取状态
    GripLoad LoadFull ;                   // 设定作业负载
    MoveL Offs(pPick, 0, 0, nZoffset), vLoadLow, z20, tGripper\ wobj :=wobjCNV ;
                                          // 提升到 pPick 上方减速点

  ELSE
    TPErase ;                             // 示教器清屏
    TPWrite ''Cycle Restart Error'' ;     // 显示出错信息
    TPWrite ''Cycle can't start with Panel on Gripper'' ;
    TPWrite ''Please check the Gripper and then restart next cycle'' ;
    Stop ;                                // 程序停止
  ENDIF
ENDPROC                                   //工件抓取程序结束
!************************************************************
PROC rPlaceInBuffer ()                    // 工件放置程序
  IF bPickOK:=TRUE THEN
    rCalculatePos ;                       // 调用放置点计算程序
    WaitDI di03_BufferReady, 1 ;          // 等待周转箱到位 di03=1
    MoveJ Offs(pPlace, 0, 0, nZoffset), vLoadHigh, z20, tGripper\ wobj :=wobjBuffer ;
                                          // 移动到 pPlace 上方减速点
    MoveL pPlace, vLoadLow, fine, tGripper\ wobj :=wobjBuffer ; // pPick 点定位
    Reset do32_VacuumON ;                 // 吸盘 OFF（do32=0）
    WaitDI di02_ VacuumOK, 0 ;            // 等待放开 di02=0
```

```
    Waittime 0.5                                    // 暂停 0.5s
    bPickOK:=FALSE ;                                // 撤销抓取状态
    GripLoad Load0 ;                                // 撤销作业负载
    MoveL Offs(pPlace, 0, 0, nZoffset), vEmptyLow, z20, tGripper\ wobj :=wobjBuffer ;
                                                    // 移动到 pPlace 上方减速点
    MoveJ pHome, vEmptyHigh, fine, tGripper ;       // 返回作业原点
    nCount:= nCount +1                              // 工件计数器加 1
  ENDIF
ENDPROC                                             //工件放置程序结束
!************************************************************
PROC rCheckBuffer ()                                // 周转箱检查程序
  IF nCount＞4 THEN
    Set do34_BufferFull ;                           // 周转箱满 ON（do34=1）
    WaitDI di03_BufferReady, 0 ;                    // 等待取走周转箱 di03=0
    Reset do34_BufferFull ;                         // 周转箱满 OFF（do34=0）
    nCount:= 1                                       //工件计数器复位
  ENDIF
ENDPROC                                             //周转箱检查程序结束
!************************************************************
PROC rCalculatePos ()                               // 放置点计算程序
  TEST nCount                                       // 计数器测试
  CASE 1:
   pPlace := pPlaceBase ;                           // 放置点 1
  CASE 2:
   pPlace := Offs(pPlaceBase, nXoffset, 0, 0) ;     // 放置点 2
  CASE 3:
   pPlace := Offs(pPlaceBase, 0, nYoffset, 0) ;     // 放置点 3
  CASE 4:
   pPlace := Offs(pPlaceBase, nXoffset, nYoffset, 0) ;  // 放置点 4
  DEFAULT:
   TPErase ;                                        // 示教器清屏
   TPWrite ''The Count Number is Error'' ;          // 显示出错信息
   Stop ;
  ENDTEST
ENDPROC                                             //放置点计算程序结束
!************************************************************
PROC CheckHomePos ()                                // 作业原点检查程序
  VAR robtarget pActualPos ;                        // 程序数据定义
  IF NOT InHomePos( pHome, tGripper) THEN
                // 利用功能程序判别作业原点，非作业原点时进行如下处理
  pActualPos:=CRobT(\Tool:= tGripper \ wobj :=wobj0) ; // 读取当前位置
```

```
        pActualPos.trans.z:= pHome.trans.z ;           // 改变 Z 坐标值
        MoveL pActualPos, vEmptyHigh, z20, tGripper ;   // Z 轴退至 pHome
        MoveL pHome, vEmptyHigh, fine, tGripper ;       // X、Y 轴定位到 pHome
      ENDIF
    ENDPROC                                             //作业原点检查程序结束
    !************************************************************
    FUNC bool InHomePos (robtarget ComparePos, INOUT tooldata TCP)
                                                        // 作业原点判别程序

        VAR num Comp_Count:=0 ;
        VAR robtarget Curr_Pos ;
        Curr_Pos:= CRobT(\Tool:= tGripper \ wobj :=wobj0) ;
                                                        // 读取当前位置，进行以下判别
        IF Curr_Pos.trans.x>ComparePos.trans.x—20 AND
        Curr_Pos.trans.x<ComparePos.trans.x+20 Comp_Count:= Comp_Count+1 ;
        IF Curr_Pos.trans.y>ComparePos.trans.y—20 AND
        Curr_Pos.trans.y<ComparePos.trans.y+20 Comp_Count:= Comp_Count+1 ;
        IF Curr_Pos.trans.z>ComparePos.trans.z—20 AND
        Curr_Pos.trans.z<ComparePos.trans.z+20 Comp_Count:= Comp_Count+1 ;
        IF Curr_Pos.rot.q1>ComparePos.rot.q1—0.05 AND
        Curr_Pos.rot.q1<ComparePos.rot.q1+0.05 Comp_Count:= Comp_Count+1 ;
        IF Curr_Pos.rot.q2>ComparePos.rot.q2—0.05 AND
        Curr_Pos.rot.q2<ComparePos.rot.q2+0.05 Comp_Count:= Comp_Count+1 ;
        IF Curr_Pos.rot.q3>ComparePos.rot.q3—0.05 AND
        Curr_Pos.rot.q3<ComparePos.rot.q3+0.05 Comp_Count:= Comp_Count+1 ;
        IF Curr_Pos.rot.q4>ComparePos.rot.q4—0.05 AND
        Curr_Pos.rot.q4<ComparePos.rot.q4+0.05 Comp_Count:= Comp_Count+1 ;
      RETUN Comp_Count=7 ;                              // 返回 Comp_Count=7 的逻辑状态
    ENDFUNC                                             //作业原点判别程序结束
    !************************************************************
    ENDMODULE                                           // 主模块结束
    !************************************************************
```

8.2　弧焊机器人程序实例

8.2.1　机器人弧焊系统

1. 气体保护焊

电弧熔化焊接简称弧焊（Arc Welding），是目前金属熔焊中使用最普遍的方法，它属于熔焊的范畴；弧焊的方法主要有 TIG 焊、MIG 焊、MAG 焊、CO_2 焊等多种。

熔焊是通过加热，使工件（Parent metal，又称母材）、焊件（Weld metal）以及焊丝、焊条等熔填物局部熔化、形成熔池（Weld pool），冷却凝固后接合为一体的焊接方法。

无论采用何种方法加热，熔焊加工都需要形成高温熔池。由于大气存在氧、氮、水蒸气，高温熔池如果与大气直接接触，金属或合金元素就会被氧化或产生气孔、夹渣、裂纹等缺陷，因此，通常需要用图 8.2-1 所示的方法，通过焊枪的导电嘴将氩、氦气、二氧化碳或其混合气体连续喷到焊接区来隔绝大气、保护熔池，这种焊接方式称为气体保护电弧焊。

弧焊需要通过电极和焊接件间的电弧来产生高温、熔化金属，如弧焊使用焊丝、焊条等熔填物，熔填物既可如图 8.2-1（a）所示直接作为电极熔化；也可如图 8.2-1（b）所示由熔点极高的电极（一般为钨）加热后，随同工件、焊接件一起熔化。

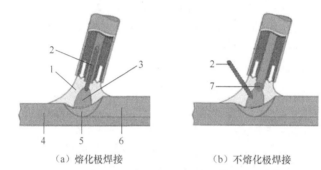

（a）熔化极焊接　　　　　　　（b）不熔化极焊接

1—保护气体　2—焊丝　3—电弧　4—工件　5—熔池　6—焊件　7—钨极

图 8.2-1　气体保护电弧焊原理图

熔填物作为电极熔化的焊接，称为"熔化极气体保护电弧焊"，它主要有 MIG 焊、MAG 焊、CO_2 焊 3 种；电极不熔化的焊接称为"不熔化极气体保护电弧焊"，它主要有 TIG 焊、原子氢焊、等离子弧焊等，以 TIG 焊为常用；两种焊接方式的电极极性正好相反。

MIG 焊是惰性气体保护电弧焊（Metal Inert-gas Welding）的英文简称，它所使用的保护气体为氩气（Ar）、氦气（He）等惰性气体。使用氩气（Ar）的 MIG 焊又称"氩弧焊"。MIG 焊几乎可用于所有金属的焊接，对铝及合金、铜及合金、不锈钢等材料尤为适合。

MAG 焊是活性气体保护电弧焊（Metal Active-gas Welding）的英文简称，它所使用的保护气体为惰性气体和氧化性气体的混合物，如在氩气（Ar）中加入氧气（O_2）、二氧化碳（CO_2）或两者的混合物（O_2+CO_2），我国常用的活性气体为 80% Ar+20% CO_2；由于混合气体中氩气的比例较大，故又称"富氩混合气体保护电弧焊"。MAG 焊主要适用于碳钢、合金钢和不锈钢等黑色金属的焊接，特别是在不锈钢焊接中应用十分广泛。

CO_2 焊是二氧化碳（CO_2）气体保护电弧焊的英文简称，它所使用的保护气体为二氧化碳（CO_2）或二氧化碳（CO_2）和氩气（Ar）的混合气体。由于二氧化碳气体的价格低廉、焊缝的成形良好，如使用含脱氧剂的焊丝，还可获得无内部缺陷的高质量焊接效果，因此，它是目前碳钢、合金钢等黑色金属材料最主要的焊接方法之一。

TIG 焊是钨极惰性气体保护电弧焊（Tungsten Inert Gas Welding）的英文简称，属于不熔化极气体保护电弧焊。TIG 焊可利用钨电极与工件、焊件间产生的电弧热，熔化工件、焊件和焊丝，实现金属熔合、冷凝后形成焊缝的焊接方法。TIG 焊所使用的保护气体一般为惰性气体氩气（Ar）、氦气（He）或氩氦混合气体，在特殊应用场合，也可添加少量的氢气（H_2）。用氩气（Ar）作为保护气体的 TIG 焊称为"钨极氩弧焊"，用氦气（He）作为保护气体的 TIG 焊称为"钨极氦弧焊"，由于氦气的价格昂贵，目前工业上使用以钨极氩弧焊为主。钨极氩弧焊可用于大多数金属和合金的焊接，但对铅、锡、锌等低熔点、易蒸发金属的焊接较困难；由于钨极氩弧焊的成本较高，故多用于铝、镁、钛、铜等有色金属及不锈钢、耐热钢等材料的薄板焊接。

2. 机器人弧焊系统

用于电弧熔焊作业的机器人简称弧焊机器人，单机器人弧焊系统的组成如图 8.2-2 所示，它由机器人基本部件、焊枪（工具）和焊接设备、系统附件等组成。在自动化程度较高的系统中，有时还需要配备焊枪清洗装置、焊枪自动交换装置等系统附件，以及防护罩、警示灯等其他安全保护装置，以构成安全运行的弧焊工作站。

① 机器人。弧焊机器人本体一般采用 6 轴或 7 轴垂直串联结构，弧焊作业的工具为焊枪，其体积、重量均较小，对机器人的承载能力要求不高；因此，通常以承载能力 3～20kg、作业半径 1～2m 的中小规格机器人为主。

弧焊机器人需要进行焊缝的连续焊接作业，机器人需要具备直线、圆弧等连续轨迹的控制能力，对控制系统的插补性能、速度平稳性和定位精度的要求均较高；此外，还需要进行特殊的引弧、熄弧、送丝、退丝、剪丝等控制和焊接电流、电压等模拟量的自动调节，因此，控制系统通常需要配套专门的弧焊控制模块。

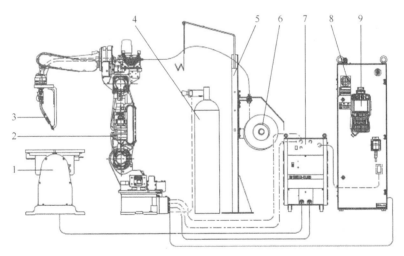

1—变位器　2—机器人本体　3—焊枪　4—保护气体　5—焊丝架　6—焊丝盘　7—焊机　8—控制柜　9—示教器
图 8.2-2　弧焊机器人系统组成

② 焊枪和焊接设备。弧焊机器人的作业工具通常为图 8.2-3 所示的焊枪。如果焊枪及气管、电缆、焊丝通过支架安装在机器人的手腕上，气管、电缆、焊丝从手腕、手臂外部引入，这种焊枪称为外置焊枪；如果焊枪直接安装在手腕上，气管、电缆、焊丝从机器人手腕、手臂内部引入，这种焊枪称为内置焊枪。外置焊枪、内置焊枪的质量均较轻，因此，弧焊对机器人的承载能力的要求并不高，绝大多数中小规格的机器人都可满足弧焊机器人

的承载要求。

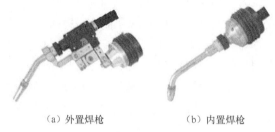

（a）外置焊枪　　　　　　（b）内置焊枪

图 8.2-3　弧焊机器人的焊枪

焊接设备是焊接作业的基本部件，主要有焊机、保护气体、送丝机构等。弧焊机是用于焊接电压、焊接电流、焊接时间等焊接工艺参数自动控制与调整的电源设备；以焊丝作为填充料的弧焊，在焊接过程中焊丝将不断被熔化、填充到熔池中，因此，需要有焊丝盘、送丝机构来保证焊丝的连续输送；此外，还需要通过气瓶、气管向导电嘴连续提供保护气体。

③ 系统附件。弧焊系统常用的附件有变位器、焊枪清洗装置、焊枪自动交换装置等。

变位器可用来安装工件，实现工件的移动、回转、摆动或自动交换功能，提高系统的作业效率和自动化程度。

焊枪清洗装置和焊枪自动交换装置是高效、自动化弧焊作业生产线或工作站常用的配套附件。焊枪经过长时间的焊接，必然会导致电极磨损、导电嘴焊渣残留等问题，从而影响焊接质量和作业效率；因此，在自动化焊接工作站或生产线上，一般都需要通过焊枪自动清洗装置对焊枪定期进行导电嘴清洗、防溅喷涂、剪丝等调整，以保证气体畅通、减少残渣附着、保证焊丝干伸长度不变。焊枪自动交换装置可用来实现焊枪的自动更换，以改变焊接工艺，提高机器人的作业柔性和作业效率。

8.2.2　应用程序设计要求

1. 焊接动作

作为简单示例，以下将介绍利用 ABB IRB 2600 工业机器人完成图 8.2-4 所示焊接作业的 RAPID 应用程序设计实例。

图 8.2-4 所示焊接系统要求机器人能够按图 8.2-4 所示的轨迹移动，并利用 MIG 焊接，完成工件 P3～P5 点的直线焊缝焊接作业。工件焊接完成后，需要输出工件变位器回转信号，通过变位器的 180° 回转，进行工位 A、B 的工件交换；并由操作者在 B 工位完成工件的装卸作业；然后，重复机器人运动和焊接动作，实现机器人的连续焊接作业。

如果在焊接完成后，B 工位完成工件的装卸作业尚未完成，则中断程序执行，输出工件安装指示灯，提示操作者装卸工件；操作

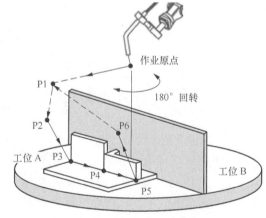

图 8.2-4　弧焊作业要求

者完成工件装卸后，可通过应答按钮输入安装完成信号，程序继续。

如果自动循环开始时工件变位器不在工作位置，或者，A、B 的工件交换信号输出后，变位器在 30s 内尚未回转到位，则利用错误处理程序，在示教器上显示相应的系统出错信息，并退出程序循环。

焊接系统对机器人及辅助部件的动作要求见表 8.2-1。

表 8.2-1　　　　　　　　　　　　　焊接作业动作表

工步	名　　称	动作要求	运动速度	DI/DO 信号
0	作业初始状态	机器人位于作业原点	——	——
		加速度及倍率限制 50%　速度限制 600mm/s	——	——
		工件变位器回转阀关闭	——	A、B 工位回转信号为 0
		焊接电源、送丝、气体关闭	——	电源、送丝、气体信号为 0
1	作业区上方定位	机器人高速运动到 P1 点	高速	同上
2	作业起始点定位	机器人高速运动到 P2 点	高速	同上
3	焊接开始点定位	机器人移动到 P3 点	500mm/s	焊接电源、送丝、气体信号为 1；焊接电流、电压输出（系统自动控制）
4	P3 点附近引弧	自动引弧	焊接参数设定	
5	焊缝 1 焊接	机器人移动到 P4 点	200mm/s	
6	焊缝 2 摆焊	机器人移动到 P5 点	100mm/s	
7	P5 点附近熄弧	自动熄弧	焊接参数设定	焊接电源、送丝、气体信号为 0；焊接电流、电压关闭（系统自动控制）
8	焊接退出点定位	机器人移动到 P6 点	500mm/s	
9	作业区上方定位	机器人高速运动到 P1 点	高速	同上
10	返回作业原点	机器人移动到作业原点	高速	同上
11	变位器回转	A、B 工位自动交换	——	A 或 B 工位回转信号为 1
12	结束回转	撤销 A、B 工位回转信号	——	A、B 工位回转信号为 0

2. DI/DO 信号

假设图 8.2-4 所示焊接作业的机器人系统，其作业所需的 DI/DO 信号连接及通过系统连接配置所定义的 DI/DO 信号、AO 信号名称（RAPID 程序数据名称）见表 8.2-2，表中不包括系统急停、伺服启动、程序启动/暂停等基本控制信号，以及通过 ABB 弧焊机器人 I/O 配置文件（I/O Signals Configuration）中设定的 DI/DO、AI/AO 信号。

表 8.2-2　　　　　　　　　　　　　DI/DO 信号及名称

DI/DO 信号	信号名称	作用功能
引弧检测	di01_ArcEst	1：正常引弧；0：熄弧
送丝检测	di02_WirefeedOK	1：正常送丝；0：送丝关闭
保护气体检测	di03_GasOK	1：保护气体正常；0：保护气体关闭
A 工位到位	di06_inStationA	1：A 工位在作业区；0：A 工位不在作业区
B 工位到位	di07_inStationB	1：B 工位在作业区；0：B 工位不在作业区
工件装卸完成	di08_bLoadingOK	1：工件装卸完成应答；0：未应答

DI/DO 信号	信号名称	作用功能
焊接 ON	do01_WeldON	1：接通焊接电源；0：关闭焊接电源
气体 ON	do02_GasON	1：打开保护气体；0：关闭保护气体
送丝 ON	do03_FeedON	1：启动送丝；0：停止送丝
交换 A 工位	do04_CellA	1：A 工位回转到作业区；0：A 工位锁紧
交换 B 工位	do05_CellB	1：B 工位回转到作业区；0：B 工位锁紧
回转出错	do07_SwingErr	1：变位器回转超时；0：回转正常
等待工件装卸	do08_WaitLoad	1：等待工件装卸；0：工件装卸完成

3. 弧焊特殊指令与程序数据

弧焊系统需要进行特殊的引弧、熄弧、送丝、退丝、剪丝等控制和焊接电流、电压等模拟量的自动调节，因此，不仅控制系统通常需要配套专门的弧焊控制模块；而且还有表 8.2-3 所示的 RAPID 弧焊控制专用指令和程序数据，简要说明如下。

表 8.2-3　　　　　　　RAPID 弧焊控制指令与程序数据及编程格式

名称			编程格式与示例
直线引弧	ArcLStart	编程格式	ArcLStart ToPoint, Speed[\V], seam, weld [\Weave], Zone[\Z] [\Inpos], Tool[\Wobj] [\TLoad] ;
		程序数据	seam：引弧、熄弧参数，数据类型 seamdata； weld：焊接参数，数据类型 welddata； \Weave：摆焊参数，数据类型 weavedata； 其他：同 MoveL 指令
		功能说明	TCP 直线插补运动，在目标点附近自动引弧
		编程示例	ArcLStart p1, v500, Seam1, Weld1, fine, tWeld \wobj := wobjStation ;
直线焊接	ArcL	编程格式	ArcL ToPoint, Speed[\V], seam, weld [\Weave], Zone[\Z] [\Inpos], Tool[\Wobj] [\TLoad] ;
		程序数据	同上
		功能说明	TCP 直线插补自动焊接运动
		编程示例	ArcL p2, v200, Seam1, Weld1, fine, tWeld \wobj := wobjStation ;
直线熄弧	ArcLEnd	编程格式	ArcLEnd ToPoint, Speed[\V], seam, weld [\Weave], Zone[\Z] [\Inpos], Tool[\Wobj] [\TLoad] ;
		程序数据	同上
		功能说明	TCP 直线插补运动，在目标点附近自动熄弧
		编程示例	ArcLStart p1, v500, Seam1, Weld1, fine, tWeld \wobj := wobjStation ;
圆弧引弧	ArcCStart	编程格式	ArcCStart CirPoint, ToPoint, Speed[\V], seam, weld [\Weave], Zone[\Z][\Inpos], Tool[\Wobj] [\TLoad] ;
		程序数据	同 MoveC、ArcLStart 指令
		功能说明	TCP 直线插补自动焊接运动，在目标点附近自动引弧
		编程示例	ArcCStart p1, p2, v500, Seam1, Weld1, fine, tWeld \wobj := wobjStation ;
圆弧焊接	ArcC	编程格式	ArcC CirPoint, ToPoint, Speed[\V], seam, weld [\Weave], Zone[\Z][\Inpos], Tool[\Wobj] [\TLoad] ;
		程序数据	同 MoveC、ArcLStart 指令

续表

名称	编程格式与示例		
圆弧焊接	功能说明	TCP 圆弧插补自动焊接运动	
	编程示例	ArcC p1, p2, v500, Seam1, Weld1, fine, tWeld \wobj := wobjStation ;	
圆弧熄弧	ArcCEnd	编程格式	ArcCEnd CirPoint, ToPoint, Speed[\V], seam, weld [\Weave], Zone[\Z][\Inpos], Tool[\Wobj] [\TLoad] ;
		程序数据	同 MoveC、ArcLStart 指令
	功能说明	TCP 圆弧插补自动焊接运动，在目标点附近自动熄弧	
	编程示例	ArcCEnd p1, p2, v500, Seam1, Weld1, fine, tWeld \wobj := wobjStation ;	

以上指令中的 seamdata、welddata 为弧焊机器人专用的基本程序数据，在焊接指令中必须予以定义。seamdata 用来设定引弧/熄弧的清枪时间 Purge_time、焊接开始的提前送气时间 Preflow_time、焊接结束时的保护气体关闭延时 Postflow_time 等工艺参数；welddata 用来设定焊接速度 Weld_speed、焊接电压 Voltaga、焊接电流 Current 等工艺参数。

指令中的 weavedata 为弧焊机器人专用的程序数据添加项，用于特殊的摆焊作业控制，可以根据实际需要选择。weavedata 可用来设定摆动形状 Weave_shape、摆动类型 Weave_type、行进距离 Weave_Length，以及 L 型摆和三角摆的摆动宽度 Weave_Width、摆动高度 Weave_ Height 等参数。

有关机器人弧焊作业的方式及工艺参数，可参见人民邮电出版社 2017 年 1 月出版的《工业机器人完全应用手册》一书。

8.2.3　程序设计思路

1. 程序数据定义

RAPID 程序设计前，首先需要根据控制要求，将机器人工具的形状、姿态、载荷，以及工件位置、机器人定位点、运动速度等全部控制参数，定义成 RAPID 程序设计所需的程序数据。

根据上述弧焊作业要求，所定义的基本程序数据见表 8.2-4，不同程序数据的设定要求和方法，可参见前述相关章节。

表 8.2-4　　　　　　　　基本程序数据定义表

程序数据			含　义	设定方法
性　质	类　型	名　称		
CONST	robtarget	pHome	机器人作业原点	指令定义或示教设定
CONST	robtarget	Weld_p1	作业区预定位点	指令定义或示教设定
CONST	robtarget	Weld_p2	作业起始点	指令定义或示教设定
CONST	robtarget	Weld_p3	焊接开始点	指令定义或示教设定
CONST	robtarget	Weld_p4	摆焊起始点	指令定义或示教设定
CONST	robtarget	Weld_p5	焊接结束点	指令定义或示教设定
CONST	robtarget	Weld_p6	作业退出点	指令定义或示教设定
PERS	tooldata	tMigWeld	工具数据	手动计算或自动测定

续表

程序数据			含 义	设定方法
性 质	类 型	名 称		
PERS	wobjdata	wobjStation	工件坐标系	手动计算或自动测定
PERS	seamdata	MIG_Seam	引弧、熄弧数据	指令定义或手动设置
PERS	welddata	MIG_Weld	焊接数据	指令定义或手动设置
VAR	intnum	intno1	中断名称数据	程序自动计算

以上程序数据为弧焊作业基本数据，且多为常量 CONST、永久数据 PERS，故需要在主模块中进行定义。对于子程序数据运算、状态判断所需要的其他程序变量 VAR，可在相应的子程序中，根据需要进行个别定义；具体参见后述的程序实例。

2. 应用程序结构设计

为了使读者熟悉 RAPID 中断、错误处理指令的编程方法，在以下程序实例中使用了中断、错误处理指令编程，并根据控制要求，将以上焊接作业分解为作业初始化、A 工位焊接、B 工位焊接、焊接作业、中断处理 5 个相对独立的动作。

① 作业初始化。作业初始化用来设置循环焊接作业的初始状态、设定并启用系统中断监控功能等。

循环焊接作业的初始化包括机器人作业原点检查与定位、系统 DO 信号初始状态设置等，它只需要在首次焊接时进行，机器人循环焊接开始后，其状态可通过 RAPID 程序保证。为了简化程序设计，本程序沿用了前述搬运机器人同样的原点检查与定位方式（见 8.1 节）。

中断设定指令用来定义中断条件、连接中断程序、起动中断监控。由于系统的中断功能一旦生效，中断监控功能将始终保持有效状态，中断程序就可随时调用，因此，它同样可在一次性执行的初始化程序中编制。

② A 工位焊接。调用焊接作业程序，完成焊接；焊接完成后启动中断，等待工件装卸完成；输出 B 工位回转信号，启动变位器回转；回转时间超过时，调用主程序错误处理程序，输出回转出错指示。

③ B 工位焊接。调用焊接作业程序，完成焊接；焊接完成后启动中断，等待工件装卸完成；输出 A 工位回转信号，启动变位器回转；回转时间超过时，调用主程序错误处理程序，输出回转出错指示。

④ 焊接作业。沿图 8.2-4 所示的轨迹，完成表 8.2-1 中的焊接作业。

⑤ 中断处理。等待操作者工件安装完成应答信号，关闭工件安装指示灯。

根据以上设计思路，应用程序的主模块及主、子程序结构，以及程序实现的功能可规划为如表 8.2-5 所示。

表 8.2-5   RAPID 应用程序结构与功能

名 称	类 型	程序功能
mainmodu	MODULE	主模块，定义表 8.2-4 中的基本程序数据
mainprg	PROC	主程序，进行如下子程序调用与管理： 1. 一次性调用初始化子程序 rInitialize，完成机器人作业原点检查与定位、DO 信号初始状态设置、设定并启用系统中断监控功能；

名　称	类　型	程序功能
mainprg	PROC	2. 根据工位检测信号，循环调用子程序 rCellA_Welding()或 rCellB_Welding()，完成焊接作业； 3. 通过错误处理程序 ERROR，处理回转超时出错
rInitialize	PROC	一次性调用 1 级子程序，完成以下动作： 1. 调用 2 级子程序 rCheckHomePos，进行机器人作业原点检查与定位； 2. 设置 DO 信号初始状态； 3. 设定并启用系统中断监控功能
rCheckHomePos	PROC	rInitialize 一次性调用的 2 级子程序，完成以下动作： 1. 调用功能程序 InHomePos，判别机器人是否处于作业原点；机器人不在原点时进行如下处理： 2. Z 轴直线提升至原点位置； 3. XY 轴移动到原点定位
InHomePos	FUNC	rCheckHomePos 一次性调用的 3 级功能子程序，完成机器人原点判别： 1. $X/Y/Z$ 位置误差不超过±20mm； 2. 工具姿态四元数 $q_1 \sim q_4$ 误差不超过±0.05
rCellA_Welding()	PROC	循环调用 1 级子程序，完成以下动作： 1. 调用焊接作业程序 rWeldingProg()，完成焊接； 2. 启动中断程序 tWaitLoading，等待工件装卸完成； 3. 输出 B 工位回转信号，启动变位器回转； 4. 回转时间超过时，调用主程序错误处理程序，输出回转出错指示
rCellB_Welding()	PROC	循环调用 1 级子程序，完成以下动作： 1. 调用焊接作业程序 rWeldingProg()，完成焊接； 2. 启动中断程序 tWaitLoading，等待工件装卸完成； 3. 输出 A 工位回转信号，启动变位器回转； 4. 回转时间超过时，调用主程序错误处理程序，输出回转出错指示
tWaitLoading	TRAP	子程序 rCellA_Welding()、rCellB_Welding()循环调用的中断程序，完成以下动作： 1. 等待操作者工件安装完成应答信号； 2. 关闭工件安装指示灯
rWeldingProg()	PROC	子程序 rCellA_Welding()、rCellB_Welding()循环调用的 2 级子程序，完成以下动作： 沿图 8.2-4 所示的轨迹，完成表 8.2-1 中的焊接作业

8.2.4　应用程序示例

根据以上设计要求与思路，设计的 RAPID 应用程序如下。

```
!***********************************************************
MODULE mainmodu (SYSMODULE)                    // 主模块mainmodu及属性
  ! Module name : Mainmodule for MIG welding   // 注释
  ! Robot type : IRB 2600
  ! Software : RobotWare 6.01
  ! Created : 2017-06-18
```

```
!*****************************************                // 定义程序数据（根据实际情况设定）
CONST robtarget pHome:=[……] ;                        // 作业原点
CONST robtarget Weld_p1:=[……] ;                      // 作业点 p1
……
CONST robtarget Weld_p6:=[……] ;                      // 作业点 p6
……
PERS tooldata tMigWeld:= [……] ;                       // 作业工具
PERS wobjdata wobjStation:= [……] ;                   // 工件坐标系
PERS seamdata MIG_Seam:=[……] ;                        // 引弧、熄弧参数
PERS welddata MIG_Weld:=[……] ;                        // 焊接参数
VAR intnum intno1 ;                                     // 中断名称
!***********************************************************
PROC mainprg ()                                         // 主程序
   rInitialize ;                                        // 调用初始化程序
  WHILE TRUE DO                                         // 无限循环
  IF di06_inStationA=1 THEN
    rCellA_Welding ;                                    // 调用 A 工位作业程序
    ELSEIF di07_inStationB=1 THEN
    rCellB_Welding ;                                    // 调用 B 工位作业程序
  ELSE
    TPErase ;                                           // 示教器清屏
    TPWrite ''The Station positon is Error'' ;          // 显示出错信息
    ExitCycle ;                                         // 退出循环
  ENDIF
    Waittime 0.5 ;                                      // 暂停 0.5s
  ENDWHILE                                              // 循环结束
  ERROR                                                 // 错误处理程序
    IF ERRNO = ERR_WAIT_MAXTIME THEN                    // 变位器回转超时
    TPErase ;                                           // 示教器清屏
    TPWrite ''The Station swing is Error'' ;            // 显示出错信息
    Set do07_ SwingErr ;                                // 输出回转出错指示
    ExitCycle ;                                         // 退出循环
ENDPROC                                                 // 主程序结束
!***********************************************************
PROC rInitialize ()                                     // 初始化程序
   AccSet 50, 50 ;                                      // 加速度设定
   VelSet 100, 600 ;                                    // 速度设定
   rCheckHomePos ;                                      // 调用作业原点检查程序
   Reset do01_WeldON                                    // 焊接关闭
   Reset do02_GasON                                     // 保护气体关闭
   Reset do03_FeedON                                    // 送丝关闭
```

```
    Reset do04_ CellA                              // A 工位回转关闭
    Reset do05_ CellB                              // B 工位回转关闭
    Reset do07_ SwingErr                           // 回转出错灯关闭
    Reset do08_WaitLoad                            // 工件装卸灯关闭
    IDelete intno1 ;                               // 中断复位
    CONNECT intno1 WITH tWaitLoading ;             // 定义中断程序
    ISignalDO do08_WaitLoad, 1, intno1 ;           // 定义中断、启动中断监控
ENDPROC                                            // 初始化程序结束
!************************************************************
PROC CheckHomePos ()                               // 作业原点检查程序
    VAR robtarget pActualPos ;                     // 程序数据定义
    IF NOT InHomePos( pHome, tMigWeld) THEN
                        // 利用功能程序判别作业原点，非作业原点时进行如下处理
    pActualPos:=CRobT(\Tool:= tMigWeld \ wobj :=wobj0) ;   // 读取当前位置
    pActualPos.trans.z:= pHome.trans.z ;                   // 改变 Z 坐标值
    MoveL pActualPos, v100, z20, tMigWeld ;        // Z 轴退至 pHome
    MoveL pHome, v200, fine, tMigWeld ;            // X、Y 轴定位到 pHome
    ENDIF
ENDPROC                                            //作业原点检查程序结束
!************************************************************
FUNC bool InHomePos(robtarget ComparePos, INOUT tooldata TCP)
                                                   //作业原点判别程序
    VAR num Comp_Count:=0 ;
    VAR robtarget Curr_Pos ;
    Curr_Pos:= CRobT(\Tool:= tMigWeld \ wobj :=wobj0) ;
                                     // 读取当前位置，进行以下判别
    IF Curr_Pos.trans.x＞ComparePos.trans.x－20 AND
    Curr_Pos.trans.x＜ComparePos.trans.x+20 Comp_Count:= Comp_Count+1 ;
    IF Curr_Pos.trans.y＞ComparePos.trans.y－20 AND
    Curr_Pos.trans.y＜ComparePos.trans.y+20 Comp_Count:= Comp_Count+1 ;
    IF Curr_Pos.trans.z＞ComparePos.trans.z－20 AND
    Curr_Pos.trans.z＜ComparePos.trans.z+20 Comp_Count:= Comp_Count+1 ;
    IF Curr_Pos.rot.q1＞ComparePos.rot.q1－0.05 AND
    Curr_Pos.rot.q1＜ComparePos.rot.q1+0.05 Comp_Count:= Comp_Count+1 ;
    IF Curr_Pos.rot.q2＞ComparePos.rot.q2－0.05 AND
    Curr_Pos.rot.q2＜ComparePos.rot.q2+0.05 Comp_Count:= Comp_Count+1 ;
    IF Curr_Pos.rot.q3＞ComparePos.rot.q3－0.05 AND
    Curr_Pos.rot.q3＜ComparePos.rot.q3+0.05 Comp_Count:= Comp_Count+1 ;
    IF Curr_Pos.rot.q4＞ComparePos.rot.q4－0.05 AND
    Curr_Pos.rot.q4＜ComparePos.rot.q4+0.05 Comp_Count:= Comp_Count+1 ;
    RETUN Comp_Count=7 ;              // 返回 Comp_Count=7 的逻辑状态
```

```
        ENDFUNC                                        //作业原点判别程序结束
        !***********************************************************
        PROC rCellA_Welding()                          // A 工位焊接程序
           rWeldingProg ;                              // 调用焊接程序
           Set do08_WaitLoad ;                         // 输出工件安装指示，启动中断
           Set do05_ CellB ;                           // 回转到 B 工位
           WaitDI di07_inStationB, 1\MaxTime:=30 ;     // 等待回转到位 30s
           Reset do05_ CellB ;                         // 撤销回转输出
           ERROR
           RAISE ;                                     // 调用主程序错误处理程序
        ENDPROC                                        // A 工位焊接程序结束
        !***********************************************************
        PROC rCellB_Welding()                          // B 工位焊接程序
           rWeldingProg ;                              // 调用焊接程序
           Set do08_WaitLoad ;                         // 输出工件安装指示，启动中断
           Set do04_ CellA ;                           // 回转到 A 工位
           WaitDI di06_inStationA, 1\MaxTime:=30 ;     // 等待回转到位 30s
           Reset do04_ CellA ;                         // 撤销回转输出
           ERROR
           RAISE ;                                     // 调用主程序错误处理程序
        ENDPROC                                        // B 工位焊接程序结束
        !***********************************************************
        TRAP tWaitLoading                              // 中断程序
           WaitDI di08_bLoadingOK ;                    // 等待安装完成应答
           Reset do08_WaitLoad ;                       // 关闭工件安装指示
        ENDTRAP                                        // 中断程序结束
        !***********************************************************
        PROC rWeldingProg()                            // 焊接程序
           MoveJ Weld_p1, vmax, z20, tMigWeld \wobj := wobjStation ;   // 移动到 p1
           MoveL Weld_p2, vmax, z20, tMigWeld \wobj := wobjStation ;   // 移动到 p2
           ArcLStart Weld_p3, v500, MIG_Seam, MIG_Weld, fine, tMigWeld \wobj :=
      wobjStation ;                                    // 直线移动到 p3 并引弧
           ArcL Weld_p4, v200, MIG_Seam, MIG_Weld, fine, tMigWeld \wobj := wobjStation ;
                                                       // 直线焊接到 p4
           ArcLEnd Weld_p5, v100, MIG_Seam, MIG_Weld\Weave:= Weave1, fine, tMigWeld
                 \wobj := wobjStation ;                // 直线焊接（摆焊）到 p5 并熄弧
           MoveL Weld_p6, v500, z20, tMigWeld \wobj := wobjStation ;   // 移动到 p6
           MoveJ Weld_p1, vmax, z20, tMigWeld \wobj := wobjStation ;   // 移动到 p1
           MoveJ pHome, vmax, fine, tMigWeld \wobj := wobj0 ;  // 作业原点定位
        ENDPROC                                        // 焊接程序结束
        !***********************************************************
```

RAPID 指令索引表

首字母	指 令	名 称	参见章节
——	: =	赋值	2.1
A	AccSet	加速度设定	3.5
	ActEventBuffer	启用事件缓冲	7.3
	ActUnit	启用机械单元	7.3
	Add	同类数据加运算	2.4
	ALIAS	定义数据类型名	2.3
	AliasIO	I/O 连接定义	4.1
	AliasIOReset	I/O 连接撤销	4.1
	ArcC	圆弧焊接（弧焊专用）	8.2
	ArcCEnd	圆弧熄弧（弧焊专用）	8.2
	ArcCStart	圆弧引弧（弧焊专用）	8.2
	ArcL	直线焊接（弧焊专用）	8.2
	ArcLEnd	直线熄弧（弧焊专用）	8.2
	ArcLStart	直线引弧（弧焊专用）	8.2
B	BitClear	byte、dnum 数据指定位置 0	2.4
	BitSet	byte、dnum 数据指定位置 1	2.4
	BookErrNo	定义错误编号	5.3
	Break	程序终止	5.1
C	CallByVar	子程序的变量调用	5.1
	CalcRotAxFrameZ	用户坐标系测算	7.2
	CalcRotAxisFrame	外部轴用户坐标系测算	7.2
	CamFlush	图像数据删除	7.5
	CamGetParameter	摄影设备参数读入	7.5
	CamGetResult	图像数据读入	7.5

首字母	指　　令	名　　称	参见章节
C	CamLoadJob	摄像任务加载	7.5
	CamReqImage	启动图像采集	7.5
	CamSetExposure	摄影参数设定	7.5
	CamSetParameter	摄影设备参数设定	7.5
	CamSetProgramMode	摄像编程模式	7.5
	CamSetRunMode	摄像运行模式	7.5
	CamStartLoadJob	开始摄像任务加载	7.5
	CamWaitLoadJob	等待摄像任务加载完成	7.5
	CancelLoad	删除文件加载	6.4
	CheckProgRef	文件引用检查	6.4
	CirPathMode	圆弧插补工具姿态控制	3.3
	Clear	程序数据的数值清除	2.4
	ClearIOBuff	串行接口缓冲器清除	6.2
	ClearPath	剩余轨迹清除	5.4
	ClearRawBytes	DeviceNet 数据清除	6.2
	ClkReset	计时器复位	5.4
	ClkStart	计时器启动	5.4
	ClkStop	计时器停止	5.4
	Close	串行接口关闭	6.2
	CloseDir	关闭文件目录	6.3
	COMMENT	程序注释	2.1
	ConfJ	关节插补姿态控制	3.3
	ConfL	直线、圆弧插补姿态控制	3.3
	CONNECT	中断连接	5.2
	CopyFile	复制文件	6.3
	CopyRawBytes	DeviceNet 数据复制	6.2
	CorrClear	删除轨迹校准器	7.5
	CorrCon	连接轨迹校准器	7.5
	CorrDiscon	断开轨迹校准器	7.5
	CorrWrite	轨迹校准值设定	7.5
D	DeactEventBuffe	停用事件缓冲	7.3
	DeactUnit	停用机械单元	7.3
	Decr	程序数据数值减 1	2.4
	DitherAct	启动软伺服抖动	7.3
	DitherDeact	撤销软伺服抖动	7.3
	DropSensor	结束同步跟踪	7.5
	DropWobj	工件跟踪结束	7.5

首字母	指　　令	名　　称	参见章节
E	EGMActJoint	EGM 关节位置设定	7.5
	EGMActMove	EGM 移动设定	7.5
	EGMActPose	EGM 姿态位置设定	7.5
	EGMGetId	EGM 定义	7.5
	EGMMoveC	EGM 圆弧插补	7.5
	EGMMoveL	EGM 直线插补	7.5
	EGMReset	EGM 清除	7.5
	EGMRunJoint	EGM 关节定位	7.5
	EGMRunPose	EGM 姿态定位	7.5
	EGMSetupAI	EGM 传感器 AI 定义	7.5
	EGMSetupAO	EGM 传感器 AO 定义	7.5
	EGMSetupGI	EGM 传感器 GI 组定义	7.5
	EGMSetupLTAPP	EMG 传感器 LTAPP 通信定义	7.5
	EGMSetupUC	EMG 传感器 UC 通信定义	7.5
	EGMStop	EGM 移动停止	7.5
	EOffsOff	外部轴偏移撤销	3.6
	EOffsOn	外部轴程序偏移生效	3.6
	EOffsSet	外部轴程序偏移设定	3.6
	EraseModule	清除程序模块	6.4
	ErrLog	创建故障履历信息	5.3
	ErrRaise	创建并处理系统警示信息	5.3
	ErrWrite	错误写入	5.3、6.1
	EXIT	程序退出	5.1
	ExitCycle	循环退出	5.1
F	FOR	重复执行	2.1
	FricIdInit	启动阻尼测试	7.3
	FricIdEvaluate	阻尼测试参数设定	7.3
	FricIdSetFricLevels	生效阻尼系数	7.3
G	GetDataVal	数值数据读取	7.2
	GetSysData	系统数据读入	7.2
	GetTrapData	中断数据读入	5.2
	GOTO	程序跳转	5.1
	GripLoad	作业负载设定	7.1
H	HollowWristReset	中空手腕复位	7.1
I	IDelete	中断删除	5.2
	IDisable	中断禁止	5.2

续表

首字母	指　　令	名　　称	参见章节
I	IEnable	中断使能	5.2
	IError	系统出错中断	5.2
	IF	条件执行	2.1
	Incr	程序数据数值增 1	2.1
	IndAMove	独立轴绝对定位	7.4
	IndCMove	独立轴连续回转	7.4
	IndDMove	独立轴增量移动	7.4
	IndReset	独立轴控制撤销	7.4
	IndRMove	独立轴相对定位	7.4
	InvertDO	DO 信号取反	4.2
	IOBusStart	I/O 总线使能	4.1
	IOBusState	I/O 总线检测	4.1
	IODisable	I/O 单元撤销	4.1
	IOEnable	I/O 单元使能	4.1
	IPers	永久数据中断	5.2
	IRMQMessage	通信消息中断	5.2
	IsignalAI、ISignalAO	AI/AO 中断设定	5.2
	IsignalDI、IsignalDO	DI/DO 中断设定	5.2
	IsignalGI、IsignalGO	GI/GO 中断设定	5.2
	ISleep	中断停用	5.2
	ITimer	定时中断	5.2
	IVarValue	探测数据中断	5.2
	IWatch	中断启用	5.2
L	Label	跳转目标	5.1
	Load	程序文件加载	6.4
	LoadId	工具及作业负载测定	7.2
M	MakeDir	创建文件目录	6.3
	ManLoadIdProc	外部轴负载测定	7.2
	MechUnitLoad	外部轴负载设定	7.1
	MotionProcessModeSet	伺服调节模式选择	7.3
	MotionSup	碰撞检测设定	7.1
	MoveAbsJ	绝对定位	3.4
	MoveC	圆弧插补	3.4
	MoveCAO	原插补目标点 AO 输出	4.3
	MoveCDO	原插补目标点 DO 输出	4.3
	MoveCGO	原插补目标点 GO 输出	4.3

续表

首字母	指　　令	名　　称	参见章节
M	MoveCSync	圆弧插补调用程序	3.4
	MoveExtJ	外部轴绝对定位	3.4
	MoveJ	关节插补	3.4
	MoveJAO	关节插补目标点 AO 输出	4.3
	MoveJDO	关节插补目标点 DO 输出	4.3
	MoveJGO	关节插补目标点 GO 输出	4.3
	MoveJSync	关节插补调用程序	3.4
	MoveL	直线插补	3.4
	MoveLAO	直线插补目标点 AO 输出	4.3
	MoveLDO	直线插补目标点 DO 输出	4.3
	MoveLGO	直线插补目标点 GO 输出	4.3
	MoveLSync	直线插补调用程序	3.4
	MToolRotCalib	移动工具方位四元数测定	7.2
	MToolTCPCalib	移动工具 TCP 位置测定	7.2
O	Open	串行接口打开	6.2
	OpenDir	打开文件目录	6.3
P	PackDNHeader	DeviceNet 标题写入	6.2
	PackRawBytes	DeviceNet 数据写入	6.2
	PathAccLim	加速度限制	3.5
	PathRecMoveBwd	沿记录轨迹回退	5.4
	PathRecMoveFwd	沿记录轨迹前进	5.4
	PathRecStart	开始记录轨迹	5.4
	PathRecStop	停止记录轨迹	5.4
	PathResol	伺服位置采样周期调整	7.3
	PDispOff	机器人偏移撤销	3.6
	PDispOn	机器人程序偏移生效	3.6
	PDispSet	机器人程序偏移设定	3.6
	ProcCall	程序调用	2.1
	ProcerrRecovery	移动指令错误恢复模式	5.3
	PrxActivAndStoreRecord	生效并保存同步轨迹	7.5
	PrxActivRecord	生效同步轨迹	7.5
	PrxDbgStoreRecord	保存同步轨迹调试文件	7.5
	PrxDeactRecord	撤销同步轨迹	7.5
	PrxResetPos	轨迹记录位置清除	7.5
	PrxResetRecords	清除同步轨迹	7.5
	PrxSetPosOffset	轨迹记录偏移设定	7.5

续表

首字母	指　令	名　称	参见章节
P	PrxSetRecordSampleTime	轨迹记录位置采样周期设定	7.5
	PrxSetSyncalarm	同步跟踪报警设定	7.5
	PrxStartRecord	开始记录同步轨迹	7.5
	PrxStopRecord	停止记录同步轨迹	7.5
	PrxStoreRecord	保存同步轨迹	7.5
	PrxUseFileRecord	启用同步轨迹文件	7.5
	PulseDO	DO 脉冲输出	4.2
R	RAISE	调用错误处理程序	5.3
	RaiseToUser	用户错误处理方式	5.3
	ReadAnyBin	任意数据读入	6.2
	ReadBlock	数据块读取	7.5
	ReadCfgData	系统配置参数读取	7.2
	ReadErrData	出错信息读入	5.2
	ReadRawBytes	原始数据读出	6.2
	RemoveDir	删除文件目录	6.3
	RemoveFile	删除文件	6.3
	RenameFile	重新命名文件	6.3
	Reset	DO 信号 OFF	4.2
	ResetPPMoved	程序指针复位	5.1
	ResetRetryCount	故障重试计数器清除	5.3
	RestoPath	指令轨迹恢复	5.4
	RETRY	故障重试	5.3
	RETURN	程序返回	2.2
	Rewind	文件指针复位	6.2
	RMQEmptyQueue	清空消息队列	6.3
	RMQFindSlot	定义消息队列	6.3
	RMQGetMessage	消息读入	6.3
	RMQGetMsgData	消息数据读入	6.3
	RMQGetMsgHeader	消息标题读入	6.3
	RMQReadWait	消息读入等待	6.3
	RMQSendMessage	消息发送	6.3
	RMQSendWait	消息发送等待	6.3
S	Save	程序文件保存	6.4
	SaveCfgData	系统配置参数保存	7.2
	SCWrite	套接字永久数据发送	6.3
	SearchC	圆弧插补 DI 监控点搜索	4.4

首字母	指　令	名　称	参见章节
S	SearchExtJ	外部轴 DI 监控点搜索	4.4
	SearchL	直线插补 DI 监控点搜索	4.4
	SenDevice	串行传感器连接	7.5
	Set	DO 信号 ON	4.2
	SetAllDataVal	全部数值数据设定	7.2
	SetAO	AO 值设置	4.2
	SetDataSearch	数据检索设定	7.2
	SetDataVal	数值数据设定	7.2
	SetDO	DO 状态设置	4.2
	SetGO	DO 组状态设置	4.2
	SetSysData	系统数据设置	7.2
	SiClose	串行传感器关闭	7.5
	SiConnect	串行传感器连接	7.5
	SiGetCyclic	串行传感器数据接收周期	7.5
	SingArea	奇点姿态控制	3.5
	SiSetCyclic	串行传感器数据发送周期	7.5
	SkipWarn	跳过系统警示	5.3
	SocketAccept	接受套接字连接	6.3
	SocketBind	套接字端口绑定	6.3
	SocketClose	关闭套接字	6.3
	SocketConnect	连接套接字	6.3
	SocketCreate	创建套接字	6.3
	SocketListen	套接字输入监听	6.3
	SocketReceive	套接字数据接收	6.3
	SocketReceiveFrom	套接字数据接收	6.3
	SocketSend	套接字数据发送	6.3
	SocketSendTo	套接字数据发送	6.3
	SoftAct	启用软伺服	7.3
	SoftDeact	停用软伺服	7.3
	SpeedLimAxis	轴速度限制	3.5
	SpeedLimCheckPoint	检查点速度限制	3.5
	SpeedRefresh	速度倍率更新	3.5
	SpyStart	启动执行时间记录	5.4
	SpyStop	停止执行时间记录	5.4
	StartLoad	启动文件加载	6.4
	StartMove	移动恢复	5.1、5.3

首字母	指　　令	名　　称	参见章节
S	StartMoveRetry	重启移动	5.3
	STCalib	伺服焊钳校准	7.4
	STClose	伺服焊钳闭合	7.4
	StepBwdPath	沿原轨迹返回	5.4
	STIndGun	伺服焊钳独立移动	7.4
	STIndGunReset	撤销焊钳独立控制	7.4
	SToolRotCalib	固定工具方位四元数测定	7.2
	SToolTCPCalib	固定工具 TCP 位置测定	7.2
	Stop	程序停止	5.1
	STOpen	伺服焊钳打开	7.4
	StopMove	移动暂停	5.1
	StopMoveReset	移动结束	5.1
	StorePath	指令轨迹存储	5.4
	STTune	伺服焊钳参数调整	7.4
	STTuneReset	伺服焊钳参数清除	7.4
	SupSyncSensorOff	同步跟踪传感器停用	7.5
	SupSyncSensorOn	同步跟踪传感器启用	7.5
	SyncMoveOff	协同作业结束	5.5
	SyncMoveOn	协同作业启动	5.5
	SyncMoveResume	协同作业恢复	5.5
	SyncMoveSuspend	协同作业暂停	5.5
	SyncMoveUndo	协同作业撤销	5.5
	SyncToSensor	同步跟踪启/停控制	7.5
	SystemStopAction	系统停止	5.1
T	TEST	条件测试	2.1
	TestSignDefine	伺服测试信号定义	7.3
	TestSignReset	伺服测试信号清除	7.3
	TextTabInstall	安装文本表格	6.4
	TPErase	示教器清屏	6.1
	TPReadNum、TPReadDnum	数字键应答对话	6.1
	TPReadFK	功能键应答对话	6.1
	TPShow	窗口选择	6.1
	TPWrite	文本写入	6.1
	TriggC	圆弧插补控制点输出	4.3
	TriggCheckIO	I/O 检测中断设定	4.4
	TriggDataCopy	I/O 控制点复制	4.3

续表

首字母	指　　令	名　　称	参见章节
T	TriggDataReset	I/O 控制点清除	4.3
	TriggEquip	浮动输出控制点设定	4.3
	TriggInt	控制点中断设定	4.4
	TriggIO	固定输出控制点设定	4.3
	TriggJ、TriggJIOs	关节插补控制点输出	4.3
	TriggL、TriggLIOs	直线插补控制点输出	4.3
	TriggRampAO	线性变化模拟量输出	4.4
	TriggSpeed	移动速度模拟量输出	4.4
	TriggStopProc	输出状态保存	4.4
	TryInt	有效整数检查	2.4
	TRYNEXT	重试下一指令	5.3
	TuneReset	伺服参数初始化	7.3
	TuneServo	伺服参数调整	7.3
U	UIMsgBox	键应答对话设定	6.1
	UIShow	用户界面显示	6.1
	UnLoad	程序文件卸载	6.4
	UnpackRawBytes	DeviceNet 数据读出	6.2
V	VelSet	速度设定	3.5
W	WaitAI	AI 读入等待	4.2
	WaiAO	AO 输出等待	4.2
	WaitDI	DI 读入等待	4.2
	WaitDO	DO 输出等待	4.2
	WaitGI	GI 读入等待	4.2
	WaitGO	GO 输出等待	4.2
	WaitLoad	程序文件加载等待	5.1、6.4
	WaitRob	移动到位等待	5.1
	WaitSensor	同步监控等待	5.1、7.1
	WaitSyncTask	程序同步等待	5.1
	WaitTestAndSet	永久数据等待	5.1
	WaitTime	定时等待	5.1
	WaitUntil	逻辑状态等待	5.1
	WaitWObj	工件等待	5.1、7.5
	WarmStart	系统重启	7.2
	WHILE	循环执行	2.1
	WorldAccLim	大地坐标系加速度限制	3.5
	Write	文本输出	6.2

续表

首字母	指　　　令	名　　　称	参见章节
	WriteAnyBin	任意数据输出	6.2
	WriteBin	ASCII 输出	6.2
	WriteBlock	数据块写入	7.5
	WriteCfgData	配置参数写入	7.2
	WriteRawBytes	原始数据写入	6.2
	WriteStrBin	混合数据输出	6.2
	WriteVar	通信变量写入	7.5
	WZBoxDef	箱体形监控区设定	7.1
W	WZCylDef	圆柱形监控区设定	7.1
	WZDisable	临时监控撤销	7.1
	WZDOSet	DO 输出监控	7.1
	WZEnable	临时监控生效	7.1
	WZFree	临时监控清除	7.1
	WZHomeJointDef	原点判别区设定	7.1
	WZLimJointDef	软件限位区设定	7.1
	WZLimSup	禁区监控	7.1
	WZSphDef	球形监控区设定	7.1

| 附录 B |
RAPID 函数命令索引表

首字母	函　　数	名　　称	参见章节
A	Abs、AbsDnum	取绝对值	2.4
	Acos、AcosDnum	0~180°反余弦运算	2.4
	AInput	AI 数值读入	4.2
	AND	逻辑与运算	2.4
	AOutput	AO 数值读入	4.2
	ArgName	程序参数名称读入	2.2
	Asin、AsinDnum	−90°~90°反正弦运算	2.4
	ATan、ATanDnum	−90°~90°反正切运算	2.4
	ATan2、ATan2Dnum	y/x 反正切运算（−180°~180°）	2.4
B	BitAnd、BitAndDnum	逻辑位"与"运算	2.4
	BitCheck、BitCheckDnum	指定位状态检查	2.4
	BitLSh、BitLShDnum	左移位	2.4
	BitNeg、BitNegDnum	逻辑位"非"运算	2.4
	BitOr、BitOrDnum	逻辑位"或"运算	2.4
	BitRSh、BitLRhDnum	右移位	2.4
	BitXOr、BitXOrDnum	逻辑位"异或"运算	2.4
	ByteToStr	byte 数据转换为 string 数据	2.4
C	CalcJointT	TCP 位置转换为关节位置	3.7
	CalcRobT	关节位置转换为 TCP 位置	3.7
	CalcRotAxFrameZ	用户坐标系测算	7.2
	CalcRotAxisFrame	外部轴用户坐标系测算	7.2
	CamGetExposure	当前摄影参数读入	7.5
	CamGetLoadedJob	当前摄像任务名称读入	7.5
	CamGetName	当前摄像设备名称读入	7.5

续表

首字母	函　　数	名　　称	参见章节
C	CamNumberOfResults	当前图像数据的输入读入	7.5
	CDate	当前日期转换为 string 数据	2.4
	CJointT	当前关节位置读取	3.7
	ClkRead	计时器时间读入	5.4
	CorrRead	轨迹校准值读取	7.5
	Cos、CosDnum	余弦运算	2.4
	CPos	当前 XYZ 位置读取	3.7
	CRobT	当前 TCP 位置读取	3.7
	CSpeedOverride	速度倍率读取	3.7
	CTime	当前时间转换为 string 数据	2.4
	CTool	工具数据读取	3.7
	CWobj	工件数据读取	3.7
D	DecToHex	十进制/十六进制字符串转换	2.4
	DefAccFrame	pose 数据的多点定义	3.6
	DefDFrame	pose 数据的 6 点定义	3.6
	DefFrame	pose 数据的 3 点定义	3.6
	Dim	数组所含数据数量读入	2.3
	DInput	DI 状态读入	4.2
	Distance	两点距离计算	3.7
	DIV	计算除法运算的商	2.4
	DnumToNum	dnum 数据转换为 num 数据	2.4
	DnumToStr	dnum 数据转换为 string 数据	2.4
	DotProd	位置矢量乘积计算	3.7
	DOutput	DO 状态读入	4.2
E	EGMGetState	EGM 状态读入	7.5
	EulerZYX	Orient 数据变换为欧拉角	3.2
	EventType	当前事件读入	7.3
	ExecHandler	当前 RAPID 程序处理器类型读入	——
	ExecLevel	当前 RAPID 程序等级读入	——
	Exp	计算 e^x	2.4
F	FileSize	文件长度检查	6.4
	FileTime	读入文件最后操作时间信息	6.4
	FSSize	存储容量检查	6.3
G	GetMecUnitName	机械单元名称读入	7.3
	GetModalPayLoadMode	转矩补偿系统参数读取	7.2
	GetMotorTorque	电机输出转矩读取	7.3

首字母	函　　　数	名　　　称	参见章节
G	GetNextMechUnit	机械单元状态检测	7.3
	GetNextSym	数据检索	7.2
	GetServiceInfo	机械单元服务信息读入	7.3
	GetSignalOrigin	I/O 连接检测	4.1
	GetSysInfo	系统基本信息读取	7.2
	GetTaskName	当前任务名称读取	5.5
	GetTime	系统时间读取	5.4
	GInput	16 点 DI 状态成组读入	4.2
	GInputDnum	32 点 DI 状态成组读入	4.2
	GOutput	16 点 DO 状态成组读入	4.2
	GOutputDnum	16 点 DO 状态成组读入	4.2
H	HexToDec	十六进制/十进制字符串转换	2.4
I	IndInpos	独立轴到位检查	7.4
	IndSpeed	独立轴速度检查	7.4
	IOUnitState	I/O 单元检测	4.1
	IsFile	文件类型检查	6.3
	IsMechUnitActive	机械单元启用检查	7.3
	IsPers	永久数据确认	2.3
	IsStopMoveAct	移动停止检查	5.1
	IsStopStateEvent	指针停止状态检查	5.1
	IsSyncMoveOn	同步运动检查	5.5
	IsSysId	控制系统序列号确认	7.3
	IsVar	程序变量确认	2.3
M	MaxRobSpeed	TCP 最大速度读取	3.7
	MirPos	程序点镜像	3.6
	MOD	计算除法运算的余数	2.4
	ModExist	程序模块名称检查	2.1
	ModTime	程序模块编辑时间检查	2.1
	MotionPlannerNo	读取协同作业运动规划号	——
	NonMotionMode	读取非运动执行模式	——
N	NOT	逻辑非运算	2.4
	NOrient	方位四元数规范化	3.2
	NumToDnum	num 数据转换为 dnum 数据	2.4
	NumToStr	num 数据转换为 string 数据	2.4
O	Offs	pos 位置偏置	3.6
	OpMode	读取系统当前操作模式	5.1

首字母	函　数	名　称	参见章节
O	OR	逻辑或运算	2.4
	OrientZYX	欧拉角定向	3.2
	ORobT	程序偏移量清除	3.6
P	ParIdPosValid	负载测定位置检查	7.2
	ParIdRobValid	负载测定对象检查	7.2
	PathLevel	当前轨迹检查	5.4
	PathRecValidBwd	后退轨迹检查	5.4
	PathRecValidFwd	前进轨迹检查	5.4
	PFRestart	断电后的轨迹检查	5.4
	PoseInv	坐标逆变换	3.6
	PoseMult	双重坐标变换	3.6
	PoseVect	位置逆变换	3.6
	Pow、PowDnum	计算 x^y	2.4
	PPMovedInManMode	手动指针移动检查	5.1
	Present	可选程序参数使用检查	2.2
	ProgMemFree	系统空余的程序存储容量检查	——
	PrxGetMaxRecordpos	最大跟踪距离读入	7.5
Q	quad、quadDmum	平方运算	2.4
R	RawBytesLen	DeviceNet 数据包长度读取	6.2
	ReadBin	ASCII 编码读入	6.2
	ReadDir	读入目录文件	6.3
	ReadMotor	电机转角读取	3.7
	ReadNum	数值读入	6.2
	ReadStr	字符串读入	6.2
	ReadStrBin	混合数据读入	6.2
	ReadVar	通信变量读取	7.5
	RelTool	工具偏置	3.6
	RemainingRetries	读取剩余故障重试次数	5.3
	RMQGetSlotName	客户机名称读入	6.3
	RobName	机器人名称读入	7.2
	RobOS	程序虚拟运行检查	——
	Round、RoundDnum	小数取整	2.4
	RunMode	当前程序运行模式读入	——
S	Sin、SinDnum	正弦运算	2.4
	SocketGetStatus	套接字读入	6.3
	SocketPeek	套接字数据长度读入	6.3

首字母	函　　数	名　　称	参见章节
S	Sqrt、SqrtDmum	平方根运算	2.4
	STCalcForce	伺服焊钳压力计算	7.4
	STCalcTorque	伺服焊钳转矩计算	7.4
	STIsCalib	伺服焊钳状态检查	7.4
	STIsClosed	伺服焊钳闭合检查	7.4
	STIsIndGun	焊钳独立控制检查	7.4
	STIsOpen	伺服焊钳打开检查	7.4
	StrDigCalc	字符串运算	2.4
	StrDigCmp	字符串比较	2.4
	StrFind	字符串检索	——
	StrLen	读取字符串长度	——
	StrMap	字符串转换	——
	StrMatch	字符段检索	——
	StrMemb	字符组比较	——
	StrOrder	字符串字符排列比较	——
	StrPart	从 string 数据截取 string 数据	2.4
	StrToByte	string 数据转换为 byte 数据	2.4
	StrToVal	string 数据转换为任意类型数据	2.4
T	Tan、TanDnum	正切	2.4
	TaskRunMec	任务中运行的机械单元	——
	TaskRunRob	任务中运行的机器人	——
	TasksInSync	协同作业任务检查	——
	TestAndSet	任务测试与设置	——
	TestDI	DI 状态检测	4.2
	TestSignRead	伺服测试信号值读取	7.3
	TextGet	文本表格文本读入	6.4
	TextTabFreeToUse	文本表格安装检查	6.4
	TextTabGet	读取文本表格编号	6.4
	TriggDataValid	I/O 控制点检查	4.3
	Trunc、TruncDnum	小数舍尾	2.4
	Type	程序数据类型读取	——
U	UIAlphaEntry	输入框对话设定	6.1
	UIClientExist	示教器连接测试	6.1
	UINumEntry、UIDnumEntry	数字键盘对话设定	6.1
	UINumTune、UIDnumTune	数值增减对话设定	6.1
	UIListView	菜单对话设定	6.1

续表

首字母	函　数	名　称	参见章节
U	UIMessageBox	键应答对话设定	6.1
V	ValidIO	I/O 运行检测	4.1
	ValToStr	任意类型数据转换为 string 数据	2.4
	VectMagn	位置矢量长度计算	3.7
X	XOR	逻辑异或运算	2.4

| 附录 C |
RAPID 程序数据索引表

索引	数据类型	名　　称	参见章节
A	aiotrigg	AI/AO 中断条件数据	5.2
	ALIAS	等同型数据	2.3
B	bin	二进制数据	2.3
	bool	逻辑状态型数据	2.3
	btnres	示教器应答状态数据	6.1
	busstate	总线状态数据	4.1
	buttondata	触摸功能键定义数据	6.1
	byte	字节型数据	2.3
C	cameradev	摄像设备名称数据	7.5
	cameratarget	摄像数据	7.5
	cfgdomain	系统配置参数类别数据	7.2
	clock	系统计时器数据	5.4
	confdata	机器人配置数据	3.2
	corrdescr	轨迹校准器数据	7.5
D	datapos	程序块信息数据	7.2
	dionum	DIO 数值数据	4.2
	dir	文件路径数据	6.4
	dnum	双精度数值型数据	2.3
E	egmframetype	EMG 基准坐标系类别数据	7.5
	egmident	EGM 名称数据	7.5
	egmstopmode	EMG 运动停止方式数据	7.5
	egm_minmax	EMG 定位允差数据	7.5
	emgstate	EMG 状态数据	7.5
	Emgstopmode	EMG 停止模式数据	7.5

索引	数据类型	名　　称	参见章节
E	errdomain	系统错误类别数据	5.2
	errnum	错误编号数据	5.3
	errstr	错误文本数据	5.2
	errtype	系统错误性质数据	5.2
	event_type	事件类型数据	7.3
	exec_level	执行等级数据	——
	extjoint	外部轴位置数据	3.2
H	handler_type	执行处理器类型数据	——
	hex	十六进制数据	2.3
I	icondata	示教器图标定义数据	6.1
	identno	同步移动指令识别数据	5.5
	intnum	中断名称数据	5.2
	iodev	IO 设备数据	6.2
	iounit_state	I/O 单元状态数据	4.1
J	jointtarget	关节位置数据	3.3
L	listitem	操作菜单数据	6.1
	loaddata	负载数据	3.2、7.1
	loadidnum	负载测定条件数据	7.2
	loadsession	程序文件加载会话数据	6.4
M	MechUnit	机械单元名称数据	3.1、7.3
	motsetdata	移动控制设置数据	3.5
N	num	数值型数据	2.3
O	oct	八进制数据	2.3
	opcalc	字符串运算符	2.4
	opnum	字符串比较符	2.4
	orient	方位数据	3.2
P	paridnum	负载类别数据	7.2
	Paridvalidnum	负载测定功能数据	7.2
	pathrecid	轨迹记录数据	5.4
	PersBool	DI 监控点状态数据	4.4
	pos	XYZ 位置数据	3.2
	pose	坐标系姿态数据	3.2、3.6
	progdisp	程序偏移数据	3.6
R	rawbytes	原始数据包	6.3
	restartdata	系统重启数据	4.4
	rmgheaden	消息队列通信标题数据	6.3
	rmgmessage	消息队列通信消息数据	6.3

续表

索引	数据类型	名　　称	参见章节
R	rmgslot	消息队列通信客户端数据	6.3
	robjoint	机器人关节位置数据	3.3
	robtarget	机器人 TCP 位置数据	3.2
S	seamdata	引弧/熄弧数据（弧焊专用）	8.2
	sensor	传感器名称数据	7.5
	sensorstate	传感器通信状态数据	7.5
	shapedata	区间数据	7.1
	signalai、signalao	AI、AO 信号名称数据	4.1
	signaldi、signaldo	DI、DO 信号名称数据	4.1
	signalgi、signalgo	GI、GO 信号名称数据	4.1
	signalOrigin	信号来源数据	4.1
	socketdev	套接字通信设备名称数据	6.3
	socketstatus	套接字通信状态数据	6.3
	speeddata	速度数据	3.3
	stoppoint	停止点类型数据	3.3
	stoppointdata	停止点数据	3.3
	string	字符串数据	2.3
	stringdig	纯数字字符串数据	2.3
	switch	可选择数据	2.3
	sysnum	字符串文本型数值数据	3.1 等
	syncident	同步点名称数据	5.5
	systemdata	系统数据	——
T	taskid	任务名数据	5.5、6.4
	tasks	协同作业任务表数据	5.5
	testsignal	伺服测试信号数据	7.3
	tooldata	工具数据	3.2
	tpnum	操作信息显示页面数据	6.1
	trapdata	中断数据	5.2
	triggdata	I/O 控制点数据	4.3
	Triggios、triggiosdnum、triggstrgo	I/O 控制点定义数据	4.3
	tunegtype	伺服焊钳参数名称数据	7.4
U	uishownum	用户界面识别数据	6.1
W	weavedata	摆焊数据（弧焊专用）	8.2
	welddata	焊接数据（弧焊专用）	8.2
	wobjdata	工件数据	3.2
	Wztemporary、wzstationary	禁区数据	7.1
Z	zonedata	到位区间数据	3.3

附录 D
系统预定义错误索引表

索引	错误名称	出错原因
A	ERR_ACC_TOO_LOW	PathAccLim、WorldAccLim 指令加速度过低
	ERR_ADDR_INUSE	套接字通信的地址和端口已使用
	ERR_ALIASIO_DEF	IO 定义出错
	ERR_ALIASIO_TYPE	IO 类型出错
	ERR_ALRDYCNT	中断连接出错
	ERR_ALRDY_MOVING	执行 StartMove、StartMoveRetry 时，机器人运动中
	ERR_AO_LIM	AO 到达极限
	ERR_ARGDUPCND	ArgName 指令出错
	ERR_ARGNAME	ArgName 指令参数出错
	ERR_ARGNOTPER	ArgName 指令参数类型出错
	ERR_ARGNOTVAR	ArgName 指令参数类型出错
	ERR_ARGVALERR	ArgName 指令参数值错误
	ERR_AXIS_ACT	轴无效
	ERR_AXIS_IND	轴不为独立轴
	ERR_AXIS_MOVING	轴正在移动
	ERR_AXIS_PAR	指令中的轴参数错误
B	ERR_BUSSTATE	I/O 总线出错
	ERR_BWDLIMIT	StepBwdPath 轨迹越位
C	ERR_CALC_NEG	字符串运算结果为负
	ERR_CALC_OVERFLOW	字符串运算溢出
	ERR_CALC_DIVZERO	字符串运算除数为 0
	ERR_CALLPROC	程序调用出错
	ERR_CAM_BUSY	摄像设备通信出错
	ERR_CAM_COM_TIMEOUT	摄像设备通信超时

续表

索引	错误名称	出错原因
C	ERR_CAM_GET_MISMATCH	摄像参数读入出错
	ERR_CAM_MAXTIME	摄像指令 CamLoadJob、CamGetResult 出错
	ERR_CAM_NO_MORE_DATA	无法获得更多摄像数据
	ERR_CAM_NO_PROGMODE	摄像头未处于编程模式
	ERR_CAM_NO_RUNMODE	摄像头未处于运行模式
	ERR_CAM_SET_MISMATCH	摄像参数写出错误
	ERR_CFG_INTERNAL	ReadCfgData 指令出错
	ERR_CFG_ILL_DOMAIN	ReadCfgData 指令出错
	ERR_CFG_ILLTYPE	ReadCfgData 指令出错
	ERR_CFG_LIMIT	WriteCfgData 指令数值超过
	ERR_CFG_NOTFND	ReadCfgData、WriteCfgData 指令出错
	ERR_CFG_OUTOFBOUNDS	ReadCfgData、WriteCfgData 指令出错
	ERR_CFG_WRITEFILE	SaveCfgData 指令出错
	ERR_CNTNOTVAR	CONNECT 指令出错
	ERR_CNV_NOT_ACT	同步跟踪出错
	ERR_CNV_CONNECT	WaitWobj 连接出错
	ERR_CNV_DROPPED	指令 WaitWobj 编程出错
D	ERR_COLL_STOP	运动碰撞、移动停止
	ERR_COMM_EXT	系统通信错误
	ERR_CONC_MAX	\Conc 连续运动指令的数量超过
	ERR_COMM_INIT_FAILED	通信初始化无法进行
	ERR_DATA_RECV	系统收到的通信数据不正确
	ERR_DEV_MAXTIME	ReadBin、ReadNum、ReadStr、ReadRawBytes、ReadStrBinReadAnyBin 指令超时
	ERR_DIPLAG_LIM	TriggSpeed 的 DipLag 设定过大
	ERR_DIVZERO	除数为 0
E	ERR_EXECPHR	超过禁区设定
F	ERR_FILEACC	文件访问出错
	ERR_FILEEXIST	文件已经存在
	ERR_FILEOPEN	文件无法打开
	ERR_FILNOTFND	未找到指定文件
	ERR_FNCNORET	功能无返回值
	ERR_FRAME	坐标系定义出错
G	ERR_GO_LIM	DO 信号组定义出错
I	ERR_ILLDIM	数组维数定义出错
	ERR_ILLQUAT	四元数定义出错

索引	错误名称	出错原因
I	ERR_ILLRAISE	RAISE 指令出错
	ERR_INDCNV_ORDER	未执行 IndCnvInit 指令
	ERR_INOISSAFE	中断停用指令出错
	ERR_INOMAX	中断名称定义出错
	ERR_INT_NOTVAL	数值错误
	ERR_INT_MAXVAL	数值过大
	ERR_INVDIM	数组维数不正确
	ERR_IODISABLE	IODisable 指令超时
	ERR_IOENABLE	IOEnable 指令超时
	ERR_IOERROR	Save 指令出错
L	ERR_LINKREF	交叉引用出错
	ERR_LOADED	程序模块已经加载
	ERR_LOADID_FATAL	LoadId 出错
	ERR_LOADID_RETRY	LoadId 出错
	ERR_LOADNO_INUSE	程序加载出错
	ERR_LOADNO_NOUSE	程序加载出错
M	ERR_MAXINTVAL	整数值过大
	ERR_MODULE	模块名称不正确
	ERR_MOD_NOTLOADED	模块加载或安装出错
N	ERR_NAME_INVALID	I/O 设备不存在
	ERR_NO_ALIASIO_DEF	AliasIO 指令出错
	ERR_NORUNUNIT	I/O 连接出错
	ERR_NOTARR	数组使用不正确
	ERR_NOTEQDIM	数组维度定义不正确
	ERR_NOTINTVAL	非整数值
	ERR_NOTPRES	永久数据未定义
	ERR_NOTSAVED	模块不能保存
	ERR_NOT_MOVETASK	指定了非运动任务
	ERR_NUM_LIMIT	num 数据数值超过允许范围
O	ERR_OUTOFBND	数组索引超出范围
	ERR_OVERFLOW	时钟溢出
	ERR_OUTSIDE_REACH	关节位置超程
P	ERR_PATH	Save 路径不正确
	ERR_PATHDIST	StartMove、StartMoveRetry 指令恢复距离过长
	ERR_PATH_STOP	轨迹被停止
	ERR_PERSSUPSEARCH	永久数据状态不正确

索引	错误名称	出错原因
P	ERR_PID_MOVESTOP	LoadId 出错
	ERR_PID_RAISE_PP	ParId 或 LoadId 出错
	ERR_PRGMEMFULL	程序存储器满
	ERR_PROCSIGNAL_OFF	程序处理信号 OFF
	ERR_PROGSTOP	程序处理停止
R	ERR_RANYBIN_CHK	ReadAnyBin 数据校验出错
	ERR_RANYBIN_EOF	ReadAnyBin 数据结束标记出错
	ERR_RCVDATA	ReadNum 数据出错
	ERR_REFUNKDAT	数据引用不正确
	ERR_REFUNKFUN	函数引用不正确
	ERR_REFUNKPRC	普通程序引用出错
	ERR_REFUNKTRP	中断程序引用出错
	ERR_RMQ_DIM	消息队列维度不正确
	ERR_RMQ_FULL	消息队列已满
	ERR_RMQ_INVALID	消息队列不正确
	ERR_RMQ_INVMSG	无效的消息
	ERR_RMQ_MSGSIZE	消息信息过大
	ERR_RMQ_NAME	消息名称不正确
	ERR_RMQ_NOMSG	队列中无消息
	ERR_RMQ_TIMEOUT	RMQSendWait 指令超时
	ERR_RMQ_VALUE	消息数值出错
	ERR_ROBLIMIT	个别关节位置超程
S	ERR_SC_WRITE	数据写出错误
	ERR_SIGSUPSEARCH	数据搜索出错
	ERR_SIG_NOT_VALID	I/O 信号无法访问
	ERR_SOCK_CLOSED	套接字关闭或未创建
	ERR_SOCK_TIMEOUT	套接字连接超时
	ERR_SPEED_REFRESH_LIM	速度超出 SpeedRefresh 极限
	ERR_SPEEDLIM_VALUE	速度超过 SpeedLimAxis、SpeedLimCheckPoint 限制值
	ERR_STARTMOVE	STARTMOVE、StartMoveRetry 指令机器人无移动
	ERR_STRTOOLNG	字符串过长
	ERR_SYM_ACCESS	字符串读/写权限错误
	ERR_SYMBOL_TYPE	程序数据类型错误
	ERR_SYNCMOVEOFF	SyncMoveOff 指令超时
	ERR_SYNCMOVEON	SyncMoveOn 指令超时
	ERR_SYNTAX	模块加载语法错误

续表

索引	错误名称	出错原因
T	ERR_TASKNAME	任务名称错误
	ERR_TP_DIBREAK	示教器通信被 DI 中断
	ERR_TP_DOBREAK	示教器通信被 DO 中断
	ERR_TP_MAXTIME	示教器通信超时
	ERR_TP_NO_CLIENT	示教器通信客户机错误
	ERR_TRUSTLEVEL	I/O 单元不允许禁用
	ERR_TXTNOEXIST	TextGet 函数的表格或索引错误
U	ERR_UI_INITVALUE	UINumEntry 函数初始值错误
	ERR_UI_MAXMIN	UINumEntry 函数值超限
	ERR_UI_NOTINT	UINumEntry 函数值不为整数
	ERR_UISHOW_FATAL	UIShow 指令出错
	ERR_UISHOW_FULL	UIShow 指令溢出
	ERR_UNIT_PAR	程序数据 Mech_unit 出错
	ERR_UNKINO	中断号不存在
	ERR_UNKPROC	WaitLoad 指令出错
	ERR_UNLOAD	UnLoad 指令出错
W	ERR_WAITSYNCTASK	WaitSyncTask 指令超时
	ERR_WAIT_MAXTIME	WaitDI 或 WaitUntil 指令超时
	ERR_WHLSEARCH	搜索未停止
	ERR_WOBJ_MOVING	工件变位器移动中